烧结节能减排实用技术

许满兴　张天启　编著

北　京
冶　金　工　业　出　版　社
2019

内 容 提 要

本书共6章，内容包括：概述，绿色原料场建设，清洁烧结生产，烧结余热利用，烧结烟气治理，粉尘回收利用。本书将烧结生产工艺特点与节能减排先进技术有机地结合起来，以浅显易懂的论述，系统地展现烧结生产的节能减排技术。

本书可供钢铁企业的工程技术人员阅读，也可供大专院校相关专业的师生参考。

图书在版编目(CIP)数据

烧结节能减排实用技术/许满兴、张天启编著．—北京：冶金工业出版社，2018.5（2019.1重印）

ISBN 978-7-5024-7798-1

Ⅰ.①烧… Ⅱ.①许… ②张… Ⅲ.①烧结—节能减排 Ⅳ.①TF046.4

中国版本图书馆CIP数据核字（2018）第082154号

出 版 人　谭学余
地　　址　北京市东城区嵩祝院北巷39号　邮编　100009　电话　(010)64027926
网　　址　www.cnmip.com.cn　电子信箱　yjcbs@cnmip.com.cn
责任编辑　戈　兰　美术编辑　彭子赫　版式设计　孙跃红
责任校对　石　静　责任印制　李玉山

ISBN 978-7-5024-7798-1
冶金工业出版社出版发行；各地新华书店经销；三河市双峰印刷装订有限公司印刷
2018年5月第1版，2019年1月第2次印刷
169mm×239mm；20.25印张；393千字；305页
89.00元

冶金工业出版社　投稿电话　(010)64027932　投稿信箱　tougao@cnmip.com.cn
冶金工业出版社营销中心　电话　(010)64044283　传真　(010)64027893
冶金工业出版社天猫旗舰店　yjgycbs.tmall.com
（本书如有印装质量问题，本社营销中心负责退换）

前　　言

党的十九大报告中提出了“加快生态文明体制改革，建设美丽中国”，特别强调着力解决突出环境问题。坚持全民共治、源头防治，持续实施大气污染防治行动，打赢蓝天保卫战。提高污染排放标准，强化排污者责任，健全环保信用评价、信息强制性披露、严惩重罚等制度。构建政府为主导、企业为主体、社会组织和公众共同参与的环境治理体系。积极参与全球环境治理，落实减排承诺。

2016 年 2 月 18 日，环保部部长陈吉宁在媒体见面会上表示，“十三五”期间环保部将启动工业污染源全面达标排放计划，要求企业达标排放。截至 2015 年底，我国烧结脱硫设施面积已由 $2.9\times10^4 m^2$ 增加到 $13.8\times10^4 m^2$，安装率由 19% 增加到 88%。在肯定成绩的同时也要看到我国环境污染总体依然严重。

由于我国钢铁行业装备水平参差不齐，节能环保投入历史欠账较多，不少企业还没有做到污染物全面稳定达标排放，节能环保设施有待进一步升级改造。吨钢能源消耗、污染物排放量虽逐年下降，但难以抵消因钢铁产量增长导致的能源消耗和污染物总量增加。特别是京、津、冀、长三角等钢铁产能集聚区，环境承载能力已达到极限，实现绿色可持续发展刻不容缓。

为加快钢铁企业烧结节能减排的进展，推广节能减排新观念、新技术，提高钢铁企业技术人员和烧结厂一线员工对节能减排的认知，编写了本书。本书汇集了近几年有关烧结节能、烟气治理、余热回收等方面的新技术，并将烧结生产工艺特点与节能减排先进技术有机结合起来，以浅显易懂的论述，系统地展现给大家。

本书在编写过程中得到了北京科技大学冯根生、《烧结球团》杂志社廖继勇、唐艳云等专家学者的帮助，同时参考和引用了有关文献资料，在此对以上专家和文献作者一并表示衷心的感谢。

由于编者水平有限，收集的相关资料不全，书中不妥之处，恳请专家、学者和广大读者给予指正。

2018年3月

目　　录

1 概　　述

【本章提要】

本章简单地介绍了钢铁工业节能的途径、余热利用现状；钢铁工业污染物种类、烧结烟气的特点及治理，以及环境保护对烧结生产提出的要求。

从材料的性能、适用性、经济性，资源的可靠性或是可回收利用程度以及实现可持续发展的可能性，钢铁都比其他材料更为优越。钢铁以其优良的综合性能、较低的价格和易使用加工满足不同使用者的需求，而成为推动全球经济不断发展和社会文明进步的重要物质基础。

钢铁工业是国民经济的重要支柱产业和基础产业，也是一个国家经济、社会发展水平以及综合实力的重要标志。20 世纪，世界钢铁工业得到空前的发展。1900 年世界钢产量为 2850 万吨，到 2000 年达到 8.4 亿吨，增长 28.5 倍。进入 21 世纪，世界钢产量快速增长，进入钢铁工业第二个高速发展期，2016 年达到 16.285 亿吨。

随着钢铁产量的增加，能源枯竭、污染物排放等问题越来越威胁到人类的发展和生存，因此，节能减排是人们的当务之急。

1.1 钢铁工业节能的途径

一般来说，钢铁冶金生产的节能途径分为工艺节能、设备节能、余热余能回收利用及管理节能等几个方面。

1.1.1 管理节能

管理节能是节能中重要但容易被忽略的一个环节。近年来，随着节能压力的逐步增大和节能空间的逐步减小，管理节能逐步受到重视。冶金企业可通过建立能源管理体系和建设能源管理系统这两项重要举措实现管理节能。

1.1.2 工艺节能

工艺节能是指通过冶金工艺的改进、提升或采用先进工艺来实现节能。

（1）采取先进生产工艺，取代落后工艺，是工艺节能的根本性措施。例如热风烧结、富氧烧结、厚料层烧结、铁粉矿复合造块新技术等。

（2）提高矿石（精矿）品位，实施精料方针，降低高炉冶炼能耗。

（3）采取强化冶炼措施，提高冶金生产与能源利用效率。例如采用热风、富氧及气体搅拌等方式。

（4）加强工序之间的热衔接，提高生产流程的连续性，可减少过程热损失，减少下游工序能源消耗。钢铁生产中高炉→转炉区段铁水转运的“一罐到底”模式、连铸→加热炉区段的连铸坯热装热送模式等。

（5）采用自动控制系统，可稳定和改善工艺过程，使整个冶炼系统处于最优或较优的运行状态，从而实现能源的节约。

1.1.3 设备节能

设备节能已是一项极为普及的节能措施，是通过改造或更新设备、设备大型化而实现节能。

（1）设备工艺改造。如换热式加热炉改造为蓄热式加热炉，可将加热炉的单位产品能耗降至 1.0GJ/t 以下。

（2）设备节能改造。对设备的保温措施和燃料燃烧方式、余热利用方式进行改造，可提高设备的能源利用效率，减低设备单位产品能耗。

（3）设备大型化。设备的大型化可以带来产量提高、热损失相对减少、能源利用率提高等诸多好处。

1.1.4 余热余能回收利用

冶金工业在消耗能源推动物料转变的同时会产生大量的余热余能，各种余热余能的有效回收利用已成为冶金工业进一步节能的重要途径。

1.2 钢铁工业余能余热资源利用现状

从广义上说，凡是具有高出环境温度的排气、排液以及高温待冷却的物料所含有可使用的热能，统称余热、余能资源，包括燃料燃烧产物经利用后的排气显热，高温产品、中间产品或半成品的显热，高温废渣的显热，冷却水和废烟气带走的显热等。评价余热、余能资源不仅要看它的数量多少，还要看它的品质高低。按温度划分，常分为高品位、中品位和低品位三类。通过对 2005 年国内 20 余家钢铁企业的余热资源不完全统计，构成如图 1-1 所示。

目前，国内外钢铁工业公认，现可以回收利用的二次能源量（不包括副产煤气）约占钢铁企业总用能的 15%左右。新日铁已将这 15%中的 92%加以回收利用，宝钢为 77%，我国大多数钢铁企业还在 50%以下。这就是我国钢铁企业还有

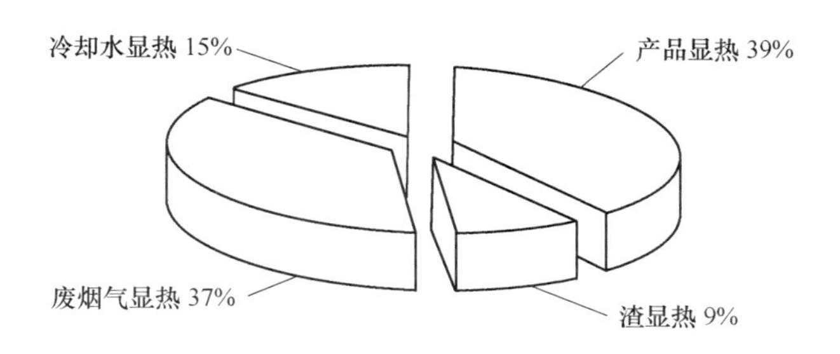

图 1-1 2005 年国内 20 余家钢铁企业的余热资源构成

节能潜力所在。

余热余能的转换、回收和利用基本原则：就近回收、就近转换、就近使用、梯级利用、高质高用，实现“能质全价开发”。

1.3 钢铁工业污染物的来源及其特征

钢铁工业的采矿、选矿、烧结、炼铁、炼钢、轧钢、焦化以及其他辅助工序都不同程度地有污染物产生与排放。生产 1t 钢要消耗原材料 6~7t，包括铁矿石、煤炭、石灰石和锰矿等，其中约 80%变成各种废物或污染物排入环境。排入大气的污染物主要有 SO_2、烟尘、粉尘、NO_x、氟化物和氯化物等；排入水体的污染物主要有悬浮物（SS）、化学需氧量（COD）、酚、氰和重金属等有毒有害物质；固体废物主要为高炉渣、钢渣以及含铁尘泥等。

1.3.1 钢铁工业废气来源

钢铁工业废气的来源主要有：（1）原料和燃料运输、装卸及加工等过程产生大量的含尘废气；（2）钢铁企业的各种窑炉在生产过程中产生大量的含尘及有害气体的废气；（3）生产工艺过程化学反应排放的废气，如冶炼、炼焦、钢材酸洗过程中产生的废气。

1.3.2 钢铁工业废气的组成与特征

（1）烟尘颗粒细，吸附力强。钢铁工业冶炼过程中排放的多为氧化铁烟尘，其粒径大多在 1μm 以下，比表面积大，吸附能力强，易成为吸附有害气体的载体。

（2）废气温度高，治理难度大。冶金窑炉排出的废气温度一般为 400~1000℃，最高达 1600℃。因烟气温度高，对管道材质、构件结构以及净化设备的选择均有特殊要求。高温烟气中还含有硫、水和一氧化碳，这要求烟气在净化时必须妥善处理好“露点”及防火、防爆问题。这些特点造成了高温治理的艰巨性和复杂性。

（3）烟气阵发性强，无组织排放多。钢铁生产中烟气的产生具有阵发性，而且随冶炼过程的不同，散发烟气量也不同，波动极大。一般净化系统主要是控制冶炼过程中最大的烟气量（即一次烟气，约占总烟尘量的90%~93%），而对于一次集尘系统未捕集到和其他辅助工艺过程中散发的烟气（即二次烟气），会无组织地通过厂房的天窗或窗户外逸，虽然二次烟气仅占7%~10%左右，但其尘粒细、分散度高，对环境的污染更大。

（4）废气具有回收价值。钢铁生产过程排出的废气中，高温烟气的余热可以通过热能回收装置转换为蒸汽或电能。而且，炼焦及炼铁、炼钢过程中产生的煤气，已成为钢铁企业的主要燃料，并可外供使用。另外，各废气净化过程中收集的尘泥，绝大部分含有氧化铁成分，可采用各种方式回收利用。

1.3.3 钢铁工业废水来源

钢铁工业用水量大，生产过程中排出的废水主要来源于生产工艺过程用水、设备与产品冷却水、设备与场地冲洗水等。70%以上的废水来源于冷却水，生产工艺过程排出的水只占一小部分。废水含有随水流失的生产用原料、中间产物和产品以及生产过程中产生的污染物。

1.3.4 钢铁工业废水中的主要污染物与特征

钢铁工业废水的水质，因生产工艺和生产方式不同而有很大差异，有时即使采用同一种工艺，水质也有很大变化。如氧气顶吹转炉除尘废水，在同一炉钢的不同吹炼期，废水的pH值可在4~14之间变化，悬浮物可在250~2500mg/L之间变化。间接冷却水在使用过程中仅受热污染，经冷却后可回用。直接冷却水因与产品物料等直接接触，含有同原料、燃料、产品等成分有关的多种物质。归纳起来，钢铁工业废水中含有的污染物主要有如下几种：

（1）无机悬浮物。主要由加工过程中铁鳞形成产生的氧化铁所组成，其来源如原料装卸遗失、焦炉生物处理装置的遗留物、酸洗和涂镀作业线水处理装置以及高炉、转炉、连铸等湿式除尘净化系统或水处理系统等。正常情况下，这些悬浮物的成分在水环境中大多是无毒的（焦化废水的悬浮物除外），但会导致水体变色、缺氧和水质恶化。

（2）有机污染物。钢铁工业排放的有机污染物种类较多，如炼焦过程排放的有机物包括苯、甲苯、二甲苯、萘、酚和PAH等。据不完全分析，焦化废水中含有52种有机物，其中苯酚类及其衍生物约占60%以上。

（3）重金属。钢铁工业生产废水含有不同程度的重金属，如炼钢废水可含有高浓度的锌和锰，而冷轧机和涂镀区的排放物可含有锌、镉、铬、铝和铜。

(4) 油与油脂。钢铁工业油和油脂污染物主要来源于冷轧、热轧、铸造、涂镀和废钢储存与加工等。

1.3.5 钢铁工业固体废弃物的来源

钢铁工业固体废弃物是指在冶炼和加工等生产过程及其环境保护设施中排出的固体或泥状的废弃物，主要包括高炉渣、钢渣、铁合金渣、含铁尘泥和脱硫石膏等。

(1) 高炉渣是高炉炼铁过程中产生的废渣。通常每炼1t生铁产生300~900kg炉渣。高炉渣的主要成分为CaO、SiO_2、Al_2O_3、MgO和Fe_2O_3等氧化物，还常常含有一些硫化物，如CaS、MnS和FeS，有时还含有TiO_2、P_2O_5等杂质氧化物。

(2) 钢渣是炼钢过程中排出的废渣，钢渣产生量为钢产量的10%~12%。钢渣的主要化学成分为CaO、SiO_2、FeO、Al_2O_3、MgO和P_2O_5，有些还含有V_2O_5、TiO_2等。

(3) 含铁尘泥是环保收集物，根据收集点位的不同而成分不一，主要是Fe_2O_3、CaO、SiO_2等。

(4) 酸洗泥是钢材酸洗过程中必须更换酸洗液的沉积物，主要有害成分为钾、钠、锌、氯离子等，其中氯离子高达30%以上。

(5) 脱硫石膏。脱硫石膏主要是$CaCO_3$和可溶性盐，以及氯、钾、钠等有害成分。

1.4 烧结烟气特点及排放特征

1.4.1 烧结烟气特点

烧结厂的废气主要来自以下几个方面：烧结原料在装卸、破碎、筛分和储运的过程中产生的含尘废气；混合料系统中产生的水汽颗粒物共生废气；烧结过程中产生的含有颗粒物、SO_2和NO_x的高温废气，其中高温烧结烟气是烧结厂废气的主要排放源。烧结烟气与其他环境含尘气体有着较大的区别，其主要特点是：

(1) 烟气量大。烧结工艺是在完全开放及富氧环境下进行的，由于烧结料层中碳含量少、粒度细而且分散，燃料只占总料重的3%~5%。为了保证燃料的燃烧，烧结料层中过量空气系数一般较高，常为1.4~1.5，折算成每吨烧结矿消耗空气量约为2.4t，从而导致烟气排放量大，每生产1t烧结矿大约产生4000~6000m^3烟气，粉尘20~40kg。

(2) 烟气温度高、波动较大，随工艺操作状况的变化，温度一般在100~200℃之间。

(3) 烟气中粉尘量较大，含尘量一般为1~5g/m^3。粉尘主要由金属、金属氧化物或不完全燃烧物质等组成，含铁占40%以上，含有重金属、碱金属等。

（4）烟气含湿量大。为了提高烧结混合料的透气性，混合料在烧结前必须加适量的水制成小球，所以烧结烟气的含湿量较大，按体积比计算，水分含量一般在8%~10%。

（5）含有腐蚀性气体。烧结过程中，均将产生一定量的SO_x、NO_x、HCl和HF等酸性气态污染物，一旦烟气降温会产生强酸性冷凝水，其会对金属部件造成腐蚀。

（6）SO_2排放量较大。烧结过程能够脱除混合料中80%~95%的硫，烧结机的SO_2初始排放量大约为6~8kg/t（烧结料）。

（7）烧结烟气还含有1%~3%的CO，甚至还有微量的高致癌物质（二噁英和呋喃）。烧结工序是二噁英主要排放源之一，数据显示，2004年我国铁矿石烧结二噁英排放量为2648.8g-TEQ，其中大气二噁英排放量1522.5g-TEQ，远高于垃圾焚烧二噁英的排放量。

（8）不稳定性。由于烧结工艺自身的不稳定，所产生的烟气流量、温度、SO_2浓度会有大幅度变动，且变化频率高。烟气流量变化可高达30%以上，一般为设计流量的0.5~1.5倍。烟气温度变化可在100~200℃范围内变化，SO_2浓度值取决于烧结生产负荷、所用铁矿粉、熔剂、燃料及其他添加物的成分等，一般为300~2000mg/m³，最高可达7000mg/m³以上，低至300mg/m³以下。

烧结烟气各成分的浓度沿烧结机长度方向并非均匀分布，烟气温度在前端较低，后部急剧上升，有明显峰值，且二噁英浓度变化与温度基本一致；SO_2浓度变化与温度变化类似，但其峰值比温度靠前；其他成分均呈现不同的变化。

烧结烟气的特点导致其脱硫难度大，技术上要求具有快速的适应烟气成分、流量、温度、SO_2浓度变化的特性，不能简单地采用燃煤电厂烟气的脱硫技术。表1-1是烧结烟气与燃煤电厂烟气特点的比较。

表1-1 烧结烟气与燃煤电厂烟气特点的比较

烟气种类	燃煤电厂烟气	钢铁烧结烟气
烟气量（标态）/$m^3 \cdot t^{-1}$	9000~12000	4000~6000
烟气量变化/%	90~110	60~140
烟气温度/℃	140~160	120~185
SO_2浓度（标态）/$mg \cdot m^{-3}$	960~2400	400~5000
氧含量/%	3~8	14~18
含水量/%	3~6	8~13
其他污染物	NO_x、CO及碳氢化合物	HF、HCl、NO_x、重金属及二噁英

1.4.2 烧结烟气污染物排放特征

烧结是将各种粉状含铁原料、燃料和熔剂放于烧结设备上点火烧结，在燃料产生高热和一系列物理化学变化的作用下，使部分混合料颗粒表面发生软化和熔化，产生一定数量的液相，并湿润其他未熔化的矿石颗粒，冷却后液相将矿粉颗粒黏结成烧结矿。在这个过程中产生大量的废气，其中主要污染物包括粉尘、SO_2、NO_x、氟化物和二噁英类有机污染物等。

1.4.2.1 粉尘的排放特征

烧结过程中，由于烧结原料和燃料在台车上的燃烧，将使抽风烟道排出大量的含尘废气，一般称机头废气。在卸矿端的破碎、筛分过程中也产生大量的含尘废气，这些含尘废气是烧结厂的主要污染源。机头废气中颗粒物分为粗尘（粒径约为100μm）和细尘（粒径为0.1~1μm）。粗尘由烧结过程中物料的倒运产生；细尘由混合物的水分完全蒸发后在烧结区产生。

机头废气量与含尘量的大小、烧结机型、烧结面积、真空度以及装料颗粒大小等因素有关。每生产1t烧结矿约产生粉尘20~40kg，其废气含尘量一般为1~5g/m^3。根据使用的原料不同，粉尘成分也各不相同。部分国外矿含有较高的Na、K、Zn等元素，所以粉尘成分不仅有Fe_2O_3、Fe_3O_4、SiO_2、Al_2O_3、CaO、MgO、S、C、FeO，而且还有K_2O、Na_2O、ZnO等多种复杂成分。

1.4.2.2 SO_2排放特征

烧结原料铁矿石中的硫通常以硫化物和硫酸盐形式存在，以硫化物存在的矿物有FeS_2、$CuFeS_2$等；以硫酸盐形式存在的有$BaSO_4$、$CaSO_4$和$MgSO_4$等。固体燃料（如煤粉）带入的硫则主要以单质硫或者有机硫的形式存在。在烧结过程中以单质和硫化物形式存在的硫通常在氧化反应中以气态硫化物的形式释放，而以硫酸盐形式存在的硫则在分解反应中以气态硫化物的形式释放。每生产1t烧结矿产生SO_2约0.8~3.0kg。

1.4.2.3 氮氧化物排放特征

烧结过程NO_x主要有两个来源：一是烧结点火阶段；二是固体燃料燃烧和高温反应过程。已有研究结果表明，烧结过程产生的NO_x有80%~90%来源于燃料中的氮。生成量受到燃料中氮含量、氮的存在形态、燃料粒度、过量空气系数、烧结混合料中金属氧化物等成分的影响。每生产1t烧结矿产生NO_x约0.4~0.65kg，烧结烟气中NO_x的浓度一般在200~400mg/m^3。

1.4.2.4 氟化物排放特征

烧结烟气氟化物的排放主要来源于矿石中的氟。氟化物的排放很大程度上取决于烧结矿碱度，碱度的提高可使得氟化物的排放有所减少。每生产1t烧结矿氟化物的排放量约为1.3~3.2g(F)。烧结（球团）的含氟废气主要为氟化氢、四氟化碳等气体，氟化氢对人体的危害比SO_2大20倍，对植物的危害比SO_2大10~100倍，氟化氢可在环境中积蓄，通过食物影响人体和动物，造成骨骼、牙齿病变，骨质疏松、变形。

1.4.2.5 二噁英类有机污染物排放特征

二噁英类有机污染物全称分别是多氯二苯并二噁英（简称PCDDs）和多氯二苯并呋喃（简称PCDFs），其氯原子数在1~8之间变化，当2，3，7，8位置同时被氯原子取代时的化合物具有高毒性，共计17种，其中PCDDs有7种、PCDFs有10种被世界卫生组织的国际癌症研究机构宣布为人类致癌物质中的一级致癌物。铁矿石烧结过程是二噁英类有机污染物排放的重要源头之一。

1.5 粉尘的危害及控制技术

1.5.1 粉尘的危害

在大气颗粒物污染方面，人们已开始注意可吸入颗粒物（PM10，指空气动力学当量直径小于10μm的颗粒物）和细颗粒物（PM2.5，指空气动力学当量直径小于2.5μm的颗粒物）浓度对环境和人体健康的危害和影响。PM10及PM2.5的浓度是反映大气质量的一个重要指标，烧结烟气在经过除尘装置后，PM2.5约占PM10的70%（质量浓度）。PM10和PM2.5对人体的危害主要表现为两个方面：一是颗粒物复杂的化学成分；二是颗粒物吸附的有毒有害物质。烧结烟气粉尘中大多含有氟化物、铅和镉等重金属、铁氧化物以及钒化合物等，这些物质沉积在肺中可形成尘肺；有些可溶解直接进入血液，造成血液中毒，如血液中铅的量积累到一定程度时，会使心肺病变、损害大脑、破坏神经，影响儿童智力正常发育。颗粒物可作为烧结烟气其他污染物（SO_2、NO_x、氯苯、多环芳烃和持久性有机污染物POPs等）的载体，在吸附上述多种污染物后进入人体，随着粒径的减小，颗粒物在大气中的存留时间和在呼吸系统的吸收率也随之增加。PM2.5可直接进入肺泡，被细胞吸收，增加毒性物质的反应和溶解速度；PM2.5进入环境大气中时，也容易富集空气中存在的有毒物质、细菌和病毒等，且能较长时间停留在空气中，对人体的呼吸系统影响尤其严重。

1.5.2 粉尘的控制技术

烧结（球团）生产工艺中除尘技术的应用较为成熟，为了满足渐趋严格的环保标准，除尘系统目前基本上为静电除尘和袋式除尘系统，而多管除尘器或湿式洗涤类除尘器等都难以达到现行的标准要求，逐渐被淘汰。

国内约占80%的烧结机采用电除尘器，由于烧结机头废气粉尘属高比电阻且含超细（0.01μm）粉尘。粉尘中由于碱金属的存在，粉尘比电阻较高，导致电极上形成一个绝缘层，降低电除尘器的除尘效率。目前，国内电除尘器主流的配置为三电场，电除尘器除尘系统粉尘排放浓度一般在50~80mg/m^{3}的范围内。韩国浦项制铁公司烧结机头废气除尘器配置为五电场，粉尘排放浓度为30mg/m^3。随着国家对环保要求的逐步提高，排放标准将执行20mg/m^3，现有的电除尘技术将很难满足特别排放限值的要求。

国外针对烧结烟气严格的粉尘排放标准，越来越趋于采用布袋除尘器和电袋复合除尘技术，其中美国9个有烧结的钢厂在烧结机头均采用袋式除尘，粉尘排放浓度可以控制在20mg/m^{3}的范围内。国内尚无直接采用布袋除尘器净化烧结机头烟气的实例，仅在机头半干法脱硫中有配用布袋除尘器的应用实例。将布袋除尘器和电袋复合除尘技术应用于烧结机头烟气除尘，关键要解决机头烟气温度高且波动大、高湿、含酸腐蚀性气体对布袋除尘滤料的影响等问题。武钢烧结厂将机尾的电除尘升级改造为“电串袋”除尘方式，取得了不错的效果，也为同类设备的升级改造提高了参考。各种除尘器对不同粒径粉尘的除尘效率见表1-2。除尘设备的分类及基本性能见表1-3。

表1-2 各种除尘器对不同粒径粉尘的除尘效率

类别	除尘器名称	除尘效率/%		
		$d=50\mu m$	$d=5\mu m$	$d=1\mu m$
机械式除尘器	惯性除尘器	95	16	3
	中效旋风除尘器	94	27	8
	高效旋风除尘器	96	73	
	重力除尘器	40		27
过滤式除尘器	振打袋式除尘器	>99	>99	99
	逆喷袋式除尘器	100	>99	99
湿式除尘器	冲击式除尘器	98	85	38
	自激式除尘器	100	93	40
	空心喷淋塔	99	94	55

续表 1-2

类　别	除尘器名称	除尘效率/%		
		$d=50\mu m$	$d=5\mu m$	$d=1\mu m$
湿式除尘器	中能文丘里除尘器	100	>99	97
	高能文丘里除尘器	100	>99	99
	泡沫除尘器	95	80	
	旋风除尘器	100	87	42
静电式除尘器	干式除尘器	>99	99	86
	湿式除尘器	>99	98	92

表 1-3　除尘设备的分类及基本性能

类　别	除尘设备形式	阻力/Pa	除尘效率/%	投资费用	运行费用
机械式除尘器	重力除尘器	50~150	40~60	少	少
	惯性除尘器	100~500	50~70	少	少
	旋风除尘器	400~1300	70~92	少	中
	多管除尘器	800~1500	80~95	中	中
湿式除尘器	喷淋洗涤塔	800~1000	75~95	中	中
	自激式除尘器	800~2000	85~98	中	较高
	水膜式除尘器	500~1500	85~98	中	较高
过滤式除尘器	袋式除尘器	800~2000	85~99.9	较高	较高
电除尘器	干式除尘器	200~300	85~99	高	少
	湿式静电除尘器	200~500	90~99	高	少

1.6　烧结烟气的治理

烧结原料硫主要存在于铁矿石及固体燃料中，其主要以硫化物和硫酸盐的形式存在。烧结过程是一个高温（矿石的部分熔化）化学反应（分解、化合、氧化还原）的复杂过程，其中绝大部分的单质硫或硫化物被氧化成 SO_2，硫酸盐在高温下被分解成 SO_2，固体燃料中的硫在燃烧时生成 SO_2，都以气体形态进入烧结烟气。烧结烟气不仅含有大量的烟粉尘（含重金属）和 SO_2，还含有 NO_x、CO_2、CO、氟化物、氯化物、二噁英（PCDD）、呋喃（PCDF）等多种气态污染物和颗粒物污染物。所以必须对烧结烟气进行脱硫及多种污染物的脱除。

1.6.1　烟气脱硫方法分类

烧结烟气的特点在一定程度上增加了烧结烟气 SO_2 治理的难度，对脱硫技术和工艺提出了更高的要求。目前，脱硫工艺基本可以分为湿法、干法、半干法（见图 1-2）。

（1）湿法脱硫工艺的脱硫剂以浆液形式存在，脱硫副产物含水量较高，需要浓缩脱水后才能得到含水量较低的副产品。湿法脱硫主要包括石灰石-石膏法、氨法、双碱法、氧化镁法等。

（2）干法脱硫采用干态脱硫剂，副产物为干态。干法脱硫主要包括电子束法、活性炭法等。

（3）半干法介于以上两者之间，脱硫剂以雾化或加湿的小颗粒形式存在，副产物为干态。半干法脱硫主要包括旋转喷雾法、循环流化床法、NID 法等。

从国外烧结烟气脱硫技术的发展趋势来看，湿法向干法转变以及单一脱硫向多组分脱除转变成为总体发展趋势。日本 20 世纪 70 年代以湿法工艺为主导，如石灰石-石膏法、氨法、镁法等，80 年代中后期开始，因二噁英控制及湿法工艺问题的暴露，基本上采用活性焦（炭）干法工艺。

国内烧结烟气脱硫技术在 2006 年以前基本处于研究和摸索阶段，而今，按照国家的环保要求，烧结脱硫发展迅速，湿法、干法、半干法百花齐放，工艺种类多。

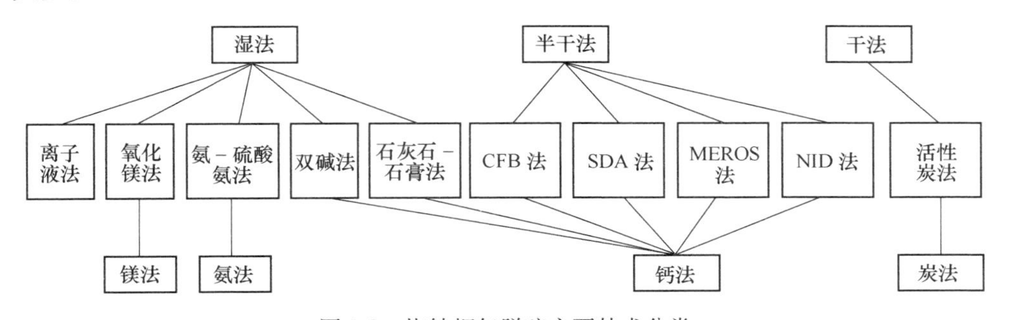

图 1-2 烧结烟气脱硫主要技术分类

1.6.2 脱硫工艺比较分析和发展趋势

国内烧结烟气脱硫最早是在 2004 年广州钢铁公司 $24m^2$烧结机上采用的双碱法。接着包钢 $180m^2$烧结机于 2005 年 12 月实施烧结烟气脱硫，采用 ENS 半干法。从 2005 年开始，钢铁企业逐步开始进行烧结烟气脱硫技术考察、交流，到 2007 年钢铁行业烧结烟气脱硫工作进入实质性实施阶段。目前，烧结脱硫技术得到了广泛的应用。

国内外研发成功的烧结烟气脱硫技术已有 200 余种，但目前在国内已实现工业化应用的主要有：（1）湿法 6 种：石灰石-石膏法、氨-硫酸铵法、镁法、离子液循环法、双碱法、有机胺法。（2）半干法 7 种：ENS 法、循环流化床法

(CFB)、NID法、旋转喷雾法（SDA)、密相干塔法、MEROS法、RINO法。(3）干法1种：活性炭法。

从目前的应用来看，湿法脱硫效率高，可达95%以上，但普遍存在工艺复杂、占地面积大、“烟囱雨”、“冒白烟”、设备腐蚀、管路堵塞、副产品品质差等问题。活性炭法目前仅在太钢、宝钢湛江有应用，其投资及运行成本较高。半干法脱硫工艺简单，无废水产生，脱硫后烟温高，不需新建烟囱，但其副产物的处理一直是各钢铁行业比较关注的焦点，近年来，随着半干法脱硫应用增多，有多家单位对半干法的副产物处理进行了研究，取得了一定进展。

根据烧结烟气波动及烟气污染成分特点，以及国际社会对环境污染治理要求的变化，目前国际上烧结烟气治理以干法、半干法为主。西欧烧结厂在烧结烟气净化处理时，必须同时考虑脱硫、脱硝、除尘、去除二噁英、重金属、氯化氢、氟化氢和有机碳VOC。因此，西欧烧结厂目前采用的均是半干法烟气脱硫。日本从2000年开始对二噁英进行控制以来，烧结机烟气治理均采用活性炭吸附法，而且越来越多的原有湿法工艺改造成了活性炭吸附工艺。

结合我国“十二五”期间对环境保护的要求，以及国际环境保护发展趋势，我国烧结烟气脱硫技术的发展，应考虑与SO_2、NO_x、SO_3、颗粒物、二噁英等多种污染物的协同控制。

1.6.3 烧结烟气脱硝技术

氮氧化物脱除技术在国内电厂燃煤锅炉中已经相对成熟，但烧结烟气与燃煤锅炉烟气有着显著不同，将电厂脱硝工艺照搬到烧结机上行不通。目前，烧结烟气脱硝还是一个棘手的难题，国内脱硝基本处于起步阶段。因为烟气量大，而NO_x浓度不高，但总量相对较大。如果用吸收或吸附原理脱硝，必须考虑副产物最终处置的难度和费用，只有当有用组分能够被经济地回收或吸附剂能够再生循环利用时才能得到广泛应用。

目前，国外烟气同时脱硫、脱硝技术主要有活性炭法、活性焦吸附法、循环流化床法、半干喷雾法、高能辐射-比学法、奥钢联的MEROS烟气净化技术等。我国台湾中钢公司在20世纪90年代已经有3座选择性催化还原（SCR）法脱硝装置投产使用，使用中发现不仅脱硝率大于80%，同时也脱除了80%的二噁英。宝钢湛江钢铁2台550m²烧结机使用活性炭吸附脱硫脱硝工艺，自2016年2月设备正常运行后，NO_x的排放浓度能降低至150mg/m³以下，其他各项污染物也均能到达国家排放标准。

氮氧化物控制技术一般分为过程控制和末端烟气治理。常见的烧结烟气NO_x控制技术见表1-4。

表 1-4 烧结烟气 NO_x 控制技术

控制技术		工 艺 特 点	脱硝效率/%
过程控制	烟气循环	一部分热废气被再次引入烧结过程，NO_x 通过热分解被部分破坏	40~70
末端治理	活性炭吸附法	活性焦（炭）作为吸附剂吸附脱除 NO_x 或者作为催化剂在氨存在时用 SCR 法脱硝，温度一般为 120~150℃	30~80
	催化剂（SCR）法	利用还原剂在催化剂的作用下将 NO_x 还原成 N_2的方法，温度一般为 300~400℃	>70
	氧化吸收法	首先将 NO 氧化成高价态的 NO_2、N_2O_3或 N_2O_5，然后利用脱硝设备吸收脱除	>50

1.7 环境保护对烧结生产的要求

为了进一步限制铁矿造块中的粉尘和气体污染物的排放，国家环境保护部于2012 年 10 月颁布了新的《钢铁烧结、球团工业大气污染物排放标准》（GB 28662—2012），见表 1-5。

表 1-5 现有企业大气污染物排放浓度限值（二噁英除外） （mg/m^3）

生产工序或设施	污染物项目	限值①	限值②	限值③	污染物排放监控位置
烧结机 球团焙烧设备	颗粒物	80	50	40	车间或生产设施排放气筒
	二氧化硫	600	200	180	
	氮氧化物（以 NO_2计）	500	300	300	
	氟化物（以 F 计）	6.0	4.0	4.0	
	二噁英/($ng\text{-}TEQ/m^3$)④	1.0	0.5	0.5	
烧结机机尾 带式焙烧机机尾 其他生产设备	颗粒物	50	30	20	

① 2012 年 10 月 1 日起至 2014 年 12 月 31 日止，现有企业执行；
② 2012 年 10 月 1 日起新建企业，及 2015 年 1 月 1 日起现有企业执行；
③ 特别排放限值区域，现有企业执行；
④ TEQ（Toxic Equivalent Quantity），国际毒性当量。

2 绿色原料场建设

【本章提要】

本章概括地介绍了钢铁工业绿色原料场的形式与种类、相关设备的型号和特点、除尘方法和技术以及唐钢、青岛特钢、包钢、宝钢等在原料场建设的经验。

原料场是原燃料储存、处理和输送的主体，是钢铁企业散装料储存处理和厂内物流集散中心，每年要承担钢企生产量近3倍的原燃料储存处理和厂内物流运输作业，是钢企厂内运输物流成本的重要组成部分，同时也是粉尘污染的重要环节。据资料显示，采用露天料场的原燃料年损耗量约占年总受料量的0.5%~2%，在风力较大和雨水较多的地区损耗更多。

现代化原料场通过科学堆料和取料，可以使原料成分更加稳定。有数据表明，含铁原料品位波动降低0.1%，烧结矿产量可增加0.28%，生铁产量增加0.3%~0.6%，烧结固体燃料消耗降低0.6%~1.2%，入炉焦比降低0.2%~0.46%，炉尘量降低0.8%。由此可见，物料的混匀对提高技术经济指标，节约能源，获得最佳的经济效益有非常显著的作用。国内领先水平指标是TFe波动不大于±0.4%。表2-1为我国部分钢铁企业混匀矿品位波动情况。

表2-1 我国部分钢铁企业混匀矿品位波动情况

序号	企业名称	波动范围/%
1	宝钢	≤±0.23
2	武钢	≤±0.26
3	济钢	≤±0.27
4	马钢	≤±0.40
5	湘钢	≤±0.45
6	邯钢	≤±0.50
7	莱钢	≤±0.50

随着生产成本的精细化管理以及国家、行业对环保降耗和节能减排的严格要求，原料的环保储存和节能降耗已备受行业关注，环保储存技术已然成为行业所需

和长远发展趋势。这也符合炼铁生产的高效、低耗、优质、环保、长寿的发展方向。因此，作为冶金生产的首道工序，现代化原料场的选择与使用尤为重要，综合考虑企业健康、高效、可持续发展及清洁生产要求，其原料场定义为绿色原料场。

2.1　绿色原料场工艺简述

绿色原料场是一个集工艺、设备、环保等先进技术于一体的加工配送中心。它主要承担全厂铁矿石、焦炭、煤粉、熔剂等主辅原料的统一卸料、堆料、储存、加工和配送，是炼铁工艺获得成分均匀的精料和高技术经济指标的必要生产单元。如图2-1所示为河钢绿色原料场工艺流程，该流程以当前生产工艺为基准，涉及各主体生产单元及河钢产能置换后的京唐港沿海基地料场规划与设计，未涉及流体输送系统、资源再利用体系；同时具备减少扬尘与污染物排放、降低能耗、提高二次资源利用率的能力，彰显绿色、可持续发展的环保理念。

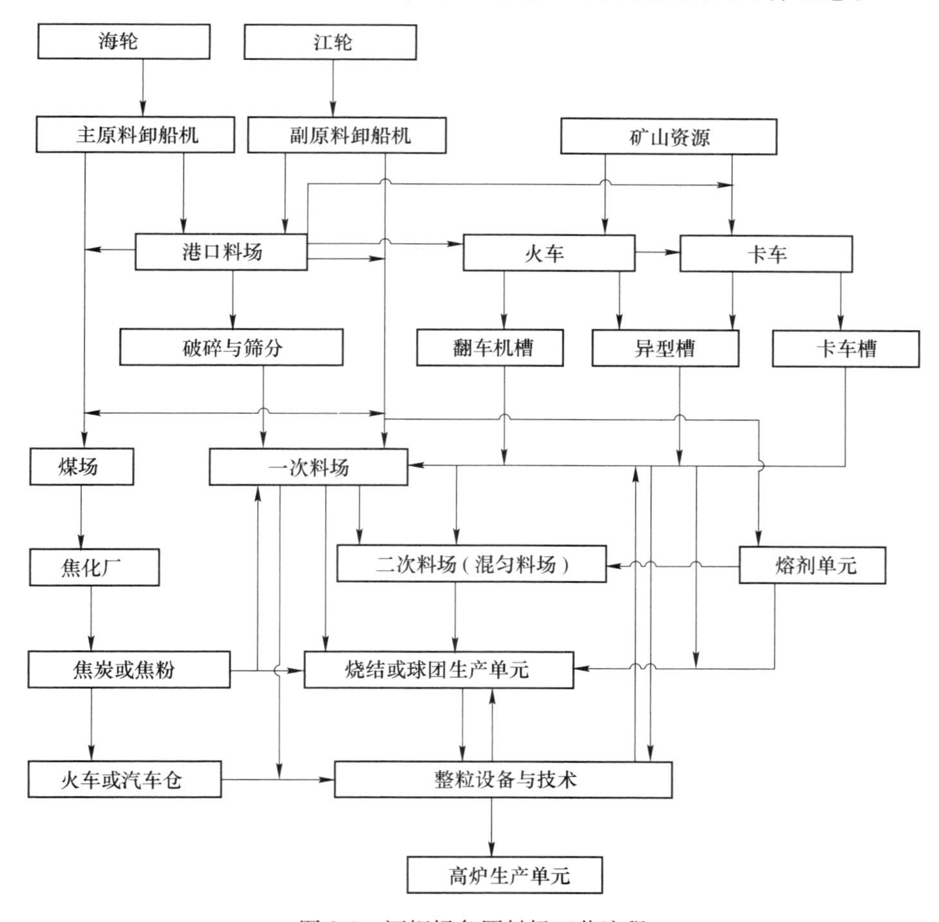

图2-1　河钢绿色原料场工艺流程

2.1.1　绿色原料场组成与特点

根据图 2-1，可知绿色原料场主要组成部分如下：

（1）受料部分：由水路受料系统、火车与汽车受料系统（针对矿山资源）、港口料场与火车汽车联合受料系统以及破碎筛分系统组成。

（2）本体：包括煤场、一次料场、二次料场（混匀料场）以及铁前半成品、成品落地场地等。

（3）供应部分：包括各料场之间、生产单元之间、料场与生产单元之间、内部返回系统物料的运送与存储。

（4）取样部分：包括港口与矿山取样（矿山样品）、进厂物料取样（进厂样品）、生产工艺过程取样（工艺样品）以及半成品与成品取样。

（5）整粒部分：主要包括球团矿与烧结矿整粒系统、块矿整粒系统、焦炭与煤粉整粒系统。

（6）资源再利用部分：包括铁前内部循环料（包括杂料）及除尘灰，轧钢系统生产过程产生的钢渣、除尘灰与污泥。

（7）除尘部分：包括运输过程扬尘控制系统、卸料与供应过程除尘控制，特别是卸料槽、皮带机头与机尾部分。

（8）电气及自动化部分：包括各类电动机、开关、仪表、控制设备、计算机以及数据采集与分析系统等部分。

（9）其他部分：即辅助部分，包括车辆、油库及其他影响料场生产部分。

综上所述，绿色原料场主要特点有：

（1）绿色原料场占地广、装机容量大、设备繁多且分散、能耗大。例如：河钢唐钢北区配备 6 个料条的一次料场、2 个料条的二次料场、2 个棚室煤场和多个熔燃仓库以及焦炭直供设备与系统，特别是站前铁路系统。其中包括堆料机 3 台，取料机 3 台，38 个汽车卸矿槽，2 台火车翻车机及其对应的卸矿槽，258 条皮带运输机群，装机容量 8000kW，电动机 800 多台。

（2）绿色原料场主要采取联锁控制的皮带运输方式，为提高自动化水平，皮带相互之间可能形成复杂的网络体系。

（3）绿色原料场进行统一的卸料、混匀、存储、整粒以及配送各生产单元，有效保证了高炉精料要求，即粒度与成分均匀、波动小、粉率低。

（4）绿色原料场可以采用先进技术与设备，为实现高水平的机械化、自动化创造了有利条件。

（5）在产能集中的绿色原料场生产条件下，除尘系统可以实现集中处理，在有条件的企业，也可实现熔剂、除尘灰与精粉的液相输送及气相输送技术，有效抑制扬尘，降低大气污染。

（6）绿色原料场是处理铁前系统杂料与除尘灰、轧钢系统废弃物（主要包括转炉钢渣、转炉除尘灰粗灰、净化污泥粗颗粒）的高效场所。

2.1.2 唐钢原料场主要设备

2.1.2.1 带式输送机

带式输送机是一种在绿色原料场广泛应用的连续输送机，是以输送带为牵引机构和承载机构，利用托辊支撑，依靠传动滚筒与输送带之间的摩擦力传递引力的输送设备。

2.1.2.2 取料、堆料机

斗轮式取料、堆料机适用于大型原料场，可以完成大量散装物料的堆放与取料作业，是我国原料场新型的堆料与取料设备。图 2-2 是河钢唐钢本部北区一次料场采用的斗轮式取料、堆料机示意图，其主要技术参数见表 2-2。

表 2-2 唐钢北区一次料场斗轮式取料、堆料机技术参数

项　目	回转半径/m	输送能力/$t \cdot h^{-1}$	行走速度/$m \cdot min^{-1}$	回转角度/(°)	物料品种
一次料场堆料机	36	1200	7~30	135	单品种
一次料场取料机	40	1800	0~30	150~175	单品种

图 2-2 河钢唐钢本部一次料场堆料、取料机

最近几年，随着技术进步，为减小原料场设备数量，降低投资，出现了新型斗轮机，即斗轮式堆取料机，其特点是既能进行堆料作业，又能进行取料作业，堆料能力是取料能力的两倍。目前主要有两种类型：DQ 型斗轮式堆取料机、KL 型斗轮式堆取料机。

2.1.2.3　翻车机

翻车机是大型原料场翻卸火车单车车辆的重要进料设备，主要用于翻卸矿石、精粉、焦炭、煤粉等原燃料。主要存在两种形式翻车机：机械式翻车机和液压式翻车机。

唐钢结合自身情况在炼铁部北区采用两套液压式翻车机（如图 2-3 所示），可实现日翻 5 列火车，即 15000t 矿粉资源。

图 2-3　唐钢进料车间翻车机

2.1.2.4　桥式抓斗起重机

桥式抓斗起重机用来搬运块状、粒状或者粉状松散物料，其特点是劳动强度低、生产效率高、操作方便、适用范围广。图 2-4 为唐钢桥式抓斗起重机。

图 2-4　唐钢桥式抓斗起重机

2.1.2.5　给料设备

给料设备是短途输送设备，主要用于储仓、筒仓或料斗的底部排出物料，并将物料转运至输送机，或者调节进入加工设备的物料量。常用的给料机形式有：

带式给料机、板式给料机、槽式往复给料机、圆盘给料机、螺旋给料机、星形给料机、电磁振动给料机及惯性振动给料机。唐钢原料系统以带式给料机、圆盘给料机为主，焦炭输送则采用电磁振动给料机。

2.2 原料场类型及相关技术

2.2.1 A 型原料场

传统露天机械长型原料场因其料堆断面形状似字母“A”，故称为 A 型料场。冶金行业广泛用作矿石、煤、焦炭、副原料、混匀矿等原料的存储，工艺设备主要包括堆取料设备和胶带运输机，根据实际需要可选用悬臂式、门式、桥式、滚筒式等不同形式的堆取设备进行堆取料作业。图 2-5 为唐钢炼铁部北区原始原料场。

图 2-5 唐钢炼铁部北区原始原料场

由于在散状物料的储存和处理方面工艺布置灵活、技术成熟、设备可靠性高、土建及其他配套设施成熟，A 型料场得到了广泛的应用。但 A 型料场存在较多缺点，即环境污染大、物料消耗高、物料防汛防冻困难等。因此，应用该型料场的企业广泛采取了一系列措施降尘，即洒水抑尘、喷洒抑尘剂、防风网抑尘、苫盖等措施。

2.2.2 B 型原料场

B 型原料场属于封闭式长型原料存储技术，是在 A 型露天料场基础上增加了封闭厂房。为了节约用地，减少厂房跨度，便于布置与施工，通常将相邻的两个料条作为一个整体进行封闭，成对布置时断面形似字母“B”，故称为 B 型原料场，其取料设备及布置如图 2-6 所示。

B 型原料场可根据实际需要进行单跨、双跨或者多跨连续布置。随着对环保降耗的重视与关注，在风力与雨水影响严重的地区，B 型原料场将得到广泛应用。但 B 型原料场也存在自身的局限，即占地面积大。

2.2.3　C 型原料场

C 型原料场为长型隔断式封闭料场，料场采用大跨度轻型钢结构。物料经胶带输送机从顶部输入，经小型堆料设备进行卸料和堆料作业，采用门式、半门式或桥式刮板取料机进行取料作业，根据物料品种和生产需要可将料堆沿横向和纵向进行分格堆存，可对物料进行分类堆存和管理，因物料分格形似字母“C”，故称为 C 型料场，其工艺布置如图 2-7 所示。

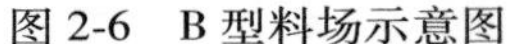
图 2-6　B 型料场示意图

图 2-7　C 型料场示意图

C 型料场由两个料场加盖组成，两料场间及料堆间采用挡墙分隔，料堆堆高最大可达 30m，挡墙的设置可提高料堆高度和单位面积的储量。半门式刮板取料机与现有斗轮式取料机是两种截然不同的取料设备，它主要由行走机构、门架机构、悬臂取料机构组成，通过两侧链条传动，带动一组耐磨材质刮板进行取料作业，通过调整悬臂角度来适应物料堆积表面，实现连续取料。C 型料场主要工艺设施包括：料条、堆料胶带机、卸（堆）料用卸矿车、刮板取料机和胶带机等。卸矿车和输入胶带机设置在料条顶部平台上，每个料条由 1 条胶带机输入并设置 1 台卸矿车卸料和堆料。取料时，每个料条由对应的半门式刮板取料机取出，经地面胶带机输出。

2.2.4　D 型原料场

D 型料场即圆形封闭料场，采用顶部栈桥胶带机进料，悬臂堆料机堆料，底部设中心落料斗，门架式刮板取料机取料。该因其断面形似字母“D”，故称为 D 型原料场。D 型环保料场由环形混凝土侧挡墙、半球形网壳结构、顶部栈桥进料胶带机、D 型料场堆取料机（主要含中心立柱、悬臂堆料机、门架式刮板取料机）、中心落料斗、给料设备、输出胶带机等设施组成。D 型料场如图 2-8 所示。

D 型料场内堆取料设备采取堆取合一形式，堆、取可分开作业。堆料时，物料从顶输入，通过圆形堆料机将物料堆积为以堆料机立柱为圆心的环形料堆；取料时，采用斗轮取料机或半门式刮板取料机，经圆形料场中部给到胶带机上输出。圆形料场可用于物料的一次堆存和混匀堆料，通过在料场四周设置挡墙，可以提高储量。

2.2.5 E 型原料场

E 型原料场为筒仓技术，当把成群出现的筒仓简化为一条分支线后形似字母“E”，故称为 E 型原料场，设计图如图 2-9 所示。

图 2-8 D 型料场示意图

图 2-9 E 型料场示意图

筒仓上部采用胶带机输入，并在筒仓群上部设置胶带机和移动卸料设备，向筒仓内卸料。仓内物料经筒仓底部给料机放出，通过筒仓底部的胶带输送机输出，比较常用的给料机有旋转给料机和圆盘给料机，两者都采用变频控制。E 型料场单位储量占地面积少，可分段实施，具有可扩展的优势；但由于筒仓非常高，重心高，高径比大，因此筒仓的土建和结构工程量大。

原料场储存形式与场地、运用范围、储存量、工艺布置等密切相关，通过对以上 5 种原料场的简要分析可知其各有差异，见表 2-3。

表 2-3 不同类型原料场的对比分析

料场形式	A 型	B 型	C 型	D 型	E 型
运用范围	矿石、煤粉	矿石、煤粉	矿石、煤粉	煤粉、混匀矿	煤粉
料场工艺	无要求	料条成对布置，堆宽不宜太宽	顶部输入，提升高度高、工艺影响大	顶部输入，提升高度较高、料场布置独立	常以筒仓群的形式存在
单位储量 /t·m^{-2}	1.05~1.10	1.0	2.0~2.5	1.5~2.0	2.7~3.2
优点	工艺简单，设备成熟可靠	节能环保，污染小，其他同 A 型	节能环保，污染小，单位面积储量高	节能环保，污染小，单位面积储量高，堆取作业分开	节能环保，污染小，工艺简单，单位面积储量高
缺点	扬尘大，料耗损失高，单位面积储量低，气候影响大	单位面积储量小，堆取设备灵活性差	固定堆积，适应性差，刮板不耐磨，卸料点落差大	不适用多品种，卸料点落差大，易扬尘，刮板易磨损	适应范围窄，建设投资高

2.2.6 自动化技术在原料场中的应用

结合原料场的组成与特点，原料场的自动化系统和控制方式均采用集中控制和集中监视的方式，即统一在中央操作室控制和监视。同时对分散设备的控制，为了节省电缆，便于维修，将设备按区域划分，设置多个电气室和个别操作室。现代化原料场信息自动化系统主要有两种类型：

（1）具有基础自动化和过程自动化并上联制造执行级（MES）的三级自动化系统。目前具有代表性的企业有：宝钢、唐钢、马钢等大型企业，该系统由于设有过程自动化，不仅自动化程度较高，而且能装载数学模型、编辑计划、执行各种优化和先进控制，从而实现节能、高效生产的目的。

（2）仅具有基础自动化系统。主要用于中型钢铁企业，系统投资低，包括铁路受卸系统、原料输入与输出系统、储料系统、混匀系统、供应及返回系统。例如天津钢铁公司、重钢、酒钢等钢铁企业。

2.2.7 环保技术在原料场中的应用

2.2.7.1 除尘技术

原料场生产过程中产生的粉尘有许多特性，与粉尘控制技术有关的主要特性有游离二氧化硅含量、密度、安息角、黏附性、湿润性、磨损性、荷电性和比电阻等。从工业卫生角度出发，各种粉尘对人体都是有害的，粉尘的化学成分及其在空气中的浓度，直接决定对人体的危害程度，因此必须严格抑制粉尘。目前最有效的除尘方法就是在生产过程中采用除尘器除尘，根据除尘机理，可分为机械式除尘器、过滤式除尘器、湿式除尘器和静电除尘器。

2.2.7.2 抑制扬尘技术

针对原料场扬尘产生的位置与特点，不考虑封闭技术的影响，主要抑制扬尘的技术与措施有：

（1）通用方法：倒驳车自动清洗，清除卡车黏附料；喷枪洒水，保持料面湿润，形成保护层；原料场增建防尘网，降低扬尘与阻挡粉尘进入；开发清扫器并封闭皮带机；选择合理的堆积方法，既降低扬尘，又减少了浪费。

（2）胶带机通廊及转运站封闭技术：该技术可以减少物料在运输过程中扬尘扩散，避免胶带机故障跑偏而造成的物料直接洒落路面污染环境，洒落在通廊中的物料可以直接收回到皮带，使物料输送过程中落料影响环境的问题得到根本解决。

（3）微雾抑尘技术：通过高频振荡或者高压空气将水打散或者吹散，使得微雾颗粒与粉尘颗粒大小接近一致，密度相近，两者充分凝结、结核，达到瞬间降尘的目的。

（4）喷雾炮技术：通过将水箱中的水经过雾化后，由高压风机喷出，水雾颗粒细小，喷洒面积大，吸附力更强，可以锁定细小的粉尘颗粒浓度，且可以随时调整喷洒方向，便于操作。

（5）其他技术：无动力除尘技术、皮带冲洗箱技术等在其他领域应用的技术，可以引入到原料场中吸收、改进与应用。

2.2.7.3 流体输送技术

在绿色原料场生产过程中，常常需将流体从低处输送到高处，或者从低压区输送到高压区，或者沿管道输送到远处。这些过程都不能自动发生，必须对流体加入外力，以克服流体的流动阻力，补充输送流体时所损耗的能量。输送流体的种类很多，流体的性质、温度、压力、流量以及所需要的能量都存在很大差别，为满足不同的需求，需要设计不同结构和特性的流体输送设备。

通常情况下，流体的输送设备按照工作原理不同分为三类：叶轮式、容积式及其他类型（不属于上述两种类型）。由于气体与液体不同，气体具有压缩性，通常把输送液体的设备称为泵，把输送气体的设备按不同的情况分别称为通风机、鼓风机、压缩机和真空泵。

流体输送技术在绿色原料场中的应用，可以有效抑制物料在倒运与运输过程中产生的扬尘，是一种高效的绿色环保技术。主要表现有：熔剂罐车气相输送技术、炼钢污泥液相输送技术、精粉管道输送技术。

2.2.8 未来原料场发展方向

未来大型钢铁联合企业的绿色原料场，是一个绿色物流管理中心，应具备高度的机械化、自动化、信息化、智能化、可视化水平，主要发展方向如下：

（1）推动先进技术在绿色原料场中的集中应用，例如斗轮堆取料机与大型胶带运输机的有机结合，有效地提升了运输体系的机械化水平；整粒技术的广泛应用；以及先进的检测检验控制技术等。

（2）由于绿色原料场是一个原料处理的储存与倒运中心，必须强化物料运输、倒运技术，优化物流组织，根据当前及长远发展需要，火车运输能力的提升与流体输送技术需要引起企业的高度重视。

（3）为适应环保要求，降低污染，抑制扬尘，与企业发展相结合，合理、高效选择除尘技术与抑尘方法，争取彻底解决扬尘排放问题，实现物料储存、加工全流程、全封闭，实现煤进仓、矿进棚。较好的配套方案有：B+C+E、C+D+E 或者其他合理组合方式。

(4) 绿色原料场不仅是一个物流运输中心，而且应具备处理含铁废弃物、含 CaO 废料等杂料的处理中心，成为钢铁联合企业资源再利用技术的平台。

(5) 未来的绿色原料场，应更多地采用自动化、信息化、智能化、可视化技术，强化基础管理，方便操作，提高运行效率。

2.3　长形封闭料场内部的粉尘防控

长形封闭料场较传统的露天料场具有单位面积贮量大、占地小、物料损耗小和便于物料分类分堆贮存等优点，目前已在钢铁、煤电、水泥等行业的原料贮存系统中得到广泛应用。下面是中冶赛迪工程技术股份有限公司对长形封闭料场内部粉尘防控的研究成果。

2.3.1　长形封闭料场工艺布置

长形封闭料场的土建部分主要包括中间挡墙、横向隔墙、卸矿车平台和顶棚等，工艺设备主要包括顶部卸矿车、卸料胶带机以及两侧的刮板取料机和取料胶带机等。其中，中间挡墙沿料场长度方向布置，横向隔墙则垂直于中间挡墙布置，从而将料条沿长度分成一定数量的储料格，横向隔墙的具体数量可根据物料品种和贮存时间确定。外部来料需要堆存时，通过布置在长形料场顶部的卸料胶带机和卸矿车输送至各个贮料格堆存；取料时，则通过布置在两侧的半门式刮板取料机和取料胶带机取出。其典型的工艺布置平面和断面图、内部结构（实物）分别见图 2-10 和图 2-11。

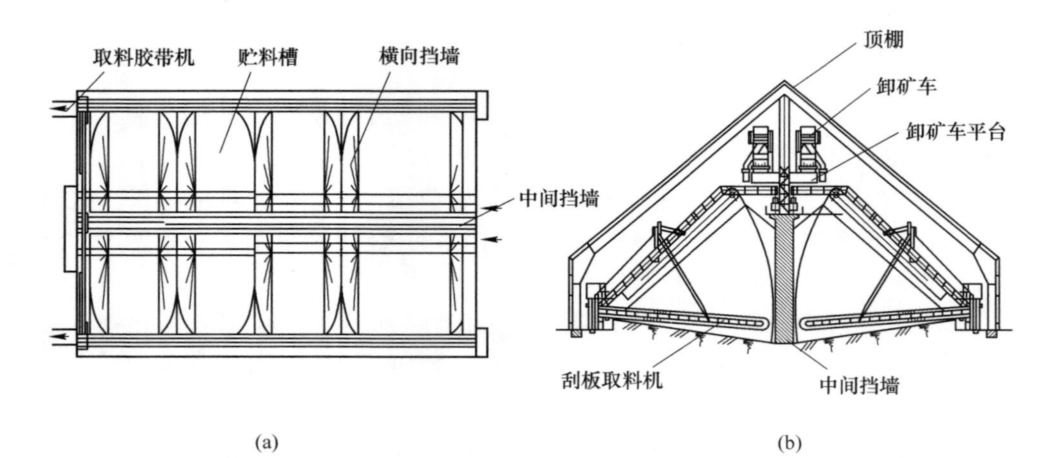

图 2-10　长形封闭料场平面和断面图
(a) 平面布置图；(b) 断面布置图

图 2-11 长形封闭料场内部结构实物图

2.3.2 长形封闭料场内部产生粉尘的原因分析

根据长形封闭料场的工艺布置特点与实际运行情况，其内部产生粉尘的原因主要有以下几方面：

(1) 由于料堆贮量大，堆高较高，顶部卸矿车所在的平台较高，在卸料过程中由于落差产生诱导气流，诱导物料产生粉尘并在外界风力作用下自由分散在卸料区域，从而造成卸矿车在向各个料格卸料时产生较大扬尘。

(2) 由于落差较大，堆料初期堆放铺底料时，物料落地反弹形成二次扬尘，造成落料点四周扬尘较大。但随着堆高增加，由此而产生的扬尘将逐渐减少。

(3) 物料经卸矿车输送或转运时，在卸矿车的卸料漏斗处易产生扬尘。

(4) 物料较干时，会在一定程度上造成料场内部粉尘浓度的增加。

2.3.3 长形封闭料场内部粉尘的防控措施

针对长形封闭料场内部的扬尘，可从工艺、除尘、给排水等方面采取必要的防控措施，使之得到有效抑制。

2.3.3.1 工艺设计措施

(1) 在满足贮量要求的前提下，尽量降低堆料卸矿车平台高度，从而降低物料转运落差。

(2) 将长形封闭料场两端部的山墙封闭，减少因穿堂风引起气流扰动造成的扬尘。

(3) 对于粒度细且水分低的粉状干料，工艺布置时尽量不要堆存在长形封闭料场内（可考虑贮存在落差相对较小的敞开料场内），以降低料场内部的扬尘。

（4）在每个横向隔墙上设置固定射雾器，射雾器的扬程和回转角度要求能将这两个隔墙间的料格全部覆盖，以保证卸矿车卸料时，水雾能将该料格整个覆盖，从而降低扬尘。射雾器的平面布置图和断面布置图见图 2-12。对于遇水即发生性质改变和对水分控制比较严格的物料，不宜采用射雾器。

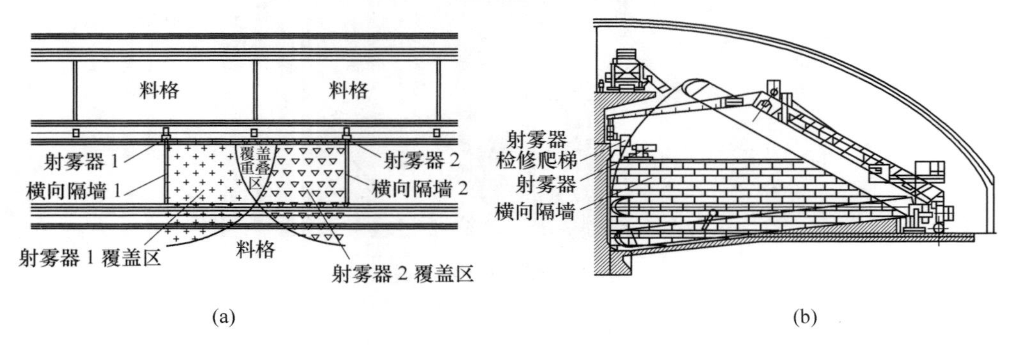

图 2-12　射雾器平面布置图和断面布置图
（a）平面布置图；（b）断面布置图

2. 3. 3. 2　工艺设备措施

（1）采用自带干雾抑尘装置的卸矿车卸料。这种形式的卸矿车上配备有干雾机、喷雾器、空压机、贮水箱、电伴热系统、增压泵、水气连接管线和自动控制线路等。在卸料溜槽出口四周和溜槽顶部均设有一定数量的喷头，喷头产生的水雾颗粒与粉尘颗粒大小接近，粉尘颗粒随气流运动时与水雾颗粒碰撞、接触而黏结在一起，从而起到降尘作用。该设备能有效抑制粉尘产生点处的扬尘，避免粉尘进一步扩散，抑尘效果较好。

（2）采用带伸缩溜管的卸矿车进行堆料作业。这种形式的卸矿车，其溜管可根据需要伸缩，使溜管口到料堆表面的距离始终保持很小（利用料位计测距），能有效降低落差较大引起的二次扬尘。

（3）采用带缓冲挡板的卸矿车进行堆料作业。普通卸矿车卸料溜槽末端多为直端，在输送物料时无缓冲，使得物料落下冲击较大，卸块状物料时易导致物料粉碎，卸粉状物料时则易产生扬尘。带缓冲挡板的卸矿车可有效缓冲物料的冲击，降低块状物料的粉碎率，同时可束拢物料，降低物料流速，减少物料冲击引起的二次扬尘，从而降低卸料过程中的扬尘。

2. 3. 3. 3　除尘措施

除上述措施外，为有效改善长形料场内部的扬尘，建议在进料场之前的各物料转运点采用干雾抑尘来代替传统的干式或湿式除尘。

20世纪80年代发展起来的干雾抑尘技术利用压缩空气冲击共振腔产生超声波，超声波把水雾化成浓密的、直径为1～20μm的微细雾滴，只要雾滴与粉尘颗粒相近就会相互吸附、凝结而沉降，从而实现抑尘。且由于干雾抑尘雾滴微细，耗水量少，抑尘后物料增湿仅为0.1%～0.5%，不会引起物料水分明显升高。所以，在长形封闭料场内部和进入料场前的物料转运站都建议使用干雾抑尘。尤其是进场前多次转运中经干雾抑尘，会在很大程度上降低物料在封闭料场内的扬尘。

2.3.3.4 给排水措施

（1）为保证每个隔墙上射雾器的供水，可在刮板取料机上轨道平台沿料场长度方向敷设一条供水主管，主管上设置一定数量的支管和阀门，分别与各横向隔墙上的射雾器相连，保证其供水。对于北方寒冷地区，还须考虑供水主管的保温措施。

（2）除在横向隔墙设置射雾器外，还可在刮板取料机上轨道平台设置一定数量的洒水喷枪。但由于受喷头性能和射程影响，其雾化和抑尘效果均不如射雾器。

2.4 圆形混匀料场应用的探讨

圆形混匀料场是在矩形混匀料场基础上发展起来的一种新型混匀料场，相对于同样储料能力的矩形料场而言，其占地面积更小，可节省大量用地；圆形料场易于实现料场封闭，使原料的风损减至最低；且具有物料防冻功能，能有效减少环境污染，为企业带来可观的经济效益和社会效益。因此，圆形混匀料场的应用，对于用地相对紧张的钢铁企业，尤其是老企业的扩能改造非常适用，对铁前物流的优化发展也有一定的积极影响。下面是中冶京诚工程技术有限公司对圆形混匀料场的研究成果。

2.4.1 圆形混匀料场的基本结构

圆形混匀料场的基本结构如图2-13所示，它是由位于料场中心的中心支柱、中柱顶部的来料栈桥、可在中柱上部回转的堆料装置、一端可绕中柱回转和另一端在圆形轨道上运行的取料装置、中心落料斗、出料带式输送机通廊、锥环型料堆以及料场外围的半球形网壳结构的料棚组成。物料经来料栈桥上的带式输送机输送到堆料装置的悬臂带式输送机上，再配合堆料悬臂的变幅和回转运动将物料堆至堆场中。取料装置在料堆的横断面方向布置，依靠行走、料耙和取料系统的联合动作，将物料取至中心卸料斗内，然后通过中心卸料斗下的出料带式输送机运出。

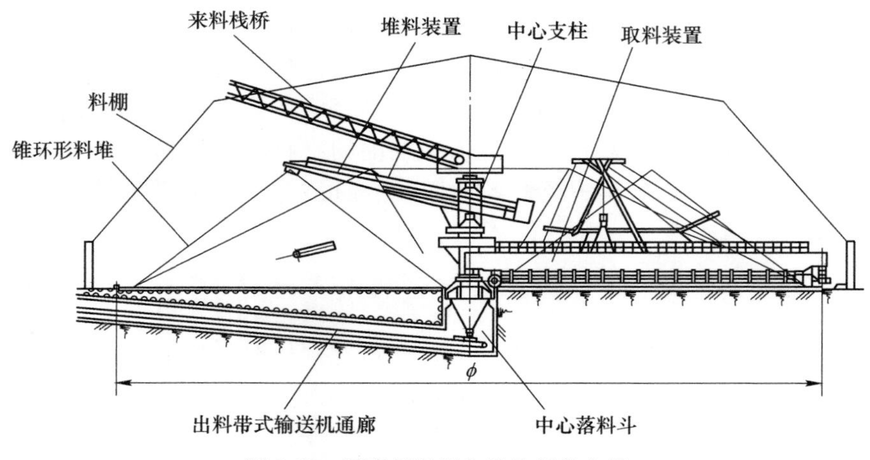

图 2-13 圆形料场混匀堆取料机布置

2.4.1.1 中心支柱

中心支柱位于料场的中心，结构如图 2-14 所示，主要由上部钢结构、下部钢结构、底座、上中下三个回转支撑组成。中心支柱的主要功能是起支撑和连接作用，其上部支撑来料栈桥，中部支撑堆料装置，下部支撑取料装置，底部连接中心落料斗，底座通过地脚螺栓固定在混凝土基础上。

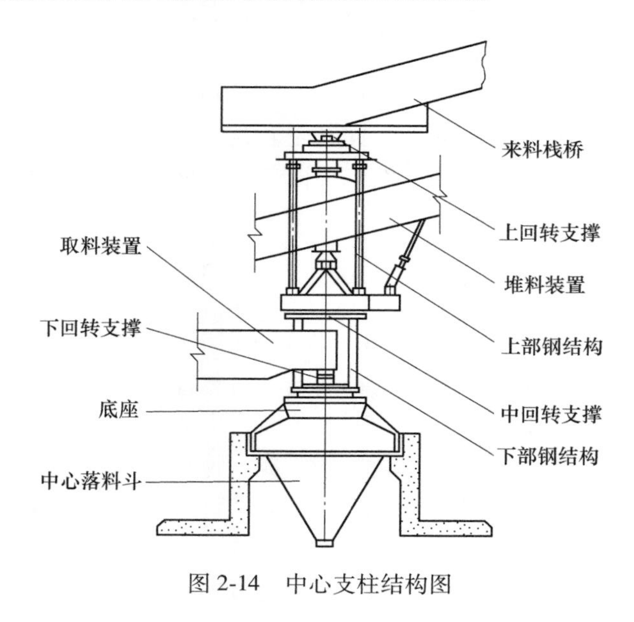

图 2-14 中心支柱结构图

2.4.1.2 堆料装置

堆料装置的结构如图 2-15 所示，主要由悬臂架、带式输送机、变幅机构和回转机构组成。悬臂架为双工字形板梁结构，其上安装有堆料带式输送机和堆料对中机构，下部与中心支柱的回转平台及变幅机构的液压缸铰接；回转机构安装在回转平台上，主要由绕线式电机、行星摆线针轮减速机和开式齿轮传动机构组成；变幅机构为液压驱动。堆料时，来料栈桥上的来料带式输送机将物料卸到堆料带式输送机上，堆料带式输送机借助悬臂架随回转机构回转，变幅机构和对中机构同时配合工作，将物料按预定轨迹输送至料场中。

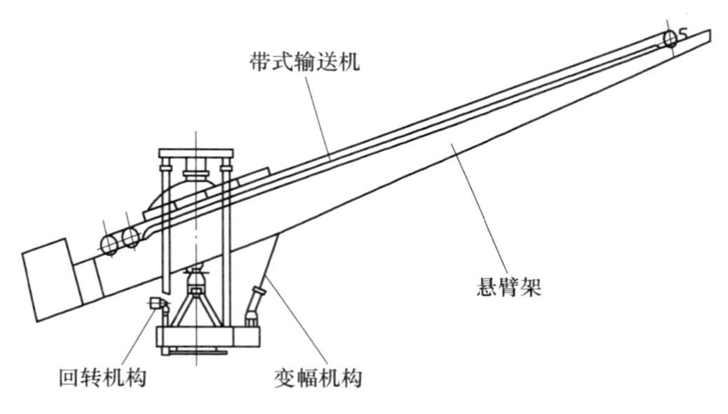

图 2-15 堆料装置结构图

2.4.1.3 取料装置

取料装置的结构见图 2-16，主要由箱形主梁、物料输送机构、料耙机构、端梁行走机构等组成。箱形主梁的一端与中心支柱的下回转支承铰接，另一端支撑

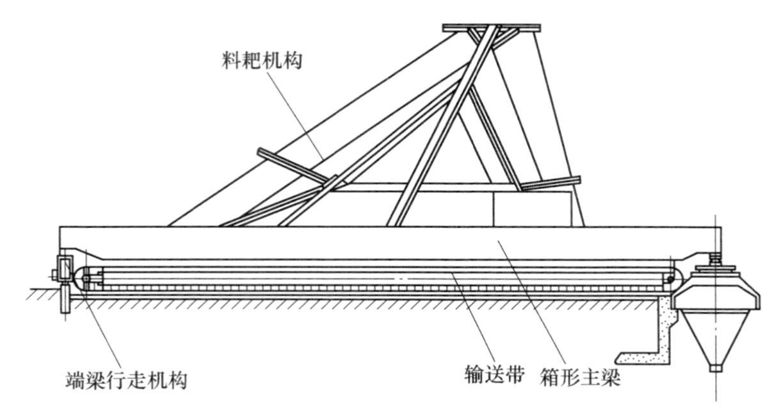

图 2-16 刮板式取料装置结构

在行走机构的端梁上。当端梁行走机构在圆形轨道上运行时，箱形主梁便绕中心支柱回转，从而完成取料进给运动。输送机构根据需要可设为刮板式、滚筒式或斗轮式，其共同特点是能够沿取料断面的全底宽进行取料输送。刮板式或滚筒式取料机的料耙为三角形结构，斗轮式取料机的料耙为矩形结构。料耙工作时以物料安息角覆盖在取料处的料堆断面上，其功能是使物料能沿料堆断面均匀下滑，给输送机构供料，避免料堆塌方。端梁行走机构和输送机构的驱动为变频调速方式，以方便调整取料量；料耙驱动可设置为液压驱动。

2.4.2 圆形混匀料场的工作原理和物料混匀工艺

圆形混匀料场采用“连续合成式”堆料法堆料，“全断面”取料法取料，以达到预定的混匀效果，稳定原料成分。“连续合成式”堆料法是指堆料装置在堆料时，堆料机悬臂架沿料场中心按规定的堆料区间（沿料堆中心线上的一段弧长L）沿着逐渐倾斜的料堆往复回转堆料，把预定层厚的物料堆放在料堆上。堆料臂架往复堆料1次，料堆增加2层，并向前回转一固定增量（ΔL），在下一个范围内连续堆放下一层物料。如此往复，从料堆断面看即形成一个多层均匀分布、不断向前平移的人字形料堆。

“全断面”取料法是指沿料堆横断面方向布置的取料装置靠料耙的作用，沿取料坡面将均匀溜下的每一横断面上的物料均匀取出。这样，在取料装置行走机构进行取料动作的作用下，逐个断面取出，使物料再一次得到均化，成为高混匀比的物料。

2.4.3 圆形混匀料场的特点

（1）结构紧凑，占地面积小。由于圆形混匀料场采用连续合成式的堆料工艺，堆料、储料和取料在同一个料条上，与普通矩形混匀料场相比，少了一个料堆，且堆、取料机集成为一台设备，因而占地面积大大减少，只相当于同等混匀能力的矩形料场的1/3~1/2。

（2）不会累积端堆效应。在采用人字形堆料法堆料的矩形混匀料场中，每个料堆都有两个呈半圆锥形的端部，称之为端堆。当取料机开始取料时，端堆部位的料层方向同取料机切面方向平行，因此取料机只能取到表面一层的物料，不能取到全断面所有料层的物料，达不到混匀的目的。而圆形混匀料场采用连续合成法堆料，端堆不会累积，因此取料机每次取出的物料都是含有多层堆料的混匀物料，混匀效果优于前者。

（3）可减少风损，节约资源功效显著。据有关资料统计，中国多数钢铁企业每年因刮风扬尘造成原料流失和损耗占原料总量的2%~4%，而原料成本约占企业生产成本的50%。圆形混匀料场体积小，堆取料机等设备布置紧凑，易于实现全封闭，最大限度地减少风损，给企业带来可观的经济效益。

（4）具有良好的环保功能。圆形混匀料场的封闭结构，可以防风、防雨、防冻，杜绝扬尘，实现零污染、零排放，很好地保护周边环境，且造型美观，环保性能十分突出，给企业带来较好的社会效益。

（5）增大料场直径，可减少原料波动影响。加大堆料区回转弧长，增加堆料区的储料能力，可以有效减轻原料进料波动对混匀效果的影响。因此，在混匀能力确定的条件下，设计中应尽量增大料场直径，扩大储料能力。国际上已有直径 122m 钢铁企业混匀料场应用。目前，德国 SCHADE 等公司正在研究直径 132m 以上的圆形料场设备。

2.5 青岛特钢综合原料场新技术应用实践

青岛特钢综合原料场是中冶东方工程技术有限公司自主研发的项目，主要特点是：采用先进的环保型封闭料棚、先进的装备及控制技术，建有先进的资源综合利用设施，全场实施物流管理系统。该综合原料场占地面积约 $32\times10^4m^2$，年受料量 1554 万吨。

2.5.1 环保封闭料棚技术

该综合原料场的最大亮点在于螺栓球节点网架结构，环保封闭料棚技术，隔断处设有防风抑尘网。其中储煤场封闭料棚网架长 585m 共分为四跨，每跨中间留 15m，跨度 82m，柱距 8m，立面为半圆形，网架高度 31m，网架投影面积为 $47970m^2$；混匀料场封闭料棚网架长 600m 共分为两跨，每跨中间留 30m，跨度 100m，柱距 8m，立面为半圆形，网架高度 29.3m，网架投影面积为 $60000m^2$。原料场实现储存、输送全流程封闭，彻底解决了料场的无组织排放问题。该综合原料场环保封闭料棚具体实施效益如下：

（1）环保达标：颗粒污染物排放小于 $15mg/m^3$；减少料场区域扬尘 95%。

（2）环保效益显著：1）具备防风、防雨和防冻功能，每年减少风雨引起的物料流损失 95%以上，年节约物料损耗约 5 万吨，年直接经济效益约 5000 万元；2）减少料堆表面洒水量 80%以上；3）清洁转运节省除尘能耗 50%以上，减少物料漏撒 90%以上。

2.5.2 资源综合利用技术

资源综合利用工艺技术主要解决全厂生产过程中产生的筛下粉料、除尘灰、氧化铁皮及各类固体杂料等含铁渣尘和全厂工业水等二次资源利用问题。具体有预配料技术、厂内返回料综合利用技术、水循环利用技术等。

2.5.2.1 预配料技术

该技术是各类精矿经原料场预配料室按一定配比预配料后于混匀料场进行造堆混匀后供烧结使用。可使混匀矿尽可能实现成分均匀，物化性能稳定，为烧结稳定生产提供必要条件。原料场主要有巴卡、巴粗、PB 粉、超特粉等精矿。预配料室设有 7 个料仓，料仓容积 400m^3/仓。仓下设有圆盘给料机、电子皮带秤等，可实现精确配料。年处理精矿约 633 万吨。

2.5.2.2 厂内返回料综合利用技术

厂内返料主要有各筛下粉料、除尘灰、氧化铁皮、撒料及各类固体杂料等，通过气力输送、汽运、皮带输送至厂内返回料间，经过配料、双螺旋加湿机润湿成混匀料，实现综合利用。厂内返回料系统能力 200t/h，年处理量 57 万吨，可回收利用含铁料 33 万吨。

2.5.2.3 水循环利用技术

原料场生产用水均为间断用水，平均水量 22m^3/h，其中新水量 2m^3/h，浓盐水量为 20m^3/h。原料场除尘风机采用水冷却方式，相应冷却水水质较好，外排则造成极大浪费，经冷却塔冷却处理，过滤后进行循环利用，不足时可补充新水；全厂浓盐水主要来自炼钢浓盐水，经管道输送至原料场沉淀池，经水泵增压输送至原料场喷淋系统，作为喷淋补充水实现再利用；原料场雨排水经排水沟等汇集进入沉淀池，经沉淀处理后，雨排水通过水泵加压输送至厂内返回料系统使用，雨排水中的矿渣沉淀晾晒后采用抓斗送至运输车返回原料场使用。

2.5.3 装备及控制技术

原料场涉及范围广、用户点多，各系统交错复杂，相应设备多，其主要装备及控制关键技术包括：大型堆取料机设备技术、胶带机伸缩头技术、除尘灰气力输送及加湿设备技术、自动化控制技术以及喷淋设备技术、水雾抑尘技术和全自动采制样机设备技术等。这些关键技术的成功应用，为原料场更进一步地实现智能化、数字化提供了保障。

2.5.3.1 大型堆取料机设备技术

综合原料场一次料场配备 4 台大型 DQL1500/6000.30.5 堆取料机，每两台采用共轨技术，双向可逆，对应前臂皮带采用变频调速方式；混匀料场配备 1 台 DBH1500.28.05 混匀堆料机，1 台 DH1300.33 混匀取料机。6 台大型设备全部实现系统 PLC 联锁控制，均配有车载无线对讲系统，行走位移检测数据采用非接触式格雷姆定位系统精确定位。堆取料机和混匀堆料机自带堆料喷洒水雾抑尘设施。各堆取料机设置自动防碰撞装置、堆料位置移动检测和料堆高度检测装置；相邻堆取料机采集刻度标尺精确定位系统、旋转角度、俯仰角度等数值进行计算，中控具有堆取料机防碰撞报警功能。

2.5.3.2 胶带机伸缩头技术

综合原料场共有8套胶带机伸缩头，采用多工位胶带机伸缩头技术，实现胶带机行程自补偿能力，不影响系统胶带机布置，实现多工位交叉作业，系统布置更为灵活，可最大限度降低转运站空间高度，节省系统胶带机长度，提高系统自动化程度，减少投资。

2.5.3.3 除尘灰气力输送及加湿设备技术

除尘灰主要采用仓式泵气力输送技术和罐车输送方式。仓式泵气力输送主要应用在距离原料场较近，约1km范围以内区域，其他采用汽车罐车输送至厂内返回料间再通过压缩空气输送至灰仓。各灰仓下部设有变频调速卸灰阀，采用双螺旋加湿机处理，实现除尘灰加湿搅拌均匀，顺利通过配料系统进入混匀堆场。其他固体物料则通过计量皮带秤参与配料后送入混匀堆场。

2.5.3.4 自动化控制技术

综合原料场实现部分智能化，其自动化控制技术主要包括堆、取料机自动定位系统、移动卸料小车格雷姆自动定位系统、水分检测计算机系统、预混匀配料系统、厂内返回料配料系统、移动设备与地面通信、工业电视监控、自动报警等各项新技术，从而全面提高料场自动化水平，稳定混合料成分偏差，提高混合料质量，为烧结提供精料，也为未来数字化综合原料场的实现提供必要条件。

2.5.3.5 其他技术

其他技术包括喷淋设备技术、水雾抑尘技术和全自动采制样机设备技术、红外水分在线检测技术、皮带秤在线技术等。

2.5.4 物流管理技术

青岛特钢成立专门物流管控中心，成功应用互联网+、大数据，将综合原料场至轧钢厂全流程信息纳入其中，实施全厂自有物流（原料至成品、车队、仓库、人员等）和港口等物流的配送信息与资源共享。优化资源配置，构建服务、监管、运营、采购、消费等多元化成分的大物流体系，建立健全完善的物流成本责任与绩效指标考核体系。总体其物流管理技术有以下五个优点：（1）降低物流成本，提升产品市场竞争力；（2）保障生产供给和产品销售渠道畅通；（3）规范进场物流、厂内物流、出厂物流，全面提高企业投入、产出总体运营效率，降低库存、盘活资金；（4）通过供应链物流管理提高企业的市场反应速度，提升企业竞争；（5）树立企业良好物流形象，创新自身品牌。

2.6　包钢综合原料场功能设计及特点

包钢新料场建成后，将承担老区（1 座 2200m³高炉、1 座 2500m³高炉、2 台 265m²烧结机）和新区（2 座 4150m³高炉、2 台 500m²烧结机、4 座 7m×60 孔焦炉、90 万吨石灰窑）所需全部原料的受卸、储存、破碎、混匀、供料以及部分区域成品的运输任务；年受料量 3000 万吨以上，在国内属特大型综合料场。

2.6.1　综合料场设计原则

新料场由受卸解冻系统、封闭储料场、整粒系统、混匀系统、供料系统、取制样系统等组成。主要工艺及物流见图 2-17。

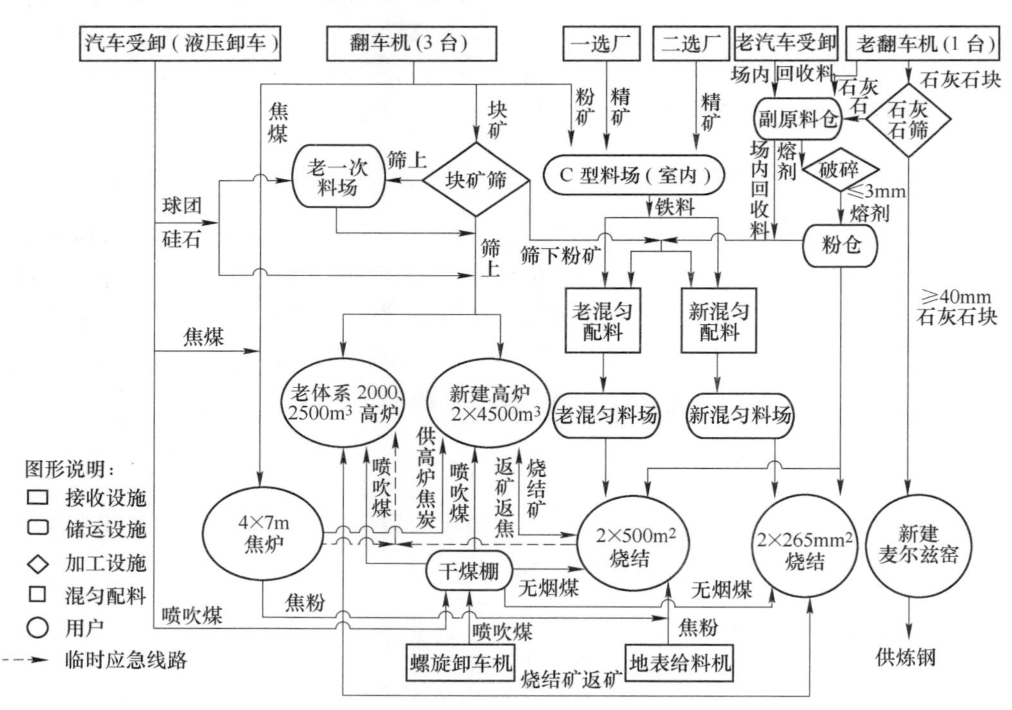

图 2-17　综合料场的工艺及物流

综合料场设计原则为：

（1）在原有综合料场的基础上，新增加相当于原有两倍的能力。

（2）根据用户规模及特点，对所需原燃料品种、数量、质量、运输方式等统筹考虑。

（3）在满足工艺要求的前提下，力求作业环节少，物料倒运次数少，设备规格型号尽可能一致。

（4）考虑到包钢铁精矿自产，且处于北方寒冷风大地区，绝大部分物料需设置封闭仓库贮存，同时兼顾物料周转周期设计仓库容积。

（5）借鉴国内外物料处理前沿技术，引进部分新工艺、新装备。

2.6.2 主要功能及特点

2.6.2.1 火车受卸解冻系统

火车受卸系统新设计3台“C”型折返式翻车机，两个翻车机室、一座解冻库（可同时解冻三列69节车皮）、两个火车自动取样间。1号、2号翻车机主要接收焦化用焦煤，3号翻车机接收粉矿、块矿。考虑到冬季车皮解冻后仍有冻块，三台翻车机配备3套切割式清箅机，破碎最大块尺寸1000mm×1000mm×800mm，解决冬季翻车人工清箅问题。考虑翻车物料品种多，来车车型杂，翻车机须满足可翻C60、C62A、C64、C70、C80等型号车皮的要求。

老体系翻车机作业率较低，故用其接收料量较少的烧结、高炉用辅料、焙烧用石灰石块等。为使大宗物料接收调度合理顺畅，1号、2号翻车机放在同一厂房内，3号翻车机单独设置一个厂房。

2.6.2.2 汽车受卸系统

A 集中受卸

考虑场内汽运对环境及厂内交通压力的影响，将所有汽运外购原料放到厂外接收，集中建设一个汽车受卸系统。汽车受料量约912.3万吨/年，主要有球团矿、硅石、白云石、焦煤等物料。烧结、高炉用部分原料采用自卸车直接卸入两列20个受卸槽内（见图2-18），外购原煤采用汽车液压卸车台（4台后翻、1台侧翻）卸入头部单列4个受料槽内（见图2-19）。受料槽上方设房顶，三面有墙，汽车卸车位置设防雨棚、防尘帘和卷帘门，并设置3套干雾抑尘器，抑尘效率达到95%以上。槽下输出系统采用头部伸缩皮带机，大大节省土建和设备投资。

B 焦粉接收

建设后期，由于方案变动导致烧结燃料用量不足，工期压力大，所以在焦化焦粉供烧结线路上增加了一套德国进口的汽车地表给料机和一套筒式加湿机，处理能力为100~250t/h。此设备具有的特点为：（1）直接从自卸卡车接收物料，无需（或需要很少）土建基础，大大节省了设备投资和建设周期；（2）宽皮带

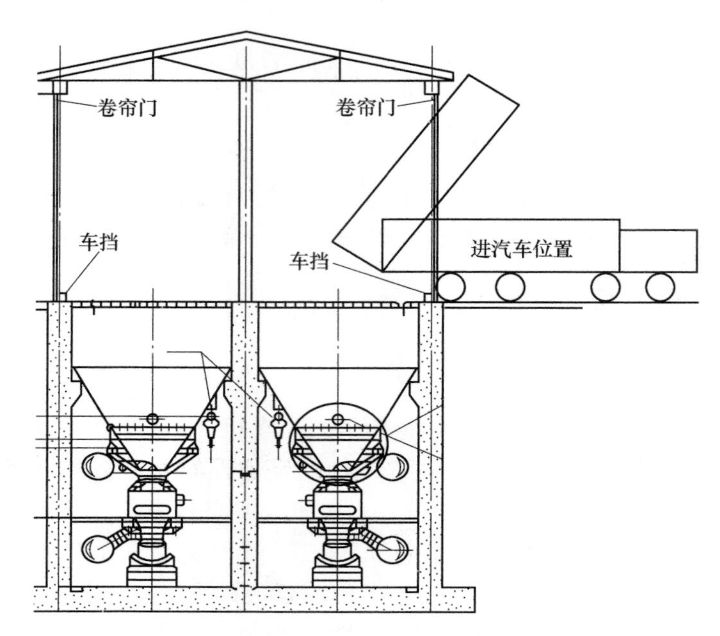

图 2-18　汽车直卸示意图

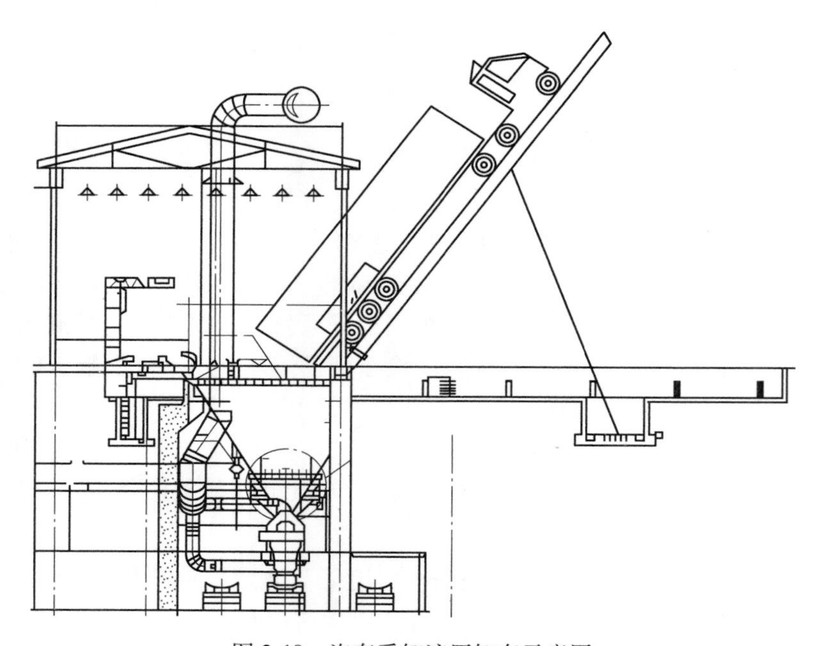

图 2-19　汽车受卸液压卸车示意图

能够快速接料，同时降低物料的下落速度，最大限度地减少扬尘；（3）宽皮带铆接在支撑梁上，由链条带动输送物料，同时和侧面密封条组成一个密闭系统，防止物料泄漏。

2.6.2.3 螺旋卸车系统

对原有的火车临时受料系统进行改造。考虑到冬季卸料困难，特增加两台门式截齿螺旋卸车机（见图 2-20），用于接收高炉用喷吹煤，卸料能力：普通煤约 400t/h；冻煤约 200t/h。

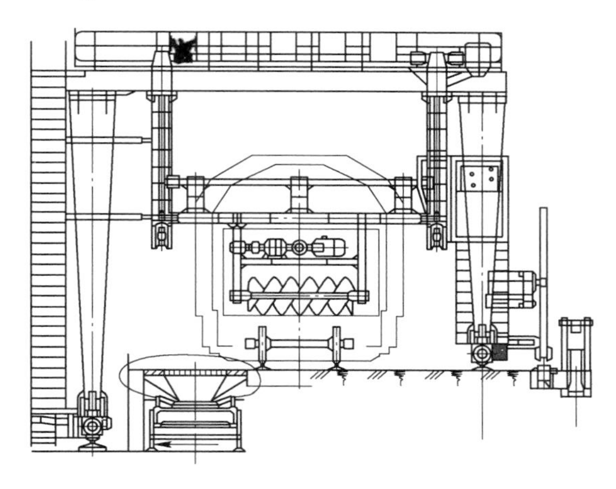

图 2-20 螺旋卸车机布置

2.6.2.4 供料皮带运输系统

该工程共设皮带机 142 条，总长达 26.4km。为保证运输系统长期稳定，在配置上较老体系有了很大提升，主要特点如下：（1）传动电机减速机均采用国内知名品牌；（2）除电气保护外，还采用全自动皮带调整轮装置，实现自动纠偏；（3）运输量大的接料点采用缓冲床；（4）采用维护量小、更换方便的陶瓷托辊。

鉴于蒙古精矿和石灰石块两种物料的输送线运距长、地形复杂、地下动力管网多，运输量大，设计采用了成熟可靠的长距离运输管带机。共设两条：一条从选矿厂到综合料场 C 型封闭料场，用于输送烧结用蒙古精矿；另一条从石灰石筛分站运输石灰石块（≥40mm）至麦尔兹窑。其配置见表 2-4。

表 2-4 管带机配置表

管带机名称	运输物料	运输距离/km	能力/$t \cdot h^{-1}$	年运输量/万吨
PC1	蒙古精矿	3.0（直线）	1200	500
PC2	石灰石块	1.54	1300	180

管带机具有以下特点：（1）根据之前包钢球团管带机运行经验，冬季管带机上料检修非常困难，主要是驱动力不足，故此次精矿管带机采用了头三尾一的驱动方式，石灰石管带机采用头二尾一。（2）考虑冬季钢丝绳胶带自然展开困难，头部过渡段 40m 以上，尽可能实现自然展开。

2. 6. 3　原料储运

2. 6. 3. 1　铁料储存

为改善区域环境和提高原料堆存质量，防止相邻堆场的物料在恶劣气候条件下发生混料现象，同时也为了减少暴雨冲刷和刮风等引起的损耗，该工程将铁料料场设计为 C 型 1 和 C 型 2 两跨封闭料场（见图 2-21），相应配备 4 台移动卸料车和 6 台半门型刮板取料机。料场共设 5 格，每格对称布置 2 个料条，取消中部隔墙，单边料条最大堆宽 28. 35m。C 型料场配置见表 2-5。

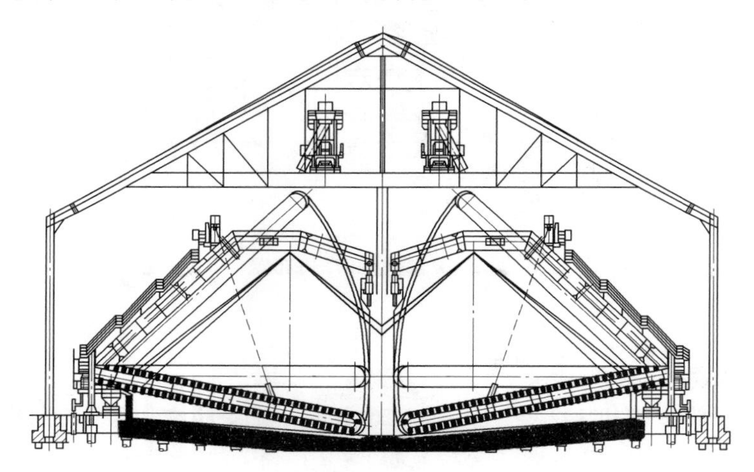

图 2-21　C 型料场布置

表 2-5　C 型料场配置表

封闭厂房宽 /m	有效储量 /万吨	最大堆料高度 /m	取料机能力 $/t \cdot h^{-1}$	移动卸料车能力 $/t \cdot h^{-1}$
75. 5	80	17	1300	1500

2. 6. 3. 2　辅料储存

新体系 $2\times500m^2$烧结机及老四烧（$2\times265m^2$）所需的石灰石粉年输入量为 70 万吨，白云石为 65 万吨，总量 135 万吨。由于这些物料进厂时粒度为 0～25mm，含有大量粉尘，对环境污染非常大，所以设计均采用封闭式料场。考虑到场地的合理利用及节省投资，决定将这两种物料堆放在老体系综合料场 F 料条，采用长形封闭料仓贮存，仓下配备 4 台进口的 BEW 移动旋转给料机（见图 2-22）、8 台活化给料机，具体见表 2-6。

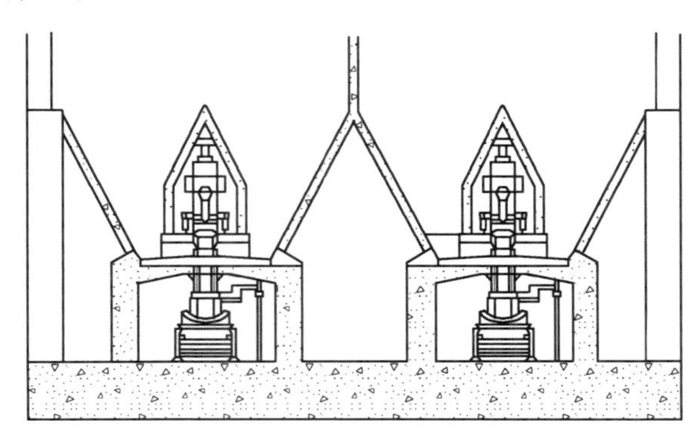

图 2-22　BEW 移动旋转给料机布置

表 2-6　副原料仓配置表

储存物料名称	总仓容/m^3	BEW 移动旋转给料机能力 /$t \cdot h^{-1}$	活化给料机能力 /$m^3 \cdot h^{-1}$	储量/t
石灰石、白云石、澳粉	54800	1250	750	94600

2.6.3.3　喷吹煤储存

利用原有的精矿仓库改作喷吹干煤棚，保留原有精矿仓的厂房和每跨两台 20t 桥式抓斗起重机，每跨再增加一台桥式抓斗起重机、三套定量配煤装置；改造和新建部分胶带机输入、输出设施。考虑到室内储煤的安全性，在干煤棚内设置防火墙分区存煤；并在隔墙和厂房内设置煤堆温度监测及火灾自动报警系统。为防止封闭料场内堆、取作业过程中的粉尘污染，干煤棚内还设置了浓雾抑尘装置，在卸料小车及室内各区域加设干雾抑尘装置，防止卸料过程中产生扬尘。干煤棚的主要配置列于表 2-7。

表 2-7　干煤棚配置表

主要用户	封闭厂房（长×宽）/m×m	储量 /万吨	使用天数	取料设备	配煤设备
2200m^3高炉 2500m^3高炉 2×4150m^3高炉	3 跨，30×204	8.5	14.5	9 台抓斗吊车	9 套定量配煤装置

2.6.4　铁矿石混匀

如图 2-23 所示，铁矿石混匀系统亦采用封闭厂房（长 450m×宽 107m），设置两个料条，采用 2 堆 2 制，配备 1 台混匀堆料机、2 台混匀取料机。料条宽 38m、堆高 14.3m，长 390m，每堆混匀矿贮量约 21.75 万吨，可满足 2 台 500m² 烧结机 8.4 天的用料。

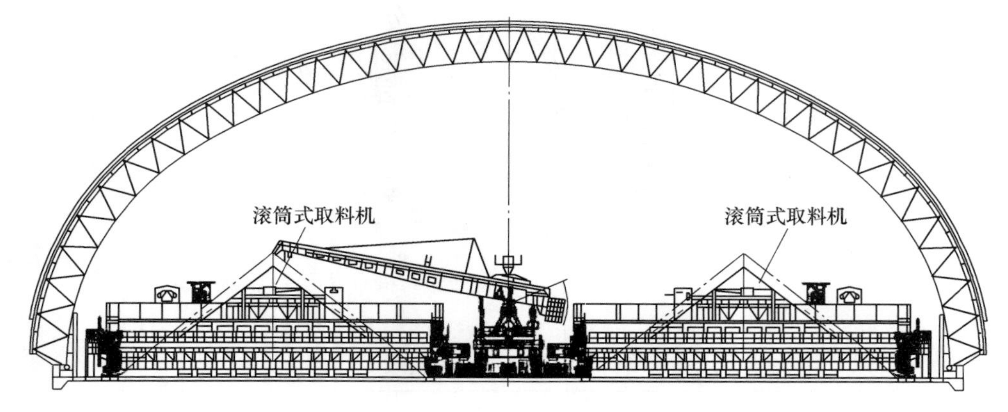

图 2-23　混匀料场布置图

2.6.5　整粒系统

整粒系统包括 2 台块矿筛、1 台石灰石块筛，6 台 PFCK 复合式反击破碎机用于破碎石灰石块。主要设备参数列于表 2-8。

表 2-8　整粒系统设备主要参数

设备名称	处理能力/$t \cdot h^{-1}$	处理物料	效率/%
块矿筛	1500	澳矿块	88
石灰石块筛	1250	石灰石块	90
破碎机	250	石灰石块	85

2.6.6　取制样系统

在原料接收相对集中的火车受卸、汽车受卸区域采用了全天候自动采样系统。系统自动破碎、缩分、包装后，化检验人员通过配备的读卡器读取包装袋上的 IC 卡信息（该信息与数据系统信息对应）即可辨别其来源等相关信息。在各厂际供料线路上均设计了自动采样装置，对取样频繁的大宗物料采取现场直接缩分、制样，风动送样至化检验中心，最大程度地减少取制样过程中人为因素的干扰。

2.7 宝钢原料场环保新技术的运用

宝钢原料场是世界上特大型原料场之一，负责股份直属厂95%以上原料的输入、储存、加工处理，并向高炉、烧结、炼焦、电厂、焙烧、炼钢六个用户单位进行物料输送，年作业总量在1.3亿吨以上。

2.7.1 皮带机通廊全封闭

原皮带机防尘措施采用的是机罩和适当洒水两种手段，但由于转运平台多，落差较大，密封性较差，扬尘现象严重。本次改造通过对胶带机通廊及转运站进行整体封闭，减少物料在输送过程中的扬尘，同时避免输送中物料洒落到地面，降低污染。洒落到通廊中的物料可直接回收至皮带，使物料输送环节的落料问题得到根本性解决。

2.7.2 回程管状皮带机

管状带式输送机是一种新型带式输送机，在装料区和卸料区，胶带打开呈槽形，装料或卸料后，胶带被环形托辊卷成圆形，管状形成后，呈六边形布置的托辊保持其管状（见图2-24）。回程段改管带是在管带机的基础上发展起来的，其利用了管带机回程段同样成管的特点，将输送带的承载面在回程段以圆管状包裹起来，这样就避免了承载面及物料与托辊接触，并且承载面无法暴露在环境下，从而减少了回程段沿线撒料与扬尘的条件。

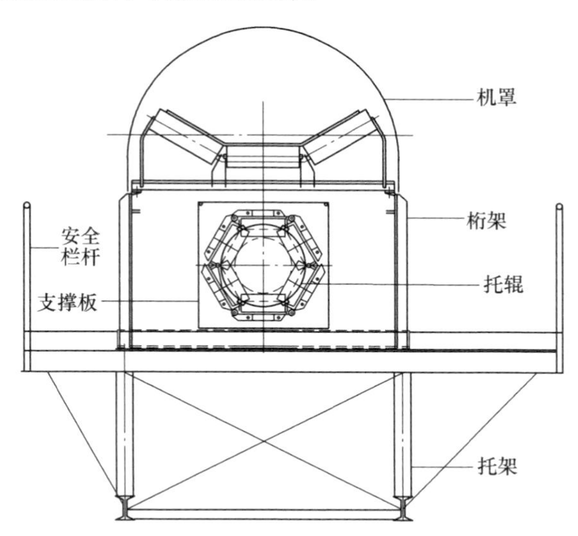

图2-24 回程管状皮带机典型布置图

2.7.3　环保型封闭料场

全门架封闭料场（见图 2-25）由全门架式堆取料机和门式轻型钢结构组成，其中全门架堆取料机是堆取合一设备，它与常见斗轮式堆取料机相比操作简单，易于实现全自动作业，且整机高度较低，可大幅降低棚的高度。门式轻型钢结构具有跨度较小，整体土建费用较低，施工周期较短的特点。

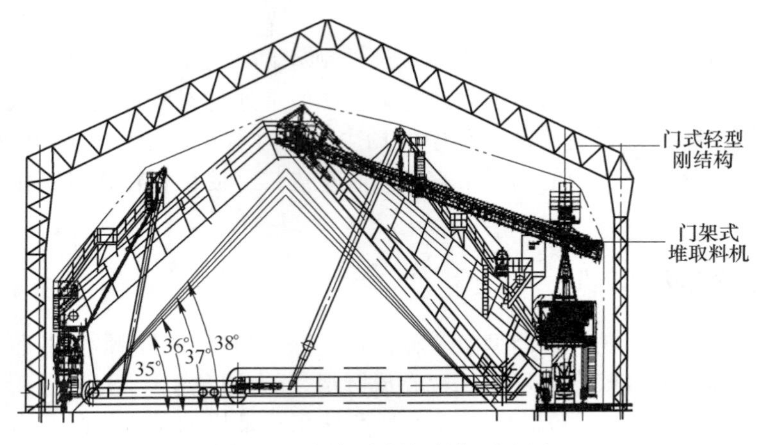

图 2-25　门架式封闭料场示意图

2.7.4　微雾抑尘技术

微雾抑尘系统是用超声波将水珠颗粒“破碎”成 10μm 以下的雾，对悬浮在空气中的粉尘特别是直径在 10μm 以下的可吸入颗粒和 2.5μm 以下的可入肺颗粒进行有效的吸附，使粉尘受重力作用而沉降。其除尘的原理是在粉尘产生的源头对粉尘进行有效吸附而沉降，不会产生二次污染，无须进行再处理。

微雾抑尘系统（见图 2-26）包含有微雾抑尘机、末端雾化器、雾化控制器、配电箱、现场控制箱、自动反冲洗水过滤器、空气压缩机、储气罐等。

2.7.5　远程射雾器技术

远程射雾器技术（见图 2-27）是以空气动力学、流体力学原理为理论基础，通过风机、风筒和水泵等部件将雾化的水珠颗粒抛射至起尘点，在水珠颗粒与粉尘颗粒吸附、凝结的过程中自然沉降。其抑尘机理是通过增加环境空气的饱和湿度使物料不易扬尘，并利用小于 150μm 的水珠颗粒吸附含尘气体中的粉尘，在重力的作用下自然沉降，从而起到防尘、抑尘的作用。远程射雾器具有的特点有：（1）射程远、穿透性好、单位用水量少；（2）采用自动化控制，操作简单、安全方便；（3）抑尘效率高，投资成本少，性能稳定，安全可靠。

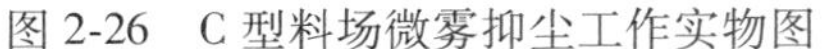

图 2-26 C 型料场微雾抑尘工作实物图

图 2-27 远程射雾器实物图

2.7.6 实施效果

（1）转运站、皮带机通廊实现封闭，减少了皮带机沿线落矿。

（2）有效改善区域及周边环境，减轻环境负荷，粉尘无组织排放控制在 1.0mg/m^{3}以内。

（3）实现料堆储存的全封闭，减少因物料扬尘和雨水带来的物料流失，物料损耗率由 0.66%降至 0.36%以下。

参 考 文 献

[1] 于勇，王新东. 钢铁工业绿色工艺技术［M］. 北京：冶金工业出版社，2017：8~30.

[2] 张毅，李刚. 环保型封闭式料场及其在宝钢原料场改造中的应用［J］. 烧结球团，2014（4）：47~49.

[3] 王亚伟，陈尚伦，王沛庆，等. 浅谈长形封闭料场内部的粉尘防控［J］. 烧结球团，2013（4）：48~50.

[4] 宋宝华. 圆形混匀料场及其在烧结原料混匀中应用的探讨［J］. 烧结球团，2012（1）：49~54.

[5] 康兴东，王东. 现代综合原料场新技术应用实践［J］. 烧结球团，2017（2）：57~61.

[6] 边美柱，全子伟，刘曙光，等. 包钢综合原料场功能设计及特点［J］. 烧结球团，2014（2）：35~39.

[7] 张毅. 宝钢原料场改造新技术的运用［J］. 烧结球团，2017（4）：41~43.

3 清洁烧结生产

【本章提要】

本章概括地介绍了清洁烧结生产的重要性，燃料特性，点火制度的优化及进步，料面喷吹气体技术，强化制粒及超厚料层烧结，漏风治理，偏析布料等节能技术措施。

烧结生产过程是多工序作业，由原料的接受、存储、加工、配料、混匀制粒、点火、烧结、破碎、筛分、冷却、整粒等工序组成。因此，烧结生产可围绕这几方面进行创新、变革，从而达到清洁烧结的目的。

3.1 清洁生产的意义

3.1.1 清洁生产的概念

《中华人民共和国清洁生产促进法》中所称的清洁生产，是指不断采取改进设计、使用清洁的能源和原料、采用先进的工艺技术与设备、改善管理、综合利用等措施，从源头消减污染，提高资源利用效率，减少或者避免生产、服务和产品使用过程中污染物的产生和排放，以减轻或者消除对人类健康和环境的危害。2008 年 8 月 1 日实施的《清洁生产标准钢铁行业（烧结）》中给出了烧结生产过程清洁生产水平的三级技术指标（详见表 3-1）：

一级：国际清洁生产先进水平；

二级：国内清洁生产先进水平；

三级：国内清洁生产基本水平。

表 3-1　钢铁行业（烧结）清洁生产指标要求（摘录）

清洁生产指标等级		一级	二级	三级
资源能源利用指标	工序能耗/kgce · t^{-1}	≤47	≤51	≤55
	固体燃料消耗/kgce · t^{-1}	≤40	≤43	≤47
	生产取水量/m^3 · t^{-1}	≤0. 25	≤0. 30	≤0. 35
	烧结矿返矿率/%	≤8	≤10	≤15

续表 3-1

清洁生产指标等级		一级	二级	三级
资源能源利用指标	水重复利用/%	≥95	≥93	≥90
	烧结矿显热回收	采用该技术		
	烧结厚料选取	控制易产生二噁英物质的原料		
产品指标	烧结矿品位/%	≥58	≥57	≥56
	转鼓指数/%	≥87	≥80	≥76
	产品合格率/%	100	≥99.5	≥94
污染物产生指标	烧结机头 SO_2 产生量/$kg \cdot t^{-1}$	≤0.9	≤1.5	≤3.0
	烧结机头烟尘产生量/$kg \cdot t^{-1}$	≤2.0	≤3.0	≤4.0
	烧结原燃料无组织排放控制	对原燃料场无组织粉尘排放浓度进行监测，并达到行业相关标准		
废物回收利用指标	烧结粉尘回收率/%	100	100	≥99.5

3.1.2 清洁烧结生产措施

（1）提高混合料温，每提高 10℃，固态燃耗减少 2kg/t。

（2）生石灰活性度每提高 10mL，可降低燃耗 1.5kg/t，提高产量 1%。

（3）配加轧钢氧化铁皮 1kg/t，可降低 0.8kg/t 无烟煤。

（4）优化配矿，减少赤铁矿、褐铁矿等含结晶水矿物的用量，可降低固体燃耗。

（5）提高烧结矿成品率，减少返矿量 1.5%~3.0%，可降低燃耗 0.6kg/t。

（6）烧结矿 FeO 含量降低 0.22%~0.5%，煤耗降低约 0.4kg/t。

（7）降低烧结热返矿量的影响，热返矿量小于 30%，固体燃耗降 10.4kg/t。

（8）烧结配加 5%左右的钢渣，可降低燃耗约 3kg/t。

（9）低温烧结，烧结温度由 1300℃降至 1150~1250℃，可降固体燃耗 7%~8%。

（10）对精矿粉进行小球烧结厚料层（650mm 左右），可减少燃耗 15~20kg/t。

（11）固体燃料最佳粒度范围是 0.5~3.0mm，减少 0~0.5mm（<25%）粒级燃料，会使燃料消耗减少 15%。

（12）使用助燃添加剂（不含 K、Na），可降低固体燃耗 13%左右，增产 5%。

（13）配加白云石粉 37kg/t，可减少碳酸盐分解热，节约燃耗 2.5kg/t。

（14）均匀配加电除尘灰，会降低烧结固体燃耗 2~3kg/t。

（15）采用铺底料工艺，可提高料层透气性，使燃耗降低0.73%。

（16）强化制粒，改善料层透气性，增加料层厚度。混合料的压缩率要大于15%。

（17）采用偏析布料技术，使大颗粒料布在下层、燃料在上层，可降燃耗3%~5%。

（18）采用新型节能点火保温炉，降低煤气消耗。

（19）降低烧结机漏风率，可有效地降低电耗。

（20）采用变频调速技术控制电机，有节电效果。

（21）烧结机大型化可节能。500m^2烧结机要比两个250m^2烧结机节能20%。

（22）对烧结废气余热进行回收利用。

3.2 燃料特性及对烧结指标的影响

在烧结过程中，烧结燃料（焦粉）为烧结提供热量，通过抽风烧结，这些热量用于加热干燥烧结料，对烧结料中的铁矿粉和熔剂进行焙烧，使其中的铁矿物、脉石矿物和熔剂发生同化反应并生成液相，从而形成烧结矿。因此，烧结燃料的特性对烧结燃料消耗、垂直烧结速度以及烧结矿的产、质量指标有着显著的影响。

烧结过程中的最高烧结温度主要取决于燃料的着火点和燃烧性等特性，当烧结燃料的特性与烧结混合料的特性相匹配时，燃料的燃烧速度与传热速度相匹配，能够获得合适的高温区宽度，这不但有利于烧结矿的充分结晶，而且有利于改善烧结过程的热态透气性，能够减少烧结料层底部过熔，有利于烧结产、质量指标的提高。

3.2.1 烧结燃料燃烧性的试验

3.2.1.1 不同粒度燃料的燃烧性

为了解不同粒度燃料的燃烧规律，将燃料进行筛分，分选出大于3mm，1~3mm以及小于1mm三种粒级的燃料，分别选取50g不同粒度的燃料试样放入加热炉内进行试验，燃烧性（燃烧率）则由失重量与原始重量的比值表示。不同粒度燃料燃烧性的测定结果如图3-1所示。

从图3-1可以看出，1~3mm粒级燃料的失重率相对最高，其燃烧速度相对最快，燃烧效率相对高，燃烧性好；大于3mm粒级燃料的失重率相对较高，其燃烧性相对较好；小于1mm粒级燃料的失重率低，其燃烧性差；没有经过筛分的燃料的失重率较低，其燃烧性相对较差。因此，为了提高烧结燃料的燃烧性，可以选择粒度为1~3mm的燃料作为烧结燃料；若要降低烧结燃料的燃烧性，可以选择粒度小于1mm的燃料。

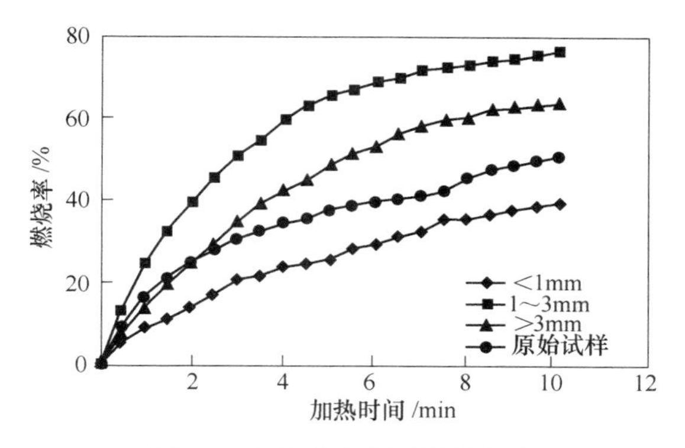

图 3-1 不同粒度燃料的燃烧性

3.2.1.2 烧结燃料分加前后燃料的燃烧性

为了研究分加前后烧结燃料的燃烧规律，采用两种方式进行试验。第一种是将铁矿粉和燃料直接进行混合制粒；第二种是先将30%燃料与铁矿粉混合制粒，再将70%燃料后加入进行制粒，使得烧结料的表面被固体燃料包裹。最后分别将100g制好的试样放入高温炉内进行焙烧，分加前后燃料燃烧性的测定结果如图3-2所示。

从图3-2可以看出，分加后的燃料燃烧速率较高，燃烧性较好，这是因为没有分加时，一些燃料包裹在铁矿粉中，影响了燃料的燃烧。分加后，固体燃料包裹在烧结料的表面，在烧结过程中燃料与空气的接触增加，这有助于燃料燃烧性的提高。因此燃料分加能够明显地提高燃料的燃烧性。

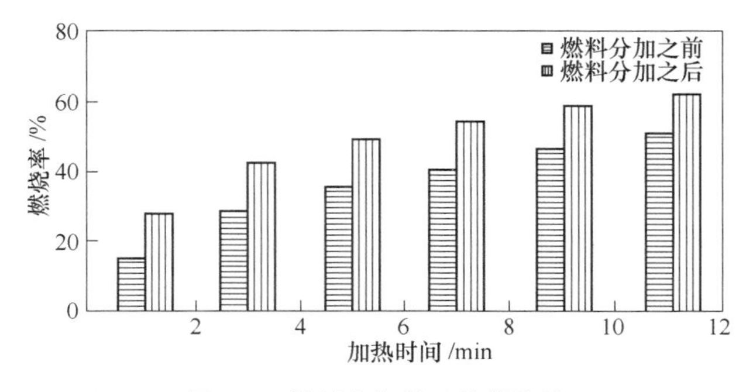

图 3-2 燃料分加前后的燃烧性

但是由于单纯燃料分加，后加的燃料不易裹在烧结料颗粒上，易使焦粉堵塞烧结料层空隙，对烧结成品率、粒度组成、热态透气性等均有影响，垂直烧结速度有所降低。

基于上述原因，北京科技大学吴胜利教授团队提出了将钙质熔剂和燃料同时分加方案，使外裹燃料更好地黏结在烧结混合料表面，同时钙质熔剂对焦粉燃烧有催化作用，从而可加快混合料表面的焦粉燃烧速度，使垂直烧结速度增加，烧结矿产量提高。另外，在碱度较高时，钙质熔剂分加有利于烧结料表层生成更多的铁酸钙，从而有利于提高烧结成品率。因此，熔剂燃料分加方案的烧结成品率和粒度组成最好，热态透气性较好，固体燃耗最低。

3.2.2　厚料层烧结燃料粒度的选择

提高燃料的利用率是解决料层温度分配不均、红热带过宽所引起的热态透气性变差以及利用系数降低的重要途径。提高烧结过程燃料利用率的方法有：（1）选择合适的燃料粒度；（2）改善焦粉在料层的赋存状态；（3）使用助燃剂或者燃烧催化剂；（4）实施烧结新工艺。

为了研究不同粒度焦粉的燃烧规律，把焦粉筛分为大于5mm、5～3.15mm、3.15～2mm、1～2mm、小于1mm粒级，选用一种烧损极小的赤铁矿和焦粉混合制粒，原料配比为95%赤铁矿+5%焦粉，取制粒后的烧结料50g放在高温加热炉中焙烧，然后计算燃烧率。

固体燃料粒度的大小对烧结过程的影响很大，粒度过大，燃烧速度慢，燃烧带变宽，烧结最高温度降低，烧结过程透气性变差，垂直烧结速度下降，烧结利用系数降低。同时，若大颗粒燃料布料时因偏析集中在料层下部，加上料层的自动蓄热作用，使下层热量大于上层，容易产生过熔，同样影响料层透气性。反之，粒度过小，燃烧速度快，液相反应进行得不完全，烧结矿强度变差，成品率降低，烧结机利用系数亦降低。

从实验结果可以看出粒级为1～2mm和2～3.15mm的焦粉燃烧速度大，燃烧效率相对高。因此，烧结生产中燃料粒度应保持合适的粒度，综合固体燃料燃烧性和粒度对厚料层烧结影响的分析结果，选取焦粉粒度为1～3.15mm。

首钢矿业优化燃料粒级的做法可以借鉴，首先对焦粉进行两道筛分，筛网网眼分别为10mm和5mm，先筛出10mm以上的作为焦丁供白灰窑使用，再筛出5～10mm和5mm以下两个粒级，其中5mm以下作为合格焦粉进入烧结配料储仓，然后再对5～10mm大颗粒焦粉用对辊和四辊进行直接加工，使其达到5mm以下，送入配料储仓。

3.2.3　无烟煤对烧结指标的影响研究

无烟煤作为固体燃料，与焦粉相比，由于孔隙度小，反应能力和可燃性都比焦粉差，如果大量使用无烟煤代替焦粉时，会使高温区温度下降，高温区厚度增加，垂直烧结速度下降而影响到烧结矿的产、质量。鉴于此，重庆大学材料科学与工程学院联合沙钢钢铁研究院，在保证配矿结构不变的条件下，进行了不同无烟煤比例及无烟煤中小于1mm量对烧结生产指标影响试验，结果如下。

3.2.3.1 无烟煤配比对烧结指标的影响

由实验结果可知（见图3-3），无烟煤配比由2.25%降低到2.0%时，垂直烧结速度稳定在25.40%，成品率在82%~83%范围内，转鼓强度有微小幅度的提高。当无烟煤配比由2.0%降低到1.7%时，成品率和转鼓强度分别降低2.5%和0.5%。从烧结矿的粒度组成来讲，无烟煤配比为1.7%时，烧结成品矿中10~5mm比例升高2.0%。

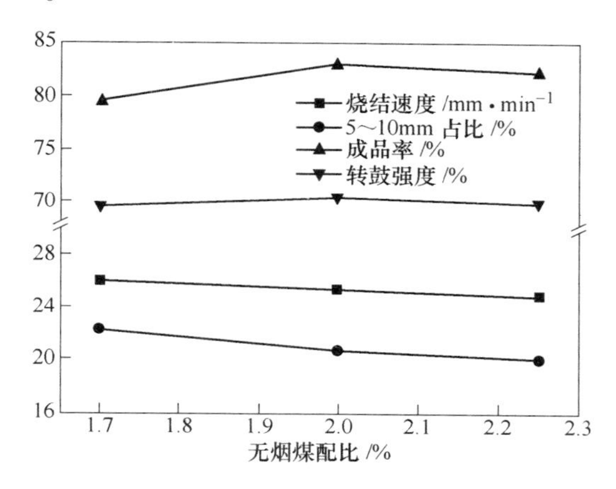

图3-3 无烟煤配比对烧结指标及粒度的影响

由于无烟煤与焦粉在物理性能和化学性质上均存在一定差异。无烟煤与焦粉相比，孔隙要小得多，在相同燃烧条件下，焦粉发热量和燃烧速度均比无烟煤高。因此，在使用焦粉和无烟煤时，烧结过程会存在一定的差异。烧结开始时无烟煤先于焦粉着火，两者不能同时到达烧结所要求的高温，造成烧结燃烧层的增厚，从而使烧结过程产生的返矿量增加，烧结矿强度变差，成品率降低。

从实验结果得出，混合料中无烟煤的配比在2.0%时，烧结矿的各项指标均较好。无烟煤比例继续升高时，对烧结指标的改进无显著影响；而无烟煤进一步降低到1.7%时，燃料燃烧放热量降低过多，会引起烧结液相生成量降低，导致烧结成品率、转鼓指数等指标恶化。因此在实验的基础条件下，无烟煤的配比应控制在2.0%。

3.2.3.2 无烟煤中小于1mm比例对烧结指标的影响

从实验结果来看（见图3-4），随着无烟煤小于1mm比例由15%提高到50%，烧结速度提高，烧结矿成品率和转鼓强度均显著降低，其中转鼓强度下降了8.72%，幅度较大；粒级组成中5~10mm比例由18.56%急剧升高到26.36%，烧结矿粒级组成指标恶化。

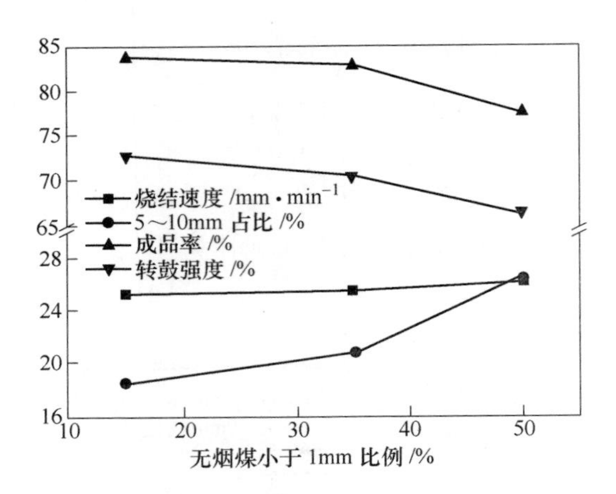

图 3-4　无烟煤小于 1mm 比例对烧结指标的影响

当无烟煤小于 1mm 比例增大时，小粒级燃烧速度过快，会导致烧结速度的加快，无烟煤燃烧后的热量难以被有效利用，烧结过程中料层高温停留时间变短，使得料层中的氧化气氛被抑制，不利于烧结液相生成，造成烧结矿质量的下降，尤其是强度。因此，为保证烧结矿强度，必须控制无烟煤中小于 1mm 的比例不超过 20%。

3.2.3.3　无烟煤中不同小于 1mm 粒级量对烧结矿矿物组成的影响

随无烟煤中小于 1mm 粒级量的增加，铁酸钙量减少，烧结矿还原度也降低。其中无烟煤中小于 1mm 粒级量由 15%提高到 35%时，烧结矿还原度降低幅度较大，降低了 4.54%，此后继续增加无烟煤中小于 1mm 粒级量，烧结矿还原度下降幅度变小。

3.2.4　兰炭作为烧结燃料对烧结矿质量的影响

兰炭是一种产自陕北神木县的半焦，具有固定碳高、发热值高和价格相对低廉的特点，如果能将其用于烧结生产替代焦粉，可在一定程度上降低烧结矿成本。

3.2.4.1　试验原料及方法

A　烧结原燃料的基础性能

混匀料是由杨迪矿、澳矿、精宝粉等 7 种含铁原料按一定比例混匀而成，原料及熔剂成分如表 3-2～表 3-4 所示。

表 3-2 烧结杯试验原料的化学成分 (%)

原料名称	TFe	SiO_2	CaO	MgO	Al_2O_3	TiO_2	S	P	烧损
混匀矿	54.30	6.74	3.98	1.40	3.77	0.27	0.02	0.16	3.12
返矿	50.74	6.49	13.55	2.99	3.17	0.45	—	—	0.75
白灰	—	2.76	81.67	1.25	—	2.74	0.12	—	—
白云石	—	2.03	30.00	20.00	—	—	—	—	—

表 3-3 烧结用焦粉和兰炭工业分析及发热量

名　称	固定碳/%	挥发分/%	灰分/%	S 含量/%	发热量/$J \cdot g^{-1}$
焦粉	85.36	2.49	10.38	0.41	29212.98
兰炭	75.95	11.31	11.60	0.37	29200.00

表 3-4 燃料的粒度（mm）分布 (%)

名称	>10	10~6.3	6.3~5	5~3	3~2	2~1	1~0.5	0.5~0.15	<0.15	平均粒级
焦粉	5.21	3.04	10.17	6.59	31.69	41.67	1.31	0.32	0	3.02
兰炭	0.11	6.19	23.55	9.61	16.13	38.30	4.22	1.89	0	3.25

B　试验方案及方法

保持原料及熔剂配比不变，在燃料比为 5.2%的条件下调整燃料结构，主要考察兰炭的替代比例与粒度对烧结过程及烧结矿性能的影响。

3.2.4.2　试验结果与讨论

A　兰炭替代比例对烧结过程能量利用的影响

随兰炭替代比例不同，垂直烧结速度在 27.52%和 27.75%之间变化，总体情况比较稳定。垂直烧结速度与烧结矿产量密切相关，一般情况下提高垂速可以增加产量，但过高的垂速会降低能量利用率，最终导致烧结矿成品率和强度下降，反而不利于生产。由试验结果可以看出，配入不同比例的兰炭后，产量依然维持在一个较好的水平上。

垂直烧结速度取决于燃料的燃烧速度和传热速度两个因素，燃烧速度与燃料特性、风量大小等因素有关，而传热速度则与料层孔隙率、固体和气体的热容以及气体流速等因素有关。当燃烧速度和传热速度保持同步时，就可以提高料层的蓄热量，更好地利用燃料的热量。兰炭的燃烧速度快，所以造球时要通过水分和消化时间等因素来控制成球粒度，保证适当的烧结料透气性，才能使兰炭的燃烧速度和烧结料的传热速度同步，提高能量的利用率。

另外，随着兰炭替代比例增加，烧结过程的最高废气温度并不是单一的线性升高。造成最高废气温度变化的原因是兰炭的燃烧速度比焦粉的要快，烧结过程中先于焦粉燃烧，这样就会导致两种燃料燃烧时所产生的热量不能有效叠加。燃烧速度和传热速度不同步会使烧结料的蓄热量下降，影响燃料的能量利用，所以在配加了20%兰炭时最高废气温度会有所下降。但兰炭的替代比例提高后，由于其发热值较高，加之燃烧速度趋于一致，能量的利用更加充分，故最高废气温度又出现上升的趋势。

B　兰炭替代比例对烧结矿质量的影响

兰炭的替代比例并不会对烧结矿品位产生很大影响，但随着兰炭替代比例升高，烧结矿中 FeO 含量呈下降趋势，但总体稳定在一个较好的范围内。FeO 下降的原因主要有两方面：其一，兰炭的固定碳含量较焦粉低，随着兰炭配入量增加，燃料中的固定碳含量逐渐降低，烧结过程中的还原性气氛会减弱；其二，兰炭的发热量也比焦粉低，所以烧结过程中的热量也会有所下降。

随着兰炭替代比例增加，烧结成品率略有下降，由 83.66% 逐步降到 82.12%，但总体降幅不大；烧结矿转鼓强度则在一个适当的范围内波动，且均保持在 71.3%以上。兰炭的配用虽然导致了烧结矿粒度组成有所变化，但不同替代比例时烧结矿粒度分布的差别不大，以上结果说明，用兰炭作烧结燃料可以保证烧结矿有较好的冷强度。

由于兰炭的发热值与焦粉相差不大，只要保证燃烧充分，控制燃料的燃烧速度，使兰炭和焦粉在燃烧过程中的燃烧速度和传热速度尽可能一致，就能提高烧结料层的蓄热量，为烧结过程提供充足的热量。保证了热量供应，烧结过程中生成液相的数量和质量就不会产生太大变化，所以烧结矿强度也就不会出现较大波动。

C　兰炭粒度对烧结生产的影响

随着兰炭粒度上限增大，垂直烧结速度逐渐降低。虽然减小兰炭粒度能提高垂直烧结速度，但是垂直烧结速度过快不利于烧结蓄热，会导致热量得不到充分利用，进而出现燃烧层温度过低，液相生成量不足的现象，对烧结矿强度和成品率造成不良影响。另外，兰炭粒度减小会导致烧结矿 FeO 含量升高。这是因为二混造球过程中，小粒度的兰炭易被裹入粘附粉层，烧结过程中小球内部氧气含量相对较少，氧化性气氛较弱，因而更多的铁氧化物被还原为 FeO 的缘故。

随兰炭粒度增大，成品率和烧结矿强度均提高，同时，烧结矿粒度组成也得到改善（大于 40mm 的大块和小于 5mm 的粉末减少，5～25mm 的中间粒级增多）。这是因为合适粒度的兰炭有助于烧结过程中燃烧和传热同步，同时减少燃料被包裹的现象，从而提高烧结过程的热量利用率，使烧结矿质量得到改善。

综合以上结果可以说明，兰炭粒度对烧结过程的能量利用有着重要影响。首先，兰炭粒度减小会使其燃烧速度加快，过快的燃烧速度会导致烧结过程中燃烧与传热不同步，降低能量利用率。其次，燃料的成球性能差，造球时较大粒度的兰炭会镶嵌在小球外部，而粒度较小的燃料则会和矿粉一起被裹在粘附粉层内。抽风烧结时，小球表面的燃料与空气接触良好，燃烧充分；而黏附粉层中的燃料则与空气隔离，燃烧受到限制，在燃料比不变的情况下燃烧过程所释放的热量也就会减少。从试验结果可以看出，减小兰炭粒度不但会降低能量利用率，还会使燃料燃烧不充分，造成烧结过程中有效热量不足，进而影响燃烧带液相的数量和性能，导致烧结矿质量明显下降。

3.2.4.3 结论

（1）在一定条件下，兰炭的替代比例对烧结生产影响不是很大。如果烧结参数控制得当，高比例配用兰炭作烧结燃料是可行的。

（2）用兰炭作烧结燃料完全替代焦粉时，其粒度不宜过细，否则会使燃烧速度过快且燃烧不充分，导致烧结矿质量下降。

（3）由于兰炭的燃烧速度较快，导致其对燃料粒度、水分和负压等烧结参数较为敏感，生产配用时需审慎、及时地调节工艺参数，才能确保生产过程和烧结矿质量稳定。

3.3 太钢烧结细粒燃料分加技术研究

燃料分加技术是厚料层小球烧结技术的进一步完善，是强化小球烧结技术的必要条件。但由于固体燃料是疏水性物质，简单地将固体燃料外配，其黏附效果并不佳，这也是传统的燃料分加技术使用后，固体燃耗并没有明显降低的原因。此外，相对于混合料而言，固体燃料质量较小，未黏附在混合料小球表面的燃料不容易均匀地分布在混合料中，易造成烧结过程热量不均匀，使内部循环返矿增多，烧结机生产效率较低。因此，太钢新建 450m^2 烧结机在燃料分加工艺中设计了燃料分级筛分系统，将-1mm 细粒焦粉筛出，通过气力输送到二段混合机后的焦粉外配仓进行外配，改变了原-3mm 焦粉同时用于内外配的燃料分加方式。

3.3.1 烧结生产关键参数

为了较好地对比外配不同比例细焦粉的效果，统一控制生产过程关键工艺参数如下：

（1）烧结机料层厚度保持在 720~730mm；烧结机机速保持在 2.5m/min。

（2）烧结矿碱度中限控制为 1.75。

（3）烧结机圆辊下料处混合料水分保持在 6.9%~7.2%之间，配混系统加水分配方式为一混 80%，二混 20%，三混不加水。

（4）焦粉破碎后的-3mm 粒级含量应控制在 75%以上。

（5）根据 BRP 及 BTP 位置，适当调整烧结主抽风机的转速及风门，风机转速及风门调整按以下方式操作：1）当需要增加风量时，应先上调风门，若风门开度最大后仍不满足要求，再上调转速；2）当需要减少风量时，应先下调转速，若调整最小后仍不满足要求，再下降风门。

BTP 方法为传统的直接采用在风箱废气最高温度区域（一般为倒数第二个风箱）得到烧结终点的位置，该方法在生产正常或者烧透点靠前的情况下可以，但在烧透点偏后情况下就无法直接测量。而 BRP 方法采用在靠近烧结机中后部风箱上的多个温度监测点拟合成废气温度曲线，通过计算得出 BRP 的位置来预知 BRP 的位置，可靠性更高。

3.3.2　主要烧结工艺参数变化

（1）随着外配细焦粉比例的增加，焦粉总配比由 4.83%降低到 4.31%，降低了 0.52%，点火强度由 2.41m^3/m^2 降低到 1.78m^3/m^2，降低了 0.63m^3/m^2。

（2）当细焦粉外配比例增加，在主抽风门开度不变的情况下，主抽风机转速和烧结负压明显降低。将筛上物 1~3mm 粒级焦粉全内配比例越高，风机转速越高，抽风负压越大。分析认为主要原因是烧结料层下部大颗粒焦粉过多，燃烧带过宽甚至过熔，烧结过程抽风阻力增大所致。

3.3.3　烧结矿理化性能变化

（1）随着外配细焦粉比例的增加，烧结矿 FeO 含量逐渐降低，当外配比例大于 30%后，烧结矿 FeO 含量与基准期接近；外配比例为 50%时，烧结矿 FeO 含量最低。主要原因是随着外配细粒级焦粉增多，大量细粒焦粉包裹在小球表面，改善了烧结过程燃料燃烧条件，碳与氧气充分接触，使焦粉总配比降低，还原性气氛减弱，有利于烧结矿 FeO 的降低。

（2）随着外配细焦粉比例的增加，烧结矿中-5mm 粒级由 5.79%降低到 3.56%，5~10mm 粒级由 23.14%降低到 14.01%。这说明采用细粒级焦粉外配，可以明显降低烧结矿-10mm 粒级含量。-1mm 细粒级焦粉外配，较直接外配-3mm 焦粉对烧结矿粒度的改善作用更显著。

（3）随着外配细焦粉比例的增加，烧结矿转鼓强度由 76.71%提高到 79.55%，烧返比由 38.3%降低到 30.14%。

3.3.4　存在的问题

（1）燃料分级后分加是在原分加工艺基础上增加了一套燃料筛分系统。对含水量低于 12%的焦粉，筛分效率可以保证在 80%以上，但焦粉水分大于 12%时，筛分效率过低。因此，需要从降低燃料水分或改进筛分设备方面考虑，以增强该系统的生产适应能力。

（2）按内、外配比5：5组织生产，物流平衡需要重新考虑，要尽量避免细焦粉不足而单独内配筛上焦粉进行生产。因为对辊和四辊组成的开路破碎加工方式对燃料的粒度控制指标-3mm粒级含量占75%以上，实际加工后的焦粉经筛分后，内配焦粉中+3mm粒级含量过多，单独内配对整个烧结过程参数和烧结矿质量指标有较大的影响。

3.3.5 效果

（1）在太钢新450m^{2}烧结机原料条件和技术装备下，实施-1mm细粒焦粉外配技术，最佳细焦粉外配比例为50%。

（2）随着-1mm细粒焦粉外配比例增大，烧结料中+3mm粒级减少，料层原始透气性变差，但料球表面细粒焦粉黏附量增加，上层固定碳含量提高，解决了厚料层烧结固有的上层热量不足，返矿率高的缺陷，改善了燃料的燃烧动力学条件，取得了降低固体燃耗，降低焦比，提高转鼓强度的良好效果。

3.4 烧结点火制度的优化

点火工序是烧结工艺承上启下的重要环节，亦是高温烧结过程的起始点，点火效果对表层矿质量、料层透气性、返矿率等烧结过程和烧结矿质量指标都有影响；同时也直接影响着点火介质消耗以及烧结工序能耗。近年来，围绕烧结点火工序开展了大量的研究工作，涉及点火炉结构设计、点火介质选择、点火过程自动控制以及点火制度优化等方面。烧结点火制度主要包括煤气流量、空气流量、空燃比、点火温度和负压等参数的控制与选择。

3.4.1 烧结料面受热强度

为探索烧结点火制度的优化方向，首钢技术研究院与首钢京唐公司根据烧结料面在点火炉内的热量接受状况，引入了烧结料面受热强度的概念，将其作为烧结点火效果的评价标准。

首先确定烧结料面高温和中高温区域温度基线，高于该温度基线的区域分别为点火炉内烧结料面的高温和中高温区域。在高温区域内，混合料中的固体燃料可实现完全燃烧；在中高温区域内，混合料中的固体燃料达到着火点开始燃烧反应。这两个区域越大说明点火效果越好，将这两个区域面积分别定义为烧结料面高温绝对受热强度和中高温绝对受热强度。

试验期间，首钢京唐公司烧结机点火炉空燃比（流量）在4.5~5.5之间分步调整，调整稳定后测试料面温度，数据见表3-5与表3-6。根据测试过程中点火炉实际空燃比的数据进行分析，结果如下。

表 3-5　点火炉及烧结机参数

空燃比	点火炉温度平均值/℃	空气流量（标态）/$m^3 \cdot h^{-1}$	煤气流量（标态）/$m^3 \cdot h^{-1}$	烧结机机速/$m \cdot min^{-1}$
5.45	1233.75	13059.34	2405.04	2.30
5.30	1205.06	13565.96	2548.77	2.28
5.15	1221.83	13035.70	2529.87	2.31
4.30	1203.65	12913.33	3021.51	2.28

表 3-6　料面受热强度参数

空燃比	料面高温绝对受热强度 AS_1/℃·s	料面中高温绝对受热强度 AS_2/℃·s	料面高温综合受热强度 CS_1/℃·m	料面中高温综合受热强度 CS_2/℃·m	高温持续时间/s	中高温持续时间/s	最高料面温度/℃
5.45	12903.35	41654.32	494.74	1597.10	71.88	135.93	1294.51
5.30	11250.01	40020.00	428.51	1523.94	67.38	135.02	1265.85
5.15	8868.46	39122.96	341.29	1505.58	62.53	135.47	1237.21
4.30	11787.22	40172.30	447.11	1524.10	69.21	136.50	1287.38

3.4.2　空燃比对料面最高温度的影响

在煤气流量变化不大的情况下（空燃比 5.15、5.30 和 5.45 三档），随着空燃比的提高，料面最高温度值呈上升趋势，尤其是当空燃比在 5.45 时，此时的煤气流量在所有方案中是最低的，但却取得了最大的料面最高温度值。在低空燃比条件下，只有通过大幅度提高煤气流量，才能保证料面最高温度值与高空燃比时相当。以空燃比 4.30 为例，要确保其料面最高温度与空燃比 5.30 时相当，需要将煤气流量（标态）由 2548.77m^3/h 提高至 3021.51m^3/h。

3.4.3　空燃比对高温持续时间的影响

在煤气流量变化不大的情况下，高温持续时间随空燃比上升呈线性增加趋势，说明提高空燃比有利于改善烧结点火炉炉膛内的温度均性，从而扩大了高温区域。同样，在低空燃比条件下，只有大幅度提高煤气流量，才能使烧结料面获得与高空燃比相当的高温保持时间。

3.4.4　空燃比对料面受热强度的影响

烧结料面在点火炉内的受热强度综合了料面温度、料面高温持续时间等因素，是烧结点火炉点火效果的综合反映。空燃比对料面高温综合受热强度以及中高温综合受热强度的影响趋势一致，即在煤气流量变化不大的情况下，随着空燃比的提高料面综合受热强度随之上升，点火效果改善。相比较而言，空燃比对高温综合受热强度的影响更加明显，对中高温综合受热强度的影响则相对较小。

在低空燃比条件下，通过大幅度提高煤气流量才能取得与高空燃比相当的料面高温受热强度。换言之，通过提高空燃比，可以适当降低煤气流量，达到改善点火效果、降低点火煤气消耗的目的。

3.4.5 点火炉热电偶测温与料面受热强度关系

根据上述研究结果，料面高温综合受热强度以及中高温综合受热强度是反映烧结点火炉点火效果的两个重要指标，而中高温综合受热强度受点火制度影响不大，基本维持在一个固定水平，因此料面高温综合受热强度在一定程度上代表了点火炉的点火效果。

受到检测手段的限制，目前大多数钢铁企业衡量点火效果的评价参数是选择点火炉温度平均值，及采用点火炉内各温度测点测得的温度算术平均值。

为了考察两种评价指标的一致性，绘制了不同空燃比条件下，料面高温综合受热强度与点火炉温度平均值之间的变化曲线，如图 3-5 所示。通过对比可以看出，点火炉温度平均值在一定程度上可以反映点火炉的点火效果，例如空燃比在 5.45 时，料面高温综合受热强度最大，而此时的点火炉温度平均值亦最高；但是点火炉温度平均值在某些情况下与实际点火效果之间也存在一定偏差，例如空燃比在 4.30~5.30 之间变化时，料面高温综合受热强度与点火炉温度平均值之间表现出了相反的变化趋势。因此，建议将料面高温综合受热强度作为评价点火炉点火效果的补充参数，与点火炉温度平均值相结合对点火制度进行优化调整，改善点火效果、降低煤气消耗。

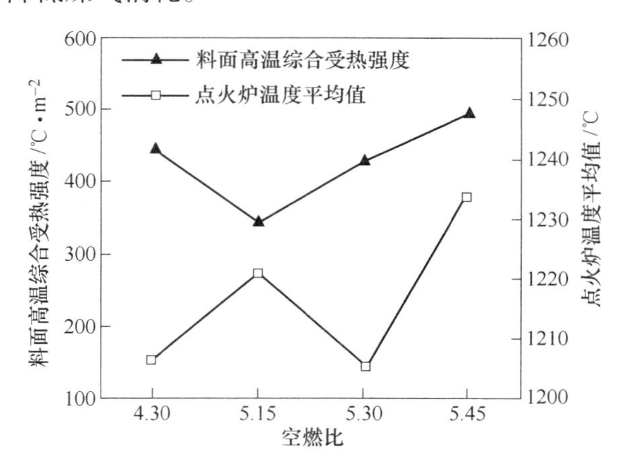

图 3-5 料面高温综合受热强度与点火炉温度平均值对应关系

3.4.6 点火炉操作关键参数的选择

烧结生产点火的目的是将已经布到台车上的烧结混合料加热到半熔状态，把台车表面混合料中的固体燃料点着，使其在抽风的作用下能自上而下地进行烧结。点火炉操作包括掌握合理的点火温度、适宜的点火负压和恰当的点火时间。

在常规情况下，点火温度应控制在1050~1150℃之间，低于1050℃温度不易使表层混合料烧到半熔状态，从而影响成品率，高于1200℃易于把表层混合料烧化结壳，增大表层的透气阻力，影响烧结往下引和烧结速度。正常点火时间为60s，不宜短于45s，否则会影响烧结带往下引；点火时间不宜长于90s，否则不仅会造成点火热耗过高，还会造成表层烧结矿的FeO过高，降低台车上层烧结矿的质量。点火负压一般为抽风负压的50%~60%，即6.0~8.0kPa，高负压点火（与烧结抽风负压同值）会夯实整个烧结混合料层，严重降低混合料的透气性，降低垂直烧结速度，增加烧结机漏风率，推迟烧结终点，产生严重的烧结不均匀现象；点火负压过低，会造成点着的混合料表层不易往下引，影响整个台车的烧结正常进行。

北京科技大学许满兴教授对多家钢铁企业的烧结生产状况进行了调研，发现不少烧结机工忽视点火负压对烧结料层温度和负压的影响，往往点火负压等同烧结抽风负压。在日常操作中，不经常去调节点火负压的1号、2号、3号风箱的闸门，久不使用以致闸门锈蚀再也无法调节。

调研中还发现，在烧结操作中由于点火负压过低（≤5kPa），点火后烧结层热量不往下引，烧结机台车表层走出点火炉4~5m还是呈现赤红色，以致机尾烧结终点还未到，红火层高达400~500mm，造成成品率低，成品矿强度差。

以上情况和分析说明点火负压不能过高，也不能太低，应掌控一个合理值，既要保持原始料层的透气性，又要将固体燃料点着往下引，达到加快垂直烧结速度和均匀烧结的目的。

综上所述，在烧结生产中，点火操作是烧结的最后一道工序，也是最关键的一道工序，总结烧结生产不同的点火状况，可将点火操作归纳为以下四种状态。

（1）低负压点火：1~3号风箱负压为烧结抽风负压的50%~60%，形成正常的均匀烧结，提前到达烧结终点，机尾最后1号风箱的温度低于200℃，有利于降低烧结电耗、提高烧结产、质量。

（2）高负压点火：1~3号风箱负压与烧结抽风负压同值，夯实了烧结混合料层，造成透气阻力增大，整个烧结过程呈现高负压、不均匀烧结状态，不仅增加电耗，还严重影响烧结产、质量。

（3）中负压点火：1~3号风箱负压为烧结机抽风负压的80%左右，部分夯实了混合料层，造成机尾达不到烧结终点，也一定程度影响烧结产、质量和增加电耗。

(4) 过低负压点火：1~3 号风箱负压低于烧结抽风负压的 40%，影响固体燃耗点火后往下引，烧结速度慢，造成机尾不能达到烧结终点，严重影响成品率和成品矿的强度。

3.5 马钢二铁烧结点火技术的进步及应用

烧结点火炉是烧结工艺的在线设备，既是烧结工序重要的耗能设备，同时也是周期性更换（4~5 年）的大型设备。降低点火炉的煤气消耗，延长点火炉的更换周期，对烧结工序来讲有重要的现实意义。

3.5.1 存在问题

烧结过程本身需要大量空气，点火炉安装后，在烧结机点火炉长度上形成一个半封闭区域，烧结点火风机提供的空气量一般只考虑煤气燃烧所需要的空气量，远远无法满足烧结工艺的需要，要由四周空隙补充空气。现有的烧结点火炉一般由点火段和保温段两部分组成，点火段和保温段之间有一个耐火砖墙进行隔离，耐火砖墙与烧结料面有 150mm 左右的距离。保温段本身所需要的空气除一部分由保温段尾部及台车边缘补充外，有相当一部分通过点火段与保温段之间的耐火砖隔离墙与料面的空隙来补充，造成点火段的高温烟气流失到保温段，从而造成煤气耗量增大。操作时在保温段补充一部分空气，煤气消耗会有所下降，但通过测试，仍有热烟气从点火段流向保温段。耐火砖隔离墙不能设计距离料面太近，以免碰到波动的料面而影响生产，点火段与保温段之间不可避免有热烟气对流，消耗更多的煤气。

另外，烧结点火炉的火嘴都比较小，一般使用的焦炉煤气净化难以彻底，含萘等易结晶物质在冬天经常堵塞火嘴，既影响表面点火，浪费煤气，又影响炉子性能，造成寿命降低。此问题是长期存在的老大难问题。

3.5.2 节能技术应用

马钢 2 号烧结机双斜式点火炉由于超期服役，内部烧损严重，能耗偏高等情况，经过技术讨论，利用 2011 年 2 月大修机会，对双斜式点火炉进行了换新，同时利用旧点火炉作延长保温炉的改造，使整个保温炉长度由以前的 6m 增加到 15m。另外完善了煤气监控和快速切断，提高了点火炉的安全系数。保温炉加长后，点火表层的烧结矿质量大幅度改善，成品率较前提高约 1%，煤气消耗由之前的 3.9m^3/t 下降到 3.6m^3/t。

2 号烧结机点火炉保温加长改造取得了一定的效果，但两机的双斜式点火炉（见图 3-6）整体煤气消耗仍不低。经过前期充分技术讨论和调研，利用 1 号烧结

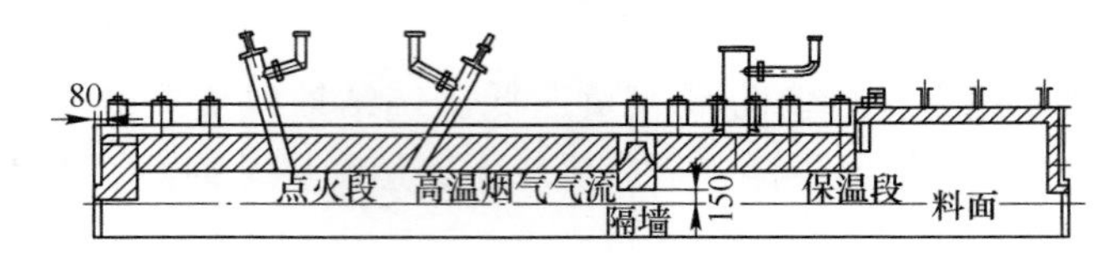

图 3-6　点火炉原设计

机 2012 年 9 月大修机会，将 1 号烧结机寿命已到期的双斜式点火炉（两排共 25 根火嘴）更换为幕帘式点火炉（两排共 72 根火嘴）。采用新型的幕帘式点火烧嘴瞬间直接冲击料面新技术，以扩散式二次燃烧方式，其火焰稳定，不回火、不脱火、高温火焰始终集中在烧结料面上，点火效率高。烧嘴喷出的火焰连续，呈幕帘状，没有火焰盲区，且供热强度均匀。通过应用创新技术，使得新幕帘式点火炉扬长避短，并解决其火嘴易堵问题，节能效果显著。

3.5.2.1　烧结点火炉内气体幕墙隔离技术

在点火段与保温段之间通过鼓风形成一道气体幕墙将点火段与保温段完全隔离开来，保温段缺少的空气只能更多地从尾部或台车两侧补充，避免了从点火段吸引高温烟气，确保点火段烟气不流失，从而达到节约煤气的目的。气体幕墙本身可以为烧结补充空气，而且与料面是柔性接触不会对布料造成影响（图 3-7）。

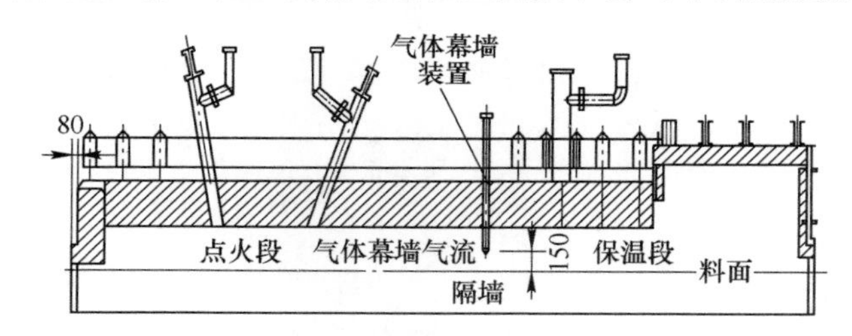

图 3-7　气体幕墙装置设计

3.5.2.2　烧结点火炉迷宫式点火空气预热箱

对原保温段进行了加长，并在保温段设置迷宫式点火空气预热箱（见图 3-8），由于点火后的料面热辐射作用，将烧嘴空气预热到 80～100℃，然后热空气预热烧嘴内煤气支管，从而使煤气中萘处于非结晶状态，彻底解决通常由于萘结晶堵塞烧嘴支管的问题。并且随着燃烧气体温度的提高起到节能降耗的作用，节约了煤气消耗。

3.5.3　实施效果

在点火段与保温段之间通过鼓一道气体幕墙将点火段与保温段完全隔离开来

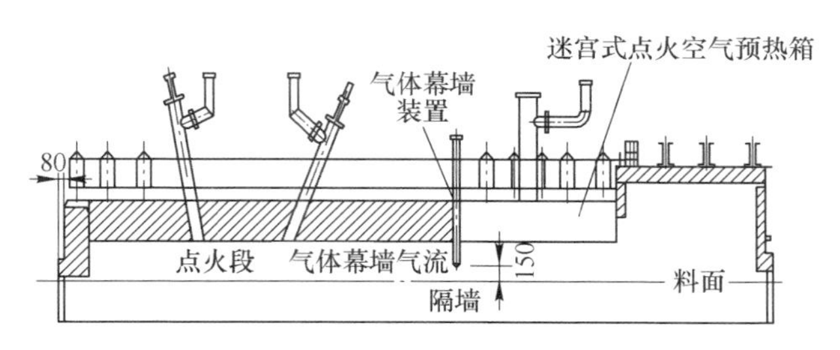

图 3-8 迷宫式点火空气预热箱设计

的技术为国内外首创。该技术从 2012 年 8 月 1 号烧结机点火炉改造开始实施，煤气流量由改造前 $1900m^3/h$ 左右降低到 $1100m^3/h$ 左右，同时很好地满足了料面点火要求，1 号烧结机点火焦炉煤气消耗同比下降了 42%，节能效果非常好，值得推广。

3.6 重钢烧结微负压点火优化实践

重钢烧结厂三台 $360m^2$ 烧结机自投产以来，煤气消耗指标未达到预期的效果，设计水平为 $1600m^3/h$，而实际消耗平均 $1900m^3/h$。

3.6.1 点火煤气消耗高的原因

重钢烧结机设计有 20 个风箱串联，其终端连接两台主抽风机，主抽风机设计风量为 $18000m^3/min$。点火炉正下方的风箱对应为 1 号和 2 号风箱，其风量可达到 $3600m^3/min$，单侧风箱风量最大为 $900m^3/min$。但因传统的风箱结构设计在风量的灵活控制方面存在很大缺陷。如图 3-9 所示，传统的风箱结构中风箱与大烟道采用导气管相连，导气管的直径为 800mm，导气管与风箱连接处为天方地圆的喇叭口设计方式，同时还有 120°的夹角。为便于控制风量，在风箱的下部设置了翻板阀，翻板阀采用电动执行机构进行控制。在生产实践中主要存在以下两个方面的问题：（1）风箱下部堵塞严重，无法控制风量；（2）翻板阀本体腐蚀严重，运转不灵活。在风量无法控制的情况下，大风量形成炉膛高负压，平均高达-17Pa，对烧结过程存在很大的危害。

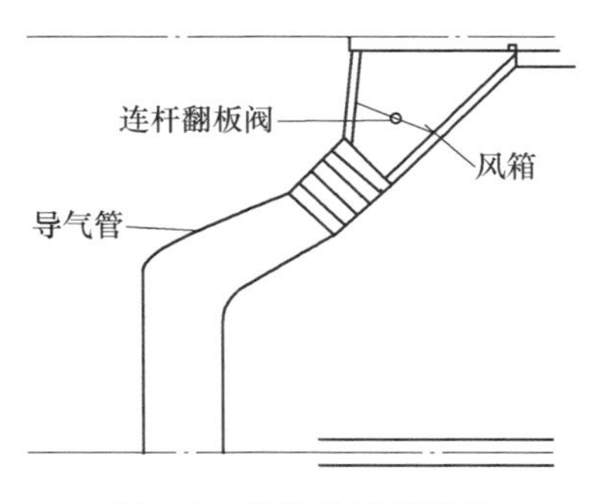

图 3-9 传统的风箱结构

3.6.2 炉膛高负压对烧结过程带来的危害

（1）点火煤气消耗高。当点火炉的烧嘴进行煤气点火时，部分煤气还未发生燃烧反应便被抽到大烟道进入机头电场，同时在强大的负压作用下煤气管道内煤气流速会加快，两者会造成煤气的浪费。

（2）加重烧结过湿层。料层厚度一般为700mm，物料水分为7.5%，在强大的抽力作用下，料层水分会快速沉降于料层下部而形成“过湿层”，不仅阻碍了燃烧的正常速度，而且形成强大的阻力，致使烧结料层负压增加，透气性恶化，降低了垂直烧结速度。

（3）造成风量的浪费。大量的风从1号、2号风箱抽走，在烧结主抽风机风量一定的情况下，从1号、2号风箱抽走的无效风越多，后面风箱中用于烧结补缺氧的有效风量就越少，造成烧结有效风量的浪费。

（4）影响烧结作业。炉膛抽力过大，火焰快速下降，红层持续时间短，混合料点火不透，氧化不足，生料较多，返矿高，产量低。

基于以上四个方面的危害，必须设计降低炉膛负压，实现微负压点火。

3.6.3　实现微负压点火需要改进的措施

传统风箱之所以存在上述问题，主要是因为没有实现物料和气流的分离，在生产过程中，物料与气流长期混为一体，既不能有效控制风量，也不能有效流通物料，所以解决问题的关键在于实现物料与气流分离。根据这一思路，设计出了如图3-10所示的微负压风箱结构。

（1）将原来风箱下部的导气管改成一个单一散料下降管，用来收集散落的料。在散料下降管中段增加一个双层卸灰阀，用来控制散料通行。双层卸灰阀可实现自动和手动控制。控制箱位于小格平台。正常生产期间，将控制箱上的转换开关置于自动位置，可实现与烧结机的运行联锁。自动控制的周期为：运转16s，双层卸灰阀运转一周，放灰一次，然后停转300s。需要清理风箱或更换电机以及维护该系统的其他零部件时，将控制箱上的转换开关置于手动位置，根据需要渐断开动双层卸灰阀。

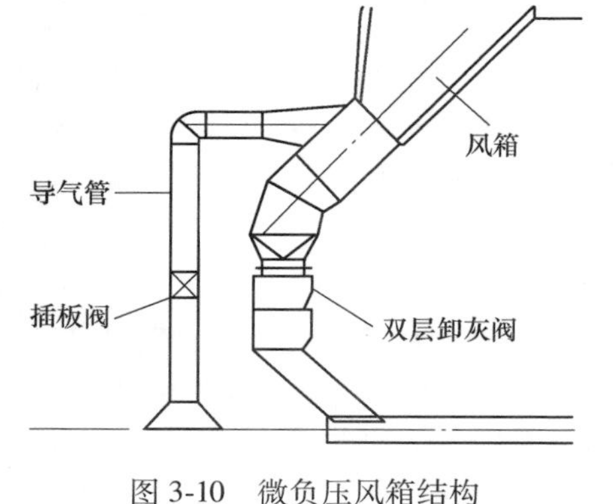

图3-10　微负压风箱结构

（2）在原来风箱的侧面重新安装一个小型导气管，导气管直径为300mm，并在导气管上增加一个调节阀，用于气流通行。导气管最大通过风量为300m³/min，比原设计风量900m³/min减少了600m³/min。风量只有原来的三分之一，正常生产期间，将炉膛点火压力控制在-3～-5Pa。

3.6.4 生产效果

改造之前，三台烧结机的点火煤气消耗平均为 1900m^3/h，改造后煤气小时消耗量下降了 500m^3/h 以上，按平均作业率93%计算，每台烧结机年可节省焦炉煤气 500×24×365×90.4% = 395 万立方米。

3.7 太钢 660m^2 烧结机点火保温炉技改及效果

太钢 660m^2 烧结机于 2010 年 3 月投产，是目前国内烧结面积最大，装备最先进的烧结机。运行三年来，各项经济技术指标已超设计水平。尤其是点火炉系统，点火强度高，点火均匀，经济技术指标先进，点火能耗仅为 0.055GJ/t，达到国内先进水平（见表 3-7），开创了特大型烧结点火炉成功应用的典范。

表 3-7 2012 年国内烧结机点火能耗指标 （GJ/t）

宝钢	武钢	鞍钢	韶钢	湘钢	攀钢	本钢	邯钢
0.071	0.045	0.084	0.065	0.068	0.067	0.077	0.082

3.7.1 点火炉系统及特点

太钢 660m^2 烧结机装备了中冶长天国际工程有限责任公司设计的双斜式点火保温炉及热风罩，采用热风烧结及热风点火工艺。主要技术性能见表 3-8。

表 3-8 太钢 660m^2 烧结机点火炉技术指标

点火时间 /s	点火温度 /℃	炉膛宽度 /mm	炉膛高度 /mm	煤气热值 /$MJ \cdot m^{-3}$	助燃风温度 /℃	空燃比	点火能耗 /$GJ \cdot t^{-1}$
60~90	1150±50	5710	600	16.75（COG）	250	8∶1	0.055

3.7.1.1 炉型结构及特点

A 炉型

双斜式点火保温炉由点火炉和保温炉两段组成，两段可拆离。炉壳采用框架组装式结构，下部设行走轮机构，结构强度好，适应性广。炉膛采用阶梯形结构，合理分布炉膛内温度场，强化聚集点火。炉体耐火内衬采用理化性能优异的耐火材料制造，具有良好的耐急冷急热性能。

通过选取合理的炉膛结构参数来适应烧结风箱尺寸，不仅能满足低负压、大风量、厚料层烧结的点火要求，也可满足精矿配比高、透气性差时的微负压点火要求，确保点火时间和点火强度。

B 烧嘴配置

点火炉顶设双斜式点火烧嘴两排。采用预混套筒式烧嘴，配以恰当的倾斜角度、合理的间距、交叉错布，在料面形成均匀的高温火焰带和合理的温度场分布，有效保证点火强度、点火均匀性及较低的能耗指标。

通过设置边烧嘴，增强边部点火效果，缓解点火的“边缘效应”。

保温段烧嘴可以提供阶梯点火温度和热量，优化点火温度场分布，减缓表层烧结矿的降温速率，从而达到降低返矿、提高成品率的目的。

设置自动点火的引火烧嘴，保证煤气运行安全及强化边部点火，停机时还可对炉膛进行保温，以缓解急冷急热带来的耐材损坏。

C 局部设计

点火炉采用无水冷结构，设计有无水冷前端墙、无水遮热板等。遮热板可以充分保护机头位置的电仪、机械设备。点火炉炉侧设置有密封装置（见图3-11），生产过程中（炉膛压力正常为-5~-10Pa）可有效防止冷风吸入或高温炉气喷出，保证炉内温度场分布合理及边部料面点火充分。

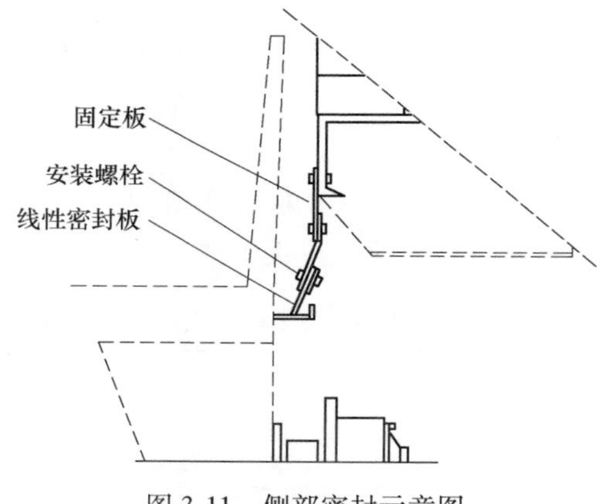

图3-11 侧部密封示意图

3.7.1.2 热风烧结技术

双斜式点火保温炉配有热风烧结工艺（见图3-12），充分利用烧结余热，进一步节能减排。热风烧结工艺可以将环冷机中温段排出的约300℃的热风抽回烧结机料面，对出点火炉的烧结矿保温5~6min，此举一方面可以强化烧结过程，降低混合料的内配碳比；同时可避免表层温度急剧下降造成的烧结矿“冷脆性”，提高烧结成品率，降低机尾除尘压力。从太钢450m^2烧结机（无热风烧结）和660m^2烧结机2012年的生产数据比较，660m^2烧结机的成品率要高0.3%。

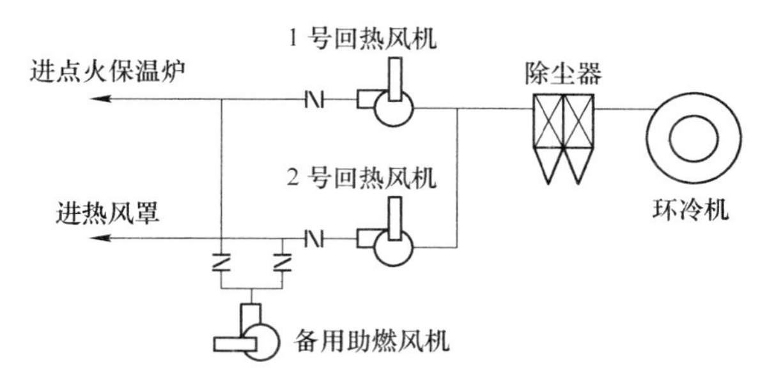

图 3-12 热风烧结风流示意图

3.7.1.3 热风点火技术

热风点火是烧结点火炉节能降耗最简便有效的措施。热风点火可以提高焦炉煤气理论燃烧温度，保证点火强度，降低燃气消耗。据现有效果分析，采用环冷机热风直接助燃可降低燃气单耗 9%~11%。

3.7.1.4 专家控制系统

双斜式点火保温炉采用专家系统控制，系统分为：清扫方式、手动方式和自动方式。其中自动方式包括：温度控制模式、流量控制模式、点火强度控制模式，可根据生产情况自行选定。先进的控制系统保证了精确的炉温、空燃比及稳定的炉内工况。点火炉配置了自动点火装置，包括有火焰监测和自动点火，能有效避免熄火事故的发生，提高自动化水平，保证炉内工况稳定。煤气管道系统设置有自动清扫，可实现自动导入煤气，自动清扫管道，降低了岗位工人的劳动强度。

3.7.1.5 安全措施

双斜式点火保温炉配置有全面可靠的安全措施，例如：管道上设置有快速切断阀、拉杆阀、防爆阀、火焰探测器、自动点火装置等，配合专家控制系统，能确保烧结点火安全可靠。

3.7.2 点火炉监控维护技术

（1）炉顶在线监测技术。烧结点火炉在正常运行过程中，无法对其炉衬进行实时监控，常规方法就是人工抽查监测炉顶温度，由于监测点与最薄弱点不匹配，人为因素影响较大，因而达不到有效监控和定期维护的目的。鉴于此，太钢 $660m^2$ 烧结机点火炉采用了炉顶测温技术，具体来说，就是根据点火炉内临近烧嘴区域温度分布最高的特点，在点火炉顶部安装三排测温热电偶，分别交叉对称布置在烧嘴两侧，如图 3-13 所示。

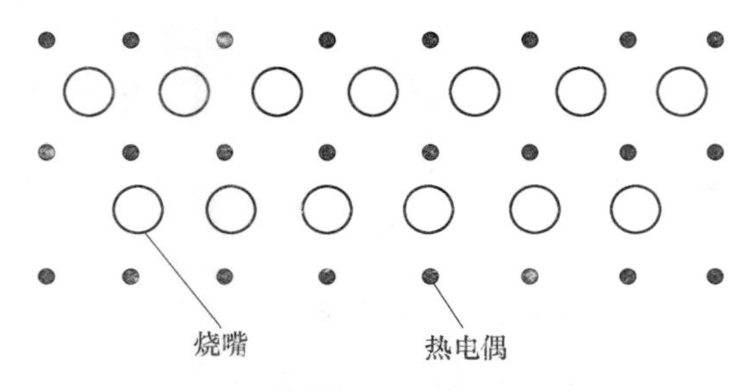

图 3-13 炉顶测温热电偶安装示意图

热电偶测温头固定于炉顶保温棉和耐火材料之间，形成炉顶测温阵列。对每个热电偶编码，并对所有测温数据进行在线采集和传输，数据并入烧结控制主系统。系统每分钟收集一个检测数据，数据收集后过滤，计算曲线斜率，超过允许值时给出报警信号，从而实现对炉衬的在线监测。

（2）应用红外成像仪验证测量炉顶温度最高点。利用红外成像仪对炉顶温度进行验证测量，从而准确判断炉顶耐材的侵蚀剥落情况。在此基础上，确定炉顶耐材的修补计划，定检时实施修补，从而保证点火炉炉顶温度均衡，延长炉子的使用寿命。

3.7.3 使用效果及效益

太钢 660m^2 烧结机自 2010 年 3 月投产以来，点火炉运行稳定，点火强度好，能耗低，作业率高。采用热风点火和热风烧结技术，效果明显。生产数据及监测分析表明，双斜式点火保温炉对燃气的适应性广，对布料要求低，能有效缓解烧结边缘效应，减轻机尾除尘压力，降低烧结工序能耗，提高烧结矿成品率和转鼓强度。

3.8 烧结料面喷洒蒸汽的研究与实践

烧结成矿主要靠燃料燃烧产生的热量提供，由于碳的燃烧有完全燃烧和不完全燃烧两种形式，且完全燃烧所释放的热量是不完全燃烧的三倍之多，故提高烧结燃料的燃烧效率是增加烧结过程热量、降低燃耗的重要手段。同时，燃耗降低又对减少烧结污染物和 CO_2 排放有重大意义。

通常用 $CO_2/(CO+CO_2)$ 来评价烧结过程燃料的燃烧效率。2015 年对首钢京唐公司烧结废气成分测试发现，废气中 CO 含量最高为 3%，$CO_2/(CO+CO_2)$ 在 75%~80%左右。分析认为，如果能提高 $CO_2/(CO+CO_2)$，增加 C 生成 CO_2 的比例，则同等发热量所需的燃料用量将减少，这将有助于降低烧结固体燃耗和节能减排。

加湿燃烧可提高燃料的燃烧效率，这在内燃机、水煤浆、煤粉燃烧、煤的层燃和煤气化等领域已应用较多。但烧结领域加湿燃烧的研究相对较少，日本几十年前曾研究过料面加湿，但未见有实际工业应用报道，近几年国内同行进行过实验室的相关研究，印度和国内一些厂矿也有所试验和应用。下面是京唐公司烧结料面喷洒蒸汽的研究，阐述了料面喷洒蒸汽强化烧结的机理并给出证据，期望该技术能在有条件的烧结厂推广应用并不断完善。

3.8.1 试验方法

试验在首钢京唐公司 550m^2 烧结机料面布置蒸汽管道（如图 3-14 所示）。在烧结料面上铺设 8 根管道，管道之间的间隔为 6m，第一根管道的位置在烧结机长度方向约 30m 处，在每根管道上有 5 个喷嘴，蒸汽的总用量约 2t/h。在台车的箅条下方进行打孔，采用便携式烟气分析仪插入孔内跟随烧结机运行，测试烧结废气的成分（包括 O_2、CO 和 CO_2）；在蒸汽喷洒前后对废气成分进行测试和分析，计算废气中 $CO_2/(CO+CO_2)$ 的值。

图 3-14 京唐烧结料面喷洒蒸汽图

3.8.2 料面喷洒蒸汽对烧结废气成分的影响

烧结料面喷洒蒸汽前后废气成分及 $CO_2/(CO+CO_2)$ 测试结果分析可知，在有蒸汽喷洒时，当经过蒸汽喷洒管道时，废气中的 CO 含量有下降的趋势，CO_2 和 O_2 含量的变化尽管不太明显，但废气 $CO_2/(CO+CO_2)$ 曲线从波谷的 80%升高到波峰的 85%水平，即升高了约 5%。分析认为，烧结料面喷洒蒸汽促进了 C 的完全燃烧，有助于降低废气中 CO 含量，由于 C 燃烧生成 CO_2 和 CO 的放热量不同，故蒸汽喷洒有利于降低烧结固体燃耗指标。经计算，若 $CO_2/(CO+CO_2)$ 比例升高 5%，热量的增加有助于降低固体燃耗约 2kg/t。

3.8.3 喷洒蒸汽对烧结废气减排的影响

烧结料面喷洒蒸汽起到了降低 CO 和 NO_x 的效果，尤其降低 CO 的效果明显；

烧结杯条件下（50kg 料）喷洒蒸汽 0.002~0.032m^3，CO 峰值含量降低 0.1%~0.2%以上；NO_x 峰值含量降低约 0.001%~0.002%。

降低烧结燃料配比有助于降低废气 CO 和 NO_x 含量，配合喷洒适量的蒸汽，可在进一步降低废气 CO 和 NO_x 含量的同时保证烧结矿质量，从而起到节能减排和改善质量的综合效果。

3.8.4　首钢京唐公司烧结蒸汽喷洒工业试验

2015 年 5 月在首钢京唐公司 1 号 550m^2 烧结机台车上进行了喷洒蒸汽工业试验。工业试验中，蒸汽喷洒管道使用了 8 根，分布在约 30~72m 范围，各根之间的间隔约 6m。蒸汽的喷洒量为 2t/h 水平，水蒸气的温度为 130℃，压力为 0.3MPa。对喷洒蒸汽前后烧结过程参数和烧结矿质量指标进行了分析比较，其结果分别如表 3-9~表 3-11 所示。

表 3-9　烧结负压和温度变化情况

项　目	1 抽空气流量 /$m^3 \cdot min^{-1}$	1 抽空气负压/kPa	1 抽温度 /℃	2 抽空气流量 /$m^3 \cdot min^{-1}$	2 抽空气负压/kPa	2 抽温度 /℃	BRP 位置 /m	BTP 位置 /m
基准	21271	−15.15	158	17546	−13.56	158	64.7	91.3
试验期	22120	−14.68	165	17268	−13.15	163	63.7	90.8
变化	848	0.5	7	−278	0.4	5	−1.0	−0.4

表 3-10　烧结矿成分指标

项　目	含量/%						碱度
	TFe	FeO	CaO	SiO_2	Al_2O_3	MgO	
基准	57.71	9.04	10.17	5.02	1.85	1.30	2.02
试验期	57.89	8.87	10.01	4.99	1.85	1.21	2.01
变化	0.2	−0.2	−0.2	0.0	0.0	−0.1	0.0

表 3-11　烧结矿质量指标

项　目	转鼓强度 /%	返矿率 /%	固体燃耗 /$kg \cdot t^{-1}$	粒度分布/%				
				>40mm	40~25mm	25~16mm	16~10mm	10~5mm
基准	82.59	25.82	50.21	7.87	17.90	35.60	20.47	15.85
试验期	82.74	25.44	48.57	7.54	17.81	36.43	20.86	15.10
变化	0.15	−0.38	−1.64	−0.3	−0.1	0.8	0.4	−0.8

由表 3-9 可见，喷洒蒸汽试验期间，烧结负压降低了约 0.5kPa，主抽废气温度提高了 5~7℃，BRP 和 BTP 位置分别提前 1m 和 0.4m。从表 3-10 成分指标看，喷洒蒸汽前后烧结矿的成分基本稳定。从表 3-11 烧结矿质量指标看，喷洒蒸汽

后，烧结矿转鼓指数略有提高，返矿率降低了约0.3%，烧结固体燃耗降低了1.64kg/t，烧结矿的粒度有所改善，其5～10mm比例降低了0.8%。可见喷洒蒸汽有助于烧结矿质量的改善和固体燃耗的降低。

整体上看，料面喷洒蒸汽后，烧结速度和料层透气性改善，在降低固体燃耗的同时，烧结矿质量有所改善。下一步需要研究优化蒸汽喷洒量控制，以进一步提高喷洒蒸汽效果。

3.9 焦炉煤气强化烧结技术在梅钢的应用

烧结理论研究表明，控制烧结料层的最高温度及合适的温度区间对烧结生产和烧结矿质量至关重要。料层温度高于1200℃，会促进复合铁酸钙（SFCA）的形成；超过1400℃，SFCA又会分解成为玻璃相硅酸盐；保持1200～1400℃的温度时间可有效控制SFCA组织的形成，高烧结矿的强度和还原性。为延长料层中1200℃以上的持续时间，传统方法是增加焦粉比例，但由于料层的自动蓄热作用，导致料层下部过热，温度将会超过1400℃。向烧结料面喷吹可燃气体，部分替代焦粉的方法，使烧结料层的最高温度及合适的温度区间的控制成为可能。

根据文献资料报道，日本JFE钢铁公司和九州大学共同开发了在烧结机料面上喷入液化天然气辅助烧结技术，于2009年1月应用于京滨1号烧结机并获得成功。实验室研究和工业试验的结果表明：采用该技术后，替代了部分焦粉，可以降低烧结矿固体燃耗，降低烧结CO_2排放；调整料层上下部热量的分配，改善了烧结过程均匀性；降低了烧结过程料层的最高温度，延长了1200～1400℃温度的持续时间及扩大了该温度带的宽度，增加了液相转换率，提高了烧结矿的强度和还原性。

3.9.1 气体燃料辅助烧结技术原理及实验结果

烧结料面喷入一定量的可燃气体，在烧结负压的作用下，可燃气体被抽入烧结料层并在料层中的燃烧层上部被燃烧放热，从而拓宽了烧结的燃烧层，延长了高温保持时间；同时，由于减少了固体燃料比例，一方面使得烧结最高温度降低，更适合于强度和还原性能更优的复合铁酸钙组分的生成，从而改善烧结矿质量；另一方面大大降低了CO_2排放。基于以上情况，梅钢公司在实验室分别开展了向烧结料面喷吹天然气和焦炉煤气的烧结杯试验研究。

3.9.1.1 喷吹天然气试验结果

试验结果表明：固体燃料配比由基准期5.4%降至4.9%，喷吹天然气后，对改善烧结矿转鼓指数、成品率、利用系数和固体燃耗等指标有积极作用。

3.9.1.2　喷吹焦炉煤气试验结果

试验结果表明：在烧结过程中喷吹一定量的焦炉煤气后，不但可以降低烧结矿固体燃耗，而且对于提高烧结矿转鼓强度、成品率和利用系数等均有积极影响，烧结矿 RI、$RDI_{+3.15}$指标均提高 1.3%~2.0%。

3.9.2　喷吹焦炉煤气生产应用

梅钢于 2016 年对焦炉煤气强化烧结进行工业应用，该技术被推广到 450m^2 大烧结机中。结果表明：在烧结过程中，按照一定参数设定，喷吹焦炉煤气后，烧结矿转鼓指数提高了 0.31%；平均粒度得到有效改善，提高了 1.08mm；烧结矿 5~10mm 比例降低 2.11%；综合成品率改善明显，提高了 0.9%。同时，烧结矿微观结构得到改善及更加合理，铁酸钙生成量略有提高，其结构更加致密，且形成交织状，铁酸钙含量从基准时的 27.5%提高到 28.9%，提高了 1.4%，烧结矿还原性 RI 提高 3.19%。固体燃耗可下降 4.68kg/t，从而减少了 CO_2 和 NO_x 的排放，对改善环境具有积极作用。

3.10　富氧烧结技术

富氧烧结技术是 2010 年由韩国浦项开发出的能够改善烧结料层中热量分布的新技术。现有的烧结工艺只单纯依靠焦粉燃烧为烧结料供热，其缺点是容易造成料层中热量分布不均（这是影响烧结矿质量的重要因素），上部料层温度低、下部料层温度高，上部烧结饼质量较差。为了解决烧结料层热量分布不均的问题，浦项通过选择合适位置向烧结料层喷吹适量的氧气来提高上部料层温度，以进一步改善烧结矿质量。

3.10.1　技术要点

富氧烧结技术的关键在于选取合适的氧浓度和吹氧位置，吹氧时间也随氧浓度和吹氧位置的不同而发生改变。其技术要点如下：

（1）适宜的氧浓度为 30%，吹氧流量为 65L/min。

（2）从料层下部吹氧，此时上部料层温度最高可达 1200℃，比从料层上部吹氧约高出 100℃，而中部料层温度最高可达 1300℃，也比从料层上部吹氧同样高出 100℃左右。

（3）所需吹氧时间随吹氧位置的下移而延长，吹氧位置分别选择在料层上部、中部和下部时，所需吹氧时间分别为 295~395s、479~574s 和 665~745s。

3.10.2　技术优劣势分析

富氧烧结与天然液化气（LNG）吹入法烧结各项指标的对比列于表 3-12。

表 3-12 富氧烧结与 LNG 吹入法烧结各项指标对比

工 艺	利用系数	成品率	烧结矿质量	能耗	投资费用
LNG 吹入法	+	+++	+++	+++	+
富氧操作	++	-	++++	+	+

注："+"表示提高幅度；"-"表示没有变化

技术优势：富氧烧结与 LNG 吹入法相比，烧结机利用系数得到提高，能耗有所下降。该技术能够提高焦粉燃烧率，加快料层的升温速度，有效地解决料层上部区域热量不足的问题，促进该区域燃料的完全燃烧，从而进一步改善烧结矿质量。

技术劣势：投资费用与 LNG 吹入法相当。

3.10.3 应用前景分析

浦项分别采用实验和数值模拟方法，研究了不同吹氧位置条件下富氧烧结的效果。结果认为，从料层上部吹氧比从料层中部和下部吹氧其温度增幅更加明显；烧结时间随吹氧位置沿料层厚度方向下移而缩短，少则相差几秒，多则相差约 50s；由于料层下部热量过多聚集，因此不宜将吹氧位置设在料层下部，考虑到料层上部区域热量不足，将吹氧位置设在料层上部更能提高烧结矿质量。

富氧点火技术已经成熟，效果较好，有富余氧气的企业可以尝试。

3.10.4 唐山国丰富氧烧结试验

国丰钢铁有限公司通过富氧烧结对比试验，得出转鼓指数、烧结速度、成品率、还原性和烧结矿粒度组成各方面均有不同程度的提高，但烧结矿低温还原粉化性能和 FeO 却因富氧率的提高、富氧时间的延长而有大幅下降。

本次试验共采用两种对比方案，其中基准期末富氧，试验期为 0.75%富氧。通过结果可以看出，试验期较基准期各项指标均有改善。

3.10.4.1 富氧试验与基准试验操作方案对比

试验采用两次烧结用料一起配制、混匀、加水制粒，以保证烧结料物理性能、化学性质的一致性，装料及操作方面也做到一致，以确保烧结试验的可比性，使结果更具有代表性。试验操作方案对比（见表 3-13）和试验测定结果（见表 3-14~表 3-16）。

表 3-13 试验操作方案对比

方 案	富氧率/%	富氧时间/min	布料方式	抽风风门开度/%	混合料水分/%
基准期	0	0	环形布料	80	7.0
试验期	0.75	12	环形布料	80	7.0

表 3-14　烧结试验结果对比

方　案	转鼓指数/%	烧结速度 /mm · min^{-1}	成品率/%	烧损/%	烧结终点温度/℃
基准期	70.67	21.35	81.76	12.15	474.2
试验期	71.33	21.82	82.58	12.16	496.0

表 3-15　烧结矿粒度组成对比　　（%）

方　案	>40mm	25~40mm	16~25mm	10~16mm	5~10mm	<5mm
基准期	3.80	17.72	23.24	18.22	20.09	16.93
试验期	4.95	15.89	23.64	18.77	21.64	15.12

表 3-16　烧结矿低温还原粉化性能和还原性测定结果

方　案	低温还原粉化率/%			还原性/%
	$RDI_{+6.3}$	$RDI_{+3.15}$	$RDI_{-0.5}$	RI
基准期	46.1	77.30	5.10	72.80
试验期	36.53	65.16	7.86	75.20

3.10.4.2　试验结果的对比分析

（1）试验期与基准期比较，烧结矿液相反应充分，矿质看起来优于基准期，两种烧结矿粒度组成都较为均匀，强度指标适当，烧结垂直燃烧速度适当，均可满足炼铁需求。

（2）试验期烧结矿成品率提升 0.82%、转鼓强度提高 0.66%，返矿率有所下降。富氧烧结使烧结过程中宏观氧化性气氛加强，燃料燃烧更趋充分，促使烧结液相形成，为生成更多优质 SFCA 黏结相提供了有利条件。富氧烧结使燃料燃烧充分，减少局部还原，使燃烧层温度升高，厚度增加，液相量增加，造成烧结料层透气性阻力增大，因此在试验期中烧结抽风负压大幅上升，较基准期高 1629Pa。

（3）富氧烧结使烧结过程中燃料燃烧更趋充分，使燃烧层温度有所升高，加速烧结料层固相反应，使烧结垂直燃烧速度加快，使整体烧结时间缩短 0.6min。

（4）从烧结矿粒度组成方面来看，富氧烧结生产的烧结矿粒度组成更适宜高炉生产，对高炉煤气利用、焦比降低提供有力支撑，10 ~ 25mm 粒级升高 0.95%。

（5）富氧条件下，燃料的燃烧得到改善，随着烧结上层热量的增加，烧结料层的自动蓄热作用，使烧结下层热量增强，但由于烧结的氧化气氛得到加强，烧结料层中的再生赤铁矿增加，烧结矿 FeO 有所下降，下降 0.36%。

（6）随着烧结料层添加富氧，烧结矿中的SFCA矿物含量上升，烧结矿的还原性升高。

3.11　圆筒混合机制粒技术

烧结料的混合与制粒本是两个不同的概念和两个不同的作业，但由于烧结生产普遍采用的圆筒机既有混合作用也有制粒作用，故在许多情况下，又将两者合二为一，统称为混合制粒。混合制粒有一段、两段和三段工艺。

一段混合制粒工艺采用一台圆筒机完成烧结料的混合和细粒物料的制粒。这种工艺普遍应用于早期的烧结生产中，目前仅在少数以粗粒粉矿为主要原料的烧结厂应用。

二段混合制粒工艺由前后两台圆筒机和与串联的皮带机构成。随着相关领域混合技术的发展，部分企业在改造和新建中采用强力混合机取代第一段的圆筒混合机。

三段混合制粒工艺随着现代烧结机大型化的不断发展，传统的二段工艺已无法满足制粒要求的情况下而产生。我国太钢660m^{2}烧结机的混合制粒采用的是三圆筒模式，而我国宝钢湛江550m^{2}烧结机采用的是一段强力混合加二段圆筒制粒的模式。

3.11.1　圆筒混合机技术参数

目前烧结生产广泛使用的混合和制粒设备是圆筒混合机，其构造如图3-15所示。圆筒混合机倾角：一次混合机不大于3°，二次混合机约为1°30′。混合机充填率：一次混合机为10%～16%，二次混合机为9%～15%。混合时间一般为5～9min，如日本君津厂为8.1min，前釜石厂达9min。

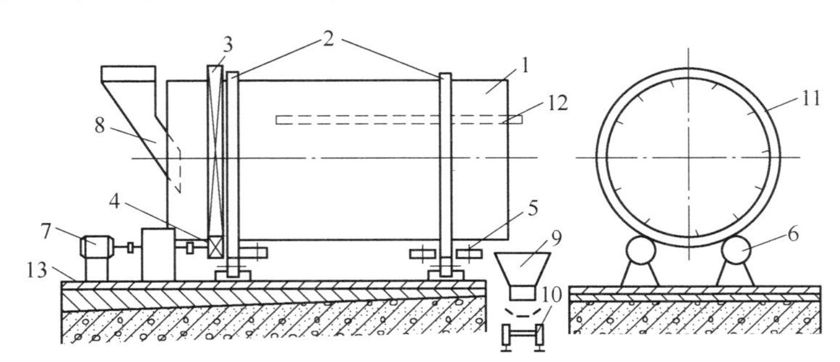

图3-15　圆筒混合机简图

1—筒体；2—滚圈；3—传动齿圈；4—传动小齿轮；5—挡轮；6—托轮；7—传动机构；8—给料溜槽；9—出料溜槽；10—输送带；11—衬板；12—给水管；13—钢板垫

3.11.2 圆筒混合机衬板材质

混合机的作用是混合和制粒，但是由于大多物料都有一定的黏结性，非常容易粘在混合机筒壁，影响制粒，严重情况下产生倒料，甚至停产清理，既影响运转率又增加劳动强度。所以圆筒混合机衬板的选择条件首先是耐磨，其次是不黏料。

3.11.2.1 含油尼龙衬板

含油尼龙是一种新型工程塑料，属聚酰胺类高分子聚合材料，综合性能及使用量居五大工程塑料之首。具有耐磨性好，不黏料，冲击载荷小等特点，其耐磨度比用金属件提高两倍以上。在冶金行业常用于圆筒混合机衬板、料仓料槽衬板等。

3.11.2.2 耐磨陶瓷衬板

耐磨陶瓷产品具有高强度、高硬度、耐磨损、耐腐蚀、耐高温等特点，广泛应用于火电、钢铁、机械、煤炭、矿山、化工、水泥等企业易磨损的设备上。

陶瓷球面板将表面带半球面的小方块陶瓷硫化在特种橡胶内，使用高强度有机结合剂或螺栓将板固定在设备内，形成既耐磨损又抗冲击的坚固防磨层。该产品兼具了陶瓷的耐磨性和橡胶的抗冲击性能，可防磨损，可承受一定冲击，且不沾料不堵料。

3.11.3 河北同业含油尼龙衬板

改善混合料制粒效果是强化烧结过程的重要措施，多年来，国内外科技人员都一直在深入研究提高制粒的技术。河北同业冶金科技有限责任公司研发的高耐磨自润滑浇铸型含油尼龙衬板（见图 3-16）制粒效果显著，被广泛应用。具体形式如下：

（1）逆流分级制粒造球衬板。通过混合机内部结构的改变，实现混合料受力状态的改变，压缩混合料运动过程“螺距”，达到延长有效混合造球时间，增加物料有效滚动路程、提高造球效果的目的；采用机内分段分级技术，实现混合料粒度的自动分级，达到大颗粒物料向外走，小颗粒物料返回造球的目的；采用新型布衬技术，彻底解决混合机根部积料，实现混合过程死料再循环，提高造球效果和混合机有用功率。

（2）双筋混合机衬板。双筋衬板能够使料流形成合理的轨道，有效延长物料在筒体内的混匀时间提高混匀度，由于衬板有两条与筒体内轴线平行的凸起的筋，由于凸起筋的阻挡作用，物料会积存下来，形成料衬，料衬的形成不但能阻

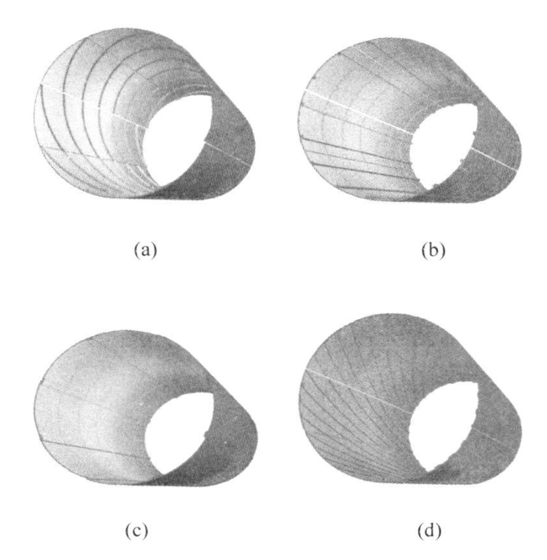

图 3-16 河北同业高耐磨自润滑浇铸型含油尼龙衬板
(a) 逆流分级制粒造球衬板；(b) 双筋混合衬板；
(c) 平弧板压提升条衬板；(d) 四斜筋衬板

止物料与尼龙衬板的直接摩擦，有效地防止混合机内壁磨损的问题。

(3) 平弧板加提升条衬板。由于提升条的加入，延长了造球流程。由于这种独特的强化造球设计，使得物料在衬板上滚落时，脱离角不断变化，由大变小，由小变大，沿着近似锯齿形曲线滚落。造成料球在强化造球板上比在平板上滚落的路程加长。增加了料球长大的时间，提高了造球率。提升条最显著的特点就是更换方便，节约维修费用。

(4) 四斜筋衬板。对于黏性不大的物料使用四斜筋衬板。这种结构形式能够使物料在衬板斜筋之间形成料衬，从而延长衬板的使用寿命。

3.11.4 河北同业三段式、逆流混合机衬板新技术

三段式、逆流结构的混合机衬板为该公司专利技术（逆流专利号：ZL200920102044.X、三段式专利号：ZL201420747195.1）。以 ϕ4.5m×24m 混合机为例进行详细介绍。

(1) 混合机前 2m 导料段采用间距合理的高耐磨复合橡胶衬板，提升条为带钢骨架的橡胶复合结构，钢骨架经过表面喷砂处理，采用进口专用黏结剂，纯天然耐老化高耐磨橡胶，利用全自动一体式高温硫化生产线，进行高温硫化一体成型，具有橡胶的耐冲击、耐磨损以及橡胶的弹性等特性。物料在筒体 6 点钟方向对衬板压实，一直转动到 12 点钟位置时，由于混合机传动时轻微的震动以及被

压缩的橡胶由于重力作用的一个复弹力，使得粘在表面的物料脱落下来，周而复始，由于橡胶压条圆周块数多，可以把物料快速的向后段推进，防止吐料情况发生。

（2）导料段其后 6m 采用 TY 三合一复合陶瓷单直筋衬板，压条与衬板为一体式结构，并且筋三面带陶瓷片，降低吸水率，减少黏料，利用陶瓷的光滑超强耐磨特性，解决黏料的问题，圆周方向一块单直筋间隔两块平弧板，根据混合机混合造球的原理，带筋的部位必须挂住料，两个筋之间的部位不能挂料太多，否则全部沾满，扬料筋无法扬料，起不到混合与造球的作用。所以单直筋设计为 17.5mm×17.5mm 的小陶瓷片形式，单位面积上小沟槽较多，为了挂住物料，间隔的两块平弧板采用 40mm×40mm 的大陶瓷块，无缝隙结构，不容易挂料。

（3）其后 14m 采用 TY 三合一复合陶瓷逆流衬板，筋与衬板一体结构，筋三面带陶瓷片，此结构既耐磨又耐冲击，且不易粘料，吸水率极低，螺旋逆流结构，其原理是由于逆流筋的阻挡作用延长小于 3mm 以下粉粒在筒体内的运行时间，使这部分物料反复运行，提高成球效果，大颗粒的物料正常运转出滚筒，整体填充率增加小于 1%，圆周方向每两块对角逆流筋衬板间隔两块平弧板。

（4）最后 2m 采用 TY 三合一复合陶瓷单直筋衬板，其目的是为了使前段逆流衬板已经达到成球率要求的物料快速运转出滚筒，提高物料运行效率。

以上为二次混合机衬板的新结构形式之一，现阶段比较常用且效果好的还有以下结构形式：

一次混合机：前段 2m 采用三合一陶瓷复合导料板，以后段采用三合一陶瓷复合单直筋衬板。圆周方向两个筋的间距根据实践使用摸索的合理间距是 1.5m，配合结构衬板（带筋衬板为有缝隙的小瓷片结构，间隔的平弧板为无缝隙的大瓷片结构），可以达到混合效果，而且解决黏料问题

二次制粒机：利用三段式结构，前 2m 采用三合一陶瓷复合导料板，中间 3~5m 为三合一陶瓷复合单直筋衬板，起到过渡作用，其后采用螺旋逆流结构（或者单直筋结构一直到尾），圆周方向筋间距也是 1.5m 为最佳。

3.11.5　混合机加水方法和自动化检测技术

3.11.5.1　混合机加水方式

混合料水分的添加主要是在一次混合机内完成，加水管贯穿整个筒体，见图 3-17。混合料的给水装置常用的有两种：一是在沿混合机圆筒长度方向配置加水管，管上钻孔，给水呈注流状加至混合料中，水管开孔一般为 2mm 左右；另一种是由一根安装在筒体内部的水管和若干不锈钢喷嘴组成的给水装置，喷嘴的间

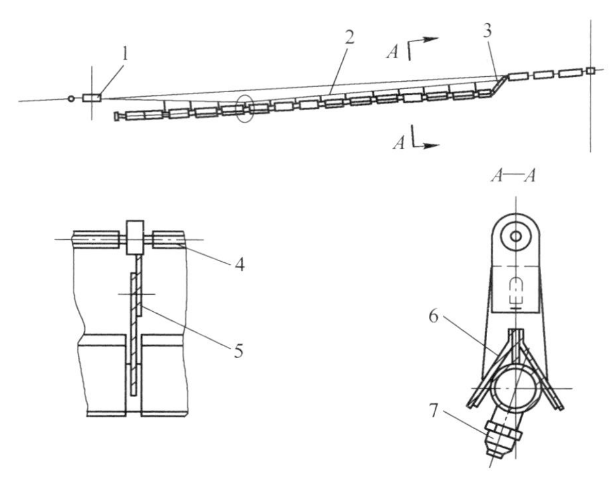

图 3-17 一次混合机加水装置
1—支承套筒；2—钢丝绳；3—水管；4—保护胶管；
5—吊柱板；6—防护橡胶板；7—喷嘴

距要使在圆筒长度方向给水均匀。喷嘴安装倾角应在 15°~30°之间，使水加在料面中心。

二次混合机内只进行水分微调，加水装置比较简单。仅设在圆筒的给料端，为了方便调节，喷嘴可分别装在不同的水管上，由单独的阀门控制给水。

3.11.5.2 混合料水分检测装置

(1) 中子法。中子法测量物料中的水分是基于快中子在介质中的慢化效应。探头的安装方式有插入式和反射式两种。烧结混合料仓安装中子水分计，一般用插入法。其优点是探测效率高，对被测物料的形状无严格要求，但必须保持一定的料位。

(2) 红外线法。基于水对红外线光谱的吸收特性，采用红外线法测量带式输送机上物料水分。红外线水分仪目前在国内外已广泛应用。此种仪器的测量精度易受蒸汽影响。

(3) 微波法。是以微波水分仪为测量核心，智能控制软件为控制核心的连续监测控制烧结混合料水分的智能控制系统。该系统具有实时报警和控制加减水功能，满足企业对于工作车间混合料水分的自动控制需求；对稳定混合料水分、提高烧结矿质量和产量发挥着极其重要的作用。

3.11.5.3 青岛科联微波水分智能控制技术优势

青岛科联微波水分智能控制系统优势如下：(1) “测”得“准”。采用微波水分在线分析仪，测量准确、快速、安全、可靠、零维护；(2)“调”得“快”。调节时间小于 3min；(3)“控”得“准”。水分稳定在目标值，无稳态误差；(4)“控”得“稳”。控制精度不受工况变化影响，精度优于 0.3%；(5)自学习自优化。采用模糊 PID 控制技术，系统具备自学习能力，持续优化。

系统具有如下功能：(1)混合料水分实时检测；(2)目标水分一键设定；(3)混合机自动加水；(4)安全联锁报警；(5)数据存储及打印；(6)操作记录存储；(7)累计加水流量存储。

青岛科联烧结水分智能控制软件示意图见图 3-18。

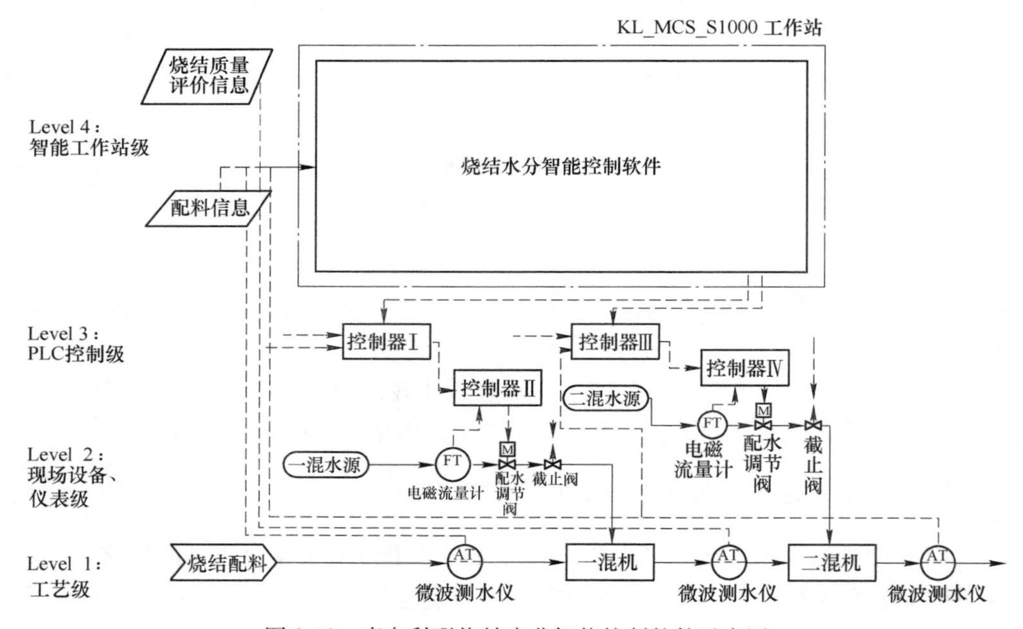

图 3-18 青岛科联烧结水分智能控制软件示意图

3.12 强力混合机制粒技术

传统的烧结原料，其细粉和粗颗粒料都是通过圆筒混合机来进行混合和制粒的。但是，由于烧结细粉的亲水能力比较差，在传统烧结工艺中很难使水分均匀的分散，而水的均匀分散对于制粒效果非常关键。因此，细粉烧结由于其阻碍了透气性而影响了烧结机的生产效率。

近 20 年来，许多烧结厂不断对传统的烧结料制备技术进行革新。日本住友、新日铁等公司最早开始采用立式强力混合机用于烧结料混合。通过住友和歌山的实践，由于使用了强力混合机替代圆筒混合机，使烧结原料透气性增加、制粒效果增强，并且烧结速度提高了 10%~12%。由此，生产能力也提高了 8%~10%，同时降低焦粉的添加比例0.5%。强力混合机混合效果如图3-19所示。

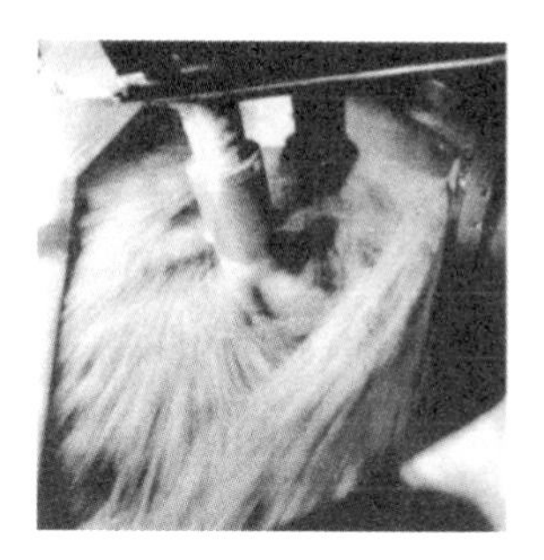

图3-19 强力混合机混合效果图

3.12.1 强力混合机与圆筒混合机综合比较

用强力混合机替代圆筒混合机的综合效果对比，见表3-17。

表3-17 圆筒混合机与强力混合机综合效果对比（用于1200t/h烧结机产能）

比较内容	圆筒混合	强力混合	效果
安装占地	一台22m×4.5m的圆筒混合机，占地约为7m×25m，总占地175m^2，总高度7.5m	一台DW40混合机，占地约为7m×7m，总占地50m^2，总高度4m	占地节约70%
重量	400~500t，只能安装在地面	42t，带料重量58~60t，可以安在钢结构上	节约地基成本
基础	适合动载，安装成本高	适合静载，安装成本低	节约安装成本
内部面积	圆筒混合机内部面积达300m^2，相比10倍以上的面积意味10倍以上可能黏料量。烧结工艺未来发展将会使用更多的细料（0.15~3mm），更多细料的使用黏料量更大	DW40底部面积12m^2，壁部面积13m^2，设备具有自清洁功能，未来烧结原料的变化不会影响强力混合机的使用，这一点已被在各个行业应用的众多用户证实	
速度-弗劳德数	圆筒混合的制造原理限制其混合速度，圆筒混合机弗劳德数小于1，即没有在物料中输入足够的机械能，导致混合效果差，物料黏壁	混合机的混合原理（旋转混合盘，壁部底部刮板和高能转子的安排）大大提高弗劳德数，得到更佳的混合效果，达到最佳混合均匀度	
焦粉消耗	高消耗4.5%（根据配比不同可能有差异）	低消耗4.0%，因为焦粉能够被更好地分散，降低焦粉用量0.5%，每小时节省4t焦粉	节约焦粉成本
混合均匀度	低	高	

续表 3-17

比较内容	圆筒混合	强力混合	效　果
能量传输	混合机只有一个电机驱动，如遇到电机故障，整系统瘫痪	混合机由4个主轴电机，2个盘电机分别驱动，如遇到一个电机故障，混合机仍然可以工作	
烧结矿强度	强度低	强度高，因为原料更好地被分散	
烧结机能力	烧结机能力低	烧结能力高，因为细粉更好地被包覆在颗粒表面，提高了烧结矿的透气性。提高10%，如果按照5%计算，以上混合机产能800t/h，可以提高产能40t/h	提高烧结矿利润

通过以上的综合分析，在烧结生产中应用立式强力混合机，可以在减少占地面积、提高工艺水平（提高烧结矿强度和烧结矿产量）、节能减排（降低焦粉消耗0.5%）、降低生产成本、提高烧结厂利润等方面带来多重优势。

3.12.2　韩国浦项开发的强化制粒工艺

为了提高细矿粉配比，韩国浦项采用强力混合机和制粒机作为强化制粒的手段，通过控制混合料的水分来改善制粒效果。制粒之前，首先要对含有大量细粉的配合矿进行筛分，将筛上粗粉运至一次混合机并加水混合，筛下细粉运至强力混合机并加水混合；再将经强力混合机混合后的细粉运至制粒机并加水单独制粒；最后将制粒后的细粉与粗粉一同加入二次混合机，与无烟煤、焦粉和熔剂进行混合。浦项强化制粒需增加一台强力混合设备。

根据浦项推算，如果低价细矿粉配比能够稳定在30%以上，从长远来看具有其经济优势，降低的原料成本抵消新增设备投入，故浦项的强化制粒新技术在工艺上和经济上都是可行的。我国铁精矿配比较高的企业在烧结机改造时可以考虑增添一台强力混合机。

3.12.3　米塔尔比利时根特烧结厂强化制粒技术

该厂220m^{2}烧结机原有一台用于混合和制粒的圆筒混合制粒机，改造方案为在此设备前面增加一台R33型强力混合机用于混合和预制粒。设计处理量为800t/h，目前的实际处理量为1100t/h，混合料中烧结返矿占22%~27%。

根据强力混合机的要求，超过50mm粒度的原料不适合进入混合机。于是在强混机上方增加了筛分机，筛分出来的大粒度料通过溜管直接到达下层皮带机；同时顶部料仓设计旁路不通过混合机直接进入下层皮带机，保证生产线的正常运转。使用强力混合机后，随着铁精粉比例的增加，处理能力会有所下降，但是混合机中的预制粒效果更加明显。

3.12.4 采用强力混合机案例

（1）宝钢4号烧结机混合和制粒工艺。宝钢4号烧结机（$600m^2$）为了强化混匀和制粒，改善混合料的透气性，满足超高料层烧结的需要，采用三段混合工艺。一次混合采用强力混合机，使混合料能够得到充分润湿和混合；二、三段混合仍采用传统圆筒混合机，以强化制粒，保证混合料具有合适的粒度组成和透气性，二、三段混合时间约为9min。

（2）印度塔塔集团强力混合机用于二次混合。该公司$496m^2$烧结机二次混合选用强力立式混合机，布置在烧结主厂房混合料小矿槽上方的平台上。其前部设置两个生石灰仓，将未消化的生石灰定量添加入混合机内。尽管强力混合机设备造价比传统的圆筒混合机高，但由于混合效果好，烧结矿强度高、质量好，得到了国外业主的青睐，市场份额逐渐增加。

（3）我国台湾Dragonsteel厂新建烧结机。该烧结机$248m^2$采用一台强力混合机和一台圆筒制粒机，这套系统处理了百分之百的烧结原料，包括了钢厂回收的废料。由于这套系统处理过的烧结料具备极高的均匀度，所以在龙钢也不需要对原料进行预混合，这就大大降低原料储存空间和作业面积。

（4）巴西Usiminas烧结厂项目。Usiminas矿山生产大量的超细铁矿粉，为了实现高达25%超细精粉（粒度小于0.1mm）用于烧结，安装了两套强力混合和制粒系统。这两套系统用来处理1~3号烧结厂的烧结原料，总产能接近每年700万吨。

3.12.5 强力混合机的优势和应用范围

目前国内外大型烧结项目改造和新建均选用了强力混合机用于烧结料的混合，主要由于强力混合机具有如下优势：（1）占地少；（2）极佳的混合及制粒效果；（3）制粒机位于烧结进料仓的上方；（4）制粒后单一输送点；（5）同生产能力下，比传统圆筒混合机相比，投资略低。

采用强力混合和强化制粒创新技术使得大量细铁精粉原料用于烧结工艺成为可能，而且生产不会受到太大影响。这种工艺能获得完全均匀的烧结原料，这也是保证较高烧结质量和工艺稳定的基础。

特别适用于新建烧结机、老旧烧结机的改造项目以及钢厂粉尘、污泥的回收利用，降低能耗，满足各种特殊工艺的要求。尤其适用于细铁精矿配比较高和处理含铁废料的企业。

3.12.6 江阴创裕CQ系列立式强力混合机

CQ系列立式强逆流强力混合机是江阴市创裕机械有限公司自主研发，采用国际上先进的混合原理，顺时针旋转的混合盘+逆时针高速三位转子旋转（见图3-20）。有倾斜式和平盘式两种的筒体（见图3-21），有20°倾斜角，装有L形内壁和底盘刮板。在右上侧逆时针运转的三维转子高速旋转时，可以帮助100%的物料混合并起到自我清洁的作用。

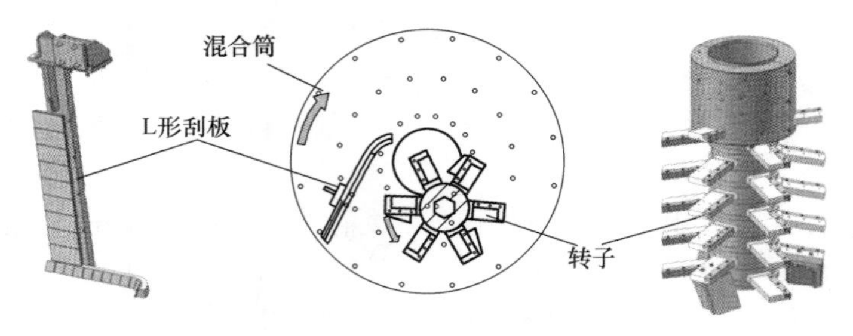

图3-20 强力混合机逆向流原理图

(a)

(b)

图3-21 CQ系列立式强逆流强力混合机筒体形式
（a）倾斜式；（b）平盘式

3.12.6.1 工作原理及结构特征

A 工作原理

CQ系列连续式强力混合机主要适用各种流动性良好的粉体物料的高产量和高混合均匀度的混合。混合机由主机和电控系统两大部分构成。干粉物料和水通过相应的入口进入混合机旋转筒，转子逆时针旋转，筒体顺时针旋转，通过逆流式将物料打散混合，通过保证筒体内物料量来控制混合的均匀度。

B 设备优点

（1）混合强度高，达到最佳混合均匀度，大大缩短混合工作时间。

(2) 故障率低，运行稳定。

(3) 易损件少，便于维修操作。

(4) 设备重量轻，占地面积小，减少基建成本。

(5) 底盘衬以耐磨陶瓷，卸料口使用特殊耐磨防黏材料，卸料门不易黏物料。

(6) 能耗低、使用寿命长。

(7) 混合料质量好、稳定。

(8) 工作方式有间断式工作和连续式工作。

C 结构特征

(1) 混合筒底盘衬以耐磨陶瓷，内围圈衬以耐磨钢板，三维混合转子的叶片使用耐磨合金制作，以保证耐磨性，使叶片的使用寿命更长。

(2) 采用特殊材质制造的耐磨叶片及刮刀，安装维护方便，使用寿命长。

(3) CQ 系列强力混合机带有 PLC 的控制系统，可视化操作，系统设有全自动或人工操作两种模式，根据需要任意转化，通过操作面板可直接修改混合时间等。

(4) 带有全自动润滑系统，所有润滑点都可以由 PLC 控制时定量加油润滑。主电机多带有自动检测，出现故障会自动报警提醒，保证设备的安全运行。

3.12.6.2 主要技术参数和应用企业

CQ 系列连续式强力混合机主要技术参数及应用企业分别见表 3-18 和表 3-19。

表 3-18 主要技术参数表

规格型号	有效容积/m^3	转子电机功率/kW	筒体电机功率/kW	处理量/$m^3 \cdot h^{-1}$	外形尺寸/mm		
					长	宽	高
CQ08-L-X	0.1	4	2.2	5	1900	1500	2505
CQ15-L-X	1	55	11×2	20	3545	2425	2890
CQ22-L-X	2.2	110	18.5×2	85	4435	3790	3120
CQ29-L-P	4.35	2×132	22×2	210	6512	3260	3250
CQ32-L-P	6.25	2×160	37×2	300	6900	3600	3370
CQ40-L-P	10.42	4×160	55×2	500	7800	7800	3520

注：C—公司代号；Q—强力混合；22—筒体直径 2.2m；L—连续式；J—间断式；X—倾斜式；P—平盘式。

表 3-19　CQ 系列强力混合机在钢铁行业的应用企业

序号	用户单位	投用年份	规格型号	数量	混合料用途
1	山东日照钢铁公司	2015	CQ22-L-X	1	冷压球
2	湛江钢铁固废处置中心	2015	CQ22-L-X	1	均质化皮带运输至原料场
		2016	CQ15-L-X	1	冷压球
3	沙钢集团	2016	CQ15-L-X	1	圆盘造球
4	台塑福欣钢铁公司	2016	CQ08-L-X	1	冷压球
5	山西建邦集团	2017	CQ29-L-P	1	强化混合后制粒
6	江苏长强钢铁公司	2017	CQ29-L-P	1	强化混合后制粒
7	中晋太行矿业有限公司		CQ22-L-X	1	圆盘造球

3.13　承钢防止混合料仓黏料技改措施

3.13.1　矿槽黏料原因分析

3.13.1.1　碱性熔剂的影响

承钢 360m^2 烧结机所使用熔剂为生石灰、轻烧白云石，而且烧结矿碱度较高(2.15 左右)，由于碱性熔剂加入较多，增加了混合料的黏结性，尤其是生石灰消化后呈粒度极细的消石灰胶体颗粒，增加了物料的凝聚性，进而恶化黏料情况。

3.13.1.2　矿槽设计缺陷影响

矿槽采用的是两段式，即东西两倾斜面设计为上下两部分，上部倾斜角大于下部倾斜角，倾角大的上部常常成为黏料严重的部位。通常在检修 3~4 天后矿槽的有效容积就会减小 30%左右，随着黏料情况的恶化，不但起不到增加矿槽储料量的作用，反而使矿槽的有效容积变小。原衬板是普通钢板，造成矿槽黏料严重。

3.13.2　矿槽改造措施

3.13.2.1　矿槽形状及衬板改造

针对仓型的缺陷，将矿槽改为相对不爱黏料的一段式，即将东西两斜面改为上下部倾斜角一致的单倾斜面，如图 3-22 中虚线所示。这样虽然矿槽的最大容积有所下降，但是由于降低了混合料下降所受的阻力，减小了摩擦力，混合料与矿槽壁的相对接触时间变短，减小了矿槽壁的黏料几率，因此矿槽的有效容积反而增加了。另外，对正常生产过程中矿槽的料位也做了严格的要求，要求矿槽料位严格控制在1/3以下。在长时间停机时，要求必须把混合料仓排空，减少原料在仓内的停留时间。

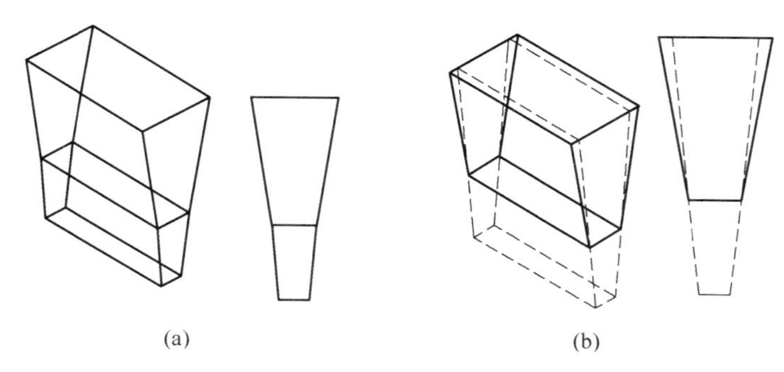

图3-22　混合矿槽改造前后示意图
（a）改造前；（b）改造后

陶瓷衬板具有长寿命、不黏料、免维护的特点，因此针对原来衬板不足，经过多方比较，决定将衬板改用为技术相对成熟、行业比较认可的碳化钨陶瓷衬板。

改造后东西两倾斜面黏料问题基本解决，生产过程中基本不会发生东西两面黏料造成被迫停产的情况，生产一个月后的矿槽，东西斜面黏料依然非常少。

3.13.2.2　增设空气炮

为了消除矿槽南北垂直面的黏料，在南北两面共布设四个空气炮，一面两个上下布置。由电脑程序控制空气响炮顺序及周期，空气炮每30min开始一次清料周期，每个空气炮相隔15min（即一个清料周期为45min）。空气炮安装后很好地解决了矿槽南北侧底部的黏料情况，但是受矿槽强度、现场条件以及空气炮作用面积的限制，矿槽北侧顶部黏料依然比较严重。

3.13.2.3　增设疏松器

疏松器由电气控制柜、液压站、液压缸、疏松拉杆等组成。该装置如图3-23所示。工作时由电气控制柜发出自动启动信号，液压站高压油泵启动，高压油经过电磁换向阀换向后进入液压缸，液压缸往复运动，带动疏松拉杆沿矿槽壁作上下运动。一个工作周期结束后，电气控制柜发出停机信号，液压站高压油泵停机，液压缸停止拉杆由于得不到压力油而自动停止，疏松器处于待命状态，等待下一个启动信号。

作为疏松器关键部件的拉杆，每个杆上有1排齿，每排各有6个。齿与杆之间夹角为55°，可减小拉杆在上下运动过程中受到的物料阻力，防止齿被折断，同时又能起到自动清理的作用。

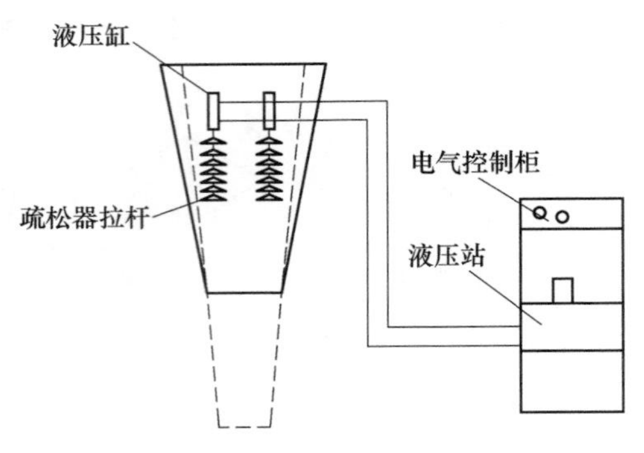

图 3-23　疏松器的构成

3.13.3　改造效果

经过改造后，混合料仓的黏料问题得到了有效的解决，矿槽料位控制更加稳定，混合料布料得到了很好的改善，现在混合料仓只需每月检修时清仓，而且清仓时只需用压缩空气在料仓上面喷吹，工人无须进入料仓，劳动强度减轻很多。改造后的料仓虽然最大容积变小，但因黏料发生率大大降低，所以总的来说有效容积反而增加，矿槽所起的物料缓冲作用加强，矿槽的烧结工艺停机时间大幅下降，生产连续稳定，烧结矿质量有明显的改善。

3.14　鞍钢提高混合料温度的措施

烧结混合料温度是制约烧结生产的一个重要因素，如果料温达到露点（65℃）以上，可以显著减少料层中水蒸气冷凝形成的过湿现象，有效降低过湿层厚度和过湿层对气流的阻力，改善料层透气性，提高烧结矿的产、质量并降低能耗。

3.14.1　提高混合料温度的措施

影响混合料温度的主要因素包括：环境温度、内部自循环返矿温度、生石灰质量及消化放热、蒸汽预热装置的热效率以及混合制粒时添加水的温度等。为了提高混合料温度，主要存在以下几种措施。

3.14.1.1　配加热返矿和生石灰

由于热筛处高温多尘，维修极为困难，不利于稳定生产，劳动条件极差，已逐步淘汰热返矿工艺。配加生石灰在各烧结厂均得到广泛的应用。

3.14.1.2　利用蒸汽预热混合料

鞍钢烧结系统均采用了蒸汽预热混合料的工艺，预热混合料的蒸汽主要通过三种形式，即热水混合制粒、滚煤机直接加入、通入混合料矿槽内。

（1）热水混合制粒。先用蒸汽将水加热至 70℃ 左右，再添加到混合机和制粒机中，以提高料温和改善制粒效果。目前我厂各烧结机均采用了此方法。

（2）滚煤机直接加入。在滚煤机中通入蒸汽。从滚煤机中心线侧偏右位置的进料端伸进去一根直径为 50mm，长 2.5m 的蒸汽管，蒸汽管上开有 8 个直径约为 6mm 的圆孔，通入蒸汽后混合料料温可提高 15℃ 左右。目前仅二烧采用此方法，混合料温度夏季能够达到 60℃ 以上。

（3）通入混合料矿槽内（见图 3-24）。机头混合料槽内加入蒸汽方式采用两种形式，一种是在矿槽下部利用蒸汽围管和支管通入矿槽内，此种方法容易造成矿槽蓬料，并且仅能对靠近矿槽壁的混合料进行预热，造成混合料温度不均；二是在矿槽顶端垂直布置蒸汽管到矿槽内，此方法下料阻力小，能够对矿槽内中间部位的混合料进行预热。上述两种方法结合使用后，混合料温度得到较大幅度的提升，混合料温度可提高 15~20℃。

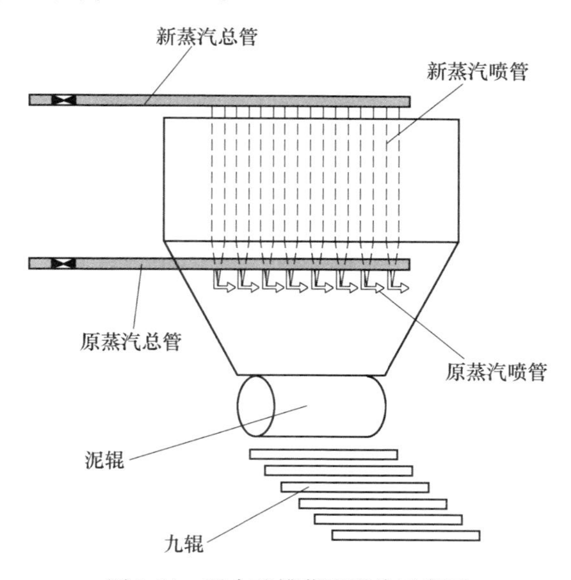

图 3-24　混合矿槽蒸汽预热示意图

3.14.2　生产效果

近几年，鞍钢烧结系统通过各项措施的实施，使烧结混合料温度得到不断提高，目前混合料温度全年平均可达到 47℃，夏季时最高可达到 65℃ 以上，冬季环境气温在 -20℃ 左右时，混合料温度也可达到 35℃ 左右。

由于混合料温度的不断提高，为提高烧结料层厚度、优化各项生产参数提供了有利条件。目前烧结料层厚度达到 710mm，混合料粒度达到 61%，烧结矿转鼓强度达到 80.66%，取得了较好的经济效益，烧结固体燃耗达到 43kg/t。

3.15　本钢生石灰加热水消化生产实践

生石灰如果未经过充分加水消化成浆，大大影响造球效果，影响料层的透气性，对提高料层厚度不利。未消化的残余 CaO 就使烧结形成“白点”，而造成烧结矿产、质量下降及高炉波动。

3.15.1　生石灰加热水消化的试验与结果

水的温度对生石灰消化程度的影响原理是：用常温水消化生石灰，会生成 $Ca(OH)_2$ 薄膜，包围未消化的 CaO，使消化中断。待薄膜中的水蒸发或薄膜溶解后，消化才能得以继续。用高温水或沸水消化，就不会产生“薄膜”，消化可连续进行，消化程度有所提高。鞍钢烧结试验表明：（1）用热水消化生石灰，当水温由 32℃提高到 80~90℃，台时产量提高 0.63%~1.36%。（2）热量利用较充分，矿物的熔融结晶条件改善。在 96℃水温消化生石灰时，烧结矿转鼓指数提高 0.42%。（3）消化程度提高 6.5%，相当于生石灰用量增加 2kg/t，烧结矿成品率提高，烧结固体燃耗下降。

针对鞍钢烧结的试验结果，本钢在 $265m^2$ 烧结进行了以下试验和测定：

（1）不同水温对消化时间影响的试验（结果见表 3-20），从表 3-20 可以看出，消化水的温度越高，消化时间越短。

表 3-20　不同水温生石灰消化时间

初始水温/℃	30	51	60	72	80
消化时间/min	5.5	3.5	2.2	1.65	0.83

（2）不同粒度生石灰对消化时间影响的试验。对不同粒度的生石灰，在相同水温下的消化时间也做了测定（结果见表 3-21）。可见，生石灰的粒度越细，消化时间越短，对提高混合料温度不利，从试验结果和强化烧结作用看适宜的生石灰粒度为 1~3mm。

表 3-21　不同粒度生石灰的消化时间

生石灰粒度/mm	>5	5~3	3~1	<1
消化时间/min	6	3.6	1.75	1.05

3.15.2　生石灰热水消化工业试验结果

（1）采用生石灰热水消化后，生石灰消化成了极细的胶体颗粒，具有很强的黏结性，有效地提高了混合料的成球性及小球强度，因此混合料大于 3mm 粒级由基准期的62%提高到67%，使生石灰的强化烧结作用得到充分发挥，烧结料层厚度提高到700mm。

（2）采用生石灰热水消化后，混合料温度提高，由基准期的42℃提高到47℃（以往冬季生产混合料温度在40～42℃）。从而烧结矿台时产量提高了5.74t/h，达到了预期的效果。

（3）生石灰在进入一次混合机前已经完全消化为消石灰颗粒，由于消石灰颗粒热稳定性好，使混合料的料球不易碎散。

（4）采用热水消化生石灰，烧结矿二元碱度稳定率提高了3.25%。

3.16 超厚料层烧结的试验研究与生产实践

厚料层烧结技术是从20世纪80年代初开始发展起来的。1978年，我国烧结的平均料层仅为269mm，从1980年开始武钢的料层逐年提高到340mm、380mm、420mm，1999年武钢新建的435m^{2}大型烧结机，料层厚度达到了630mm，全国各烧结厂也相继实现了600mm厚料层烧结。进入21世纪以来，我国多数烧结厂如莱钢、宝钢、首钢、太钢等相继实现了700mm厚料层烧结。莱钢、宝钢、太钢不同料层厚度下的烧结指标列于表3-22。

表3-22 莱钢、宝钢、太钢不同料层厚度下的烧结指标

企业名称	料层厚度/mm	抽风负压/kPa	机速/m·min^{-1}	固体燃耗/kg·t^{-1}	转鼓指数(+6.3)/%	FeO含量/%
莱钢	500	13.3	1.7	66	74.3	10.72
	600	15.5	1.4	57	78.14	8.86
	700	17.1	1.3	53	78.74	8.59
宝钢	500	12.92	3.22	46.30	73.9	6.41
	606	15.06	2.41	46.67	75.78	6.48
	720	17.80	2.68	42.71	82.09	7.83
太钢	400	11.0	—	53.4	63.2	9.51
	500	12.0	1.8	52.6	64.5	8.22
	600	13.0	1.5	51.7	65.0	6.82
	700	14.1	1.4	49.4	72.1	7.60

超厚料层烧结是指烧结料层达到和超过850mm的烧结，国外率先进行超厚料层烧结技术研究的是韩国浦项钢铁研究组。2000年该研究组进行了500～900mm的烧结杯试验，通过了配加生石灰强化制粒和燃料分加等改善高温烧结带透气性阻力的研究，以降低燃烧带过熔、导致降低垂直烧结速度和产量下降的问题。

2012年北京科技大学冯根生在他的博士论文中试验研究了700~1000mm料层的烧结杯试验，对超厚料层的烧结特点及关键技术问题均有突破。

近几年来，马钢三铁、首钢京唐公司等企业先后在360m^{2}和550m^{2}烧结机上实现了850mm和900mm超厚料层烧结生产，并且在产、质量和燃耗上取得了显著效果。

3.16.1 超厚料层烧结生产的经济技术价值

“三高两低”即“高料层、高强度、高还原性、低碳、低FeO”始终是烧结生产追求的目标。料层厚度由300mm提高到600mm时，随料层的提高，产、质量均得到改善，当料层厚度提高到600mm以后，烧结产量由于负压升高，垂直烧结速度下降而不再提高，但烧结矿的质量会进一步改善。马钢三铁和首钢京唐公司的生产实践证明，料层厚度即使增加到850~900mm，产量仍可提高，质量也可进一步改善。生产实践证明，超厚料层具有较大经济技术价值，具体表现在以下五个方面：

(1) 超厚料层烧结由于料层的自动蓄热作用，有利于提高烧结上层的余热利用，降低固体燃耗和热量消耗，有利于烧结节能和降低烧结烟气的硫氧化物(SO_x)和氮氧化物(NO_x)的排放。

(2) 超厚料层烧结由于降低机速和垂直烧结速度，延长了烧结料层在高温下的保温时间，有利于硅铝复合铁酸盐(SFCA)的生成，从而有利于提高烧结矿的强度和成品率，改善烧结矿的质量。

(3) 超厚料层烧结降低了配碳量，抑制了烧结料层的过烧和轻烧等不均匀现象，促进了低温烧结的发展，提高了烧结料层的均匀性。

(4) 超厚料层烧结降低了配碳量，提高了烧结料层的氧化气氛，提高了燃料燃烧的氧化放热，有利于降低成品矿的FeO，改善还原性。

(5) 超厚料层烧结使强度低的表层烧结矿和质量优的铺底料数量相对减少，有利于提高烧结矿的成品率和入炉烧结矿的比例。

3.16.2 马钢超厚料层烧结操作技术及其创新

马钢烧结工作者在试验研究和生产实践中发现超厚料层有如下几个方面的特点：

(1) 由于料层超级加厚，料层的阻力增加，烧结的负压明显增大，烧结料层的自动蓄热作用造成下层热量过剩，引起下层烧结过熔，红火层加厚变宽，致使垂直烧结速度下降，烧结产量下降。

(2) 超厚料层布料后，上、中、下三层碳的分布不均匀性增大，上层含碳高且细粒燃料比例大，下层含碳低，且燃料粒度粗粒比例大。

（3）烧结矿的不均匀性增大，表现为碱度、FeO 和粒度的分布不均匀性增大，超厚料层烧结矿的碱度上层最高，下层最低，呈高、中、低分布；成品矿 FeO 的分布下层最高，中层的 FeO 最低，上层处于中间值；成品矿的平均粒度和转鼓指数呈下层>中层>上层的分布。同时还发现成品烧结矿的铁酸钙（SFCA）分布的偏析，中层>下层>上层。

（4）在试验研究中还发现：石灰石的粒度增粗，燃料的粒度变细，布料反射的角度增大，对缩小烧结矿上、中、下三层的碱度，FeO 和粒度分布具有明显的作用。

针对超厚料层烧结过程的自动蓄热作用造成烧结阻力增大、垂直烧结速度和产量下降的问题。马钢三铁为了实施 900mm 超厚料层烧结生产，将 360m^2 烧结机原台车拦板由 700mm 高改为 900mm。并在试验研究和生产实践中，取得了以下几个方面的重点突破和创新：

（1）实现超厚料层烧结，设备是保障。首先对台车进行了 2 次改造，台车向外扩 200mm，最终将拦板加高至 900mm；与此同时对点火炉及附属设备也进行了改造；使主抽风机全压达到 17.5kPa，单位烧结面积风量达到 105m^3/(m^2 · min)；通过提高反射板位置、调整角度（45°）和延长松料器的长度，改善纵向和横向布料，使粒度较大且含碳量较低的料尽可能布到料层底部，粒度较小且含碳量较高的混合料布到台车的上部，以充分利用料层的自动蓄热作用，改善料层的透气性，实现均匀烧结的目标。

超厚料层烧结，料层的阻力增大，烧结机的漏风会加重，对烧结机的机尾密封进行改造，降低烧结的漏风率。

对圆筒混合机的衬板外形进行创新设计，加长圆筒混料机的长度，混合时间由原设计的 3min 提高到超过 6min，有效提高了混合效率和制粒效果。

实现混合料水分自动控制，将混合料的水分控制在最佳范围内；通过对混料机加水雾化的改进、优化加水方式、改善混合料制粒效果。

（2）优化燃料质量，适度缩小燃料粒度，采用燃料分加方式有效提高燃料燃烧性，降低燃烧带的宽度，改善超厚料层热态透气性，有利于加快垂直烧结速度，提高超厚料层烧结的产品质量。

（3）优化生石灰质量，稳定生石灰配比，将炼钢泥浆喷入生石灰消化器，提前消化生石灰提高生石灰和炼钢泥浆的黏结作用，改善混合料制粒效果。采用蒸汽预热混合料，提高混合料的温度（二混出口料温大于 55℃），提高混合料的热态透气性，消除过湿层。

（4）返矿适度提前润湿，其作为混合料制粒“核心”的作用会得到加强，使混合料成球速度和制粒效果明显改善。

（5）建立和运用烧结燃料比控制模型，严格控制燃料种类、粒度组成和烧结矿 FeO，适当降低烧结层的高温水平和红火层厚度，有利于降低燃烧熔融带的阻力，提高烧结矿的产、质量。

（6）建立和运用点火模型，优化点火工艺，实现低耗均匀点火自动调节，达到烧结表层既不过烧也不轻烧，提高烧结表层的成品率。

（7）建立和运用烧结终点控制和烧透偏差控制模型，稳定烧结终点，通过透气性指数调节机速，达到控制烧结终点的目标。

（8）建立和运用烧结生产负荷的稳定控制，实现烧结机速与高炉槽位的稳定控制。

通过以上多方面的优化操作和自动控制，使厚料层烧结生产达到产质量稳定的良好状态。

3. 16. 3　马钢超厚料层的经济技术效果

马钢三铁 2 台 360m^2 烧结机自 2011 年 4 月实现 900mm 超厚料层烧结生产以来，在产、质量和能耗等方面取得了较好的经济技术效果，具体有以下六个方面：

（1）料层厚度由 800mm 提高到 900mm 后，月平均产量提高了 7. 28%，利用系数由 1. 373 t/(m^2 · h)，提高到 1. 507t/(m^2 · h)，入炉烧结矿由 68. 3%提高到 74. 05%。

（2）烧结矿质量进一步提高，转鼓指数月平均由 78. 55%提高到 78. 88%，筛分指数由 2. 41%降低到 2. 10%。

（3）固体燃耗进一步降低，由 52. 98kg/t 下降到 52. 48kg/t，经折算 2012 年比 2008 年固体燃耗下降了 2. 91kg/t。

（4）烧结成品率进一步提高，吨铁返矿由 284. 72kg 下降到 237. 36kg，粉烧比由每吨矿 207. 29kg 下降到 172. 87kg。

（5）烧结电耗下降，主抽风机电耗由 23. 06kW · h/t，下降到 21. 71kW · h/t，吨烧结矿下降电耗 1. 35kW · h/t。

（6）超厚料层烧结，社会效益显著，减少 CO_2 排放量达 22. 57 万吨，年烧结烟气 SO_2 减排达 2499. 6t。

3. 17　烧结箅条黏结机理研究及防治应用

箅条是烧结机上承载烧结料和烧结矿的关键部件，属于易损件。在烧结料有害元素侵蚀和水、矿粉、粉尘等的作用下，箅条间缝隙有时会被粘结成块，封锁了抽风通道，清理箅条时易断裂，也影响箅条寿命；更重要的是箅条黏结使得烧结有效抽风面积减少，影响烧结正常生产，造成负压不稳定，电耗升高，产质量下滑。

3.17.1 箅条黏结物成分分析

表3-23所示为首钢京唐公司烧结历次箅条黏结物成分检测结果。可见黏结物的碱金属和Cl含量均较高。

表3-23 首钢京唐公司烧结箅条黏结物的成分 (%)

日期	TFe	CaO	K_2O	Na_2O	C	Cl	S	折算KCl
2009-12	36.06	6.39	13.92	2.17	0.160	7.90	2.57	19.45
2012-6	43.64	9.29	6.89	1.34	—	5.24	0.84	10.96
2013-2	36.23	4.07	15.22	4.08	0.120	14.78	0.84	27.41

为了进一步验证，进行了同时期条件下不同黏结程度台车箅条黏结物成分的比较，从箅条黏结严重、中等和轻微（见图3-25和表3-24）的程度来看，在黏结越严重的黏结物的成分中，其碱金属和Cl含量越高。这说明，碱金属和Cl含量是造成箅条黏结的主要影响因素。

表3-24 首钢京唐公司烧结台车同时期不同黏结程度箅条黏结物的成分 (%)

黏结程度	TFe	SiO_2	CaO	TiO_2	S	P	K_2O	Na_2O	Cl	ZnO	PbO
严重	43.83	3.12	5.01	0.054	2.04	0.041	7.56	1.86	5.24	0.045	0.110
中等	51.44	5.42	8.13	0.098	1.09	0.070	3.49	0.65	1.58	0.031	0.006
轻微	50.88	5.25	8.13	0.096	1.38	0.065	3.41	0.61	1.74	0.028	0.015

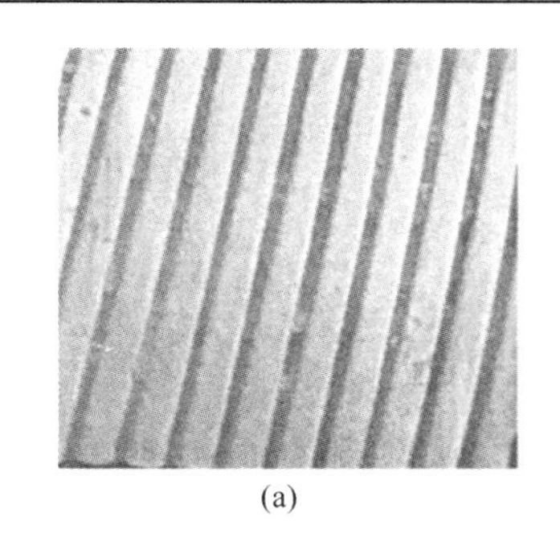
(a)

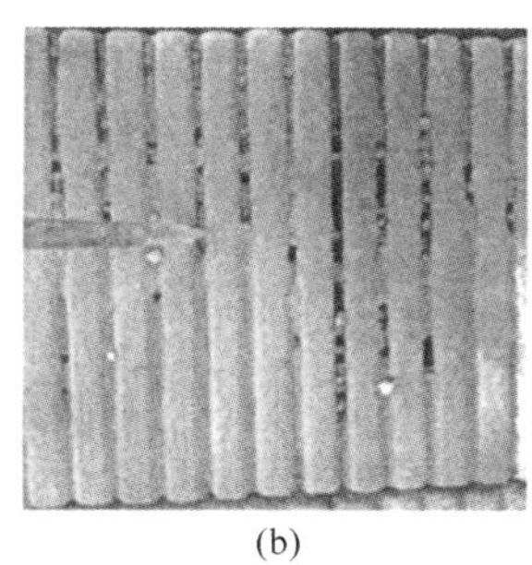
(b)

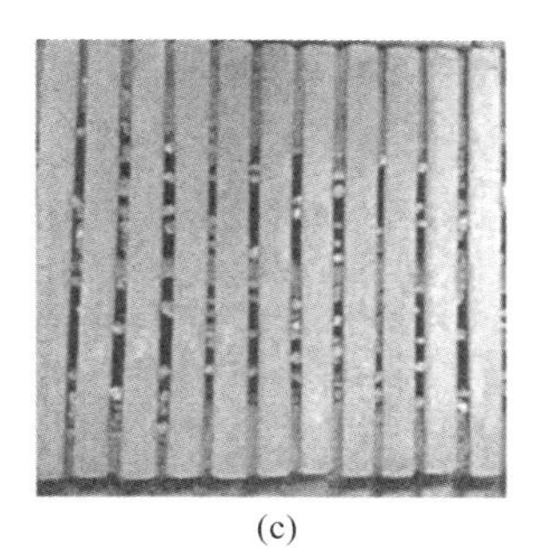
(c)

图3-25 京唐烧结检修时箅条黏结现象
(a) 糊堵严重；(b) 糊堵中等；(c) 糊堵轻微

3.17.2 烧结箅条黏结机理分析

根据烧结箅条黏结的机理，将箅条完全黏结过程分为四个步骤：

(1) 小粒度的铺底料和烧结矿会卡在箅条间隙，但台车往复运动中这些小粒度烧结矿有一部分没有被震落，仍在间隙存在，此时箅条活动范围有一定缩小。

（2）烧结料中的 K 和 Cl 形成 KCl 后，K 和 Cl 开始电化学侵蚀箅条，细粉料开始填充缝隙，出现了最初的黏结物。

（3）随着台车不停运转，小粒度烧结矿和细粉料卡在箅条间隙越多，烧结料中的 KCl 大量地附着在箅条和小粒烧结矿的表面，黏结程度加剧。

（4）最终箅条间隙被烧结矿和黏结物黏成箅条间没有了通风孔道。

分析认为，除了 KCl 这一造成箅条黏结的主因外，也存在影响烧结箅条黏结的其他原因。根据京唐几次黏结的实际情况，具体分析原因如下：

（1）配矿结构和有害元素含量。如前所述，箅条黏结程度与进入烧结的有害元素量有关，除了混匀料，熔剂、焦粉、高返等（喷 $CaCl_2$）、焦化废水等也带入有害元素。

（2）细粒度料量。当烧结配加细粉比例增加，或者制粒效果差时，烧结料小于 1mm 比例增多，在烧结抽风作用下，聚集到箅条上的物料会增加，随着 KCl 含量升高和高温的作用，小粒度物料黏在箅条上的程度会加剧。

如电场灰和干法灰等细物料，随着其在烧结料中的配加，一方面增加了 K 和 Cl，另一方面属于难制粒的细物料。从减少箅条黏结的角度出发，其不应在烧结配加。

（3）铺底料厚度和粒度。铺底料粒度过细时，小颗粒的铺底料极易塞在箅条缝隙之间，造成堵箅条现象，同时小颗粒铺底料也恶化了铺底料本身的透气性。当铺底料粒度较大而厚度薄时，铺底料间的缝隙较大，烧结物料也会直接接触烧结机台车箅条而导致台车黏箅条。一般铺底料厚度在 20mm 以下时，烧结物料颗粒极易穿透铺底料层而渗进烧结台车箅条缝隙中，导致台车糊箅条现象。因此，适宜的铺底料粒度和厚度对于烧结箅条黏结影响也较大。

3.17.3　防治烧结箅条黏结措施

（1）调整烧结配料降低高 K 和 Cl 物料使用比例。结合首钢京唐公司实际，控制烧结中高 K 和 Cl 含量固废和高 K 和 Cl 含量矿粉的使用比例是减轻箅条黏结的最直接措施。混合料中 K 和 Cl 含量控制如表 3-25 所示。

表 3-25　首钢京唐公司烧结大堆混匀矿 K 和 Cl 控制参考值　（%）

有害元素控制	混匀料		混合料		烧结矿	
	K_2O	Cl	K_2O	Cl	K_2O	Cl
	<0.06	<0.05	<0.09	<0.05	<0.08	<0.03

（2）强化烧结制粒以减少烧结台车上细粒度物料数量。结合首钢京唐公司实际，优化混合机制粒效果，减少混合料小于 1mm 比例，以减少细粉末附着箅

条上的机会。

（3）优化箅条尺寸和控制箅条指标。除了配矿和工艺方面外，箅条设备本身也可能对箅条黏结产生影响。首钢京唐公司烧结采取了如图3-26的措施进行改造。主要改造为将箅条安装间距从75mm调整为85mm。

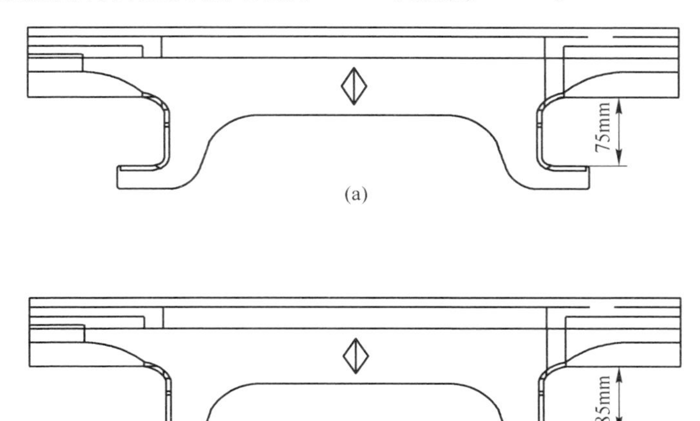

图3-26 改造前后箅条尺寸的变化
（a）改造前；（b）改造后

适当增大箅条的安装间距后，实际上增加了箅条的活动空间，使箅条在往复运动上不易被小粒度烧结矿卡住而形成初始的黏结。

（4）烧结铺底料厚度优化。对铺底料的粒度和厚度进行了适当的调整，主要采取了提高铺底料厚度以减少烧结细物料接触箅条的方法。烧结铺底料厚度从30~50mm提高至50~60mm水平。

此外，首钢京唐公司烧结采取了稳定终点控制、生产中加强箅条清理的管理等措施。如每次检修时，尽量组织安排清理箅条。箅条清理频率的增加，相当于打破箅条持续不断黏结的过程，延长了箅条有效使用时间。

（5）优化前后效果比较。通过攻关，烧结箅条黏结现象大为缓解，2013年7月份烧结箅条黏结物成分中，根据K_2O和Cl含量所折KCl含量为3.5%。

箅条黏结现象的减轻，使得箅条寿命从12个月提到22个月，这不仅减少了箅条消耗，同时对稳定烧结过程和烧结矿产、质量起到了积极作用。

3.17.4 包钢新型无动力烧结箅条清理装置

包钢烧结使用原料大部分为自产精矿，精粉率高达80%，给制粒、烧结带来了一系列问题，料层透气性差、箅条黏结严重，影响烧结产能的有效发挥，为此，我们研制了一种新型无动力箅条清理装置，有效地解决了箅条黏结的现象。

3.17.4.1　新型箅条清理装置的特点

目前国内烧结机箅条设备主要有外力带动重锤在回车道，对台车箅条的振打达到清除黏结到箅条上的烧结矿粒和缝隙中混合料的目的。其优点是振打力大、清除效果好；缺点是需要外加动力、箅条有时被打断、故障率高等。

由于包钢白云鄂博矿的特殊性，钾、钠、氟含量高，钾、钠板结富集较严重，再加上精粉率高，经常造成烧结箅条黏结严重，给正常生产带来极大困难。因此，经过技术人员共同努力，研制了一种新型无动力、简单、免维护箅条清理装置，如图 3-27 所示。

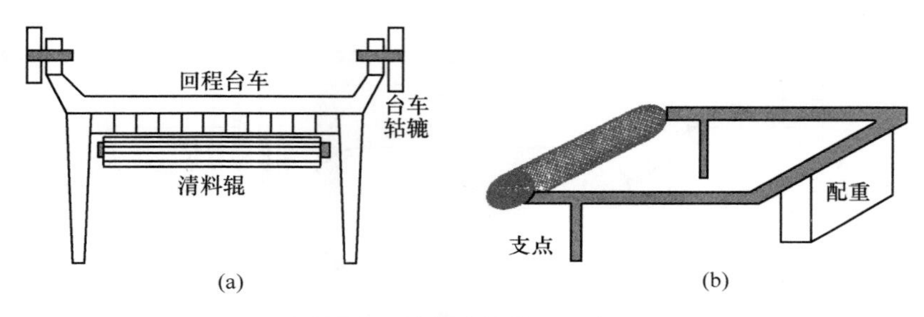

图 3-27　箅条清料装置示意图
（a）安装示意图；（b）构造示意图

其工作原理为：烧结机在装上铺底料和混合料生产时，由于抽风烧结的作用，导致部分小粒度铺底料和混合料夹杂在箅条的缝隙中，当台车运行到机尾卸矿后，大部分矿粒随着台车翻转向下，靠重力作用自动掉下，而小部分矿粒则夹杂在箅条的缝隙中不能靠自然力掉下，必须施以外力才能使其掉落。而安装在台车下部的清料辊，靠自身配重使圆辊紧紧压在箅条表面，随着台车的移动清料辊被动在箅条表面转动、挤压和振动箅条，使部分矿粒掉落，达到清理箅条的目的。

特点：无须外加动力，可以利用加减配重调节挤压力，利用焊接在清料辊表面的突起产生振动力，结构简单，维护量小。

3.17.4.2　使用效果

2010 年 4 月，利用检修机会，在一烧车间两台烧结机安装了箅条清理装置，有效地缓解了箅条被糊死的状况。安装初期，由于配重量不足，发现清料辊和箅条的挤压力小，时有料辊不转的现象，经过逐步增加配重后，既保证了有足够的挤压力，又使箅条不受太大冲击力。辊皮表面加焊间距 5mm 的横向突梁，使辊子在运转过程中产生频率一致的振动力，提高清理效果。烧结机台车箅条在安装时，不能太紧，否则，台车在回程时，箅条不能靠自重向下运动，当与清料辊接触时，活动空间小，效果差。

经过调整后，烧结机头小格散料量明显增加，由原来每天放一次，时间 1h，增加到每天放一次，时间 2h；烧结机负压降低，机速大幅度提升，烧结操控性能得到了根本性的改善；主抽风机电流降低，风门开度增加。具体参数变化如表 3-26 所示。

表 3-26 加装清料辊前后烧结机部分参数对比

项　目	机头散料放料时间 /h · d^{-1}	主管负压 /kPa	主管废气温度/℃	机速 /m · min^{-1}	料层厚度 /mm
改造前	1	10.5	120	1.35	690
改造后	2	9.5	150	1.60	690

由表 3-23 可以看出，箅条黏结问题的解决有助于进一步研究提高料层透气性的其他措施。

3.18 烧结机漏风的治理

抽风机抽入的空气中，实际通过料层的风量称为烧结机有效风量，其余的不通过料层被抽风机抽入的空气叫有害风量。有害风量所占比例称为漏风率。

目前，烧结机的漏风率一般在 40%~60%。也就是说抽风消耗的电能仅有一半用于烧结。同时漏风裹带着的灰尘对设备造成严重的磨损。因此，堵漏风是挖掘风机潜力，提高通过料层风量的重要措施。烧结机漏风主要存在于：（1）台车与台车及滑道之间的漏风，占总漏风率的 90%；（2）烧结首、尾部风箱的漏风，达 60%~70%；所以有效控制头尾部和滑道漏风是关键。

3.18.1 早期烧结机头尾密封形式

3.18.1.1 弹簧压板密封

弹簧压板式密封（见图 3-28）是早期烧结机头尾密封装置的一种，主要靠弹簧力将密封板支撑起来上下活动，与台车工作面紧密接触，达到密封效果。但因弹簧反复受冲击作用和高温影响，容易失去弹力和频繁工作断裂，造成密封板下沉，使密封效果变差，现在基本被淘汰。

3.18.1.2 四连杆重锤式密封

四连杆密封（见图 3-29）主要通过杠杆力的作用，与双杠杆密封原理基本相同，不同之处在于内部结构不同。

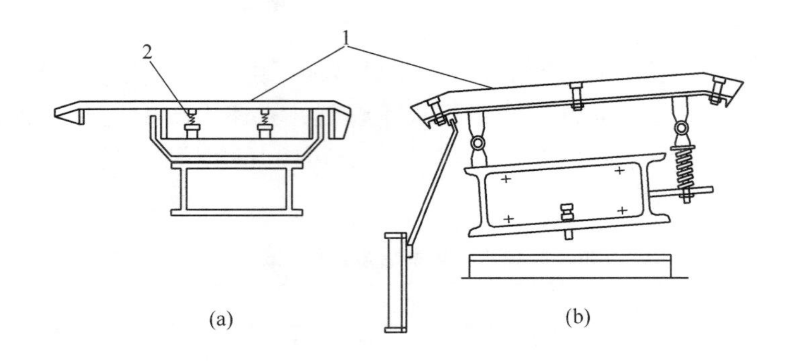

图 3-28 烧结机头尾弹簧压板式密封示意图

1—密封压板；2—弹簧

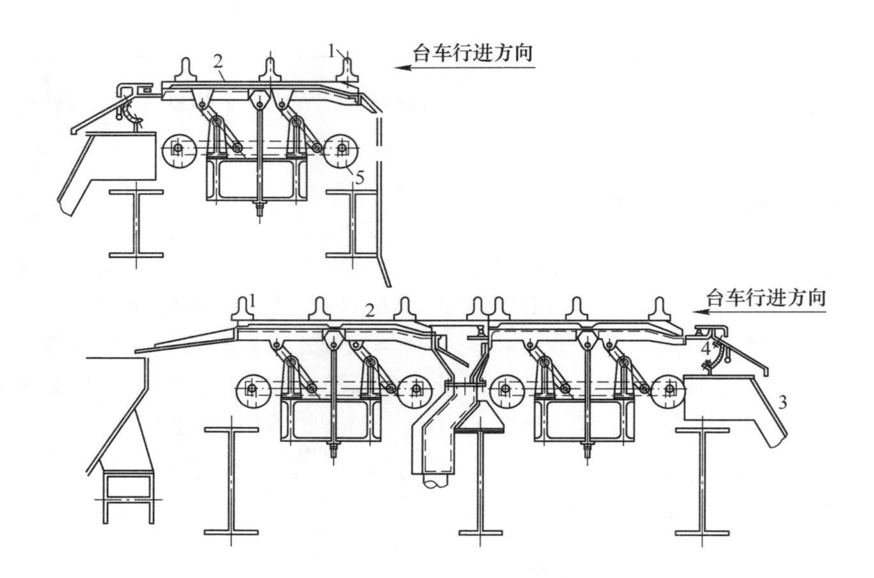

图 3-29 重锤连杆式机头机尾密封装置

1—台车；2—密封板；3—风箱；4—挠性石棉密封板；5—重锤

（1）密封盖板与烧结机滑道之间存在 8mm 的间隙，形成开路漏风。

（2）密封盖板与烧结机风箱采用柔性石棉板连接，石棉板与滑道两侧的漏风量非常大，石棉板容易破损，使用寿命短，并且破损后不易被发现，维修量大、密封效果差。

（3）密封盖板不能够形成任意方向和角度的倾斜，当台车底梁发生塌腰变形时，漏风量巨大。

（4）连杆机构在高温多尘的环境下运行时容易被卡住，使密封盖板变成固定盖板，与台车底梁形成间隙，造成大量漏风。

（5）四连杆的最大弊端，有拐点的存在，配重磨损后，工作面下移，使四连杆进入拐点以下；另一种现象是，台车在运行过程中，通过烧结矿颗粒与密封板的作用力大于配重的重量，造成密封板工作面下移，使密封板工作面进入四连杆拐点以下，从而形成严重漏风。根据这一情况加大配重似乎可以解决存在的问题，但一方面增加烧结机运行阻力，另一方面磨损台车主体横梁。

3.18.1.3 德国鲁奇双杠杆式密封

德国鲁奇技术具有灵敏度高、调整方便等优点，技术核心是杠杆原理，通过配重调整密封板工作面，使密封板上下活动与台车工作面紧密接触，达到密封效果，见图3-30。

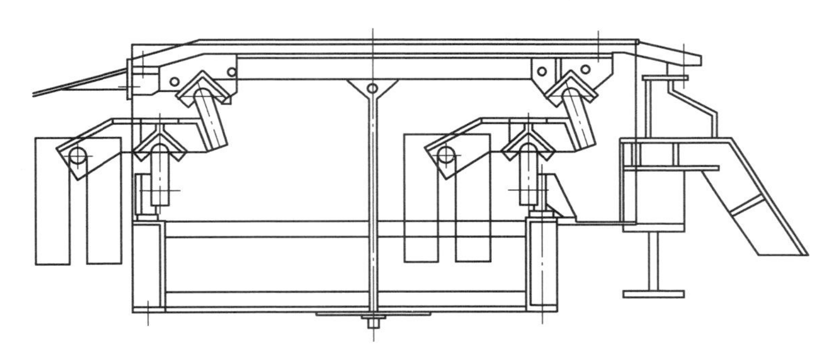

图3-30 双杠杆式（德国鲁奇）烧结机密封示意图

（1）密封板工作面与两个支撑点（三角支撑点）与密封槽体是刚性接触，安装有一定的间隙，在高负压状态下运行，受烧结颗粒及粉尘的冲刷，这一间隙逐渐增大，从现场实际情况看，3~6个月后，两条支撑点磨损成锯齿状，随着设备运行时间的增加，两条支撑点的磨损情况加剧，同时产生严重的漏风。

（2）配重的磨损难以克服，因配重是“密封”在箱体内，与高负压的风箱相连接，烧结颗粒及粉尘在高负压的作用下产生旋流区，这一旋流区的产生，严重影响配重的使用寿命，安装2~3个月后，因配重的磨损，配重的重量逐渐降低，当配重的重量降低到一定时，密封板的重量大于配重的重量，密封板工作面产生下移，同时产生严重漏风，此时的密封板实际上处于非密封的状态，必须依靠停机时进行处理和调整，以达到较好的状态。

（3）从鞍钢360m^{2}烧结机运行两年的时间看，每逢季度计划检修，调整烧结机头、尾密封板是一项不可缺少的工作内容，而且重点调整配重。也就是说三个月调整一次，半年要更新一次两条支撑点，如不调整，这时的烧结机密封板漏风严重，基本处于非密封状态。更严重的是，一年至一年半的时间内，需要对密封板核心部位、工作面、配重等进行彻底更新，以保证密封板良好的使用状态。

3.18.2　秦皇岛新特柔磁性密封

密封本体由本体底座，侧面C或S型密封板簧、内部弹性支撑系统，水冷却系统，密封上面板五部分组成（见图3-31）。

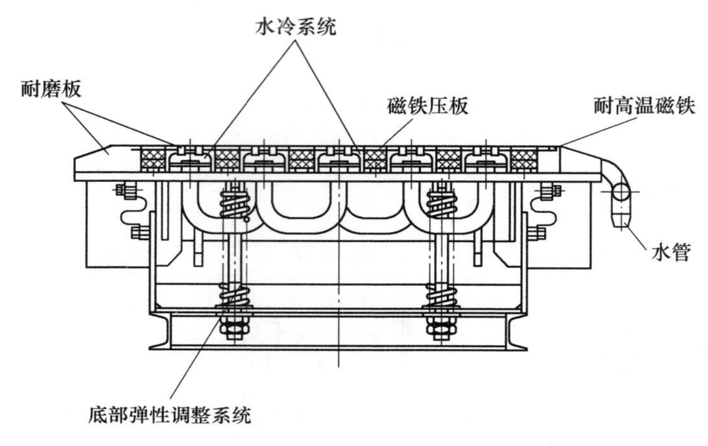

图3-31　全金属柔磁性密封原理图

（1）本体底座用来支撑弹性侧面C或S型密封板簧、内部弹性支撑系统，水冷却系统，密封上面板。

（2）侧面C或S型密封板簧起到支撑及防止中间部分漏风的作用。内部弹性支撑系统支撑密封上面板，使面板和台车紧密接触及仿型作用。耐高温压缩弹性系统的作用，使浮动盖板能够跟踪台车的底板，保持浮动盖板和台车底板保持永久性接触，防止漏风。

（3）水冷却系统主要用来循环冷却水，及时将密封腔体内热量带走，确保磁性物质的磁性，并延长密封各部分的使用寿命。

（4）密封上面板。凸起和凹下面板间隔布置。凸起部分属硬性密封，和台车底紧密接触。凹下部分下部有高能磁性物质，吸附矿粉等，形成柔性密封。硬性密封和柔性密封相结合，形成多级迷宫密封，效果更佳。

（5）侧下面和风箱侧板焊接确保整体不漏风。

主要在济钢400m^2，湘钢360m^2，承钢360m^{2}等新建和改造项目中应用。

3.18.3　鞍山蓬达柔性动态密封

3.18.3.1　烧结机头尾柔性动密封装置的设计原理

鞍山蓬达烧结机端部柔性动密封装置的设计（详见图3-32），吸收了国内外烧结机端部密封装置的精华，克服了结构庞大、松散等不利因素，采取短小精悍、刚柔兼顾的设计思路，采用耐高温、弹性模量适中的动密封装置，即刚中有柔，柔中带刚的设计思想，同时在烧结机运行方向（纵向）、横向、垂直方向作了周密的安排，杜绝了烧结机断部三维空间的漏风。纵向主要采取迷宫式密封板与板之间工作间隙产生的漏风。

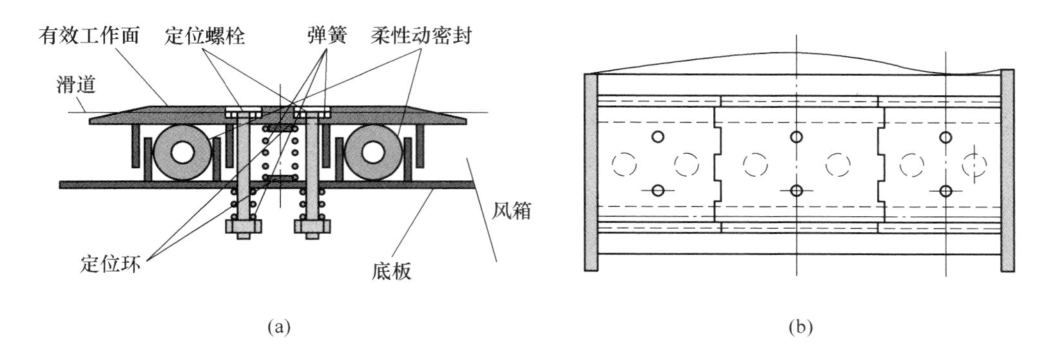

图 3-32 头尾柔性动密封装置示意图
（a）断面示意图；（b）平面示意图

横向板与板之间活动自如，并留有吸收膨胀的间隙，最大限度吸收台车主梁下挠产生的间隙，这就叫做上迷宫；垂直方向也采取迷宫式密封的方式，但垂直方向的技术核心是，在迷宫之间加入柔性动密封，这就叫做下迷宫之间加柔性动密封。这样使烧结机端部柔性动密封装置在同行业独树一帜。经过几年来的实际应用，完全适应各类带式烧结机的运行要求。

3.18.3.2 烧结台车滑道柔性动密封装置的设计原理

我国目前烧结机滑道密封基本采用上活动游板、下活动游板的密封方式，这种结构造成烧结机系统漏风在55%左右。

鞍山蓬达烧结机台车滑道柔性动密封装置的设计（见图 3-33），主要采取巧、妙、精的设计思路，实现了烧结机滑道柔性动密封。采用多点的线密封变面密封，取代刚性密封；最大范围的弹性模量，取代弹性模量小的钢板密封；点、线、面的最佳组合，完全促使活动游板与固定滑道100%的接触，完全切断活动游板与空气密封盒之间的漏风通道，在不损坏现有设备一颗螺丝，不取消一个弹簧，保留原有设备现状的情况下，杜绝加工、安装、工作时接垢、活动游板卡死的实际情况，同时增强原弹簧的工作性能。安装方便、互换性强、适应性强、施工周期短等特点。

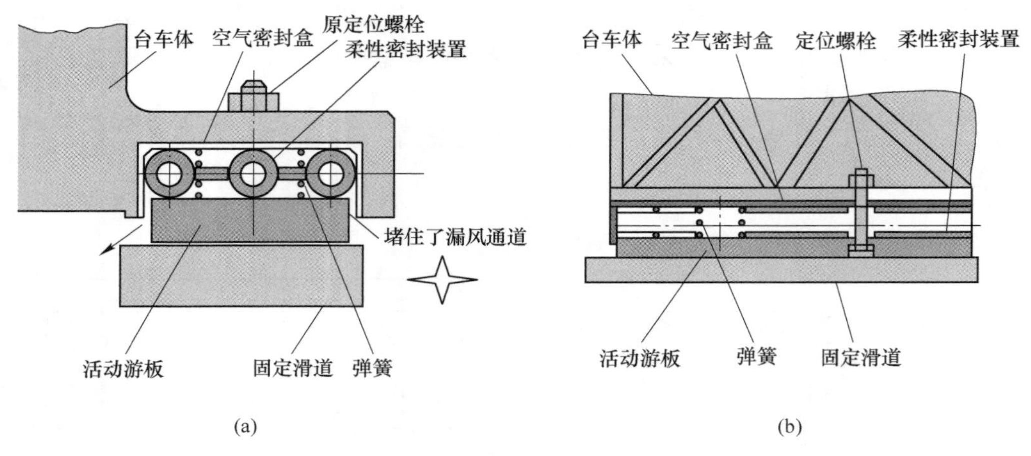

图 3-33　台车滑道柔性动密封装置示意图

（a）断面示意图；（b）纵向剖面示意图

3.18.4　秦皇岛鸿泰摇摆涡流式柔性密封

3.18.4.1　柔性动密封装置（见图 3-34）的设计原理

（1）摇摆：是指浮动板受到外力时在箱体内弹簧的作用下可以在一定范围内能够向任一受力方向倾斜，好比一块木板放在水里一样。换句话说，浮动板在一定范围内可以任意角度任意方向的倾斜摆动，从而实现了与台车底梁之间始终保持紧密贴合的状态。

（2）涡流：是在浮动板上表面沿台车运行的垂直方向开有两道阻尼槽，可以降低当台车底梁有沟槽或局部出现变形漏风时，风会吹到槽的对面形成涡流，可以降低风的通过量。

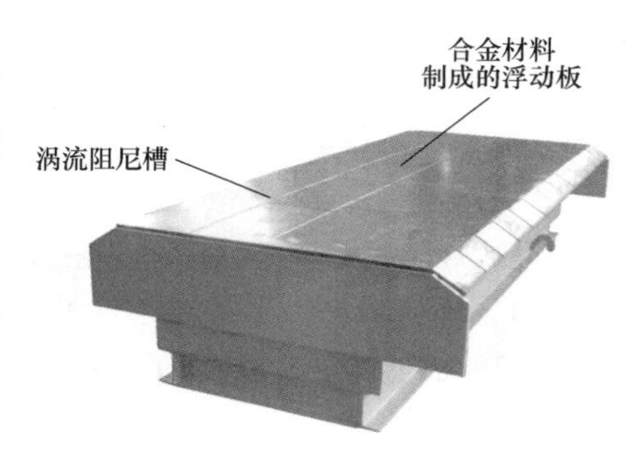

图 3-34　摇摆涡流式柔性密封装置示意图

（3）柔性：是指当台车底梁出现挠度（塌腰）变形时，浮动板可以随着台车底梁的挠度（塌腰）变形而形成相同挠度的形变，从而确保了与台车底梁之间的紧密接触。原理是箱体内两侧弹簧的支撑力大于浮动板本身材料所需要的弹性变形的力。

3.18.4.2　主要结构特点

（1）密封装置的上盖板采用合金材料制成，使用寿命是铸钢的数倍，并且上表面不易被划出沟槽。

（2）在密封盖板上表面设有涡流阻风系统，用以降低因台车底梁被划出沟槽或局部变形而形成的漏风。

（3）摇摆跟踪系统使密封盖板上表面能够形成任意方向的摆动，保证密封装置的上表面与台车底梁密切接触。

（4）合理的结构设计，确保浮动密封板与台车滑道之间严密接触，没有漏风。装置与风箱之间严密接触无漏风。

（5）该密封装置设有冷却系统，既保证了弹簧能够在高温下不失效，又能使密封装置降低温度，提高耐磨性，从而使该装置安全、平稳、高效、长寿命的运行，具有其他密封装置不可比拟的绝对优势。

（6）结构紧凑、体积小，安装方便省时，还可以增加烧结机有效面积。

（7）设备整机两年免维护。

该装置设有挠度调整系统。当台车底梁出现挠度（塌腰）变形时，可以自动适应台车底梁的变形而变形（随弯就弯），换句话说，它可以形成与台车底梁同挠度的变形，始终保持与台车底梁全面接触。

3.18.5 宝鸡晋旺达柔性差压侧密封

3.18.5.1 传统台车滑道密封的缺点

目前，国内钢铁企业普遍使用带式烧结机，其密封装置多采用润滑式滑道密封（见图3-35）。由于烧结机工作环境恶劣，加之维护管理不到位，生产中常出现烧结机本体、栏板变形开裂，滑道、滑板磨损快，螺栓松动等问题，造成烧结机漏风点增多，系统漏风居高不下，进而导致单位产品电耗上升，返矿率增大，产品质量不稳定。据统计，全国钢铁企业烧结机每年因漏风造成的直接损失在80亿元以上，因此治理漏风一直是烧结生产的重中之重。尽管国内外很多烧结工作者在此方面进行过各种研究和尝试，如改进润滑装置，改进滑道、板簧密封结构，采用磁性密封、全密封、水密封结构等，但由于使用环境、结构、维护不便等诸多原因，至今未得到彻底改进，滑道漏风仍然严重。台车滑板密封为弹簧式密封装置，安装在台车两侧，依靠弹簧的弹力将台车滑板压到固定滑道上，使得台车滑板和固定滑道紧密接触，从而达到密封的效果。这种密封方式的缺点是：

（1）台车两侧密封装置内采用的弹性元件是钢丝螺旋弹簧，滑板和滑道槽之间有1mm左右的间隙（为了保证滑板上下游动自如），形成漏风通道。一台90m^{2}烧结机烧结段滑道板和滑道槽之间累计漏风面积约为60000mm^2，相当于一个1m长，60mm宽的大洞在漏风。

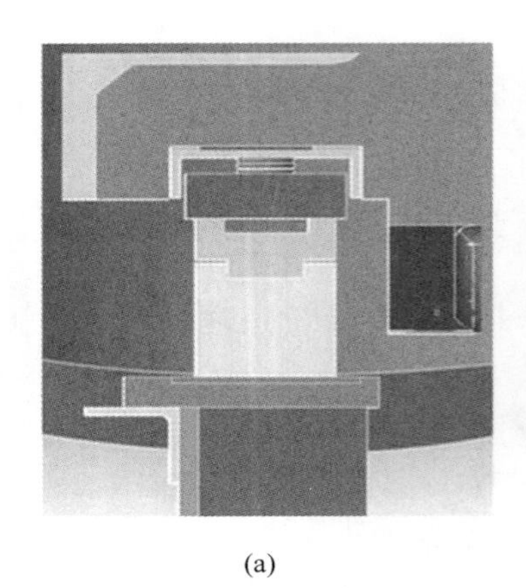

(a)

(b)

图 3-35　传统台车滑道密封装置

（a）密封结构；（b）实物照片

（2）滑板在高温高粉尘的恶劣环境下，由于自由间隙被污垢填充或被挤变形后，密封板上下弹起的自由状态被束缚或被卡住，便会使密封面出现间隙，影响密封效果。而且弹簧在高温环境下，随着时间的推移会逐渐失去弹性，造成滑板不能弹起，密封效果降低。

（3）由于滑道密封的滑板与滑道之间必须添加润滑油，一方面起到润滑作用，另一方面起到二次密封的作用，因此，每吨烧结矿要消耗 0.02~0.04kg 润滑脂。这不仅增加了维护费用，而且在高温下会产生油气，造成环境污染；最主要的是，油气携带粉尘容易黏附在除尘器壁、电除尘极板、甚至是风机叶轮上，造成除尘器效率降低，风机叶轮振动，影响设备正常运行。

3.18.5.2　晋旺达柔性差压侧密封特点

柔性差压侧密封装置（专利号：ZL201110030113.2）是由安装在台车底部 U 型槽内的柔性密封板和风箱挡板外侧及 U 型槽正下方横梁上的水冷滑道构成（见图 3-36）。通过系统的负压吸合，使柔性密封板紧贴在水冷滑道上来达到密封的效果。该技术打破了原有滑道硬密封的思维模式，改刚性密封为刚柔相济的密封方式，其核心技术就是自主研发的耐火、耐温、耐磨和高弹性四位一体的纳米稀土高分子聚合体柔性密封板。

该技术的主要特点如下：

（1）实现了台车和风箱之间的密封，且密封效果稳定。

（2）柔性材料在负压吸合下所产生的阻尼作用，可防止台车因自由惯性滑动，从而大大减小台车之间的密合缝隙，有利于减少漏风。

（3）告别了润滑油润滑密封滑道的历史，也就消除了由此带来的一系列问

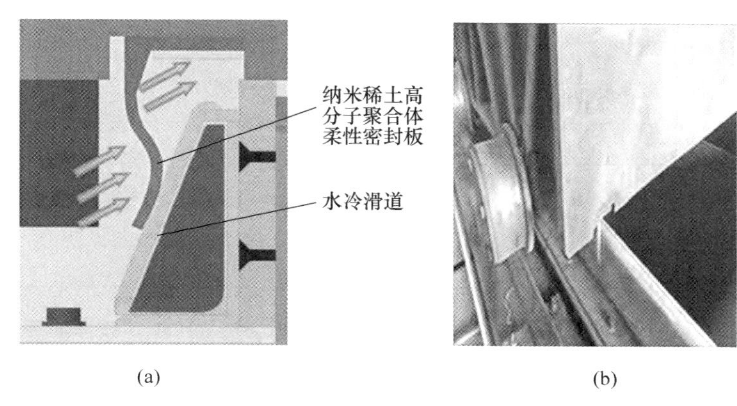

(a) (b)

图 3-36 压差柔性侧密封装置

(a) 柔性侧密封原理及结构；(b) 实物照片

题，既可节省润滑开支，还有利于后续的除尘器、风机等设备的正常运行。

(4) 维护检修方便，检修不需停产。

3.18.5.3 晋旺达密封应用效果

自 2011 年 6 月起，柔性侧密封技术陆续在河北澳森、河北九江线材和山东传洋集团等企业烧结机上应用。经生产实践证明，该技术降漏风效果明显，漏风率降低 15%以上，且维护方便，运行可靠，密封效果稳定，节能明显，电耗平均降低 5~10kW · h/t 烧结矿。同时，由于减少了漏风，废气温度普遍提高，平均达到 300℃以上，最高可达 380℃，实现了烧结机余热发电的可能，每吨烧结矿发电量为 10~20kW · h。2012 年 8 月 31 日，陕西省能源监测中心对河北九江线材有限公司 90m^2 烧结机改造前后的生产参数进行了测试，其结论见表 3-27 与表 3-28。

表 3-27 河北九江线材有限公司 8 号烧结机（机上冷却）改造案例

检测参数	部　位	改造前均值	改造后均值	对　比
负压/kPa	烧结段	16.2	16.2	0
	一冷却段	11.7	11.1	下降 0.6
	二冷却段	5.3	7.2	升高 1.9
风门开度/%	烧结段	60	60	0
	一冷却段	100	80	下降 20
	二冷却段	29	25	下降 4
电流/A	烧结段	364	312	下降 52
	一冷却段	166	115	下降 51
	二冷却段	178	160	下降 18

续表 3-27

检测参数	部　位	改造前均值	改造后均值	对　比
废气温度/℃	烧结段	73	86	升高 13
	一冷却段	283	345	升高 62
	二冷却段	195	175	下降 20
余热发电烟气进口温度/℃		283	348	升高 65
料批/t		316	365	增产 49

表 3-28　河北九江线材有限公司 5 号烧结机（机上冷却）**改造案例**

检测参数	部　位	改造前均值	改造后均值	对　比
负压/kPa	烧结段	10.6	12.5	升高 1.9
	冷却段	4.9	5.8	升高 0.9
风门开度/%	烧结段	100	65	下降 35
	冷却段	85	100	升高 15
电流/A	烧结段	200	157.8	下降 42.2
	冷却段	170	148.6	下降 21.4
余热发电烟气进口温度/℃		270	341	升高 71
料批/t		190	225	增产 35

应用效益如下：

（1）漏风率由改造前的 68.78%下降到 50.72%，降低了 18.06%。

（2）烧结矿产量由 141t/h，提高到 169t/h，提高了 19.8%；工序电耗由改造前的 46.98kW·h/t，降至 34.78kW·h/t，下降了 25.97%。

（3）烧结工序能耗由 76.50kgce/t 下降到 55.85kgce/t，节能率为 26.99%。

（4）维修方便，安全、可靠。采用柔性差压侧密封装置后，省去了锂基脂密封及润滑。同时有助于提高产量，节约资源，将给用户带来可观的经济效益。

3.18.6　鲅鱼圈烧结机密封改造

鲅鱼圈烧结机投产已有 6 年，密封盖板原先采用四连杆重锤方式，机尾为两道密封板，机头一道密封。随着运行周期的延长，加之设备长期在高温、多灰尘工况条件下，四连杆的绞链已失去灵活性，不能自由转动，使密封板卡死。台车本体变形后，中间部位下挠，底梁和密封板的间隙最高达 30mm。密封效果大幅度下降，烧结机系统漏风率由投产初期的 43.79%下降到 59.68%。

鲅鱼圈烧结先后利用检修机会将两台烧结机头尾密封盖板由原来的四连杆重锤式改成箱体式柔性密封盖板（见图 3-37）。解决了原密封盖板易积灰堵死，不易调整，间隙大和寿命短等诸多缺点。烧结机安装新型头、尾密封盖板后烧结技术指标大幅度改善，具体数据见表3-29。

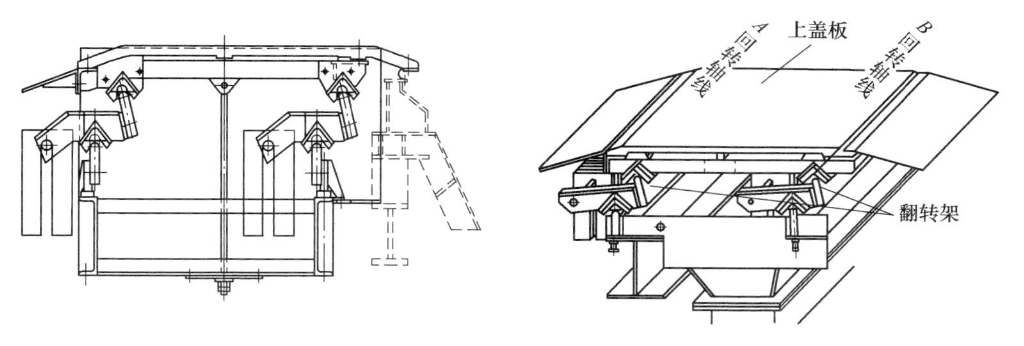

图3-37 鲅鱼圈四连杆重锤式改成箱体式柔性密封盖板示意图

表3-29 烧结机安装新型头尾密封盖板后技术指标对比

项　目	台时产量 /t·h^{-1}	转鼓指数 /%	平均粒径 /mm	烧结矿 (5~10mm)/%	废气温度 /℃	漏风率/%	风机电流 /A
安装前	550	78.64	18.51	27.39	105	59.45	430
安装后	580	78.79	18.97	26.41	125	49.69	380

表3-29对比数据显示出，烧结机采用新型密封设备后，烧结技术指标得到了改善，其中台时产量提高幅度较大，增加30t/h，风机电流降低50A，烧结机系统漏风率降低9.76%，烧结废气温度升高20℃，成品烧结矿物理指标也得到了相应的改善。

烧结机有害漏风率降低，风机无用功减少，电流降低，如果风机作业率按95%，单位电费0.57元，安装新型头、尾密封盖板后每台风机每年节约电费：

1.732 × 50A × 10000U × 24h/d ÷ 1000 × 365d × 95% × 0.57元/度 = 410.79万元

3.19 烧结机布料技术的发展

3.19.1 铺底料布料

采用铺底料可以保护台车、保证料层烧透、减少烧结烟气含尘量。对铺底料的要求是粒度适中，厚度均匀。铺底料从烧结矿整粒系统分出铺底料直接布在台车上，粒度以10~20mm为宜，所布厚度一般为30~50mm。其布料一般采用摆动式漏斗装置，由铺底料矿仓及矿仓下部的扇形门组成。

3.19.2 混合料布料

混合料布料在铺底料上，布料要求混合料的粒度、水分及化学组成等在沿烧结机台车宽度方向分布均匀，料面平整，并保持料层具有良好均匀的透气性。布料要求产生一定的偏析，沿料层高度方向，混合料粒度自上而下逐渐变粗，燃料的分布自上而下逐渐减少。

布料系统由梭式（或摆式）布料器、混合料仓、圆辊给料机和反射板（或多辊）组成。梭式布料器的作用是确保台车宽度方向上混合料的均匀性。圆辊给料机的作用是从混合料仓中排料，并通过闸门开度和转速大小来调节料流量，其中主门用于调节总料流量，辅门用于调节宽度方向的料流量。反射板或多辊布料器（通常为七辊或九辊）的作用是作为下料溜槽的同时，使料层产生合理的偏析。反射板可通过调整倾角和高度调节偏析，而多辊布料器通过辊间隙的作用使细粒料被漏下布到料层上部，粗粒料则从多辊上面溜下，并借助于其自身的滚动被布到料层底部。为确保料面平整，在反射板的下方设有一块平料板，用于刮平料面（见图 3-38）。

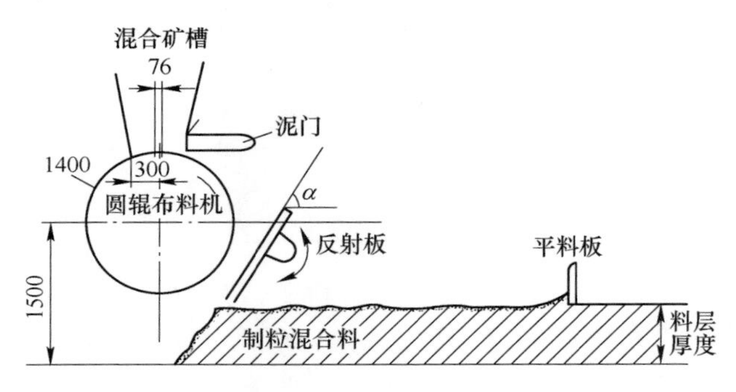

图 3-38　烧结机布料装置

近年来，国外许多烧结厂对布料技术进行了不少改进。日本新日铁公司在生产上采用两套新型布料装置。一种是君津厂和广畑厂的条筛和溜槽布料装置，条筛上的棒条横跨烧结机整个宽度，混合料的粗粒从棒条上通过，然后落向箅条，从而形成上细下粗的偏析；另一种是八幡厂的格筛式布料装置（IFF），筛棒自起点成三层散开，棒间距离逐渐增大，每条筛棒各自作旋转运动，以防止物料堆积在筛面上。这种布料方式首先是较大粗颗粒落在箅条上，随后布料的粒度就越来越小。

为了改善料层的透气性，国内外一些烧结厂采用松料措施，比较普遍的是布置在反射板下边，料中部的位置上台车长度方向水平安装一排或多排 30 ~ 40mm 钢管，称之为松料钢管间距离为 150 ~ 200mm，布料时钢管被埋上，当台车离开布料器时，那些透气棒原来所占的空间被腾空，料层形成一排透气孔带，从而改善料层透气性。图 3-39 为装有透气棒的神户加古川烧结厂布料系统设备示意图。

混合料仓为焊接钢结构，其仓壁倾角一般不小于 70°。小型烧结机矿仓排料

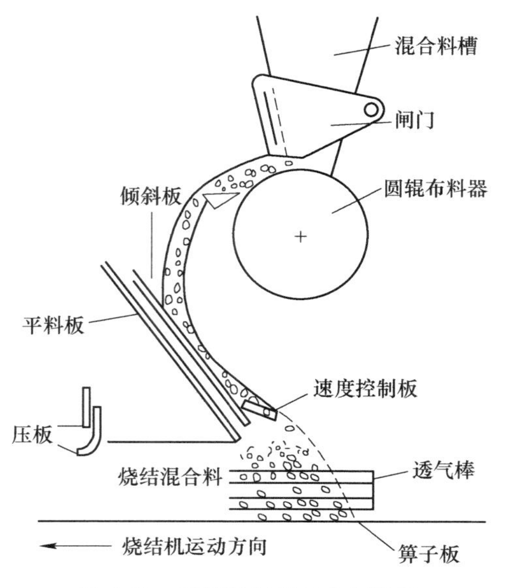

图 3-39 安装透气棒的布料装置

口较小，容易堵料，仓壁宜做成指数曲线形状。混合料矿仓分为上、下两部分，设有测力传感器的上部矿仓通过四个测力传感器（或两个测力传感器和两个销轴支点）支承在厂房的梁上，矿仓的下部结构支承在烧结机骨架上，为烧结机的一个组成部分。为防止矿仓振动，在上部结构的四角装设有止振器。未设测力传感器的上部矿仓用法兰固定在厂房梁上。下部矿仓下端设有调节闸门以配合圆辊给料机控制排料量。

为了提高布料的偏析作用和满足复合烧结工艺要求，一般也可采用分级布料形式。分级布料有两种形式：一种形式为提高布料时的偏析作用，将圆辊给料机上的混合料斗改为裤衩形漏斗，混合料在裤衩形漏斗中运动时产生偏析，大颗粒的混合料直接布在台车下部，而小颗粒和细料进入有圆辊给料机上的漏斗中，通过圆辊给料机和辊式给料机布在台车的中、上部；另一种形式为双层烧结工艺而采用的分层布料方式，即将粒度、配碳或碱度不同的混合料，通过两套布料装置分别布在台车上进行烧结。

3.19.3 日本 JFE 公司优化制粒和布料研究

21 世纪初日本 5 大钢铁公司为了降低炼铁成本，和大学联合成立了研究机构，共同联合研究，在加大褐铁矿用量的条件下，从烧结配矿、矿相变化、烧结制粒、烧结布料、烧结过程的优化与模拟、改善烧结矿质量、设备优化、流程调整等多方面进行了系统的研究。相关研究成果在日本 JFE 进行了工业化应用，取得非常好的效果。相关研究内容如表 3-30 所示。

表 3-30　日本企业烧结相关研究内容

序　号	研　究　内　容
1	矿石特性及制粒性研究
2	矿石制粒过程的 DEM 模拟
3	铁酸钙特性研究
4	烧结过程中间相特性及矿相研究
5	高 FeO 相的特性研究
6	烧结料层结构变化研究
7	烧结矿矿相织构及强度研究

其中 JFE 公司在制粒、布料过程中所采用的很有特色的相关设备及技术，如表 3-31 所示。

表 3-31　日本烧结制粒及布料技术

制粒技术	混合造球烧结流程（HPS）
	焦粉石灰石包裹制粒流程
布料技术	偏析光隙金属丝法（SSW）
	电磁制动布料装置（MBF）
	滚筒溜槽（Drum chute）

3.19.3.1　制粒工艺流程的改进

JFE 通过两种技术来优化制粒操作，其一是通过增加圆盘造球来改善制粒流程，改善难成球矿粉的制粒特性，这种流程称为混合造球烧结流程（HPS），其二是通过改善原料混匀时间来改善制粒性能。

A　混合造球烧结流程

该流程在一混、二混之间添加一段造球设备，如图 3-40 所示。该方法改善了造球效果，颗粒直径在 5～7mm，较传统方法的混合料颗粒（3～5mm）大，这种方法可以显著改善烧结矿质量，降低能耗，提高产量。

B　焦粉石灰石包裹制粒流程

JFE 开发了一种新型焦粉石灰石包裹制粒工艺来处理烧结料的混合，如图 3-41 所示。

该工艺已经安装在西日本厂的 4 座烧结机上，该厂每年生产 1800 万吨烧结矿。包裹制粒时间控制在 40～50s，在混料机内颗粒生成和破裂同时进行，如果延长包裹制粒时间，石灰石和焦粉会物理嵌入生成的矿粉颗粒中。该流程具有的优点有：（1）提高产能 5%；（2）改善烧结矿还原性 5%；（3）减少烧结焦粉消耗 4kg/t，降低高炉焦比 7kg/t；（4）每年 CO_2 减排 24 万吨。

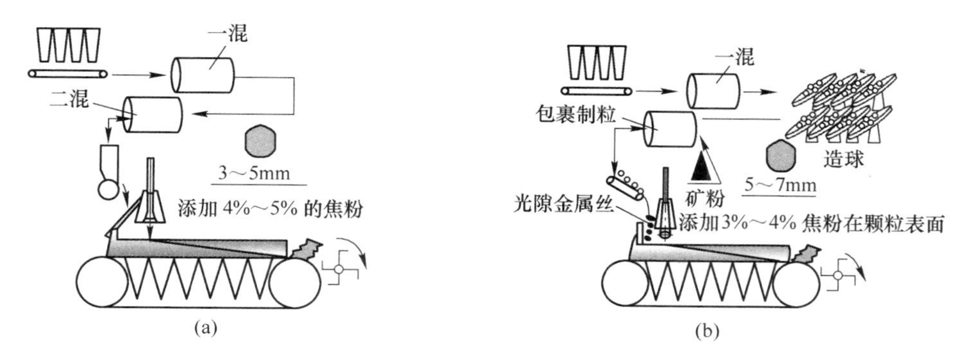

图 3-40　传统烧结流程和混合造球烧结流程比较

（a）传统烧结流程；（b）混合机造球烧结流程

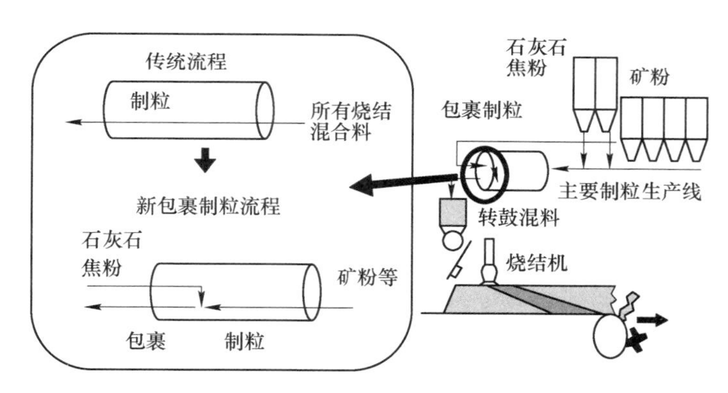

图 3-41　焦粉石灰石包裹制粒流程

3.19.3.2　布料技术的优化及设备改进

JFE 公司烧结布料所采用的主要设备如图 3-42 所示，各种设备的主要性能见表 3-32。

表 3-32　JFE 公司烧结布料所采用的布料设备特征

工厂名称	MBF 仓敷 2、3、4SP	SSW 福山 4、5SP	Drum chute 千叶，PSC
布料设备简图	倾斜板 电磁板	缝隙棒	辊式布料器

续表 3-32

工厂名称	MBF 仓敷 2、3、4SP	SSW 福山 4、5SP	Drum chute 千叶，PSC
利用系数/t·$(m^2 \cdot h)^{-1}$	1.50	1.51	1.46
转鼓指数/%	84.7	80.2	85.1
布料效果	FeO 偏聚到上层	焦粉偏聚到上层	大粒度料聚到下层
存在问题		在烧结机宽度方向烧结结构不均匀	

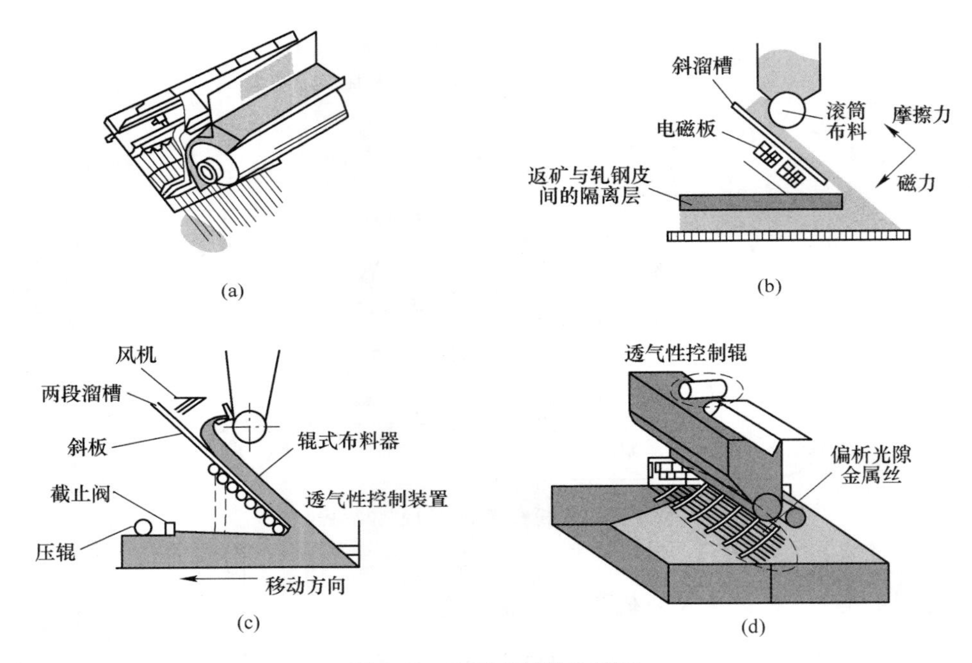

图 3-42　主要布料设备简图
(a) 强化筛分布料装置（新日铁）；(b) 电磁制动布料装置（JFE 公司）；
(c) 辊式布料系统（神户公司）；(d) 偏析光隙金属丝布料系统（JFE 公司）

日本川崎公司开发了磁力制动布料器（MBF）和磁力分散布料器，通过磁力控制，分别能起到降低烧结料落下速度和分散烧结料的作用。使用 MBF 后，焦粉和结晶水沿料层高度方向的偏析都较原先减小，考虑到高褐铁矿配比下料层下部热量不足，改进后的偏析被证明能起到显著的改善效果，生产率提高 4.2%，烧结矿强度提高 2.6%。

3.19.4　首钢矿业对三种偏析布料形式的研究

首钢矿业公司烧结厂根据自身工艺及原料条件进行了磁性泥辊偏析布料、宽皮带+九辊、泥辊+反射板+九辊偏析料等技术研究与应用，并进行了不同偏析布料的工业生产。

3.19.4.1 磁力偏析布料研究

磁力偏析布料就是利用永久磁系的作用力将磁性不同的烧结原燃料分布在台车垂直方向上不同部位的工艺技术。其核心设施为磁力辊筒，磁力辊筒就是在圆辊筒内安装一个永久磁系，一般磁场强度为60~150mT，在生产中磁系固定不转。当磁辊筒转动出料时，混合料受磁场作用，粒度粗、质量大而磁性弱的物料随辊筒转动快速抛离辊表面，而磁性强、质量轻、粒度细的粉料则被吸附在辊筒表面上一起转动，到达磁系边缘下部才脱落，而介于两者之间的物料落在粗、细物料之间，因此，理论上磁力偏析布料可以达到烧结偏析布料的目的。磁辊布料器适用于以磁性铁矿石为主要成分的混合料。

3.19.4.2 宽皮带+九辊布料技术研究与应用

为了研究宽皮带+九辊偏析布料的最佳控制参数，获得最佳的偏析布料效果，在一烧4号烧结机上进行了实验，重点考察混合料粒级在不同高度的分布情况。混合料水分按7.2%控制，台车布料高度为700mm，宽皮带运行频率为20Hz，试验期间采用固定原料配比结构、混合料水分、台车布料高度，宽皮带运行频率等参数。实验按三个阶段组织：第1阶段为九辊角度35°，频率30、35、40、45Hz；第2阶段为九辊角度38°，频率30、35、40、45Hz；第3阶段为九辊角度41°，频率30、35、40、45Hz。其结果见表3-33和表3-34。

表3-33 一烧4号烧结机的台车上、中、下偏析布料-3mm粒级分布情况 （%）

九辊频率	上	中	下	上下层粒径差
30Hz	57.8	62.4	49.5	8.3
35Hz	61.89	61.92	60.49	1.4
40Hz	77.12	60.61	61.34	15.78
45Hz	67.32	60.93	58.46	8.86

表3-34 一烧4号烧结机的台车上、中、下偏析布料的平均粒径 （%）

九辊角度	上层粒径	中层粒径	下层粒径	上下层粒径差
35°	3.89	3.88	4.23	0.35
38°	3.73	3.83	3.91	0.18
41°	3.19	3.81	3.87	0.68

经过对一烧4号烧结机混合料粒级分布及粒度偏析情况综合分析，要获得最佳的偏析布料效果，料条均匀平整，九辊角度应控制在41°左右、频率在35~

45Hz，能够优化偏析布料效果，改善烧结透气性。通过布料技术实施后，烧结机利用系数提高了 0.13t/(m^2·h)。

3.19.4.3　泥辊+反射板+九辊偏析布料技术

在资源劣化的原料条件下进行高栏板、宽台车烧结生产，更要强化台车偏析布料技术，否则将影响厚料层烧结成矿质量的均匀性。并且，随着外矿比例增加，生产过程中多辊布料器的辊体磨损加剧，造成辊体漏料。不均匀漏料不仅影响了台车表面布料平整，而且改变了台车断面的燃料偏析分布，影响了烧结矿质量。因此，要进一步研究多辊布料器的工艺优化。

针对九辊磨损，通过进行微观切削机理、多次塑变磨损机理、疲劳机理和微观断裂机理等理论分析，认为九辊频率定为35~40Hz，九辊磨损可降70%，换言之寿命将延长0.4倍。并且，在生产中烧结机矿槽长期给料点到多辊上部第二、三辊间，由于下料点高差达到1050mm，混合料在重力加速作用下对多辊第二、三辊造成磨刷，使辊磨损快，漏料严重，长期被迫停止运行。因此，提出增加反射板进行物料倒流、反射，减少多辊受混合料的重力加速冲击。并且，安装反射板还有其他优点：

（1）缩短矿槽给料距多辊布料的落差，减少混合料粒度破损。

（2）延长混合料偏析滚动时间，提高混合料出辊速度，强化断面粒级偏析。

（3）延长混合料出辊水平驱进距离，改善不同质量的物料分级偏析。

（4）由矿槽给料下到反射板上，然后再溜至九辊布料器，减少原来混合料直接重力砸、冲辊体，造成多辊因冲击、磨损而出现漏料影响烧结工艺生产。

矿槽给料点一般在第二、三辊之间，就出现了多辊上部的两个辊未发挥布料作用。为了充分发挥九辊中每个辊的偏析布料作用，设计在第一辊上部安装反射板，进行了九辊+反射板联合布料器改造：泥辊抬高200mm，九辊抬高50mm、向西平移100mm，九辊最下辊距离台车栏板高度由30mm调整为145mm，九辊角度由38°上调为41°，并且在九辊1号辊上方增加500mm×4500mm反射板。另外，还对平料网进行整改，增加配重挂钩。

烧结机实施该技术后，达到了偏析布料预期效果。利用系数提高了0.019t/(m^2·h)，电耗下降了0.55kW·h/t，点火煤气消耗降低了0.04m^3/t；改善了烧结矿质量，烧结矿粒级明显改善，平均粒径提高了0.46mm。

3.19.5　凌钢圆辊给料机故障处理

在带料停机重新启动时，出现圆辊给料机电流超负荷，开不起来的现象。经分析是因为混合料斗内料柱向下的压力作用在圆辊上方，造成圆辊的运行负荷过大。为此，我们将圆辊给料机向烧结机机头方向平移100mm（见图3-43），使料柱压力作用在圆辊给料机顺运行方向的前侧，降低了运行阻力，彻底解决了圆辊

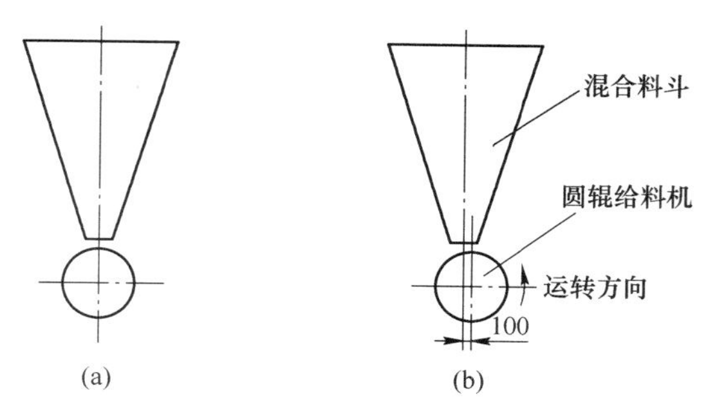

图 3-43 圆辊给料机完善示意图
（a）完善前；（b）完善后

给料机开不起来的问题。

3.19.6 莱钢、攀钢透气辊小改造

为了提高烧结料层的透气性，莱钢（见图 3-44）、攀钢在热风保温段后安装了破板结装置（见图 3-45）。点火后的烧结料层在破板结装置钎子的作用下，在

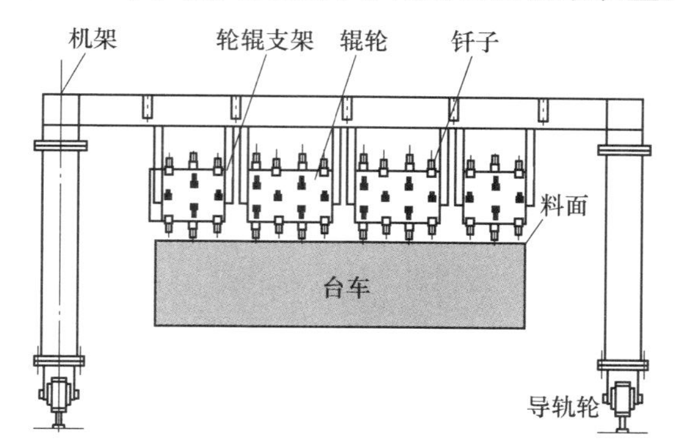

图 3-44 莱钢台车破板结装置

图 3-45 攀钢烧结机透气辊装置

表层形成纵横成行的一定宽度和深度的沟槽孔洞及裂纹，有效消除了烧结料层表面的板结层，降低了空气运行阻力，较好地改善了整个烧结料层的透气性，加快了垂直烧结速度，因而使烧结机生产率提高。

3.20 烧结矿筛分技术

烧结矿冷矿筛分是进一步筛分除去烧结矿中的粉末，并分出铺底料。烧结矿的筛分设备较多，常用的冷矿筛分设备主要有直线振动筛、椭圆等厚振动筛和棒条筛。

3.20.1 直线振动筛

直线振动筛采用双振动电机驱动，当两台振动电机做同步、反向旋转时，其偏心块所产生的激振力在平行于电机轴线的方向相互抵消，在垂直于电机轴的方向叠为一合力，因此筛机的运动轨迹为一直线。其两电机轴相对筛面有一倾角，在激振力和物料自身重力的合力作用下，物料在筛面上被抛起跳跃式向前作直线运动，从而达到对物料进行筛选和分级的目的。直线振动筛具有能耗低、效率高、结构简单、易维修、全封闭结构无粉尘逸散的特点。

筛机主要由筛箱、筛框、筛网、振动电机、电机台座、减振弹簧、支架等组成。根据减振器安装方法可分为座式或吊挂式。吊挂式直线筛因处理能力小逐渐被淘汰，烧结生产遍采用座式直线筛，其结构如图 3-46 所示。

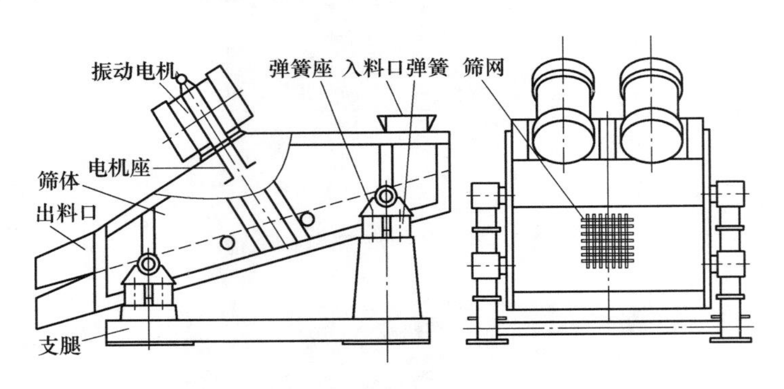

图 3-46 座式直线振动筛结构示意图

3.20.2 椭圆等厚振动筛

椭圆等厚振动筛的筛面由不同倾角的三段组成，使物料层在筛面各段厚度近似相等。椭圆等厚振动筛采用三轴驱动，强迫同步激振原理，运动状态稳定，筛箱运动轨迹为椭圆。椭圆等厚筛如图 3-47 所示。

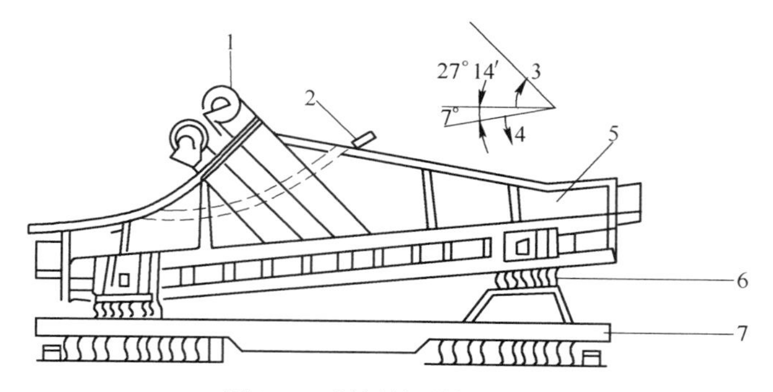

图 3-47 椭圆等厚筛示意图

1—振动器；2—隔热水包；3—振动方向；4—物料运动方向；
5—筛箱；6—弹簧；7—底架

3.20.3 棒条筛

棒条筛因其有效解决了物料堵塞筛孔的问题，筛分效率高，近年来在烧结生产中得到迅速推广应用。振动棒条筛是一种装有弹性棒条筛面的振动筛。与传统封闭式筛面结构相比，振动棒条筛面最大的不同在于筛面单元的柔性得到充分释放。悬臂筛面单元的高频二次振动可以放松卡在筛孔中的物料颗粒（见图 3-48），且透筛力也得到改善。在结构上，悬臂筛面结构增大了筛面的开孔率，大大提高了物料的透筛概率。棒条筛主要由机架、筛箱、激振器系统、筛面和弹簧等组成，如图 3-49 所示。筛面由弹簧钢材料的棒条组成，激振器系统由带有偏心块的转动轴组成，偏心块在随转动轴转动时，产生了激振力，可以通过增减偏心块的数量或调整偏心块之间的夹角来改变激振力的大小。

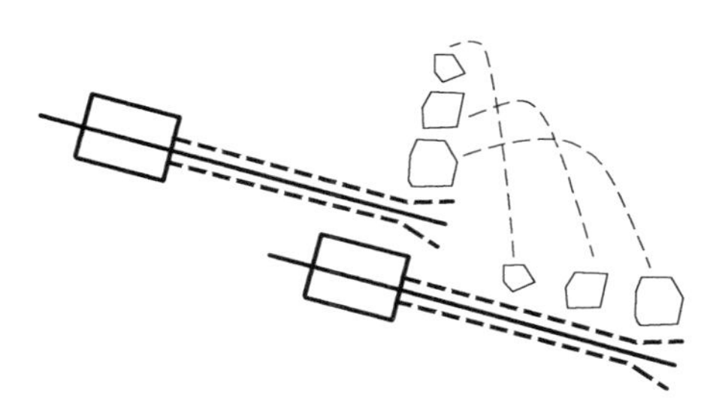

图 3-48 棒条筛筛面上物料分层示意图

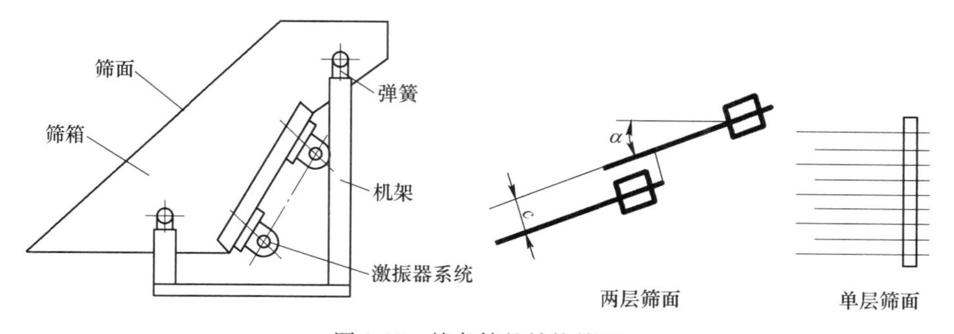

图 3-49 棒条筛的结构简图

3.20.4　棒条筛与椭圆等厚筛筛分室布置对比

棒条筛与椭圆等厚振动筛的结构及筛面有所不同，由此两种不同形式的筛子在设备参数上也有较大区别。以单台椭圆等厚振动筛与棒条筛作对比，详见表3-35。

表 3-35　180m² 烧结机所用棒条筛与椭圆等厚振动筛设备参数对比

分级筛形式	筛子尺寸 /m	筛面面积 /m²	筛面倾角 /(°)	筛孔尺寸 /mm	处理量 /t	振频 /r·min⁻¹	振幅 /mm	配用电机容量/kW	设备重量 /t·台⁻¹
椭圆等厚筛	3×9	27	5，10，15	20	550	800	3~10	45	~60
棒条筛	1.85×6.5	12.025	25，32	20	550	730	5~8	2×11	~12.5

从表3-35可以看出，相同处理能力的棒条筛与椭圆等厚振动筛相比，筛面尺寸小，筛面倾角大，配用电机功率小，设备重量轻。正因为棒条筛的筛分特性比普通振动筛有较多优势，故设备参数上也有较大区别。

成品筛分室的设计应从多方面考虑，既要考虑技术的先进性、经济性，还要考虑生产维护的便利性。表3-36为180m² 烧结机集中筛分室分别采用椭圆等厚振动筛和棒条筛的综合指标对比表。图3-50为椭圆等厚振动筛和棒条筛集中筛分室布置断面。

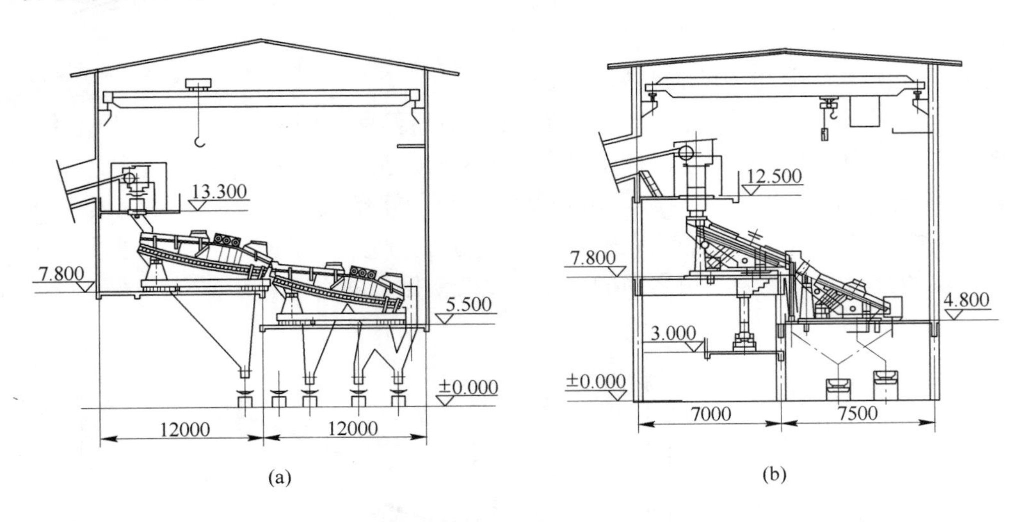

图 3-50　椭圆等厚振动筛和棒条筛集中筛分室断面对比
(a) 椭圆等厚筛室；(b) 棒条筛室

棒条筛设备体积小，重量轻，在采用集中筛分室配置的方式下，厂房高度、占地面积、设备基础都较小；且因同比条件下棒条筛筛面小，罩体多用软性材料密封，密封效果较好，所需的除尘风量也较小；棒条筛配用的电机功率较小，比普通振动筛更节能；相应的公辅配套设施也更节约。从表 3-36 中可以看出，采用棒条筛的集中筛分室在本体工程造价、场地占用面积、能源消耗、生产维护等方面，均比采用椭圆等厚振动筛的筛分室有较多优势，仅在筛板寿命这一项略低于椭圆等厚振动筛。

表 3-36 180m² 烧结集中筛分室综合指标对比

分级筛形式	筛分室（长×宽）/m×m	筛分室建筑高度/m	入料平台高度/m	筛子本体除尘风量/$m^3 \cdot h^{-1}$	筛分设备年耗电量/kW·h	筛分效率/%	筛板寿命/月	更换筛板耗时/h
椭圆等厚振动筛	24×24.5	22	13.5	~50000	~320000	85	6~8	12
棒条筛	14.5×15	20	12.5	~20000	~156000	90	4~6	6

3.20.5 威猛 WFPS 超环保节能复频筛

WFPS 系列复频筛（见图 3-51）是河南威猛振动设备股份有限公司的新型专利产品，针对该复频筛分段筛分，每段筛段振幅、振频可单独调节等特点，运行时需与之配套的专属智能控制系统，可以有效发挥和提高筛分效率。仅 2015～2017 年的三年国内外高炉和烧结 WFPS 系列复频筛投入使用超过 150 台套。复频筛有以下优势：

（1）最先进的筛分理念，独特筛板结构。通过分段控制，实现了筛板变频、变幅、变轨迹运动、达到高效的筛分目的，采用专利筛板浮动式临界筛板，单块筛板上加载不同频率，堵孔几率降低 80%。

（2）超强环保性。与传统棒条筛和椭圆筛相比，复频筛只有筛板振动，筛体不振动，真正实现了全静态密封，该结构使筛体内部形成负压，无泄风点，粉尘不外泄；而传统振动筛采用动态密封使筛体内形成正压，大量粉尘从筛体连接处压出，形成严重粉尘污染，复频筛筛箱内壁增加有专用隔音材料，对比棒条振动筛和椭圆振动筛可有效降低噪声 6～10dB。

（3）超级节能性。同等工矿条件下，复频筛参振重量只有传统椭圆振动筛的 1/5，棒条振动筛的 3/5，因此复频筛比传统椭圆振动筛节电 1 倍以上，比传统棒条振动筛节电 1/3，由于采用静态密封，所需风量仅 12～16m^3/min，而传统振动筛动态密封每平方米需除尘风量 20～25m^3/min，因此使用复频筛可使风机功率下降 1 倍以上。

（4）超高筛分效率，超大处理量。传统椭圆振动筛开孔率只有 17%，筛分效率仅有 75%；而传统棒条振动筛不具备变频、变幅等功能，筛分效率只有 80%；而复频筛采用单层双面自清理筛板，开孔率可达到 40%，通过变频、变幅等手段可提高有效筛分效率 90%以上。

（5）超易维护。传统椭圆振动筛每更换一次筛板需 4 个人 10 个小时左右，传统棒条振动筛每更换一次筛板需 4 人 6h 左右，而复频筛筛箱选用易拉手无螺栓设计，筛板采用整体更换方式，更换一次筛面需 2 人 2h 左右，缩短维修时间，快速恢复生产，维修简单，降低工人劳动强度。

（6）最大限度降低建设成本。传统椭圆振动筛和传统棒条振动筛均为整体振动模式，启动停车时最大动载荷是正常动载荷的 6～8 倍，而复频筛采取分段振动模式，在启动停车时只是正常动载荷的 2～3 倍，极大降低了基础建设费用，经济效益明显；同等工况条件下，单台传统椭圆振动筛占用 305m^3，传统棒条振动筛占用 120m^3，而复频筛采用垂直立体布置，结构紧凑，只需 95m^3，节约用地空间 50%以上。

（7）最低备件消耗。复频筛激振器轴承采用独特的远距分散布置，自循环散热系统，激振器温度可控制在 65℃以下，轴承使用寿命是传统振动筛的三倍以上，所需润滑油只有传统振动筛的 1/10，同时复频筛除筛板更换外，筛体无损耗，筛体使用寿命可无期限延长。

（8）最全组合方式，极大方便工艺布置。根据烧结厂对物料粒度要求，采用多种组合结构，如 V 型、八字型、叠层型等，对于黏性含水物料，采用复频多通道薄层筛分；对于处理量大，分级粒度多采用复频等厚概率多层筛分原理等多种组合方式，极大方便客户工艺流程布置。

图 3-51　WFPS 超强环保复频筛实图

3.21 宝钢3号烧结机升级改造

宝钢股份新3号烧结机（600m²），除采用以往烧结成熟技术外，还考虑了强化混合料制粒和原料处理、强化偏析布料和超高料层烧结、成品环保筛分、机头四电场电除尘、活性炭脱硫、脱硝设施、余热锅炉系统、环冷低温余热回收技术等的应用。

3.21.1 主要节能技术

3.21.1.1 强化混合料制粒技术

为了加强混合料的混匀和制粒，改善混合料的透气性，满足超高料层烧结的需要。采用三段混合，一次混合为强力混合机（见图3-52）。二、三段混合均为圆筒混合机，保证将混合料完全混匀、制粒并调整混合料水分，二、三次混合时间合计超过9min，进一步提高混合料造球性能。

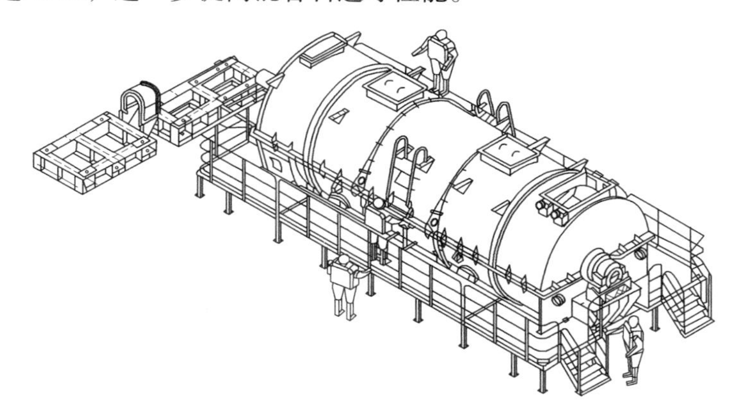

图3-52 卧式强力混合机示意图

3.21.1.2 组合偏析布料技术

混合料布料采用梭式布料机。为使布料均匀和强化混合料的偏析，采用了宝钢自主研发的磁性偏析技术和国内成熟的九辊布料器。

为防止混合料落下时压紧密实，设置有透气棒装置，使台车上的混合料内部形成空隙，提高混合料的透气性，从而改善烧结效果。台车栏板高950mm，采用梯形布料时料层最高达1000mm。为了使混合料在台车宽度均匀，特在台车宽度方向设置了6个辅助闸门，辅助闸门由辅助液压缸驱动。料层厚度控制由泥辊、主闸门、辅助闸门来实现，台车宽度方向设置六点料层检测，反馈调整辅助闸门开度。

3.21.1.3　双斜带节能型点火、保温炉和微负压点火

采用了双斜交叉烧嘴直接点火的先进技术，其高温火焰带宽度适中，温度均匀，高温点火时间可与机速良好匹配，特别是保温段设有烧嘴，可以提高料面质量。采用的烧嘴流股混合良好、火焰短、燃烧完全，因此点火效率高、能耗低、点火质量好，提高烧结矿产量，维护工作量少，作业率高，适应性强，使用寿命长等特点。

采用微负压点火工艺，点火温度（1150±50)℃，炉膛压力为微负压，点火时间大于1min。点火炉燃烧控制分为点火炉温度控制及点火强度控制两种方式。

3.21.1.4　超厚料层技术

低碳厚料层烧结是通过在混合制粒时全面强化制粒效果，改善烧结料层透气性，并充分利用烧结时料层的蓄热作用，降低烧结混合料中燃料的配比，使料层下部温度随料层厚度的提高而升高，因此减少燃料的配入量，厚料层烧结既可以减少燃料的消耗，又能改善烧结矿质量，提高烧结矿强度，降低FeO含量，提高烧结矿还原性。

随着强化制粒、新的烧结系统低漏风率以及配矿结构的优化，改善了烧结料层冷态和热态透气性。新3号烧结机成功实现了900mm以上的超厚料层，固体燃耗可进一步降低。

3.21.1.5　液密封环冷机

采用中冶长天液密封环冷机（逆时针），设6台冷却鼓风机，1台板式给矿机等。

环形连通风管设置于环形风道正下方，一边与风机风管相连通，另一边设有若干分配支风管接口，再由分配支风管将风机鼓进环形风管的压力风按设定要求送入具有水密封装置的环形风道。

冷风通过地下风道进入水槽，再通过水槽进入与环冷机一起旋转的风管，进入环冷台车的中间层，对环冷机上部的烧结矿进行冷却。改传统环冷机锥面加平面的双层密封结构，是由多个单元静密封组成的静密封系统和以液体为密封介质的一个动密封系统。

3.21.1.6　余热回收利用

环冷机高温段（1号、2号烟囱）烟气的热量采用中冶长天直联炉罩式余热锅炉技术回收热能产生蒸汽。当烧结机正常生产时，余热锅炉产生蒸汽量约为1.8MPa、270℃的过热蒸汽80t/h和0.5MPa、180℃过热蒸汽20t/h。烟气热量回

收后返回环冷机重新利用。从环冷机高温段及中高温段收集的废气综合温度约350℃，采用立式双通道双压余热锅炉将高温烟气转化为蒸汽。纯水经纯水泵加压后送至余热锅炉除氧蒸发器（锅炉自带）除氧，除氧后的纯水分别经高参数给水泵和低参数给水泵送至锅炉两种压力等级的蒸发器内。

高参数给水泵送出的纯水经水加热器、高参数省煤器、高参数蒸发器、高参数过热器后变成高参数过热蒸汽，经管道送至厂区蒸汽管网。

低参数给水泵送出的纯水经低参数蒸发器、低参数过热器后变成低参数过热蒸汽，经管道送至低温余热ORC发电。

环冷机中低温段（3号烟囱）烟气的热量采用低温余热ORC发电技术回收热能，余热回收后的废气汇合环冷机低温段（4号烟囱）烟气通过风机送到烧结机台车面上的烟气罩内。

3.21.2 主要环保措施

3.21.2.1 烧结机机头烟气治理

烧结集气管内烟气分别进入两台500m^{2}卧式四电场电除尘器净化。烟气经电除尘器净化后再进入两台双吸入离心式烧结抽风机。为减小噪声，在抽风机出口处设有消声器。

两台抽风机排出的烟气通过污染物脱除净化处理后由主烟囱排入大气，烟囱高度200m。

3.21.2.2 脱硫、脱硝

烟气净化系统采用多污染物综合净化处理的活性炭吸附工艺技术。包括：活性炭卸料存储系统、烟气系统、吸附系统、解析系统和喷氨系统等主工艺系统，以及解析塔热风循环系统、除尘系统等辅助工艺系统。

活性炭脱硫技术是利用活性炭良好的吸附性脱除烧结烟气中SO_2的一种干法脱硫工艺，SO_2的脱除率达到95%以上，是目前世界范围内应用较多、技术相对成熟的烧结烟气脱硫技术。

3.21.2.3 烧结机尾烟气处理

机尾采用布袋脉冲除尘器，基本参数见表3-37。系统选用过滤面积为29000m^2，含尘废气经过火花捕集器后进入袋脉冲除尘器，净化后的废气经风机由烟囱排入大气。火花捕集器和除尘器收下的粉尘由气力输送系统送至配料室内的粉尘槽，回收利用。

除尘器清灰方式采用在线清灰，需具备离线分室检修功能。除尘器清灰控制方式为定时和定差压两种。

表 3-37 机尾除尘器基本参数表

项目	除尘器型号	处理烟气温度/℃	烟气入口含尘浓度（标态）$/g\cdot m^{-3}$	烟气出口含尘浓度（标态）$/g\cdot m^{-3}$	静态泄漏率/%	清灰方式和清灰介质
性能	脉冲、负压、双列	≤130	~15	≤20	≤2	压缩空气在线清灰

3.21.2.4 环保成品筛分

为适应高炉冶炼的要求，给高炉提供含粉少、粒度均匀的烧结矿和分出10~16mm粒度的铺底料和≤5mm的返矿，采用三次筛分的流程。筛分流程有两个系列（单系列生产能力为烧结矿筛分总能力的77%），同时备用一系列筛分机。正常生产时两个系列同时生产，当运行的某系列筛子出现故障时，烧结系统按77%，故障筛整体更换为备用筛。

环冷机冷却后的烧结矿送往烧结矿筛分室的一次、二次悬臂振动筛上，该筛为双层筛，分级点为16mm、10mm，上层筛（一次筛）筛上大于16mm的产品直接进成品系统。筛下小于16mm的烧结矿经10mm筛（二次筛）分级，筛上10~16mm的作为铺底料送往烧结机室，多余部分进入成品系统。筛下小于10mm进入三次悬臂振动筛，三次悬臂振动筛分级点为5mm，筛下小于5mm为冷返矿，送入配料为冷返矿，送入配料室的冷返矿槽，筛上5~10mm粒级的为小成品，进入成品输送系统。

3.21.3 实施效果

宝钢新3号烧结机采用先进、成熟、稳定、可靠的工艺流程。烧结抽风面积为600m^2，采用了台车加宽技术，烧结产能可提高10%以上。工艺装备和自动控制达到国内同类机型的一流水平和国际先进水平。在节能方面，集成了主流的和自主研发装备技术，满足了《清洁生产标准钢铁行业（烧结）》标准的规定要求。在环保方面，烧结机配置了高效除尘器，采用活性炭脱硫脱硝工艺。满足了严格环保要求，实现了低碳环保生产的目标，与新型花园工厂匹配。

3.22 主抽风机变频调速节能技术

烧结主抽风机的电能消耗约占整个烧结厂电能消耗的一半左右，目前烧结主抽风机最常用的风量调节方式是调节风门开度，以满足生产要求。此方式简单易行，成熟可靠，但其增加管网损耗，增加能耗。如果使用变频器对风机进行变速调节来控制烧结风量，就可以将风门尽可能地打开，从而节约电能，降低生产成本。

3.22.1 太钢变频改造实例

太钢660m^{2}烧结机配套年产烧结矿699万吨，主机年工作339天。主抽风系统选用 SJ30000 烧结主抽风机 2 台，风量 30000m^3/min，进口负压 17.5kPa。每台主抽风机均由一台同步电动机拖动，主抽风机电动机为 10kV、10760kW 同步电动机，额定电流 634A。采用了两台西门子罗宾康-IGBT 型 11000kVA 变频装置。太钢 660m^2 烧结机主抽工频运行与主抽变频运行时的参数如表 3-38 所示。

表 3-38 太钢 660m^2 烧结机主抽工频运行与主抽变频运行参数（2010 年 9 月数据）

电机运行方式	台时产量 /t·h^{-1}	运行时实测电流值 /A	计算每小时风机耗能 /kW·h	吨矿电耗 /kW·h·t^{-1}
变频调速运行	650~700	310~330	11202	16
工频运行	650~700	~550	18670	26.6

表 3-38 可见，在生产负荷~80%的情况下，风机工频定速运行时，靠风门调节风量，存在大量的能量损失；而采用变频调速运行后，风机电机本体节能为 40%，吨矿电耗也由 26.6kW·h 降到 16kW·h，节能效果显著。

根据太钢现场反馈的信息，全年平均节省电量 30%。按每年运行 330 天，电费为 0.5 元/(kW·h) 计算，其节能效益（按平均 30%节能率计算）为：

$$18670 \times 30\% \times 24 \times 330 \times 0.5 \text{ 元} = 2218 \text{ 万元}$$

3.22.2 涟钢变频改造实例

涟源 280m^2 烧结工程于 2005 年投产，利用系数为 1.35t/(m^2·h)，年产烧结矿 300 万吨，主机年工作 330 天，台时产量 3788t/h。台车上料层总厚约为 650mm（包括铺底料）。主抽风机为两台 SJ13500 烧结抽风机，进口负压 16.5kPa，风量 13500m^3/min（工况）。每台主抽风机均由一台同步电动机拖动，电机额定电压等级 10kV、额定功率 5000kW，额定电流 331A。原生产方式为水电阻降压，工频定速运行。

2010 年，涟钢对主抽风系统进行了变频技术改造，采用 RHVC-6300-10-6300kVA 变频 2 套，并于 2011 年 4 月投入运行。该机主抽工频运行与主抽变频运行参数如表 3-39 所示。

表 3-39 涟钢 280m^2 烧结机主抽工频运行与主抽变频运行参数（2011 年 7 月数据）

电机运行方式	料层厚度 /mm	运行时实测电流值 /A	计算每小时风机耗能 /kW·h	风门开度 /%
变频调速运行	590~620	240~250 280~290	8996	85
工频运行	590~620	302~310 302~310	10387	85

分析涟钢节能情况：由表3-39可见，风机变频运行在接近满负荷情况下，风门未全开，此时节电率约为13.4%。由此可见，在这种高负荷生产条件下，节能效率相比低负荷生产时要差一些。再者，该烧结机已投产运行7年，设备磨损、烧结机漏风率都有增加，这势必要增大主抽风量，也是能耗增加的原因之一。

根据涟钢现场反馈的信息，平均节省电量为11%，按每年运行330天，电费为0.5元/(kW·h)计算，其节能效益为：

$$10387 \times 11\% \times 24 \times 330 \times 0.5\text{元} = 452\text{万元}$$

案例分析表明，风机的设计余度就是变频调速控制的节能空间。在这个空间下，通过变频调速改变风机电机的转速来改变风量，是提高风机运行效率，降低风机耗电量的有效途径。

现在高压变频器已经成熟，烧结主抽风机采用变频调节风量将成为今后的发展方向。对于生产系统来说：（1）采用在线变频运行方式，可根据烧结料层的透气性及料层厚度进行变频调速，使风机运行在最佳工况点，起到节能的作用；（2）在减产运行和临时停机、临时检修以及其他等不需要关停主抽风机的情况下，可调速至最小功率，其经济价值也十分显著；（3）电动机的起动性能得到改善，可实现软起动，延长电动机的寿命，且能减小对电网的冲击。虽然，目前高压交流变频调速装置的一次性投资较大，但它所带来的回报也很大，且是长期的。而随着国产变频器的迅速发展，其性价比将大大提高，为烧结厂主抽风机变频调速节能技术改造提供了更为广阔的前景。

参考文献

[1] 王维兴．烧结工序节能减排技术述评［C］//第十二届全国炼铁原料学术会议论文集．2011：29~30.

[2] 韩宏亮，冯根生，段东平，等．烧结燃料特性及其对烧结产质量指标的影响［C］//第十二届全国炼铁原料学术会议论文集．2011：79~82.

[3] 吴胜利，赵成显，冯根生，等．燃料优化配置对提高厚料层烧结利用系数的效果研究［C］//第十一届全国炼铁原料学术会议论文集．2009：47~50.

[4] 王永红，谢兵，刘建波，等．无烟煤对烧结指标的影响研究［C］//第十五届全国炼铁原料学术会议论文集．2017：177~182.

[5] 于韬，张建良，王喆，等. 兰炭作烧结燃料对烧结矿质量的影响［J］. 烧结球团，2014（5）：10~13.

[6] 李强．烧结细粒燃料分加技术研究［J］．烧结球团，2012（2）：9~12.

[7] 潘文，石江山，裴元东，等．烧结点火制度优化研究［C］//第十五届全国炼铁原料学术

会议论文集. 2017：165~172.
[8] 许满兴. “点好火”是确保烧结产质量的关键操作 [J]. 烧结球团，2015 (1)：1~4.
[9] 刘益勇，周江虹，于敬. 马钢二铁烧结点火技术的进步及应用 [C]//第十五届全国烧结球团设备技术交流会论文集. 2017：21~23.
[10] 胡钢. 重钢烧结微负压点火优化实践 [C]//2016年全国烧结球团技术交流会论文集. 2016：48~50.
[11] 李强，宋新义，李文辉，等. 太钢660m^{2}烧结机点火保温炉及其生产效果 [J]. 烧结球团，2013 (4)：27~30.
[12] 裴元东，史凤奎，吴胜利，等. 烧结料面喷洒蒸汽提高燃料燃烧效率研究 [J]. 烧结球团，2016 (6)：16~20.
[13] 李和平，聂慧远，韩凤光，等. 焦炉煤气强化烧结技术在梅钢的应用 [J]. 烧结球团，2015 (6)：1~3.
[14] 周文涛，胡俊鸽，郭艳玲，等. 日韩烧结技术最新进展及工业化应用前景分析 [J]. 烧结球团，2013 (3)：6~7.
[15] 班友合，黄克存，孟德礼. 铁矿石富氧烧结实验研究 [C]//2011年全国烧结球团技术交流年会论文集. 2011：77~80.
[16] 刘文权，吴记全. 烧结强力混合和强化制粒创新技术 [C]//2017年全国烧结球团技术交流年会论文集. 2017：155~158.
[17] 董志民，张月. 承钢一号烧结机混合料矿槽改造 [C]//2013年度全国烧结球团技术交流会论文集. 2013：98~100.
[18] 孙俊波，尹冬松. 鞍钢鲅鱼圈近年来烧结生产工艺的技术进步 [C]//第十五届全国炼铁原料学术会议文集. 2017：37~41.
[19] 张铭洲. 鞍钢烧结系统提高混合料温度的措施 [C]//2012年度全国烧结球团技术交流会论文集. 2012：74~76.
[20] 孙秀丽. 本钢炼铁厂265m^{2}烧结生石灰加热水消化生产实践 [C]//2012年度全国烧结球团技术交流会论文集. 2012：93~95.
[21] 许满兴. 超厚料层烧结的试验研究与生产实践 [C]//2014年全国炼铁生产技术会暨炼铁学术年会文集. 2014.
[22] 裴元东，史凤奎，石江山，等. 烧结箅条粘结机理研究及防治应用 [C]//第十五届全国炼铁原料学术会议. 2017：189~204.
[23] 边美柱，周福俊，宫文祥. 新型无动力烧结炉条清理装置的研制试用 [C]//第九届全国烧结球团设备技术研讨会. 2011：12~13.
[24] 张天启. 烧结技能知识500问 [M]. 北京：冶金工业出版社，2012：156~163.
[25] 郭云奇，关珍旺，陈宝顺. 烧结机柔性差压侧密封技术研究 [J]. 烧结球团，2014 (2)：9~11.
[26] 陈令坤，王素平. 日本JFE公司优化烧结制粒和布料设备对武钢的启示 [C]//第十二届全国烧结球团设备及节能环保技术研讨会论文集. 2014：16~19.
[27] 焦光武，高新洲. 烧结偏析布料技术研究与应用 [C]//2012年度全国烧结球团技术交流会论文集. 2012：12~15.

［28］马晓勇，孟祥龙．凌钢 240m^2 烧结机扩容改造及生产实践［C］//第十五届全国烧结球团设备及节能环保技术研讨会论文集．2017：42~43.
［29］王炜，王珂．265m^2 烧结机布料系统的改进［J］．烧结球团，2011（1）：26~27.
［30］易宁．浅谈棒条筛在烧结厂整粒系统设计中的应用［J］．烧结球团，2013（2）：28~31.
［31］马洛文．宝钢 3 号烧结机节能环保升级改造［C］//2017 年全国烧结球团技术交流会论文集．2017：34~37.
［32］何青．烧结厂主抽风机变频调速节能案例分析［J］．烧结球团，2012（1）：25~28.

4 烧结余热利用

【本章提要】

本章概括地介绍烧结余热回收利用技术的发展状况，烟气循环对烧结生产的影响和极限风量，烟气循环工艺及实践；烧结余热发电原理、存在问题及解决办法；日照钢铁、莱钢、昆钢烧结余热回收发电技术的革新和进步，以及烧结竖罐式余热回收技术和发展趋势。

烧结余热简言之就是在烧结过程中所产生废弃、可被回收利用的热量。其主要以两种形式存在，即烧结烟气显热和冷却机废气显热。烧结烟气平均温度一般不超过150℃，而机尾烟气温度达300~400℃，所含显热约占总热量的23%；冷却机废气温度在100~450℃之间变化，其显热约占总热量的28%，故回收这两部分热量是烧结工序节能的一个重要环节。

目前，我国大中型钢铁企业生产1t烧结矿产生1.44GJ的余热资源量，回收利用率（即回收利用的余热占余热总量的百分比）宝钢为77%，我国大多数钢铁企业还在50%以下。因此，我国钢铁企业还有较大的节能潜力。余热余能的转换、回收和利用基本原则是就近回收、就近转换、就近使用、梯级利用、高质高用，实现“能质全价开发”。

4.1 我国烧结余热回收与利用技术发展状况

我国烧结余热资源的回收利用起步较晚。1987年，宝钢首次从日本新日铁引进余热回收的全套技术和装备，并在1台450m^{2}烧结机上建成我国第1台大型现代化的烧结余热回收装置。2004年，马钢再次引进日本川崎技术及设备，在2台328m^{2}烧结机上建成了国内第一套烧结余热发电系统。2007年济钢在消化吸收国外先进技术的基础上，依靠国产化设备，在1台300m^{2}烧结机上建成了国内第二套烧结余热发电系统。2009年12月，国家工信部推出《钢铁企业烧结余热发电技术推广实施方案》，在其推动下，国内各大钢铁企业纷纷建设烧结余热发电工程，烧结发电发展势头强劲。

4.1.1 烧结余热回收利用形式

目前我国烧结余热回收利用的对象几乎都为温度较高的烧结矿显热冷却废气，主要有以下几个途径：

（1）将烧结矿冷却废气直接作为烧结点火空气使用或将较高温度的烧结矿冷却废气用于预热助燃空气，降低点火煤气消耗。另外，还可进行热风烧结。

（2）将排出废气直接用于预热烧结混合料，利用相对高温的烧结废气和烧结矿冷却废气作为烧结混合料的预热热源，以降低烧结生产固体燃料消耗。

（3）利用余热锅炉回收高温烧结废气和高温烧结矿冷却废气余热生产蒸汽，为企业生产、生活提供热水等。

（4）将烧结余热通过锅炉和汽轮机组透平转换成电力。

4.1.2 我国烧结余热回收利用中存在的不足

目前我国烧结余热回收的理论研究与技术攻关仍滞后于烧结余热工程的发展，烧结余热回收利用尚存在以下不足：

（1）对温度较高的冷却废气用于发电过程中，如何把烧结矿的显热转换为一定焓值和能级的热空气，即烧结矿“取热”问题，尚未得到根本解决。

（2）仅对大约300℃以上温度较高的冷却废气所携带显热加以回收利用，而对温度居中的200~300℃冷却废气和烧结烟气所携带的显热回收利用较少。

4.1.3 烧结余热发电的类型与投资建设方式

目前，低温余热发电系统主要有单压系统、双压系统、闪蒸补汽系统以及带补燃系统四种类型，不同发电系统在发电方式、投资、运行方面各有特点见表4-1。由于双压系统效率最高，目前在国内应用较广泛，但双压系统投资较高，回收期相对较长。钢铁厂内各类煤气资源丰富，带补燃的系统也是较好的选择。余热发电项目建设按投资方式来分主要有两种模式：（1）企业自主投资建设模式；（2）余热发电专业投资者与高耗能企业合作的合同能源管理模式（EMC模式）。EMC模式由专业投资者负责余热电站的投资、建设，建成后专业投资者运行一定年限后移交给高耗能企业。发电收益由合作双方按合理比例共同分享。EMC模式很好地解决了技术和资金问题，特别适合技术成熟度不高的行业和规模不够大的高耗能企业。

4.1.4 烧结余热发电存在的问题

（1）烧结烟气量大，温度分布范围广。烧结余热资源主要包括烧结机烟气和冷却机废气，不同设备、同一来源的不同区段产生气体量、温度不尽相同，并

表 4-1 不同余热发电系统比较

余热发电系统类型	发电形式	系统特点	排汽温度/℃	热效率
单压系统	单压余热锅炉、单级进汽汽轮机	发电能力低、投资省，系统简单运行，可靠性好	170	约 50%
双压系统	双压余热锅炉、单级补汽的汽轮机	发电能力高、锅炉损耗大，投资高，系统复杂	110	>50%（高于单压系统 10%左右）
闪蒸补汽系统	采用闪蒸补汽式汽轮机	发电能力适中，投资较省，产生饱和蒸汽，系统复杂	90	>50%（高于单压系统 5%左右）
带补燃系统	单压、双压或复合闪蒸系统的基础上补充燃烧煤气发电	需要补充燃烧煤气，余热利用效率和热电转换效率高，系统复杂	—	—

且随着烧结生产混合料配比、碱度、配碳、烧结终点控制等工艺参数的波动而波动，导致烧结余热发电产生的蒸汽参数不稳定，因此烧结余热发电需充分考虑余压量或余热量来确定发电规模。

（2）烧结废气含尘量大，且具有腐蚀性。烧结主排烟气含尘量为 300~400mg/m^3，超过一般锅炉对含尘量的要求，容易黏结、积灰，从而对余热锅炉产生严重磨损和堵塞，因此需在余热锅炉入口前进行除尘处理。而 SO_x、NO_x 等腐蚀性气体有可能对余热锅炉的炉膛及受热面产生高温腐蚀或低温腐蚀。

（3）烧结余热资源连续性差。烧结机作业率低表现为反复开停机，并且有较长时间处于停机状态。烧结余热发电机组每开停机一次，锅炉及汽轮机等将承受一次热交变应力，反复多次热交变应力作用会大大缩短锅炉和汽轮机的使用寿命，如果发电机组长期处于停机状态可能会因保养不到位造成氧腐蚀问题。

（4）低温余热发电设备水平有待提高。烧结余热发电机组一般在 20MW 以下，大都在 10MW 左右，属于中低温小汽轮机发电机组，存在低参数汽轮机的进汽蒸汽比容大、可有效利用的焓值低、排汽干度低、补汽参数及补汽量的波动大等问题。

4.1.5 烧结余热发电的发展建议

（1）对烧结余热资源进行梯级利用。通过余热梯级利用可以提高整个回收系统的能源利用效率，具体而言可以将烧结系统余热温度较高部分用于发电；温度居中部分可作为助燃空气通入点火炉、返回烧结机进行热风烧结或预热干燥烧结料；较低温度的废气可以用于干燥和预热烧结原料。

（2）提高热源稳定性。首先要提高烧结生产的作业率，减少烧结机停机次数与停机时间；其次通过提高设备和操作水平降低烧结的漏风率，目前国内烧结机的漏风率大多在45%以上，而国外先进水平可以降低至35%以下。另外，还可以通过增设补燃系统或多炉带一机的方式，避免烧结机停产、检修对烧结余热资源的影响，提高其品质和稳定性，保证汽轮机的运行效率进而提高烧结余热发电的水平。

（3）提高余热锅炉与汽轮机稳定性能与运行水平。通过合理控制出口烟温，有效布置炉内结构，做好炉墙密封，合理选择炉管形式与材质，采用涂层保护等措施减少余热锅炉的磨损、积灰、漏风和腐蚀等问题。研究余热锅炉当量效率与汽轮机循环有效效率之间的优化匹配关系，确定合理的汽轮机主蒸汽、再热蒸汽和二次蒸汽的压力和温度参数，尤其是工况波动状况下汽轮机的变负荷运行方式，提高汽轮机运行的经济性。

4.2　循环烟气性质对烧结过程的影响

烟气循环烧结技术是一种可以将烟气污染物分解或降解在烧结生产过程的控制方法，是基于一部分热废气被再次引入烧结过程的原理而开发的一种新型烧结模式。当烟气再次通过烧结料层时，烟气中的部分粉尘会被吸附并滞留于烧结料层中，烟气中的CO、CH等化合物在烧结过程中发生二次燃烧放热，可降低固体燃耗。同时，烟气中PCDD/Fs和NO_x在通过烧结料层时，部分通过热分解得到减排；而且烧结烟气中的SO_2得到富集，有利于提高脱硫系统的脱硫效率。因此，烟气循环烧结能有效地将粉尘、PCDD/Fs、NO_x、SO_2、CO等有害物质消除在过程中。

由于烧结烟气含尘浓度高，污染物成分复杂，且烟气量和气体污染物含量波动大，因此造成烟气循环烧结技术存在以下几大问题：

（1）当烟气循环比例大时，循环烟气中O_2含量较低，使烧结矿产、质量指标恶化。

（2）烧结烟气中H_2O含量较高，循环烟气中水蒸气含量增加，增加了料层过湿现象。

（3）循环烟气中，SO_2容易在烧结矿中富集，增加了后续高炉工艺的硫负荷。

基于上述原因，中南大学范晓慧等专家学者针对我国的原料结构研究了循环烟气O_2量、$H_2O(g)$量、SO_2量等因素对铁矿烧结过程的影响，为烟气循环烧结工艺的设计提供依据，具体研究成果如下。

4.2.1　循环烟气O_2含量对烧结过程的影响

当O_2含量从21%降低到15%，烧结速度有所减慢，成品率、转鼓强度和利用系数也有所降低，但降低的幅度相对不大；而当 O_2 含量低于15%时，烧结速度急剧降低，烧结矿质量明显恶化。因此，循环烟气中 O_2 含量不宜低于15%。

4.2.2 循环烟气 CO 含量对烧结过程的影响

当循环烟气中 CO 含量从0%增加到2%时，烧结矿各项指标均得到改善，其中转鼓强度提高4%。CO 在烧结过程中主要发生二次燃烧反应，并放出热量。因此，当循环烟气中有一定量的 CO 时，对烧结矿的产、质量改善均有利，同时还可降低烧结固体燃耗。

4.2.3 循环烟气 CO_2 含量对烧结过程的影响

当循环烟气中 CO_2 含量从0%增加到6%时，烧结矿的转鼓强度和成品率逐渐降低，利用系数和垂直烧结速度逐渐增加；继续增加到8%和12%时，转鼓强度、成品率和利用系数呈线性降低，而垂直烧结速度仍继续增加，因此循环烟气中 CO_2 含量适宜值为6%。

4.2.4 循环烟气 H_2O(g) 含量对烧结过程的影响

当水蒸气含量从0%增加到8%时，烧结速度有所提高，而烧结矿成品率、转鼓强度和利用系数有所降低；继续提高水蒸气含量到16%时，垂直烧结速度、利用系数、成品率及转鼓强度均显著下降。因此，循环烟气中水蒸气含量不宜超过8%。

4.2.5 循环烟气 SO_2 含量对烧结过程的影响

当循环烟气中 SO_2 含量从0%增加到0.05%时，烧结各项指标相对变化不大；当 SO_2 含量继续升高时，烧结矿指标有所降低。烧结矿中的残硫量随着循环气中 SO_2 含量的增加而增加，当循环烟气中 SO_2 含量超过0.05%时，S 在烧结矿中的富集现象逐渐明显。所以，循环烟气中 SO_2 含量不宜超过0.05%。

4.2.6 循环烟气 NO_x 含量对烧结过程的影响

随循环烟气中 NO_x 含量从0%增加到0.05%时，烧结指标变化不大。由于烧结料层和循环烟气中有 CO 的存在，烟气中 NO_x 得到还原。而且，由于其高温条件下局部还原气氛以及循环烟气中 NO_x 的存在，使得烧结燃料燃烧所产生的 NO_x 含量减少。

4.2.7 循环烟气温度对烧结过程的影响

当循环烟气温度从室温升高到200℃时，烧结矿产、质量指标均有所改善，成品率和转鼓强度最为明显；继续升高到250℃和300℃时，成品率、利用系数和垂直烧结速度开始逐渐降低，而转鼓强度继续增加。在热风温度为150~250℃时，能获得较好的烧结效果。

4.2.8　循环烟气比例对烧结矿产、质量指标的影响

循环方式采用抽取大烟道中部分烟气循环到烧结料面，机罩完全覆盖烧结机，烧结所需气体不足部分由空气补充。根据烧结烟气排放规律及物料平衡原则，计算出不同循环比例条件下的烟气成分（见表4-2）。

表4-2　不同烟气循环比例对应的烟气成分及温度

循环比例/%	烟气成分/%				温度/℃
	O_2	CO_2	CO	H_2O	
30	16.99	3.10	0.31	4.26	150
35	15.95	3.89	0.36	5.35	150
40	14.75	4.82	0.41	6.63	150
50	11.63	7.23	0.52	9.94	150

随着烟气循环比例的增加，垂直烧结速度和利用系数逐渐降低，烧结矿成品率和转鼓强度则先增加后降低，特别是当烟气循环比例为50%时，烧结矿各项指标均显著恶化。当烟气循环比例为30%~40%时，相对能获得较好的烧结指标。

4.3　烟气循环烧结工艺极限循环风量研究

烟气循环烧结工艺在节能减排方面的优势彰显。然而，由于烧结烟气的特殊性和复杂性，烧结烟气的合理使用已经越来越重要，一旦选择不善，不仅烧结矿产、质量受到影响，甚至导致烧结生产不能正常进行。针对如何选择循环风量，中冶京诚工程技术有限公司以180m^2烧结机为例，开展了最大循环风量的研究。

4.3.1　烧结工艺废气排放规律

烧结烟气是在高温烧结成型过程中所产生的含尘废气，它的排放具有一定的规律性，详见图4-1和图4-2。烧结废气温度在烧结过程中基本维持在80~100℃，在烧结即将结束时逐渐升高，在倒数第二个风箱达到峰值约400~500℃，烧结废气综合温度约120~140℃。

烧结废气中SO_2排放规律与废气温度类似，在烧结开始后基本维持在较低的数值，当烧结即将结束时，烧结烟气中SO_2含量迅速升高，在废气温度开始升温之前达到峰值，后迅速下降至0。

烧结废气中O_2含量曲线与温度曲线相同，在烧结过程中基本维持在10%左

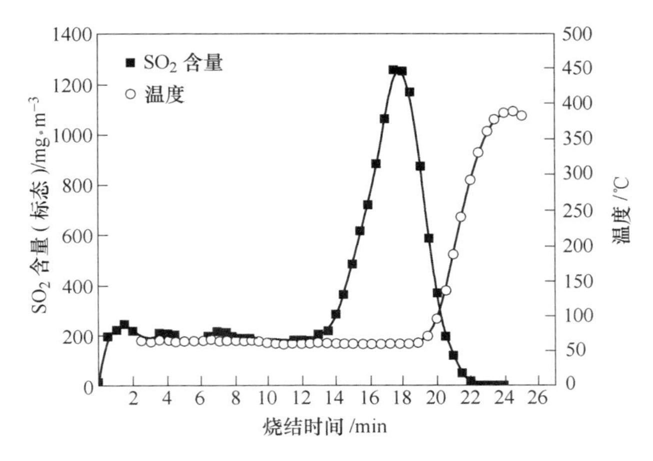

图 4-1 烧结工艺烟气的 SO_2 含量及温度变化曲线

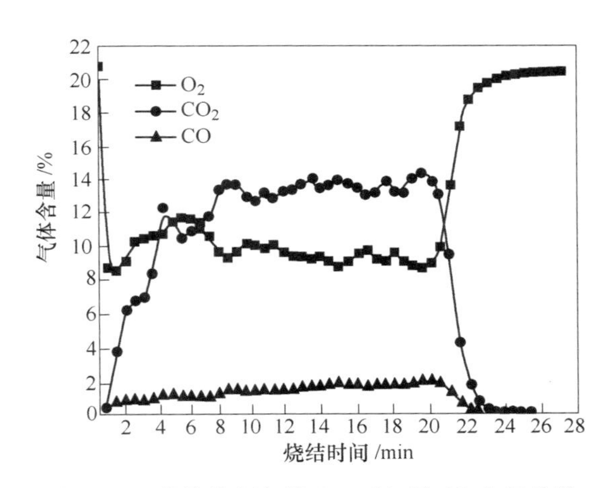

图 4-2 工艺烧结烟气的 O_2、CO_2 及 CO 含量曲线

右，在烧结即将结束时迅速升高，最终达到20%左右。烧结废气中 CO_x 含量曲线与 O_2 含量曲线呈反相关系，烧结开始后，CO_2 含量在烧结过程中基本维持在 13%左右，CO 含量在烧结过程中基本维持在 2%左右，当烧结即将结束时，其含量迅速减少至 0，未呈现明显的峰值。

4.3.2 烟气循环烧结工艺流程

采用烟气循环烧结工艺时，烧结大烟道被分为两段，其中前段为排放烟道，后段为循环烟道。排放烟道烟气经主电除尘器，由主抽风机抽出，通过后续烟气脱硫脱硝设施后排放。循环烟道烟气经高温除尘器，由循环风机抽出，送至烧结机台车上部的密封罩。烟气被送入密封罩后，由于烧结料层的负压而被抽入料层，使烧结过程正常进行。

4.3.3　烟气循环烧结遵循的原则

在烟气循环烧结过程中，应要遵循以下几条原则：

（1）烟气循环烧结工艺的循环风量大小应根据循环工艺的不同慎重选择。当采用机尾废气循环工艺时，最大循环风量为21.67%。

（2）为了保证烧结过程拥有足够的氧气，要求循环烟气氧含量在18%以上。

（3）烧结机密封罩仅覆盖在烧结台车上部，密封罩与台车之间保留约100mm空隙，密封罩内呈微负压，保证外部空气可以被吸入密封罩内。

（4）采用烟气循环烧结工艺，应保证循环废气密封罩中呈现微负压，为避免循环废气中氧含量不断降低，有害物质循环富集，循环风箱位置对应的烧结机上部台车，不设置密封罩。

（5）烧结过程所需风量维持100m^3/(min · m^2)(工况)。

（6）应充分考虑烧结机漏风对循环风量平衡产生的影响，漏风率约40%～50%。

4.4　国内外几种烟气循环烧结工艺比较

现代烧结生产是一种抽风烧结过程，烧结烟气量大，且含有多种污染物，如粉尘、SO_2、NO_x、氟化物、二噁英、重金属、碱金属等。

烧结烟气各成分的浓度沿烧结机长度方向并非均匀分布。图4-3是德国学者对烧结机各风箱烟气成分的监测，图4-4是沿烧结机长度方向二噁英浓度和温度的变化。由图可知，烟气温度在前端较低，后部急剧上升，有明显峰值，且二噁英浓度变化与温度基本一致；SO_2浓度变化与温度变化类似，但其峰值比温度靠前；其他成分均呈现不同的变化。由此，可对各风箱烟气分别处理，将部分烟气返回烧结循环利用。

4.4.1　烧结烟气循环工艺介绍

目前我国对烧结烟气循环工艺的研究刚起步，并将其作为钢铁行业清洁生产的重点推广技术。国外的烟气循环工艺主要有日本新日铁开发的区域性废气循环技术、荷兰艾默伊登开发的EOS、德国HKM开发的LEEP以及奥钢联公司开发的EPOSINT。

4.4.1.1　新日铁区域性废气循环技术

1992年，新日铁首先在其八幡厂户畑3号烧结机上应用烧结区域废气循环技术，该烧结机面积480m^2，共有32个风箱。区域废气循环工艺是将烧结机烟气

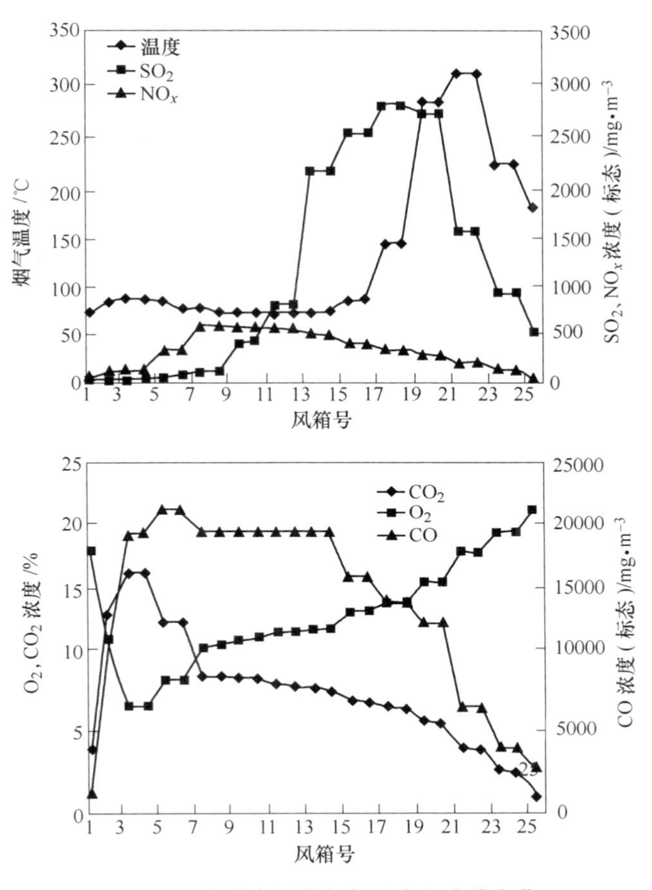

图 4-3 烧结各风箱烟气温度和成分变化

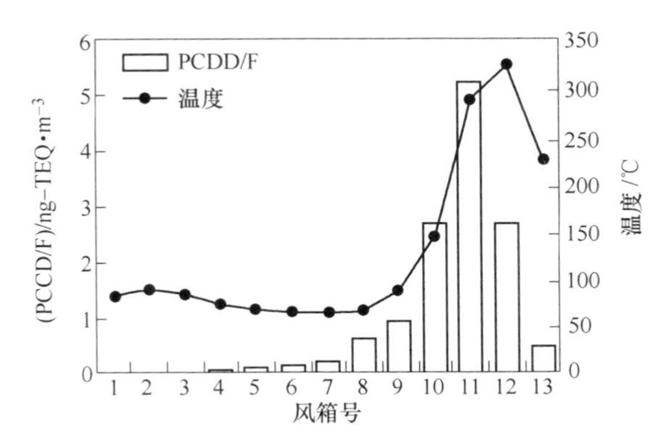

图 4-4 沿烧结机长度方向二噁英（PCDD/Fs）浓度和温度变化

分段处理、部分循环。根据烟气成分不同，该烧结机被分成 5 段 4 部分烟气（见

图 4-5)，各部分烟气分别处理，烟气特点如表 4-3 所示。

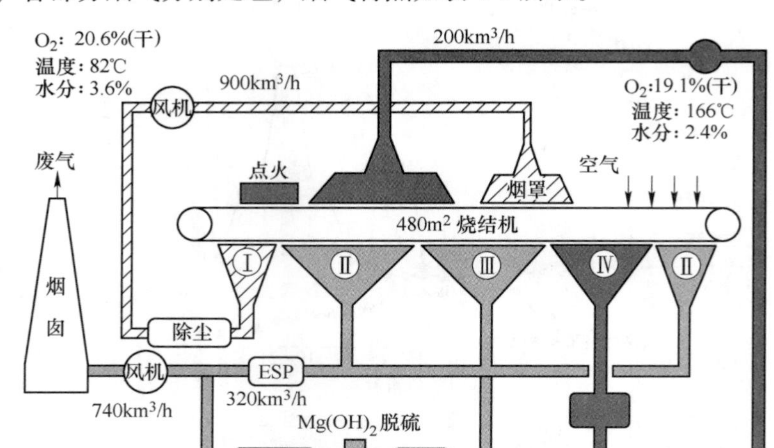

图 4-5　日本新日铁区域性废气循环工艺示意图

表 4-3　新日铁户畑 3 号烧结机烟气特点

区段	烟气流量 $/m^3 \cdot h^{-1}$	烟气温度 /℃	含 O_2 量 /%	含 H_2O 量 /%	SO_2 浓度 $/mg \cdot m^{-3}$	处理方式
Ⅰ	62000	82	20.6	3.6	0	循环到烧结机
Ⅱ	290000	99	11.4	13.2	21	ESP 后排放
Ⅲ	382000	125	14.0	13.0	1000	ESP 和脱硫后排放
Ⅳ	142000	166	19.1	2.4	900	余热回收后循环
烟囱	672000	95	12.9	13.0	15	排放到大气

Ⅰ区对应 1~3 号风箱。该区处于烧结原料点火段，烟气氧含量高，水分和温度低，循环至烧结机中部。

Ⅱ区是将 4~13 号和 32 号风箱烟气合并处理。该区烟气 SO_2浓度低、氧含量低、温度低、水分高，经电除尘后由烟囱排出。

Ⅲ区对应 14~25 号风箱。该区烟气 SO_2浓度高，氧含量低、温度低、水分高，烟气经电除尘和镁脱硫后从烟囱排出。

Ⅳ区对应 26~31 号风箱，处于烧结末端。该区烟气 SO_2浓度高、氧含量高、水分低、温度高，该部分烟气经锅炉回收余热后循环到烧结机前部，即点火区后面。

此工艺节能环保效果为废气排放量减少 28%，颗粒物排放量减少 56%，SO_2 排放量减少 63%，NO_x 减少 3%，固体燃料消耗量降低 6%。

4.4.1.2 能量优化烧结技术（EOS 工艺）

1994 年，荷兰艾默伊登厂 132m²烧结机首先应用 EOS 烟气循环工艺（见图 4-6）。该循环工艺比较简单，将烧结主排烟气全部汇集经旋风除尘器除尘后，引出一部分返回到烧结机顶部进行循环。在烧结机顶部增加一个烟罩，烟罩将烧结机密封，循环烟气返回烧结机过程中配入一定量空气，循环烟气和空气在烟罩内混合。EOS 工艺废气循环率约 50%，循环废气与空气混合后的氧浓度为 14%~15%，最终废气外排量减少约 50%。

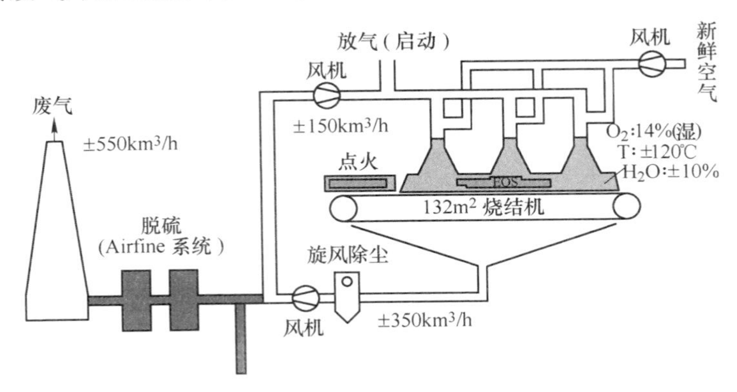

图 4-6 荷兰艾默伊登厂 EOS 工艺示意图

4.4.1.3 低排放能量优化烧结工艺

2001 年，低排放能量优化烧结工艺（LEEP）首先在德国 HKM 杜伊斯堡-胡金根厂 420m²烧结机上应用（见图 4-7），该烧结机共 29 个风箱。

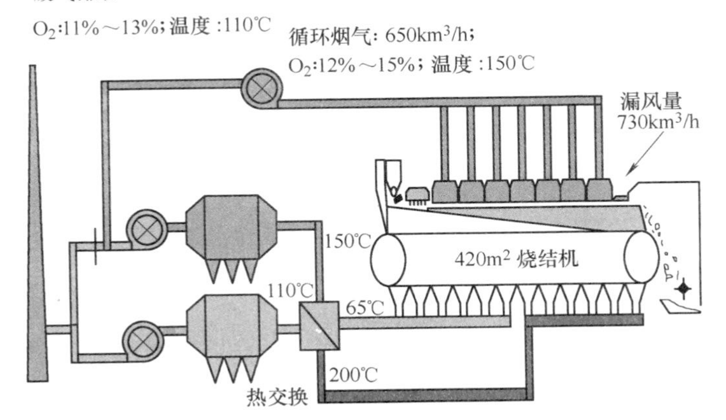

图 4-7 德国 HKM 公司 LEEP 工艺示意图

由于烧结机前半部分烟气温度低、水分高、氧浓度低、污染物含量少，后半部分烟气温度高、水分低、氧浓度高、污染物（如 SO_2、氯化物、二噁英等）含量高，因此 LEEP 工艺将烧结机前后两部分废气分成两个管路，前部烟气温度为 200℃，后部为 65℃。首先，将两部分烟气进行热交换（目的是保证风机的工作条件与采用 LEEP 之前相同），使之分别变为 150℃和 110℃，然后两部分烟气经过电除尘器，前部烟气除尘后通过烟囱排放，后部烟气则返回烧结机循环。

该工艺实施效果为：烧结机的废气排放量减少 50%，粉尘排放量减少 50%～55%（经旋风除尘器回收粉尘的减少量），SO_2排放量减少 27%～35%，NO_x 减少 25%～50%，烧结机的固体燃料消耗降低 12.5%。

4.4.1.4　环境型优化烧结（工艺）

2005 年，环境型优化烧结工艺（EPOSINT）在奥钢联林茨厂 5 号烧结机应用，其有效面积 250m²，有 19 个风箱。如图 4-8 所示，EPOSINT 工艺选择烧结机长度约 3/4 处（11～16 号风箱）温度较高的烟气进行循环，烟气循环率为25%～28%。

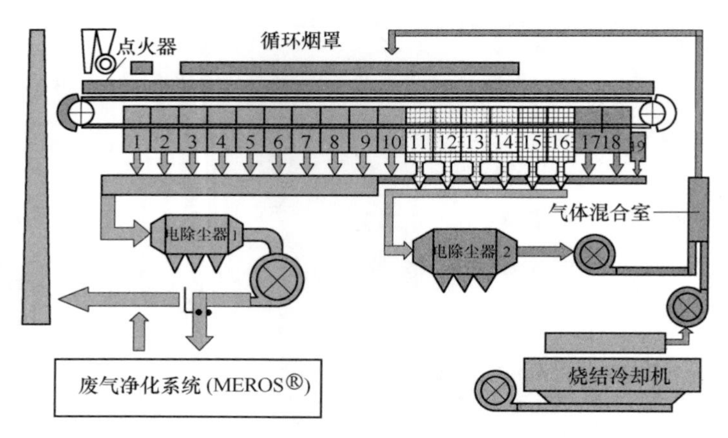

图 4-8　奥钢联钢铁公司 EPOSINT 选择性废气循环工艺示意图

为应对烧结操作引起的烟气成分波动，设计 11～16 号风箱高温烟气既可返回烧结循环，又可导向烟囱排放，具有较强的灵活性。该部分烟气首先经过电除尘，然后与环冷机热废气混合（目的是提高循环烟气的氧浓度，同时利用环冷机废气的显热）；混合后的气体进入烧结机上方的烟罩，烟罩不完全覆盖烧结机，采用非接触型窄缝迷宫式密封，以防止废气和粉尘逸出，烟罩内的负压只吸入少量空气。台车敞开设计可方便维修。

该工艺实施效果为：烧结机日产量提高 30.7%，点火炉煤气减少 20%，每吨矿固体燃料消耗降低 2～5kg，颗粒物排放量减少 30%～35%，SO_2排放量减少

25%~30%，NO_x 减少 25%~30%，CO 减少 30%。

4.4.2 烟气循环工艺的效果及优缺点

以上几种烟气循环工艺的比较如图 4-9 所示，结合烧结烟气和成分变化分析可知，新日铁工艺将高氧烟气循环，其余烟气分高硫和低硫分别处理；EOS 工艺未进行选择性循环；LEEP 工艺将高温高硫烟气循环；EPOSINT 工艺则将高硫烟气循环。四种烧结烟气循环工艺应用后，对烧结矿产量和质量均无影响。

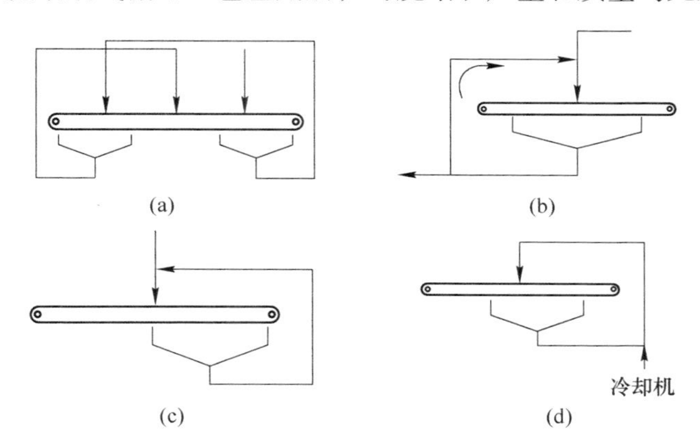

图 4-9 四种烟气循环工艺比较
（a）新日铁；（b）EOS；（c）LEEP；（d）EPOSINT

烧结烟气循环应用效果比较如表 4-4 所示，由于烧结配备了除尘设备，且新日铁工艺中 SO_2指标是经过脱硫后的数据，不能代表循环工艺的效果，没有可比性，故表中未列出相关数据。由表可知，烟气循环工艺具有以下优点：

（1）可减少废气排放量，减排量最高达到 55.6%，同时降低末端治理设备的投资和运行费用。

（2）高温烟气循环可利用烟气显热，降低燃料消耗，如 EOS 工艺节能量约 20%，LEEP 工艺约 14.2%。

（3）高硫烟气循环，低硫烟气排放，可达到 SO_2 减排效果，如 EPOSINT 工

表 4-4 烧结烟气循环工艺效果比较

循环工艺	循环烟气特点	烟气循环率/%	SO_2减排/%	NO_x 减排/%	PCDD/F减排/%	节能量/%
新日铁烟气循环	高氧	28.1	—	1.5	—	5.5（焦粉约 3.2kg/t）
EOS	无	55.6	41.3	52.4	70	20（焦粉约 12kg/t）
LEEP	高温高硫	50	67.5	75	90	14.2（焦粉约 7kg/t）
EPOSINT	高硫	25~28	28.9	23.5	30	4.4~11（焦粉约 2~5kg/t）

艺 SO_2减排 28.9%，LEEP 工艺减排 67.5%。

（4）循环烟气经过燃烧层时可使二噁英高温裂解，对二噁英的减排效果较好，LEEP 工艺为 90%，EOS 工艺为 70%，EPOSINT 工艺为 30%；对 NO_x 减排也有一定效果，但减排机理尚不明确。

以上几种烟气循环工艺尚存在以下缺点：

（1）新日铁循环工艺仅将高氧烟气循环，烟气减排率较低，约为 28%；循环工艺复杂，对于已有烧结机进行改造较麻烦。

（2）EOS 工艺未考虑烧结烟气排放特点，对烟气中不同成分的处理效果不是最佳。

（3）LEEP 工艺首先将前后部烟气进行换热，高温烟气热量未得到充分利用；后部烟气中 SO_2含量高，返回烧结后导致烧结矿硫含量升高。

（4）EPOSINT 工艺仅将高硫烟气循环，烟气减排率低，为 25%~28%，且高硫烟气使烧结矿中硫含量升高。另外，高温烟气未循环，节能量较低，对应二噁英减排率也较低。

4.4.3　几种烟气循环技术的工艺特点和应用现状

除以上烧结烟气循环技术外，我国宝钢研发了烧结废气余热循环技术，目前 5 种烧结烟气循环工艺特点和应用情况如表 4-5 所示。

表 4-5　烟气循环烧结工艺比较

循环技术	工艺特点	应用情况
区域性废气循环技术	选择性循环机头、机尾风箱中的烟气，循环比例 25%，O_2浓度 19%，$H_2O(g)$ 浓度 3.6%	日本新日铁公司于 1992 年在其八幡厂户畑 3 号 480m^{3}烧结机应用区域性废气循环技术，可节约固体燃料 6%，粉尘和 SO_x 排放大幅降低，NO_x 排放少量降低，对烧结无不利影响，但循环比例低
EOS	直接循环使用大烟道中的烟气，循环比例约 50%，氧含量只有 11.6%	1994 在柯罗斯的三个烧结厂实现，德国的蒂森、日本的新日铁及荷兰的霍戈斯文等烧结厂都有使用报道，主要以减少气体排放为目的，烧结矿产、质量指标受明显影响
LEEP	选择性循环机尾温度高的烟气，循环比例 47%，O_2 浓度 16%~18%	2003 年由德国 HKM 开发并在其烧结机上实现，废气可减排 45%，烧结燃料消耗降低 5kg/t，占燃料配比的 12.5%
EPOSINT	选择性循环污染物浓度高的烟气，循环比例 23%，覆盖率 30%，O_2浓度 13.5%，同时利用冷却热废气	由奥钢联林茨厂于 2005 年在扩容的烧结机上新实施，可减少 SO_x 和 NO_x 的绝对排放量，废气中的二噁英和汞的浓度大幅度降低，焦比降低；工艺主要以污染物减排为目的，循环比例低，同时会出现 SO_2在烧结过程中富集

续表 4-5

循环技术	工艺特点	应用情况
烧结废气余热循环技术	综合利用主烟道和冷却热废气，主要循环机头、机尾风箱中的烟气	国内首套烧结机废气循环中试装置，应用于宝钢不锈钢 2 号烧结机组，设计的循环比例为 35%~40%。2013 年国内首套废气余热循环在宝钢集团宁波钢铁公司建成投运

烟气循环烧结可减少烧结烟气排放量，同时烟气中的 NO_x 和二噁英在高温下被部分降解，降低尾气净化处理成本；循环烟气中的显热可以得到利用，烟气中的 CO、CH 等化合物在循环过程中发生二次燃烧放热，可降低固体燃耗。

实践表明，当采用烟气循环后，每吨烧结矿可减少粉尘 35%~45%，NO_x 减少 20%~45%，二噁英减少 60%~70%，SO_2 减少 25%~30%，CO 减少 40%~50%，降低燃料消耗 2~5kg/t。

4.5 首钢迁钢烧结机大烟道废热研究与实践

迁钢 360m^{2}烧结机采用环冷机工艺，机尾大烟道废气温度最高达到 500℃以上，这部分高温废气通常在经过脱硫、除尘工序后直接外排，造成大量的显热资源浪费。

4.5.1 大烟道废热资源利用可行性分析

为了解 360m^{2}烧结机大烟道废热资源现状，对其进行了热工测试，测试结果表明：在 1~22 号风箱中，1~17 号风箱的平均温度 101℃，最高温度出现在 21 号风箱，达到 511℃，18~22 号风箱的平均温度达 403℃。

对各风箱含氧量进行测试表明，随着风箱位置后移，烧结尾气中的氧含量逐步提高，19~22 号风箱中烟气氧含量均超过或接近 18%，从氧含量角度考虑具有较高的利用价值。另外，将烧结大烟道废气循环到烧结机料面进行循环烧结，还能达到降低废气排放量，提高脱硫效率，利用烧结料层高温分解二噁英等效果。

4.5.2 废气循环烧结的烧结杯实验

4.5.2.1 风机变频的变化

风机运行频率变化趋势如图 4-10 所示。可见，废气循环烧结时风机初始运行频率较基准期偏高，在废气循环烧结期较基准期偏高 1Hz，分析应该是热风温度提高后，初始的燃烧带增厚，影响了烧结热态透气性。

4.5.2.2 废气温度变化

烧结废气温度变化趋势如图 4-11 所示。可见，基准期废气温度开始上升

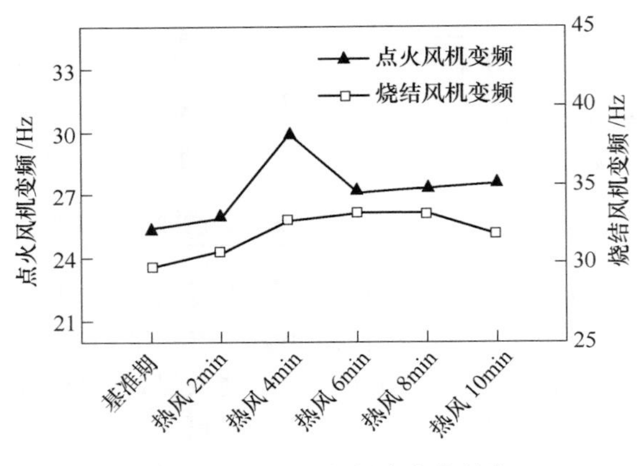

图 4-10　风机运行频率变化趋势

(上升点) 时间为 18min，而废气循环烧结的废气温度开始上升时间平均为 16.6min。说明采用废气循环烧结后烧结上升点明显提前，比基准期提前 1.4min。

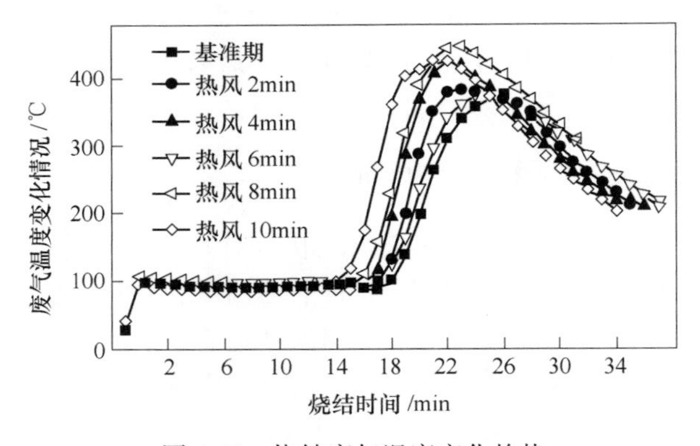

图 4-11　烧结废气温度变化趋势

4.5.2.3　烧结终点温度的变化

烧结终点温度变化趋势如图 4-12 所示。由图可知，基准期烧结终点温度为 385℃，废气循环烧结后，烧结终点温度明显升高，平均烧结温度 427.6℃，比基准期提高 42.6℃。随着热风保温时间的延长，烧结终点温度逐渐提高，平均每延长保温时间 2min，烧结终点温度提高 14℃。

基准期烧结总管废气温度超过 300℃ 的保持时间为 8min。废气循环烧结后，高温废气区间变宽，温度超过 300℃ 时间平均为 11.25min，比基准期延长了 3.25min。采用废气循环烧结时，烧结终点温度的提高和烧结高温区变宽应认为是废气循环烧结增加了料层的蓄热。

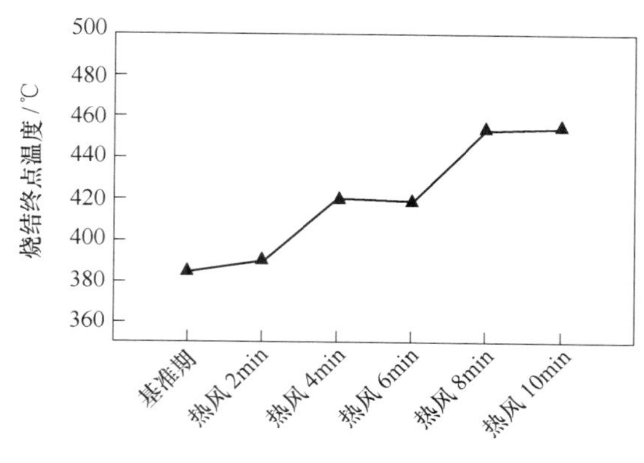

图 4-12 烧结终点温度变化趋势

4.5.2.4 烧结矿指标变化

（1）随着热风保温时间的延长，烧结矿 FeO 逐渐升高。平均每延长 2min 热风时间，烧结矿 FeO 升高 0.14%。理论分析与实验过程中含碳中线控制不变而料层蓄热增加有关。

（2）平均粒径呈先增加后降低的变化趋势，热风 6min 烧结矿平均粒径最高，与基准期相比提高 1.35mm。

（3）烧结矿转鼓指数呈现先增加后又降低的变化趋势，当废气循环烧结 8min 时，转数指数最高，比基准值提高 1.07%。

综上，废气循环烧结相比基准期，烧结过程参数、烧结矿质量等指标水平明显改善。通过对 2~10min 废气循环烧结的各项指标进行综合分析，认为烧结杯热风 6min、8min 时各项技术指标比较好，烧结杯热风 6min、8min 时间各占烧结总时间的 23.8%、35.84%。

因此，下一步技术改造或工业生产时，建议废气循环烧结时间采用总烧结时间 23%~35%，也即废气循环烧结面积采用总烧结面积的 23%~35%。

4.5.3 迁钢废气循环工艺技术改造

改造后废气循环烧结段为 16.1m，约占总烧结面积的 22%。热风来源于烧结机后两个风箱，把主烟道在第 20 号和 21 号风箱之间位置隔开（共 22 个风箱），通过一条 *DN*3000 烟道经多管除尘器、高压热风鼓风机将 400~450℃ 的热风用于废气循环烧结。

4.5.3.1 改造前后烟气成分对比分析

为了考察迁钢 $360m^2$ 机尾废气循环改造效果，利用烟气分析仪对改造前后的烟气成分进行检测，检测内容包括烟气成分、烟气中 O_2、CO、CO_2 以及 SO_2 含量，检测位置包括烧结 18.4m 平台各风箱以及烧结台车下方，其检测结果如下：

（1）烧结中段，废气循环烧结时烟气中的氧含量低于普通烧结；至烧结末段，烟气中的氧含量迅速升高并超过普通烧结。

（2）烟气中的 CO 含量与氧含量变化趋势类似：烧结中段，烟气中的 CO 含量废气循环烧结高于普通烧结；烧结末段，烟气中的 CO 含量迅速降低并低于普通烧结。

（3）烟气中的 SO_2 主要集中在 10～19 号风箱，在 14 号风箱附近达到峰值。比较来看，废气循环烧结后烟气中的 SO_2 峰值浓度提高，有利于提高脱硫效率。

4.5.3.2　改造前后技术经济指标变化

实施大烟道废气循环后，烧结矿转鼓强度略有降低，但仍保持在 83%以上；筛分指数有所上升，但幅度不大；烧结返矿率上升，槽下筛分率下降，总返矿率保持稳定；烧结矿 5～10mm 比例大幅度下降，降低 5.33%；平均粒径大幅度提高，上升 2.25mm。固体燃料消耗较基准期大幅度下降，下降 2.85kg/t。SO_2 减排 16%。

4.6　烧结冷却余热发电原理及现状

烧结冷却废气余热发电技术是将低品位的中低温废气余热转化为电能，是烧结余热余能最为有效的利用途径，平均每吨烧结矿产生的废（烟）气余热回收可发电 20kW · h，折合吨钢综合能耗可降低 8kg 标准煤。

4.6.1　烧结余热发电原理

烧结余热发电的原理如图 4-13 所示（汽轮机以凝汽式为例）。烧结矿在带冷

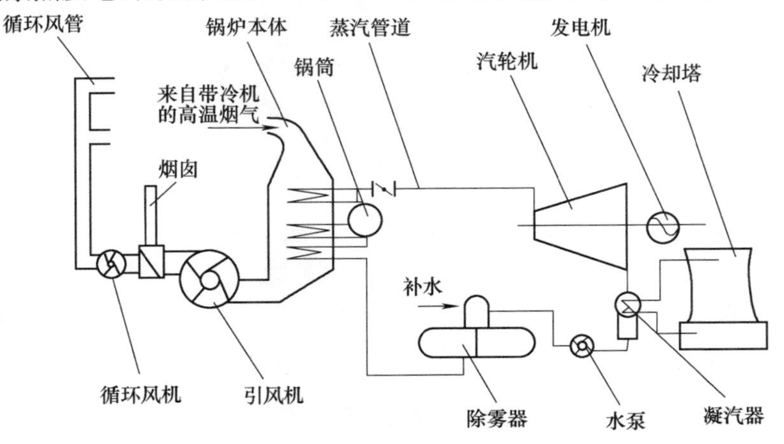

图 4-13　烧结余热发电工艺原理图

机或环冷机上通过鼓风进行冷却，底部鼓入的冷风在穿过炽热的烧结矿层时与烧结矿进行热交换，产生大量的高温废气。将这些高温废气通过引风机引入锅炉，加热锅炉内的水，产生蒸汽，蒸汽推动汽轮机转动，带动发电机发电。

4.6.2 国内外烧结余热发电技术发展现状

日本一直注重节能技术的开发应用，其烧结余热发电技术也走在世界各国的前面。世界上第一次将烧结冷却机废气产生蒸汽用于发电的是原日本钢管公司（现为 JFE 公司）的扇岛厂和福山厂。至 20 世纪 90 年代中期，余热发电技术已在日本各钢铁厂得到广泛应用。

与国外相比，我国烧结余热资源的回收与利用起步较晚。1987 年，宝钢首次从日本新日铁引进余热回收的全套技术和装备，并在 1 台 450m^{2}烧结机上建成我国第 1 台大型现代化的烧结余热回收装置。2004 年，马钢再次引进日本川崎技术及设备，在 2 台 328m^{2}烧结机上建成了国内第一套烧结余热发电系统。而后，济钢在消化吸收国外先进技术的基础上，依靠国产化设备，于 2007 年在 1 台 300m^{2}烧结机上建成了国内第 2 套烧结余热发电系统。

自 2005 年烧结余热发电系统在马钢投入运行以来，烧结余热发电迅速发展起来。从最初的成套引进技术和设备到马钢等企业和科研院所的自主研发，我国烧结余热回收的理论研究和技术攻关均取得一定的进展。

目前我国大中型钢铁企业基本实现烧结余热发电。我国烧结余热发电技术按余热锅炉形式可分为单压余热发电、双压余热发电、闪蒸余热发电和补燃余热发电四种。近年来，低温余热发电技术在建材等行业也得到了广泛应用，特别是随着双压余热锅炉和补汽凝汽式汽轮机技术获得突破，大大提高了余热回收效率，为钢铁企业烧结余热发电技术的推广创造了条件。

4.6.3 烧结冷却机废气余热资源的特点

（1）整体品位较低，低温部分占比较大。伴随烧结矿冷却的进行，冷却机烟囱排出的废气温度逐渐降低，烟气温度从 450℃ 逐渐降低到 150℃ 以下。高温废气温度在 300~450℃ 之间，占整个废气量的 30%~40%。因此，烧结冷却机废气余热属中低品质热源，且低品质占比较大。

（2）烧结生产过程中废气温度波动较大。伴随烧结矿的烧成工况不同，与之对应在其冷却过程中产生的废气温度差别很大。当烧结矿欠烧时，冷却过程中产生的废气温度高；反之废气温度低。以某烧结厂 320m^{2}烧结机为例，余热回收段废气温度最高能达到 520℃，最低时只有 280℃。因此，烧结余热发电设计过程中需着重解决的难点是如何在这样大范围的温度波动下合理高效地利用废气余热。

4.6.4　烧结冷却余热发电工艺

目前，烧结冷却余热回收发电工程项目中应用较为广泛的有单压热力系统和双压热力系统，如图 4-14 所示。单压热力系统采用纯凝式汽轮机组，余热锅炉排烟温度一般在 160℃左右；双压热力系统采用补汽凝汽式汽轮机组，余热锅炉生产两种不同压力等级的蒸汽，主蒸汽和低压补汽，余热锅炉的排烟温度能降到 130℃左右。

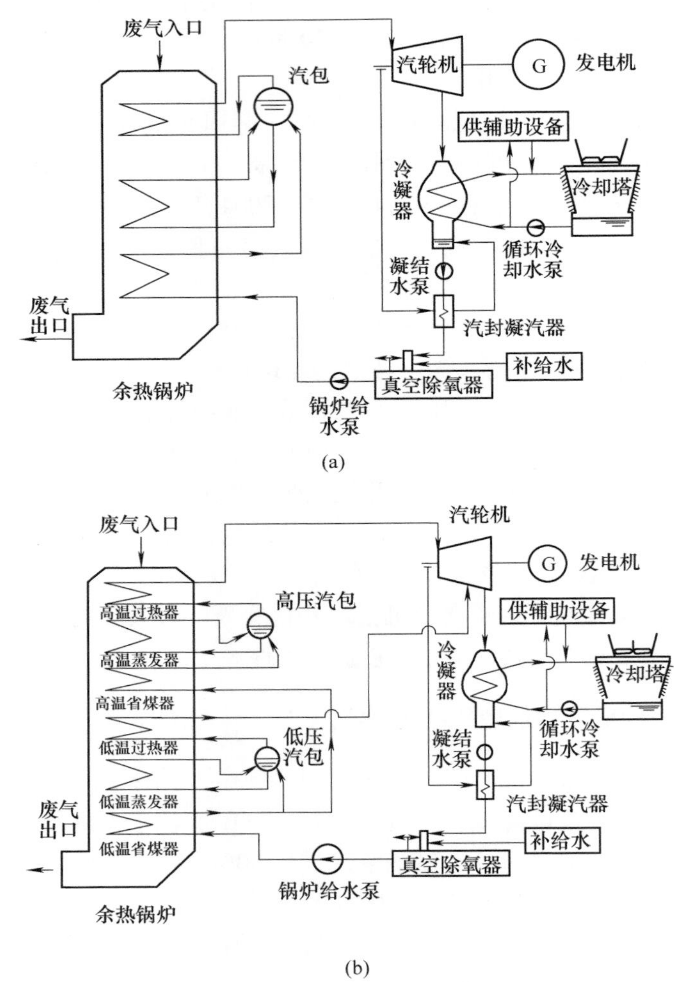

图 4-14　单压和双压热力发电系统示意图
(a) 单压热力发电系统；(b) 双压热力发电系统

单压系统与双压系统相比，具有相对简单、投资较省、操作可靠、运行简单的特点，但其余热回收利用效率较低，系统发电能力较低。双压系统的余热回收利用相对充分，对于相同的余热资源而言，较之单压系统，其系统发电效率可提高5%左右，但系统相对复杂，投资也较大。

4.7 烧结余热发电技术的难点与解决方案

当前技术条件下烧结余热发电技术应用的难点是：烧结余热热源具有整体品质低、废气温度波动大和连续性差的特点，其中废气温度波动大和热源连续性差是最大难点。如何有效提高系统热回收效率，尽可能多的提高吨矿发电量也是其关键。

4.7.1 影响烧结冷却烟气品质的主要因素

烧结冷却机产生的烟气温度和余热总量是评价余热资源品质的重要指标，这与烧结矿的温度密切相关。冷却机烟气温度受到烧结料层厚度、烧结终点控制、冷却风温、冷却风速、冷却料层厚度、边缘效应及冷却机密封状况等生产条件的影响。

（1）烧结料层厚度。厚料层烧结能改善燃烧条件，强化氧化放热反应，增强自动蓄热能力。有资料表明：在烧结料层厚度为180~220mm时，料层蓄热量只占燃烧带入总热量的35%~45%，当料层厚度为400mm时则蓄热量可达55%~60%。因此，提高烧结料层厚度能增强料层的蓄热能力，减少烧结过程中的热损失，使破碎筛分后进入冷却机的矿料保持较高的温度，从而有效提高冷却烟气的温度和余热总量。当前，大型烧结机的料层厚度已普遍达到700mm，最高达900~1000mm，对采用余热系统发电非常有利。

（2）烧结终点控制。烧结终点的控制对烧结矿温度会产生影响，进而影响破碎后落到冷却机上的矿温，最终将对冷却烟气温度产生影响。日本有关研究表明，在保证烧结矿质量和成品率的前提下，同时满足余热回收的烧结终点位置控制在烧结机最后一个风箱的前半部最合适。烧结过程中的过烧或欠烧也会影响冷却机出口的烟气温度和余热资源量。当烧结矿严重过烧时，在烧结机尾部烧结矿开始冷却，导致进入冷却机的矿料温度偏低；当发生欠烧时，烧结混合料中的炭未能得到充分燃烧，烧结饼所含的热量低于正常水平，也将导致烟气温度偏低；若欠烧的烧结饼在未烧透的情况下进入冷却机后发生二次烧结，放出热量，则导致冷却烟气的温度偏高，可达500~600℃。

（3）冷却风温。提高冷却空气的初始温度能提高余热回收的效率和品质，也能控制并稳定余热回收的总量。有研究表明：当冷却介质初始温度为50℃时，换热后终温比常温能提高15℃；当介质初始温度为120℃时，介质终温比常温时高45℃。因此，提高进入冷却机的气体温度，能有效提高气体通过料层后的烟气温度，同时也能有效降低烟气温度波动的幅度，提高余热资源的稳定性。

(4) 冷却风速。冷却风速与风量、冷却矿料层厚度、冷却料层空隙率等因素密切相关，对烧结矿的冷却时间也产生影响，冷却风速与烧结矿平均最大矿块热传导速度密切相关。如图4-15所示，无论烧结矿粒度大小，当风速达到一定值以后，增加风速都不能有效提高换热系数，改善冷却效果。当冷却风速在0~2m/s的区间时，提高风速（增大风量）能有效加强烧结矿的冷却；当冷却风速大于2m/s时，提高风速不但不能提高冷却效果，相反，由于风速提高使冷却风量增加，将导致冷却机出口烟气温度降低。

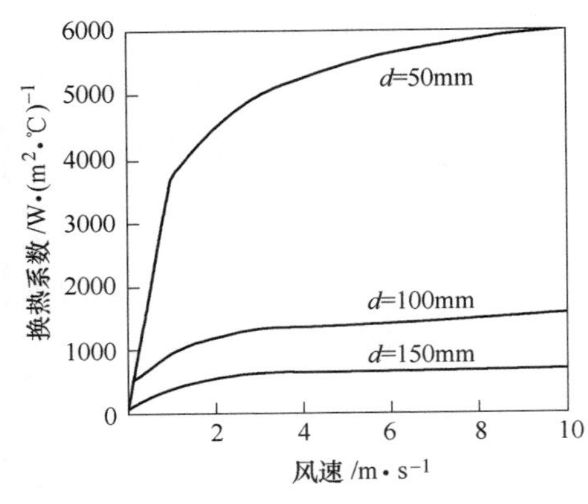

图4-15　风速与烧结矿大块换热系数的关系

(5) 冷却料层厚度。冷却料层厚度是影响烧结矿冷却速度和冷却介质终温的主要因素之一。有资料表明：冷却机料层厚度每提高0.1m，冷却烟气温度提高约10℃。而且料层越厚，冷却越趋于均匀，温度波动幅度越小。因此，在相同条件下增加冷却机的料层厚度，能提高冷却烟气的温度和余热资源总量。目前国内360m^2以上的烧结机，其冷却机的料层厚度基本上达到了1300~1500mm。

(6) 边缘效应。由于台车和风箱之间是相对运动的，再加上烧结矿在冷却机台车上布料不均匀，存在边缘效应，且直接影响冷却烟气的温度和流量。减轻和抑制边缘效应，有助于提高烟气品质。

(7) 密封条件。由于冷却机台车按一定速度运动，其台车下方风箱和上方集气罩与台车之间存在一定的间隙，需采取相应的措施进行密封。若密封效果较差，任何漏风都会造成集气罩烟气品质和余热资源的下降。

(8) 其他因素。除上述几个影响因素外，烧结矿温度和冷却烟气温度还受到诸如原料种类、配料结构、燃料消耗水平、冷却机台车速度等参数的影响。

4.7.2　提高烧结余热热源品质的技术措施

蒸汽发电是一个稳定连续的过程，根据工程实践和理论分析，烧结冷却机余热发电系统的关键技术及处理方式主要有以下几个方面。

4.7.2.1　烟气参数的确定

由于烧结冷却机余热烟气的品质受到多种因素的影响，只能通过技术调整和结构改造在某种程度上减轻其影响，而不能消除，如何根据实际工艺过程确定烟气参数就显得尤为重要。分析实际工程中一些失败的案例发现，其最重要的一点就是对烟气参数（尤其是温度）把握不准，导致进锅炉的烟气达不到设计值，有时相去甚远，结果必然引起锅炉出口蒸汽参数变化范围增大，甚至满足不了汽轮机的最低运行要求，导致机组频繁起停，甚至长期不能运行。对于相同的烧结机来说，不同企业的矿石来源、配比、操作方式等不尽相同，所以烟气温度也会不一致，必须具体问题具体分析。因此，合理确定烟气参数是余热发电系统成败的关键。在项目开始前要对现场参数进行实地标定，对运行日志进行统计和分析，在此基础上才能确定适合的余热发电系统烟气参数。

4.7.2.2 热力系统参数的选择

在余热烟气参数确定后，热力系统参数的确定就成为系统设计的主要任务。确定热力系统参数的前提是要使发电系统能长期、连续、稳定、经济地运行，然后在可能的条件下降低工程设备的造价水平。热力系统的核心参数就是主蒸汽的温度、压力和流量。主蒸汽温度选择应该存在最佳值，温度选择越高，一方面会使汽轮机的出力增大，另一方面则使余热锅炉的平均传热温差减小，锅炉的换热面积就要增大，设备造价就会提高。一般来讲，主蒸汽温度应比余热烟气温度低30℃以上，然后再通过优化进行选择。同样，主蒸汽压力也存在最佳值。主蒸汽压力高，则余热锅炉排烟温度就要提高，系统余热利用效率就会下降，此外，主蒸汽压力对排汽湿度也有影响。所以温度、压力、机组容量是密切相关的，要相互匹配才行。

常规发电系统主蒸汽参数的熵值一般在6.5~7.5kJ/(kg·℃）之间选择较为合适，对于低温烧结余热发电系统其熵值选择范围较窄，一般在6.9~7.2kJ/(kg·℃）之间。主汽温度确定后，再根据熵值选择要求和汽轮机设备参数系列来确定合适的压力。当烟气温度和流量、主汽温度和压力都确定后，系统主汽的流量也随之确定。

对于单压余热锅炉来讲，排烟温度一般只能降低到200℃左右甚至更高。若要进一步提高余热利用效率和降低排烟温度，则需采用双压余热锅炉，实施余热资源梯级利用。在余热发电行业，双压系统除主汽参数之外可分为以下两种方式：一是由锅炉产生低压的饱和或过热蒸汽，如冶金烧结冷却机余热发电系统；二是由锅炉产生温度较高的高压水，然后在闪蒸器中产生低压饱和蒸汽，如水泥回转窑余热发电系统。

4.7.2.3 冷却机密封改造

余热发电系统的稳定运行需要锅炉提供稳定的汽源，也即需要冷却机提供稳定的满足余热锅炉要求的余热烟气热源。为了保证烟气品质，提高余热资源的利用率，可对冷却机密封进行如下改造：（1）做好下部风箱的分隔与密封，在冷却机风箱内适当的位置设置隔板，将冷却机Ⅰ段与Ⅱ段、Ⅱ段与后续冷却段隔开，并做好相应的密封，包括Ⅰ段起始端密封，以防止冷却风串漏；（2）采用软性材料，减小台车与风箱之间的间隙，避免冷却风短路；（3）做好上部Ⅰ段与Ⅱ段集气罩的分隔，使烟气分别在各自集气罩内聚集，避免串风；（4）台车与集气罩之间也是相对运动的，采取措施减小烟罩下部和台车边缘之间的间隙，避免热烟气漏失；（5）烟罩Ⅰ段起始端和Ⅱ段末尾端的密封，尤其是烟罩下部与冷却矿料层接触的位置要做好动密封处理。总体说来，采取上述措施的目的在于减少冷风混入和减少热风漏出。

4.7.2.4 系统的运行控制

余热发电系统依附于主体工艺，发电系统随烧结机的运转率是评价发电系统运行和经济性的一个重要指标。正常发电系统的运行控制技术已经非常成熟，不存在任何问题，而余热发电系统的关键就在于使主工艺和发电实现高度耦合。深入了解烧结工艺和发电系统的运行特点，采取相应的运行控制技术显得非常重要。现有大型烧结机的年作业率一般都在93%左右，即年运行小时数约为8150h，检修时间一般分临时检修、季（月）检修和年度检修。因此，处理好烧结余热发电系统稳定运行的问题可以从以下几个方面着手：

（1）提高烧结工艺操作水平，促使烧结生产过程稳定，作业率提高。

（2）在条件允许的情况下，应尽量采用多台烧结机配一套发电系统，即多炉一机系统，当其中某台烧结机检修甚至短期停机时不会导致发电机组停机，从而减少设备起停损失。

（3）烧结机起动过程中，当机上开始布料时，余热系统就做生产准备，开始缓慢向余热锅炉供水，待水位达到规定值时，冷却机上的烧结矿料也差不多布到了冷却Ⅰ段和Ⅱ段，此时即可开启循环风机风门，将热量送往余热锅炉生产蒸汽。这样，能使余热回收系统开机时间缩短大约40~60min。

（4）烧结机短时停机（30min左右）的情况经常出现，在此情况下对一炉一机的系统而言，若不采取任何运行控制措施，一般停机10min以上就将导致发电机组停机并解列。而从发电机解列到并网约需2h，若开机后烧结系统不稳定则需要时间更长，因此要避免在此情况下机组停启。当运行人员得到烧结系统停机通知后，可关小循环风机风门，降低冷却机转速，同时将发电机组的负荷快速降低到低限，以避免蒸汽不足导致机组停机。

（5）对一炉一机的系统，要充分利用烧结系统停机间隙进行发电系统的设备维护与检修，减少非计划检修，提高设备作业率。

4.7.2.5 采取措施减少散热损失

余热发电系统的烟气来源于主工艺过程，相对于常规发电系统而言，其热源品质低，在利用时更要细致考虑整个烟风系统的保温措施，如集气罩、烟风管道、锅炉等，以减少散热损失。同样，由于余热锅炉出口的蒸汽温度、压力都较低，所以在系统设计时要对蒸汽管道配置进行优化，选择合适的管径和连接方式，尽量减少蒸汽压力和温度的损失，提高系统热电效率。一般情况下对于余热发电系统而言，锅炉出口至主汽进口管道每百米压降为0.05~0.1MPa，温降为3~8℃。

4.7.3 提高烧结余热热源稳定性的措施

汽轮机发电机组对热源的稳定性要求较高，温度波动大会直接威胁机组的安全运行；除此之外，热源中断易导致机组频繁解列，从而严重影响发电量和热力设备的寿命。

提高烧结余热热源的稳定性包含两层意思：一是减小废气温度的波动，使其稳定在一定的范围内，满足锅炉对入口烟气温度的要求；二是增强热源的连续性，即在烧结机停机，热源逐渐中断的情况下，让机组能够维持低负荷运行，避免机组频繁解列。目前解决这一难点的方案有设置补燃系统、采用“二炉带一机”的配置模式两种。

（1）设置补燃系统。钢铁企业煤气资源比较丰富，一些品质较差、热值低的煤气往往被放散掉。建设烧结余热发电后，可以在锅炉旁设置补燃炉，通过燃烧一些低热值的煤气产生高温烟气（相对于烧结废气）并混入烧结废气中，通过调整高温烟气的混入量，达到稳定锅炉入口烟气温度的目的（如图4-16所示）。另外，在烧结系统短时停产，热源中断时，可以依靠补燃炉燃烧煤气来维持余热发电机组的低负荷运行，确保机组不解列，待烧结生产正常后，尽快恢复机组的负荷。这一方案可以有效地解决烧结余热热源稳定性差的难题，同时，还可以回收钢铁厂多余的煤气，减少煤气放散。

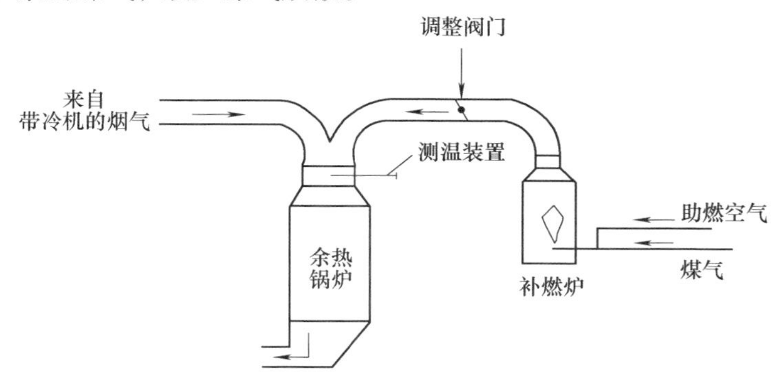

图4-16 设有补燃装置的烧结余热锅炉

（2）采用“二炉带一机”的模式。通常来讲，一个烧结厂大都建有多台烧结机，若两台机之间的距离不太远，可在两台烧结机旁建设两台余热锅炉，用两台余热锅炉带动一套汽轮机发电机组（简称“二炉带一机”）。当一台烧结机出现故障，其对应的锅炉热源中断后，另一台烧结余热锅炉可以维持机组的正常运行，不至于发生解列；除此之外，两台锅炉并行，对稳定蒸汽温度也有一定的作用。目前国内马钢和安钢已经采用了“两炉带一机”的模式。

4.8 烧结余热分级回收与梯级利用技术

目前，日本、荷兰等发达国家烧结余热利用水平较高，余热回收利用普及率达95%以上，回收利用率达40%以上，吨烧结矿蒸汽发生量在120kg以上，吨矿发电量在20~30kW · h以上。相比之下，我国烧结余热蒸汽水平较低，还需要多措并举、技术创新，并形成具有自主知识产权的技术与装备才是我国烧结余热利用的发展之路。

4.8.1 烧结余热回收原则

对于余热的回收，首先要分析产生余热的用能设备本体的热量利用情况，由于在热能的回收、转换过程中必然产生能量的损失或贬值，所以要优先考虑如何提高用能设备本体在现有技术条件下的热效率，设法降低设备的单位能耗，减少余热生成量，这比通过余热回收装置回收能量更为经济、有效。其次，工业余热资源的回收与利用必须根据其数量、品质（温度）和用户需求，按照能级匹配的原则，逐级回收、温度对口、梯级利用。

根据烧结余热的特点，其回收利用应遵循如下三协同原则：

（1）降低烧结机能量消耗与减少余热生成量协同的原则。在回收烧结机烟气余热时，应把降低烧结机能量消耗放在第一位，把回收烧结机烟气余热放在第二位。因为降低消耗可减少烧结机烟气余热生成量，由此获得的直接节能效果比通过回收余热的效果更为经济和有效。

（2）直接热利用与动力回收协同的原则。回收的环冷机废气余热优先用于烧结机本身预热助燃空气或燃料，可缩短余热从回收到使用环节的路径，实现能量消耗最小化，从而直接降低烧结机的单位热耗，其节能效果比通过余热锅炉生产蒸汽更为明显。

（3）分段回收与梯级利用协同的原则。在回收环冷机废气余热时，应根据热废气品位分段回收，在环冷机、余热锅炉及汽轮机之间做到能级匹配和梯级利用。在符合技术经济要求的前提下，选择合适的余热发电系统，使回收的余热发挥最大效果。

4.8.2 余热资源分级回收与梯级利用技术的提出

针对目前我国烧结余热回收存在的回收区域过窄、利用形式单一、回收利用率低等问题，依据吴仲华先生“分配得当、各得其所、温度对口、梯级利用”原则，蔡九菊等专家学者以国家高技术研究发展计划和重大产业技术开发专项为依托，开发了分级回收与梯级利用技术。

分级回收与梯级利用技术是对冷却废气和烧结烟气按其能级进行分级回收，在优先用于改善烧结工艺条件的前提下，梯级利用不同品质的余热：（1）对温度较高的余热实施动力回收，即生产高品质蒸汽而后发电；（2）对温度居中的余热，实施动力回收，或实施直接热回收；（3）对温度较低的余热实施直接热回收，即热风烧结、点火助燃及干燥烧结混合料。烧结过程余热分级回收与梯级利用技术的工艺流程图如图 4-17 所示。该技术包括三级余热回收与利用系统：

（1）一级余热回收与利用系统。该系统设置在第 1 余热回收区，主要回收温度较高的冷却废气（如一、二级冷却废气）。将一级冷却废气连同大部分烧结烟气经除尘后通入余热锅炉，产生的蒸汽用于发电；锅炉采用烟气再循环方式，使锅炉入口的热废气温度提高 50℃。

（2）二级回收与利用系统。该系统设置在第 2 余热回收区，主要回收温度居中的冷却废气（如三级冷却废气）和烧结烟气。温度居中的冷却废气连同烧结烟气可被用于：1）经除尘后通入点火炉，作为助燃空气；2）返回烧结机台面，进行热风烧结；3）通入点火炉前，进行烧结料预热干燥，既降低了点火用煤气单耗，又降低了点火温度，改善料层透气性。实质上，这部分利用的是冷却机中部靠前位置的废气。冷却废气各段划分和流量的设置主要取决于梯级利用情况。

（3）三级回收与利用系统。该系统设置在第 3 余热回收区，主要回收冷却机尾部温度较低的冷却废气（如四级冷却废气、烧结烟气等），其主要用于干燥和预热烧结原料，为烧结工艺低能耗高质量创造条件。

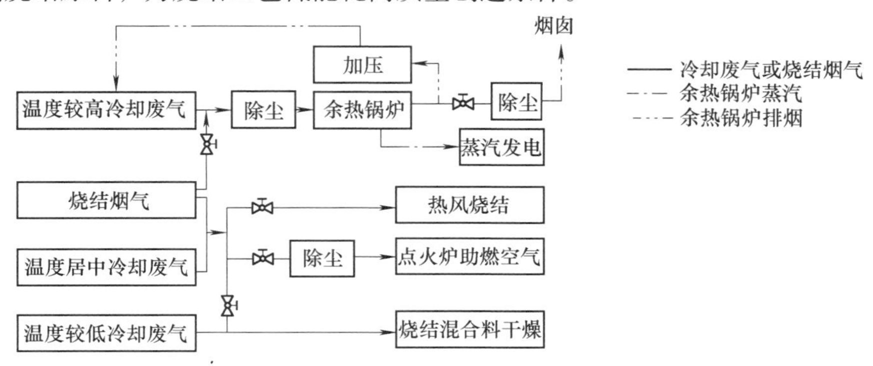

图 4-17 烧结余热分级回收与梯级利用中废（烟）气流程示意图

4.8.3　分级回收与梯级利用的关键问题

济钢与马钢的生产实际证明，烧结余热发电的关键技术是：如何将烧结矿的显热回收过来以便于后续的利用，即如何将余热“取”过来（简称“取热”问题）；另外一个关键技术是烧结烟气的应用问题。

4.8.3.1　冷却机烧结矿显热回收

烧结→冷却系统中，冷却机起着烧结矿冷却和显热回收的双重作用。但一直以来，进行烧结→冷却系统设计时多基于对烧结矿冷却的考虑；为了实现对烧结矿显热的高效回收，必须将冷却机的结构和操作参数适当加以调整。而对冷却机结构和操作参数调整时，必须依据图 4-18 所示的三类变量之间的关系：冷却风的流量和冷却机内料层厚度（第 1 类变量）将影响冷却废气的流量和温度（第 2 类变量），进而影响着吨矿发电量（第 3 类变量）。我们只能控制第 1 类变量，从而控制第 2 类变量，再控制第 3 类变量。

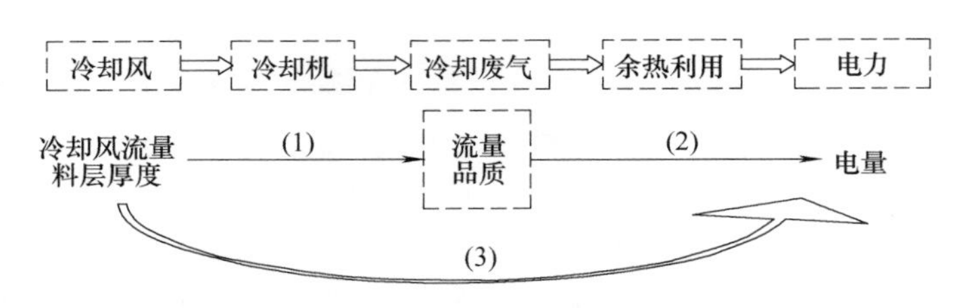

图 4-18　冷却机三类变量之间的关系

A　冷却风流量和冷却机内料层厚度与冷却废气流量和温度之间的关系

当料层厚度一定时，冷却风的流量越大，则出冷却机的热风即冷却废气温度越低，而冷却废气所携带显热大小正比于流量和温度，因此，冷却风流量影响着冷却废气所携带显热。这一点，已通过试验得以验证，具体见图 4-19 可知，在一定范围内，将冷却风的流量逐渐增大，则冷却废气携带显热先是随着冷却风流量的增大而增大，然后达到峰值点，然后，随着冷却风流量的增大而减小。

当冷却风流量一定时，将料层厚度逐渐增大，则料层内的气固接触时间增加，冷却废气的温度提高；但随着料层厚度逐渐增大，气流通过料层的阻力越大，则在冷却段鼓风机能力一定、开启度一定时，流经料层的流量逐渐减小，冷却废气所携带显热受料层厚度的影响；这一点，已通过试验得以验证，具体见图 4-20。

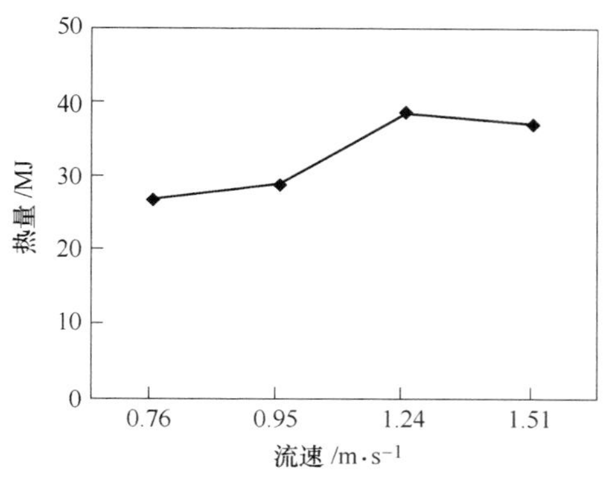

图 4-19 冷却风流量与冷却废气携带显热之间的关系

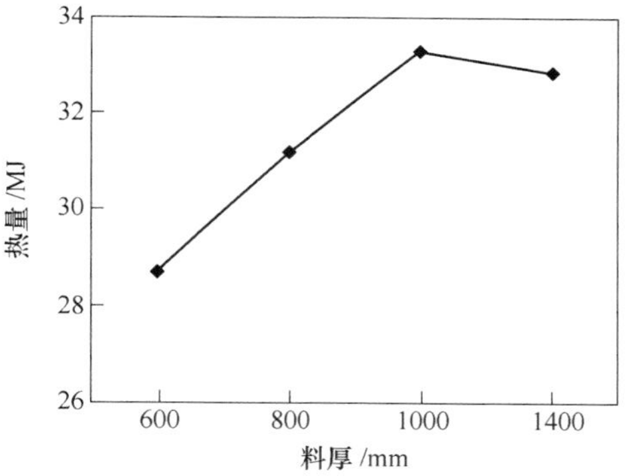

图 4-20 料层厚度与冷却废气携带显热之间的关系

B 冷却废气流量和温度与发电量之间的关系

冷却废气的流量和温度决定着冷却废气所携带显热的大小和品质。冷却废气显热的数量和品质是影响吨烧结矿发电量（简称吨矿发电量）最主要的因素。一般而言，不同品质的显热具有不同的热电转换效率；基于目前国内某烧结余热利用工程余热锅炉情况，对余热品质与热电转换率之间的关系进行大体估算，如表 4-6 所示。

表 4-6 余热品质与热电转换效率之间的关系

余热温度/℃	440	410	380	350	320	290
热电转换效率/%	19.27	19.05	18.89	18.08	17.99	17.60

C 冷却风流量和冷却机内料层厚度与吨矿发电量之间的关系

根据上述 2 类变量之间的关系，即可得到冷却风流量和冷却机内料层厚度与吨矿发电量之间的关系，如图 4-21 和图 4-22 所示，图 4-21 中的 q 为国内某烧结机的冷却风流量。

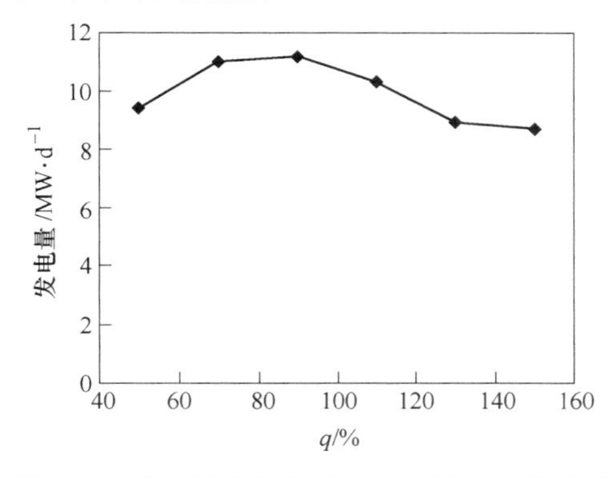

图 4-21 冷却风流量与吨矿发电量之间的关系

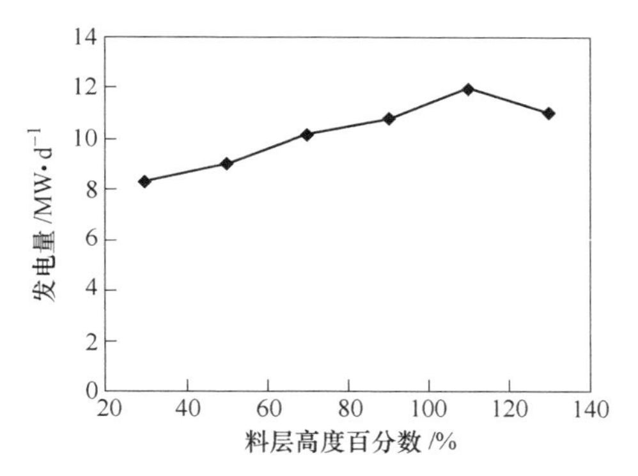

图 4-22 料层厚度与吨矿发电量之间的关系

D 冷却机烧结矿显热回收的关键技术问题

由以上3类变量之间的关系可知，设置适宜的冷却风流量和冷却机内料层厚度是烧结矿显热回收最为关键的两个因素。此外，冷却机泄漏是影响烧结矿显热回收的又一关键因素。烧结台车内料层被下部的鼓风机鼓风，料层内呈正压，因此，料层内的冷却废气有向系统外泄漏的可能，且这部分潜力较大。

可以从以下两方面着手：一是降低料层与外界的力差；二是改进冷却台车的结构。传统的鼓风冷却是使得料层压力较高的主要原因，因此，可降低鼓风机的全压，同时在冷却废气出口与余热锅炉安置引风机，即靠鼓风和引力将冷却风穿过料层并引入余热锅炉中，使得料层内处于微负压。在改变鼓、引风结构的同时，辅助改变冷却机的结构以减少烧结机漏风率。

4.8.3.2 烧结机烧结烟气显热回收与利用

国内一般采用抽风烧结，使得烧结机主抽风系统呈负压，造成外界的常温空气从设备缝隙处进入烧结机主抽风系统，俗称烧结机漏风。国内烧结机的漏风率一般在45%以上，因此，减小烧结机的漏风率是提高烟气温度的主要手段。减小漏风率可从两方面采取措施：（1）将一定温度的冷却废气引入到烧结机前的料层封闭罩内进行热风烧结，可在一定程度上减小烧结机系统与外界的压差，同时减小了冷风与料层的接触面积；（2）改进烧结机的密封结构。此外合理划分各取风段也是有效减少烧结机漏风的有效措施之一。

4.8.4 分级回收与梯级利用技术的优点

（1）分级回收与梯级利用技术主要解决了以前只关注温度较高的烧结废气的余热回收，而忽略了温度居中的冷却废气和烧结烟气余热回收。

（2）分级回收与梯级利用技术不仅强调了余热锅炉后续环节的重要性，也注重了余热锅炉之前的环节；而且，在热量供求方面最大程度地实现“量”与“质”的匹配，力求能级差最小，效率最高。

（3）分级回收与梯级利用技术集成了多种余热回收利用的先进，首次明确了余热回收过程中，动力回收与直接热回收的关系，即余热优先用于改善烧结工艺条件，后用于蒸汽回收或电力回收。

4.9 日照钢铁烧结机余热发电生产技术

日照钢铁2×360m^{2}烧结机各配备一台220m^{2}环冷机，每台环冷机配置5台相同的风机。环冷机1号、2号烟囱共计有450000m^3/h，300～400℃的“低温废气”向大气排放，其中还含有一定数量的矿物粉尘。为回收两台环冷机1号、2号烟囱排放的中低温废气，设置2台余热锅炉和1台汽轮发电机组，产生蒸汽，来推动汽轮机组做功发电。

余热发电系统（见图4-23）自2009年10月投产以来，经过两年的运行，作业人员操作越来越熟练，运行经验不断积累，加上烧结主工艺系统的配合（包括稳定生产，减少事故率等），在烧结矿产量逐步增加的同时，发电量也随之提高。针对环冷机密封性不好，存在漏风的现象，对其进行了密封处理，避免了热能浪费，有效提高了吨烧发电量。

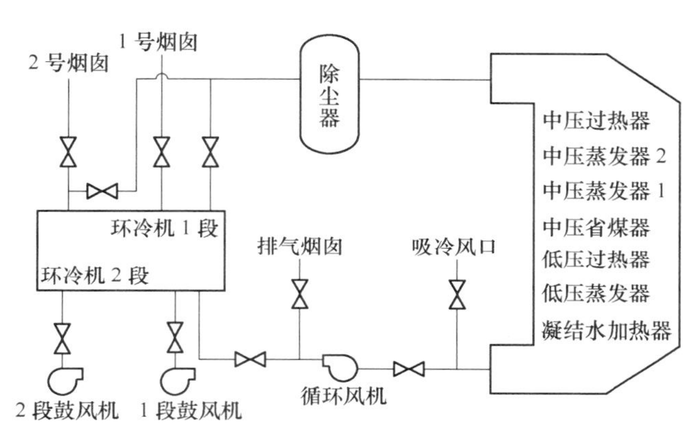

图4-23 烟风余热发电系统

4.9.1 提高发电量的措施

日照钢铁经过一年多运行实践后，积累了经验，提高了操作水平，发电量逐渐提高。总结起来，主要有以下几个方面：

（1）严格控制烧结矿质量，避免过烧和欠烧。锅炉运行状况主要受入口烟气的影响，如果烧结矿过烧，在烧结机尾部烧结矿开始冷却，进入环冷机后的温度降低；如果烧结矿欠烧，则混合料中的炭不能充分燃烧，产生的热量减少，进入环冷机后的温度降低。

（2）对烧结机进环冷机落料口和环冷机进行密封保温，减少热量损失。环冷机机身密封不好，一方面会散失很多热量，造成热能浪费，另一方面外面的冷空气进入也会降低环冷机内温度。

（3）锅炉的热源来自烧结工艺产生的烟气热量，所以烧结机的运行状况对发电量影响最大，烧结机正常运行时间越长，发电量就会越高。日常加强对设备的巡检力度，做好日常设备的维护，发现问题及时处理，降低设备的故障率，同时加强与烧结工艺人员的沟通，信息共享，减少不必要的停机，提高烧结机作业率，保证余热发电的稳定顺利运行。

4.9.2 经济效益和社会效益

从2010年6月~2011年5月一年的时间，本余热发电项目累计发电1.074×10^8kW·h，累计上网电量7.346×10^7kW·h，按工业用电价格1元/kW·h计算，一年累积产生效益达10740.64万元，十分可观。从能源利用的角度来看，烧结过程中40%多的热能以烧结烟气和冷却机废气显热的形式排入大气，不仅造成能源浪费，同时产生温室效应和污染环境，利用余热发电以后，按全国平均供电标煤耗335g/kW·h（6000kW以上电厂）计算，一年可节约标煤3.6万吨，减排SO_2约306t，减排CO_2约9.6万吨，减排NO_x约266.4t，具有极大的社会效益和环境效益。

4.10 莱钢提高余热发电量的改造措施

莱钢通过对400m^{2}烧结机进行台车栏板改造，圆辊出料口整体更换，安装压料辊，平料器加装置陶瓷衬板，同时在环冷机上重新安装平料器等一系列措施，保证了烧结机机尾断面红火层厚度均匀，环冷机布料平整，为提高烧结余热发电量打下了坚实基础。

4.10.1 存在的问题

（1）台车边缘效应严重。由于台车内侧两端烧结料和台车栏板直接接触，同时台车栏板相互独立的紧固到台车上，栏板排列不一致，烧结过程中，大量空气从台车栏板内侧以及两栏板之间进入烧结料中，导致台车中部和两端的烧结速度不一致，两端的烧结过程提前完成。

（2）机尾红火层不均匀。400m^{2}烧结机台车宽度为5m，要求其料面铺布均匀，才能保证烧结过程中燃烧速度一致，台车运行到机尾时红火层才能均匀平整。导致机尾红火层不均匀的原因主要有：1）圆辊出料口时常有大块物料出现，导致出料口不断摩擦、支撑变形，混合料下料量无法保证。2）烧结机平料器为45号钢制作，由于混合料中添加了生石灰、石灰石、白云石等熔剂，黏着性较强，极易黏挂在平料器上，导致料面拉沟。3）由于现阶段烧结原料以经济矿粉为主，矿粉粒度、透气性变化幅度较大，也导致烧结速度不一致。

（3）环冷机布料不均匀。余热锅炉的热量来自环冷机上烧结矿的显热，其采热量的多少直接影响汽轮机发电量。烧结完毕，台车翻转，烧结矿经机尾热矿溜槽直接卸到环冷机台车上，导致台车中间物料较多，两侧较少。原来设计的环冷机平料器刮板为整体结构，在常年高温工况下极易变形，2013年12月已变形脱落，导致烧结机长时间停机。由于环冷机台车上料面不均匀，大量冷却风从矿料较少的台车栏板内侧鼓出，不仅浪费能源，同时导致台车中部烧结矿冷不下来，高温红矿进入皮带系统，还会造成皮带烧损，甚至出现起火现象。

4.10.2 优化改造措施

（1）台车栏板改造。将400m^{2}烧结机台车两侧原相互孤立的栏板改为公母配合形式，栏板上部内侧面设计成波浪形（见图4-24），栏板端部使用螺栓连接。改造后的栏板具有以下优点：

1）台车两栏板之间间隙消除，避免了两栏板间漏料导致返矿量增加，同时降低烧结机漏风率。

2）栏板内侧的波纹能有效阻止空气从台车端部迅速沿栏板进入台车底部，减轻烧结机边缘效应，提高烧结矿质量。

3）栏板与台车体原来由3个螺栓固定，现改为6个螺栓固定，再加竖向2个螺栓连接（见图4-25），保证了台车栏板的紧固质量，能有效减轻栏板变形。

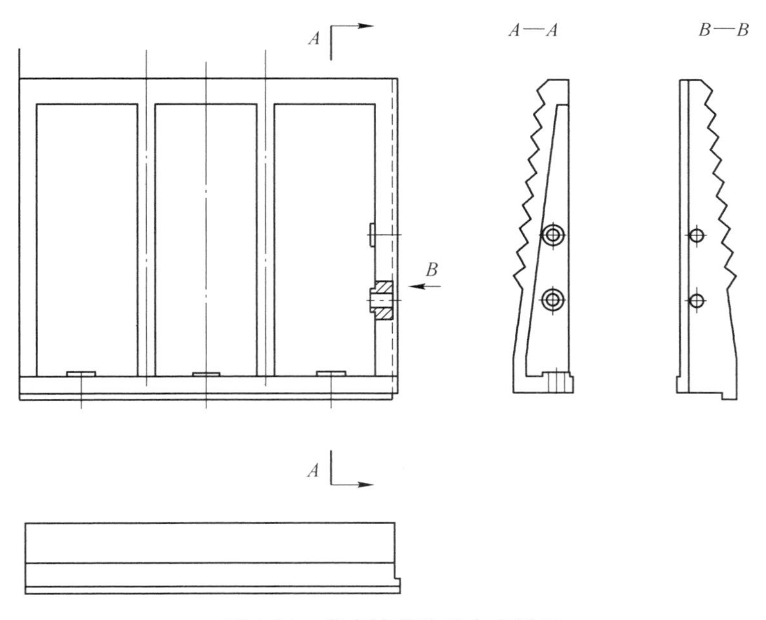

图4-24 带有波浪纹的台车栏板

（2）台车两端安装端部箅条。如图4-26所示，端部箅条宽度为80mm，比普通箅条宽1倍，由于体积较大，其烧损量也相应减少。箅条宽度增加，使得台车两端底部吸风量减少，保证了端部和中间烧结速度一致。

（3）圆辊出料口整体更换。为保证烧结机台车布料厚度一致，利用检修之机，在检查确认小矿槽底部衬板磨损均匀的情况下，对圆辊出料口进行了整体更换，保证出料口钢板下边缘与圆辊距离偏差小于1mm。同时，更换了小矿槽上的固定筛箅，保证混合料中的大块物料不会进入小矿槽。

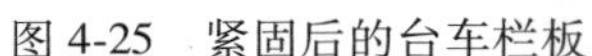

图 4-25　紧固后的台车栏板

图 4-26　台车端部箅条

（4）平料器安装陶瓷衬板。在平料器与混合料接触处安装陶瓷衬板，同时要求衬板安装均匀、平整。陶瓷衬板使用 1 个月以后更加光滑，基本消除了混合料黏附现象。

（5）安装压料压辊。在点火器之前安装一个用不锈钢筒体制作的压料辊（见图 4-27）。该压料辊带有配重底座，可以根据混合料的透气性调节压料压辊的重量；其上方带有吊耳，当压料辊损坏或无需使用时，用手拉葫芦即可将其吊起。

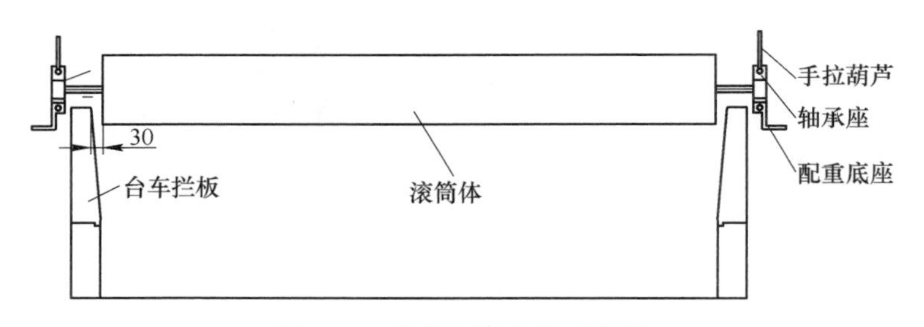

图 4-27　布料压辊安装示意图

（6）环冷机平料器改造。为保证环冷机台车上烧结矿铺布均匀，针对环冷机平料器进行了改善性恢复。原平料器为挂在热矿溜槽底部的一件长为 3500mm 刮料板，由于跨度较大，常年处于高温状态，不但没有起到平料作用，还容易变形。利用检修机会，将热矿溜槽框架直接焊接成一个整体的钢结构（见图 4-28）。将东、西两侧加强筋与南侧新框架连接，平料器分为相互独立的 5 段，每段长 700mm，上端使用折页与热矿溜槽底部相连。同时，每一段平料器均使用链条与上方的 H 型钢相连（见图 4-29），使热矿溜槽与平料器成为一个有机的整体，以防止平料器脱落再次导致烧结机停机。

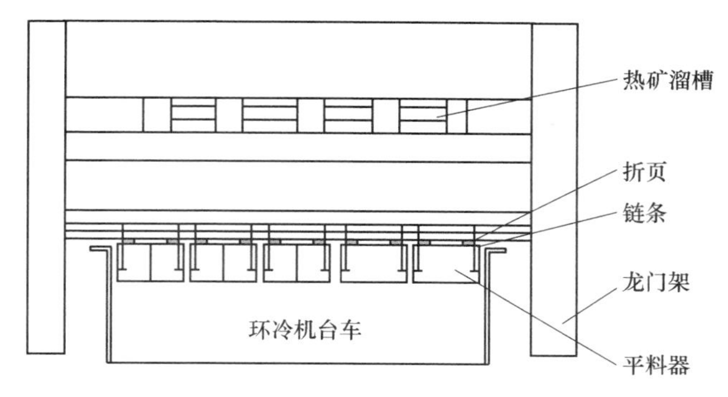

图 4-28 环冷机平料器整体示意图

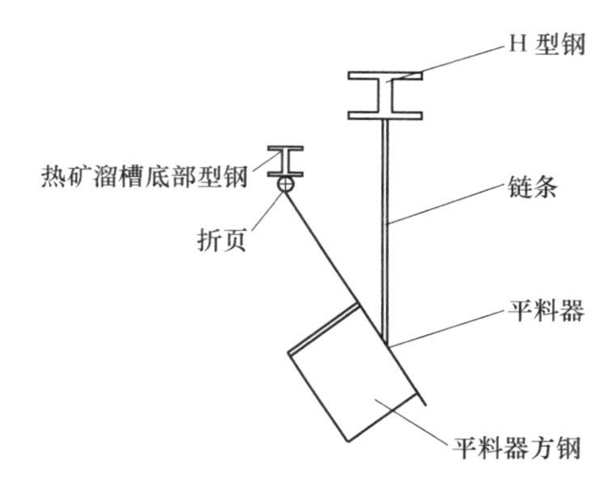

图 4-29 环冷机平料器局部示意图

4.10.3 改进效果

自改造以来，烧结机宽度方向上布料均匀，料层透气性无较大差异，两台主抽风机的负压均在-12k～-16kPa，风机之间压差小于0.516kPa，为提高烧结矿质量和减少返矿奠定了基础。同时，烧结机尾红火层厚度稳定在200～250mm，机尾卸下的烧结饼已经烧透且温度较高，能为余热锅炉提供尽可能多的热能。同时，在原料条件及生产操作基本相同的情况下，改造后烧结矿工序能耗、煤气消耗、固体燃料消耗、电耗均有所降低，烧结矿转鼓强度提高，取得了较好效果（详见表4-7）。

表 4-7 改造前后主要烧结指标对照

时间	工序能耗 /kg·t^{-1}	煤气消耗 /GJ·t^{-1}	固体燃耗 /kg·t^{-1}	电耗 /kW·h·t^{-1}	转鼓指数 /%	FeO /%
改造前	48.7	0.072	58	38.45	79.66	9.7
改造后	47.9	0.067	54	36.12	80.33	8.5

同时，环冷机平料器改进性恢复后，台车上烧结矿铺布均匀，中部和两侧的料层厚度基本一致，既提高了烧结矿冷却效果，又获得了较高的风温，为提高余热发电量奠定了基础。通过上述一系列改造，余热发电系统运行稳定性显著提高。由于该厂烧结余热发电系统为一机一炉配置，原来烧结机停机半小时，余热发电系统就会解列，现在烧结机正常生产情况下，允许停机 1 小时处理突发性故障，因此发电系统解列次数由原来平均每月 2 次减少到 1.5 个月一次。同时，在原、燃料配比相同及操作水平不变的情况下，烧结吨矿发电量由原来的 14.1kW · h/t 提升到 16kW · h/t，取得了明显效果。

4.11　昆钢余热综合利用系统运行经验

昆钢 300m^2烧结机及环冷鼓风机参数如表 4-8 所示。落到环冷机上的烧结矿温度约为 600 ~ 750℃，根据热力学分析，得到可利用的热风参数为 $45\times10^4 m^3/h$，380℃。

表 4-8　烧结机及环冷鼓风机主要参数

参　数	设计值	参　数	设计值
设计烧结面积/m^2	300	环冷风机风量/$\times10^4 m^3 \cdot h^{-1}$	48.4
年设计产能/万吨	334	环冷风机风压/Pa	4700
设计利用系数/$t \cdot (m^2 \cdot h)^{-1}$	1.37	环冷风机台数/台	5
环冷机最大处理能力/$t \cdot h^{-1}$	850		

按照工艺要求，用于热风烧结的风量为 $15\times10^4 m^3/h$、250℃；烧结生产所用预热蒸汽及其他用蒸汽为 21t/h，压力 0.4MPa。

4.11.1　工艺流程

根据热源情况以及需求，设计了一套由双重供热余热锅炉和抽汽补汽凝汽式汽轮发电机组成的余热发电利用系统。双重供热余热锅炉既可产生蒸汽又可提供热风烧结所需的热风，抽汽补汽凝汽式汽轮机提供烧结生产用蒸汽。余热锅炉烟气“一进两出”，立式布置，锅炉余热利用效率达到 73.8%，工艺流程如图 4-30 所示。

（1）环冷机运行过程中产生的热风经烟管系统进入余热锅炉，产生 40t/h、330℃、1.7MPa 的过热蒸汽；同时利用引风机从余热锅炉相应温度段抽取 250℃热风供热风烧结；剩余热风继续利用，产生低温热水，以降低锅炉排烟温度，最大限度地利用烟气余热。余热锅炉排烟经引风机、烟囱排入大气。

（2）汽轮机采用抽汽补汽凝汽式汽轮机，锅炉产生的过热蒸汽作为一级进

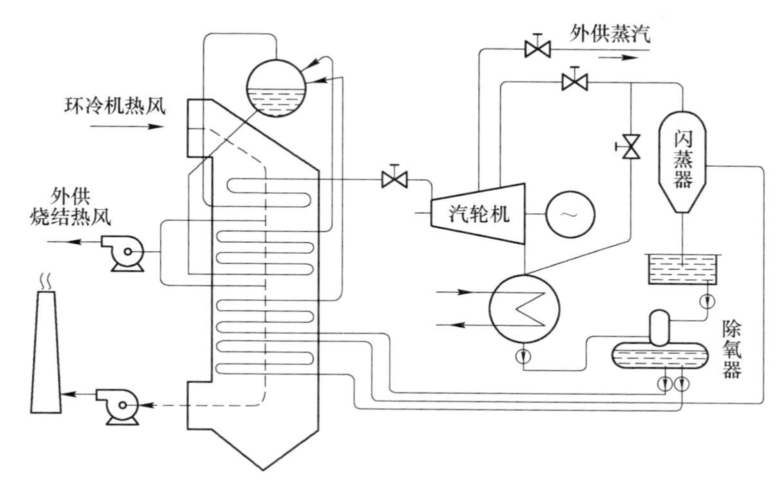

图 4-30 环冷机烟气余热利用系统工艺流程

汽进入汽轮机，当蒸汽做功到 0.4MPa 时从汽轮机抽汽口抽出 21t/h 蒸汽供烧结生产用，剩余蒸汽继续做功。

（3）余热锅炉产生的热水通过闪蒸扩容产生 10t/h 低压蒸汽补入汽轮机，增大发电量。蒸汽做功后成为乏汽排入凝汽器凝结成水，凝结水经过凝结水泵送入除氧器除氧，除氧后的水通过高低压给水泵打入锅炉省煤器继续利用，形成一个完整循环。

为确保烧结生产用饱和蒸汽，余热锅炉出口主蒸汽管道设置蒸汽旁路及切换阀门，当汽轮机停机时仍然可以为烧结工艺提供生产用蒸汽。由于余热锅炉引风机为变频调节，因此可以通过改变风机转速实现余热锅炉降参数运行。

从余热锅炉抽取热风所用的风机也采用变频电机，方便调节，以减小对烧结工艺的影响。为减轻余热锅炉停炉对热风烧结的影响，原有热风烧结取风管道仍保留，当锅炉停运时，可以通过阀门切换确保热风烧结不受影响。

4.11.2 运行情况及经验

该项目于 2009 年 3 月建成投产，设计年发电量约 3500×10^4kW · h，年直接经济效益 1300 万元；年供蒸汽 16 万吨，直接经济效益 640 万元；每年节约标煤约 2.85 万吨，减排 CO_2约 3 万吨；另外，烟气通过锅炉系统后，每年还可以回收含铁粉尘 400t，从而改善现场工作环境。

2010~2012 年发电量统计数据列于表 4-9，从数据分析来看，基本达到设计水平。2012 年受宏观经济影响，发电量有所下降。

表 4-9　近三年电站运行数据

年　份	年发电量/×10^4kW · h	自耗电量/×10^4kW · h	作业率/%
2010	3155.28	479.9	88.4
2011	3130.90	560.7	86.9
2012	2480.50	531.8	85.4

通过烧结机停机记录可以发现，停机时间大部分在 20min 以内。烧结机停机后，余热烟气温度越来越低，环冷机上停留的烧结矿能维持余热锅炉运行 20min 左右，之后因为烟气温度下降太快，余热锅炉就需要解列、汽机停机；当烧结机重新启动后，烟气温度升高，余热锅炉升温产汽、冲转至并网发电，此过程一般需要耗时 1.5h。总结几年来的运行经验，有以下几个方面值得注意：

（1）烧结工况波动势必影响余热系统。当烧结负荷降低时，由于烧结机速度低于设计值，往往产生“过烧”现象，烧结终点前移，使得环冷机入口矿温低于正常值，导致余热锅炉进气温度和流量都降低。当综合上料量为满负荷的 50% 时，通常还伴随着烧结主烟道烟气温度高，需通过调节风门或掺入冷风等手段降温，这些都会影响余热发电量。

（2）环冷鼓风机风量过大影响风温。当鼓风机风压风量过大，而环冷机上烧结矿量保持一定时，会导致换热后的风温比较低，不利于余热发电。特别是当烧结产量降低时，环冷机机速也会降低，若鼓风机风门开度仍保持正常，就会造成热风温度低。因此，当烧结负荷降低时，应关小鼓风机风门，甚至可以停开 1 台在热风取风口范围内的鼓风机。

（3）调整风门维持环冷机烟罩微负压。余热锅炉引风机的开度最好保证余热锅炉各取风口下的环冷机烟罩处于微负压状态。当风机开度过大时，环冷机烟罩与台车缝隙处的漏风也会导致烟气温度降低，影响余热利用效率。

（4）加强与烧结主控室的联系。鉴于余热利用系统与烧结主系统之间的从属关系，为确保余热系统稳定运行，必须加强与烧结主控室联系，及时掌握烧结工况变动，尽快作出反应。特别是当烧结生产线要减产或短暂停机检修时，提前得知就能做出相应调整，维持电站平稳运行。同时，可考虑引入部分烧结主控室的控制信号（如上料量、烧结终点位置及温度等），以便电站运行。

4.12　烧结环冷机密封和烟罩技术

余热发电是一项成熟技术，但实际应用中却出现了投资大、效率低的现象。究其原因，主要有两方面：一是废气没有很好地循环利用；二是系统漏风造成冷却机外排废气温度低，难于回收，余热利用效率低。

4.12.1 环冷机漏风的主要原因

经现场分析，环冷机漏风主要有以下四个方面的原因：

（1）底部漏风。现有鼓风式环冷机底部密封基本上均采用橡胶密封，橡胶板多采用耐磨橡胶，具有一定硬度和弹性。由于鼓风环冷机长期在高温、高粉尘环境下运行，密封板磨损较严重；其次，橡胶板有一定硬度，当其与台车梁底部或块料碰撞时易发生折断，从而导致漏风。

（2）栏板漏风。由于冷却机工作环境恶劣，台车栏板会产生不同程度的变形，形成缝隙，造成漏风。

（3）横梁漏风。卸料后及平时运动过程中，台车轮上的横梁与密封胶板接触不良，造成漏风，即三角梁处漏风。

（4）烟罩漏风。为防止运动的台车栏板碰撞烟罩，栏板与烟罩之间留有一定的间隙，从冷却机环型截面上来看，烟罩边沿距烧结矿也有一定的距离，当余热系统的引风机通过烟罩抽取烧结矿的热量时，大量的冷风就会从间隙处进入，影响烟气温度，降低发电量。

以上几处漏风中，（1）、（3）、（4）项比较严重，这也是所有环冷机遇到的共同问题，第（2）项由于涉及结构件变形和安装等因素，漏风或多或少。所以，治理环冷机漏风必须从这几个方面入手。

4.12.2 河北华通重工销齿传动水密封环冷机技术

新型销齿传动水密封环冷机为高效节能型产品，处于国际、国内领先水平，已获得国家8项专利。

以300m^{2}环冷机为例，使用该密封后，原配套的风机电机功率5台×630kW＝3150kW，使用该密封后，降低为5×160kW＝800kW，每年仅这一项所产生的经济效益为约1040万元。余热发电量较老环冷机吨矿提高8kW·h以上，即每年增加的经济效益为1900万元。具体优点如下。

4.12.2.1 新型销齿传动装置

新型销齿传动形式如图4-31所示。即硬齿面减速机+垂直式开式齿轮+链轮，链条采用新型整体制作而成，链条节距精确等分，保证了链条与整个回转体大盘的精确度，销齿传动使回转体运转更加平稳，各销轴使用寿命长，并且可在线检修更换，便于维护。

新型传动链轮结构解决了销齿与链轮脱齿困难的问题，使环冷机转动灵活。

4.12.2.2　新型环冷机台车

新型环冷机台车（见图4-32）卸料为后移式，张开尺寸约为900mm。

台车采取整体全面加工，保证台车内外圈弧面与回转体内外圈间隙紧凑。台车箅条为锥形缝隙，降低了堵塞率、提高了冷却效果，大大延长了台车的使用寿命，减小了风机功率，降低了运行成本。台车栏板为整体保温结构，保证此处无漏风现象，并大大提高余热发电效率。

图4-31　新型销齿传动形式

图4-32　新型环冷机台车

4.12.2.3　新型水密封

环冷机上部密封装置，用特殊的罩体密封并通过水密封装置与台车栏板上侧实现紧密密封，进而避免了大量的热气与灰尘从罩子的两侧吹出，保护传动装置，使传动装置的使用寿命更长，提高了环冷机周围的环境质量，降低了工人的清扫工作量。

下部密封是双层弹性密封，采用可以调节的新型双向联合弹性密封，大大降低了台车下部的漏风率。

新型环冷机在钢铁行业中的应用情况见表4-10。

表4-10　华通新型环冷机在钢铁行业中的应用情况

序号	单　位	投用时间	规格	数量
1	鞍山宝得钢铁有限公司	2015年11月	235m^2	1
2	河北东海钢铁集团有限公司	2015年12月	235m^2	5
3	新兴铸管股份有限公司	2016年5月	150m^2	1
4	连云港兴鑫钢铁有限公司	2016年9月	235m^2	1
5	扬州市秦邮特种金属材料有限公司	2017年8月	415m^2	1

续表 4-10

序号	单 位	投用时间	规格	数量
6	唐山港陆钢铁有限公司	2017 年 9 月	$235m^2$	2
7	石横特钢集团有限公司	2017 年 9 月	$280m^2$	1
8	邢台德龙钢铁有限公司	2017 年 11 月	$300m^2$	1
9	山西建龙实业有限公司	2017 年 10 月	$310m^2$	1
10	唐山新宝泰钢铁有限公司	2017 年 10 月	$240m^2$	1
11	唐山国义特种钢铁有限公司	2017 年 10 月	$360m^2$	1
12	建龙北满特殊钢有限责任公司	2017 年 9 月	$310m^2$	1

4.12.2.4 鞍山宝得 $235m^2$ 使用效果

鞍山宝得钢铁公司 $235m^2$ 环冷机（见图 4-33），于 2015 年 11 月使用华通新型销齿传动技术后，选用的 5 台风机（G4-73-NO-15D-132kW），在实际生产过程中只用 2~4 台，下料温度低于 90℃。并且环冷机Ⅰ区烟气温度达到 430℃左右，Ⅱ区烟气温度达到 310℃左右。回收环冷机Ⅰ区和Ⅱ区低温烟气以达到余热发电、节能减排等增效环保目的，吨烧结矿能发电 25~30kW·h。

图 4-33 鞍山宝得钢铁公司 $235m^2$ 新型环冷机

4.13 烧结矿余热竖罐式回收发电工艺

环冷机原始设计是基于烧结矿冷却，而非余热回收，因此，其存在着烧结矿余热部分回收、漏风率较高、热载体品质较低等难以克服的弊端。东北大学借鉴干熄焦中干熄炉结构与工艺，参考炼铁高炉的结构形式，提出了烧结矿余热竖罐式回收发电工艺。

4.13.1　竖罐式余热回收发电工艺流程

竖罐式回收发电工艺系统主要由冷却罐体、除尘装置、余热锅炉、汽轮机-发电机等4大部分组成（见图4-34）。

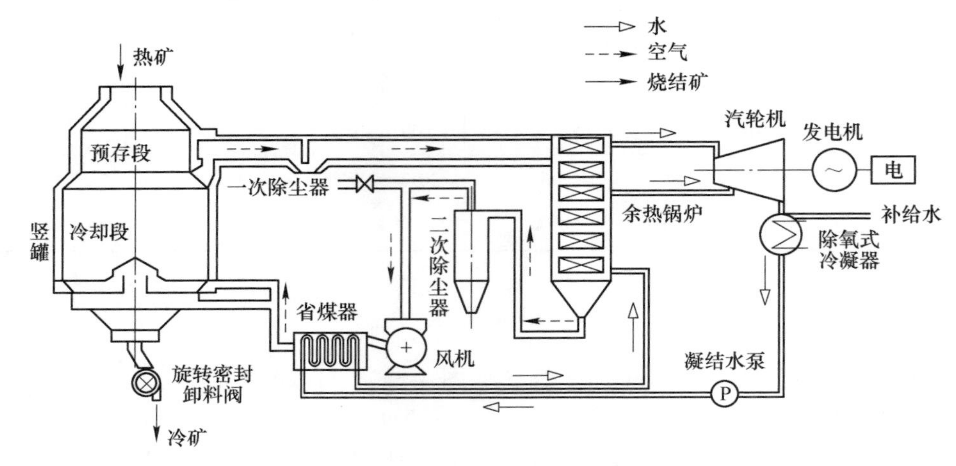

图4-34　烧结矿余热竖罐式回收发电系统示意图

来自烧结台车的炽热烧结矿经粉碎后由旋转倒料罐体接受，倒料罐体经电机车牵引至罐式冷却塔，然后由提升机将倒料罐体提升至塔顶；提升机挂着倒料罐体向冷却塔中心移动过程中，与装入装置连为一体的冷却罐体炉盖自动打开，装矿漏斗自动放到冷却塔上部，提升机放下的倒料罐体由罐体台接受，在提升机下降过程中，罐体底阀门自动打开，开始装入热烧结矿；装完后，提升机自动提起，罐体炉盖自动关闭。

热烧结矿进入冷却罐体内在预存段预存一段时间后，随着冷矿的不断排出下降到冷却段，在冷却段与循环气体进行热交换而冷却，再经旋转密封卸料阀等，然后经由专用皮带排出。冷却的循环气体在罐体内与烧结矿进行热交换后温度升高至500~550℃，经环形烟道排出，经过一次除尘后进入双压余热锅炉，依次经过高压过热器、高压蒸发器、低压过热器、高压省煤器、低压蒸发器、低压省煤器加热工质水，使冷却废气温度降低到110~150℃，排出的废气经二次除尘后由循环风机送入省煤器，然后重新循环至竖罐中。汽轮机排汽经除氧式冷凝器后进入省煤器预热之后进入余热锅炉的低压省煤器，低压省煤器出口的水分为两部分，一部分进入低压汽包，经低压蒸发器、汽包汽水分离后，蒸汽经低压过热器过热后作为补汽（200~260℃，0.3~1.1MPa）进入汽轮机；另一部分水经高压省煤器进入高压汽包，经高压蒸发器、汽包汽水分离后，蒸汽经高压过热器过热后作为主蒸汽（460~510℃，5~8MPa）进入汽轮机做功推动发电机发电。

4.13.2 竖罐结构形式

将冷却机变“穿行”为“静止”（与冷却风进出口装置之间静态连接），就从根源上避免了漏风的产生；变“卧式”为“立式”，就从根源上保证了热风即冷却废气的品质，从而有利于后续的余热利用。

4.13.2.1 竖罐结构形式确定依据

首先要保证完成罐内气固热交换充分。主要取决于气固热交换时间充足和气固接触充分两点。气固热交换时间主要取决于料层高度，气固接触充分主要取决于边缘效应、料层分布等。因此，竖罐的高度要保证充足的气固热交换时间，竖罐的横面积要保持克服边缘效应的影响。从克服边缘效应来考虑，圆形截面比其他形状的截面要好些。

其次要保证罐体实现密封式均匀进料、顺畅排料。进料结构可以借鉴炼铁高罐，如采用料钟结构，也可借鉴干熄罐的结构；排料结构较为成熟，可借鉴干熄罐结构，也可借鉴机械行业中比较成熟的旋转密封卸料阀等结构。

最后要保证罐体实现冷却风密封性，且保证出口热风即冷却废气温度的稳定性。气固接触时间一致是保证冷却废气温度稳定的必要条件。这一点，可借鉴干熄罐中预存段和冷却段的做法，即采用预存段来缓冲批次进料造成的料位波动，而冷却段内料位始终是满料位。

4.13.2.2 竖罐结构形式特点

整个竖罐可分为罐体、进排料系统、进排风系统等，如图 4-35 所示。罐体自上往下依次为加料装置、预存段、冷却风出口、冷却段、布风装置、卸料装置等。其中，预存段内料位随着一批料的加入伊始，料位达到上限，随着罐体下部的连续排料，料位不断下降，而后，随着下一批料的加入，料位达到下限后开始不断上升。而最低料位应在冷却风环形出口中心线以上的一段距离。此外，冷却风环形出口形式保证了气固接触时间的一致性。虽然预存段的料位有波动，但冷却风经过料层的高度一定。

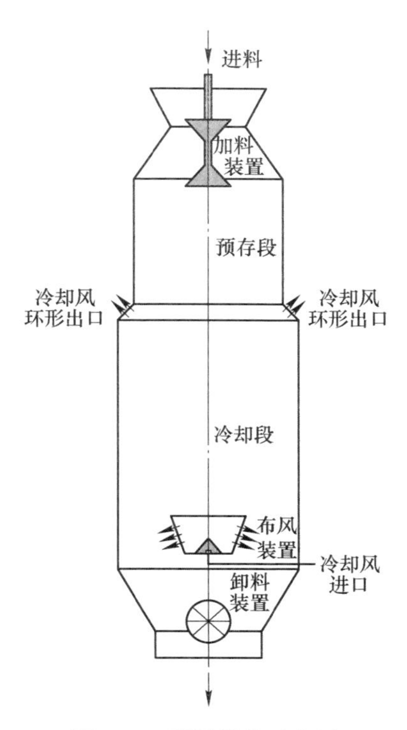

图 4-35 罐体结构示意图

4.13.3　烧结余热罐式回收利用工艺的结构特点

4.13.3.1　接料装置

旋转烧结矿罐体（简称旋转罐体）用来装运从烧结台车卸下的热烧结矿，并与其他设备配合，将热烧结矿送入冷却罐体内进行冷却。旋转罐体在接烧结矿过程中绕中心线旋转，可提高旋转罐体的装载系数，减轻罐体的质量，同时可解决粒度分布不均的问题。

4.13.3.2　冷却装置

冷却罐体为圆形截面，外壳用钢板及型钢制作，内衬隔热耐磨材料，罐顶设置环形水封槽。罐体上部为预存段，中间是斜道区，下部为冷却段。预存段的外围是斜道气流的环形气道，它沿圆周方向分两半汇合通向一次除尘器。预存段用于接收间歇装入的炽热烧结矿，具有缓冲功能，可补偿生产的波动；在冷却段，热烧结矿与低温循环气体进行热交换，经降温后排出；斜道区位于预存段与冷却段之间，从罐体底部供气装置进入的低温循环气体吸收热烧结矿的显热后经斜道及环形气道排出，进入余热锅炉进行换热。罐体顶部设有水槽封，可使罐顶密封并降温。水封槽与罐体顶盖相配合，防止粉尘外逸及空气漏入。罐体冷却底部设置有供气装置，均匀地给整个冷却罐体横断面供气。供气装置由风帽、十字风道、上锥斗和下锥斗组成，以保证沿罐体所有截面的烧结矿都被气体均匀冷却，提高冷却效率。

4.13.3.3　一次除尘

一次除尘器位于冷却罐体与余热锅炉之间。由于烧结矿经循环空气冷却后出罐体携带大量100μm以上的尘粒，由于重力作用能很快使其降落殆尽，因此一次除尘采用重力除尘，使大颗粒烧结矿从循环空气中分离出来，减少循环气体对余热锅炉的罐管产生的冲刷磨损，达到保护锅炉罐管的目的。一次除尘器外壳采用钢板焊制，内部砌筑高强度黏土砖以及隔热砖，填充部分隔热碎砖，砖与钢板之间铺有隔热纤维棉，除尘挡板用耐磨耐火材料砌筑而成，烧结颗粒随着循环气体接触到除尘挡板，下降到底部。

一次除尘装置顶部设置气体紧急放散装置，以备锅炉爆管时紧急放散蒸气。二次除尘采用立式多管旋风分离除尘，将循环气体系统中小颗粒烧结矿粒进行分离达到气体循环风机的作用。由于离心力比重力大几百倍，甚至上千倍，因而离心式除尘器比重力除尘器可分离更小的尘粒。二次除尘器出口粉尘质量小于1g/m^3。

4.13.3.4 余热锅炉

由于余热烟气及粉尘的成分、特性等与燃料燃烧所产生的烟气有着显著的差异，并且各种工业罐罐所排出的烟气也不尽相同，因而所设计的余热锅炉也必然各有其特点，在结构上也有一定的区别。烧结罐式冷却发电系统采用直通式双压余热锅炉和补汽凝汽式汽轮发电机组成。其结构示意图如图 4-36 所示。

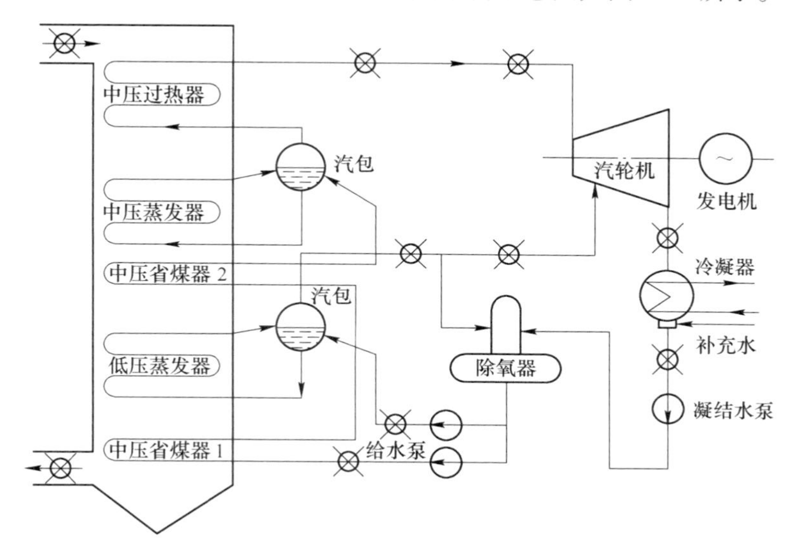

图 4-36 竖罐式回收工艺余热锅炉示意图

由图 4-36 可知，从冷却罐体出来的冷却废气经一次除尘后进入余热锅炉，在余热锅炉中，热空气经中压过热器、中压蒸发器、中压省煤器、低压蒸发器加热工质水，使热空气温度降低到 100~150℃，排出的循环废气送入循环风机。经给水预热器进入余热锅炉的补水（温度在 60~90℃），与冷凝水经凝结水泵送入除氧器，除氧后一部分进入低压汽包，汽液分离后低压蒸气作为补汽进入汽轮机，液体水进入低压蒸发器进行加热；另一部分除氧水经中压省煤器 1 与中压省煤器 2 进入中压汽包，饱和蒸汽经中压过热器加热成为中压蒸气进入汽轮机做功，汽包中分离水进入中压蒸发器进行吸热汽化。

4.13.4 竖罐式回收利用工艺流程的优点及节能分析

竖罐式余热回收利用技术已在干熄焦工艺中得到较成熟的应用，其在降低污染、回收冷却废气进行余热发电、降低生产成本、改善焦炭质量等方面明显优于其他冷却方式。借鉴 CDQ 技术并结合现行烧结矿冷却方式对比分析竖罐式余热回收利用技术的优点有：

（1）冷却设备漏风率较低，粉尘排放量明显减少。冷却罐体采用密闭的腔室对物料进行冷却，冷却气体在罐体内循环流动，罐体顶部设有水封槽等密封装置，罐体底部采用旋转密封阀等装置，良好的气密性使其漏风率接近于0。同时由于冷却气体在密封罐体内对物料进行冷却，罐体采用定位接矿，粉尘易得到控制。

（2）气固换热效率、热废气品位高，有利于提高余热利用率。竖罐式余热回收过程中冷却空气从冷却器下部的布风板送入，上部抽出，实现逆向换热，换热效率对比叉流换热和顺流换热较高。且由于料层高度明显提高，并采用布料料钟，可很好地解决料层偏析现象，也使散热床换热效率有较大的提高。此外，罐式冷却机的逆向换热方式使得废气温度趋于稳定，全面提高了回收物料显热的质量，同时冷却废气除尘后经循环风机进入罐体，提高了进入罐体的气体温度，使得冷却机出口热废气温度保持较高的水平。

竖罐式余热回收方式占地面积较小，可配套先进的检测装置，便于对热废气流量进行反馈调节，从而有效减少热废气温度的波动。此外，罐式冷却由于预存段的存在，可以保证进入余热锅炉的烟气量处于一个稳定范围。热废气参数的稳定使得与之配套的余热锅炉运行稳定，余热利用率大大提高。

（3）冷却物料品质得到明显提高。以烧结矿为例，竖罐式余热回收方式设有预存段，其保温作用使烧结矿的转鼓强度、成品率、烧结矿冶金性能等方面比传统冷却机都有所提高。分析其原因：矿相组成方面，首先这种冷却制度的烧结矿的微观结构比较致密、气孔率很少，对成品率提高很有利；另外熔融形的磁铁矿和针状铁酸钙所形成的熔融结构也极有利于改善其成品率；同时烧结矿预存段进行温度均匀化和残存挥发分析出过程，因而经过预存段，烧结矿成熟度得到进一步的提高，生矿基本消除；其次在冷却塔内向下流动过程中，烧结矿受机械力作用，脆弱部分及生矿部分得以筛除，成品率得到提高。烧结矿在向下流动过程中，采用热风冷却后，烧结液相冷却速度变缓，玻璃相相应减少，内应力得到释放，烧结矿质量更加均匀。

（4）经济回收效果明显。以国内某360m^2大型烧结机为例，进行节能效益概算分析可知，竖罐式余热回收方式热回收率可达80%，比传统环冷机或带冷机热回收率高出40%，多回收热量1.34×10^8kJ/h，折合煤4591.0kg/h。

综上所述，竖罐式余热回收利用方式较冷却机具有明显优点，有利于钢铁企业的发展。虽然该方式存在着投资大、设备机型大、制造难、运行时间长、运行费用高、故障多、生产保证差、安全保证难度大、除尘系统要求高等问题。但随着国产技术的发展，设备国产化比例进一步增加以及国际能源价格的不断攀升，环境保护要求不断严格，竖罐式余热回收利用方式的优点将进一步体现。

4.13.5 竖罐式余热回收利用关键问题的研究

作为烧结矿余热回收利用的探讨途径之一，烧结矿余热竖罐式回收利用方式必然要历经理论上的论证与实践上的长期考验。总之，竖罐式余热回收利用必须考虑以下两个问题。

4.13.5.1 阻力特性问题

冷却风自罐体下部流入，而后与料层进行热量交换。气固充分接触是保证气固进行充分热量交换的必要条件。气固接触充分的前提之一就是气体流经料层的阻力不能过大，否则，过高的料层阻力损失造成罐式回收的经济性能难以保证，甚至造成气流难以通过料层。影响气流阻力特性最为主要的因素有料层空隙率与冷却风量。同干熄焦中的焦炭相比，烧结矿粒度大小分布比较复杂，尤其是小于5mm的粉料较多，因此，烧结矿层的空隙率要比焦炭的空隙率要小。研究结果表明，将来实际生产中，罐体内烧结矿层的表观流速约为1~2m/s，单位料层高压力损失范围为1.2~2.8kPa。这一结果表明，冷却风量不能过大，罐体内冷却段的高度也不能过大。以360m^2烧结为例，可采用1~2个冷却竖罐与其配套，罐体冷却段的高度不宜超过3~4m（与罐体冷却段横截面积联合考虑），此时，鼓风机的全压控制在15kPa以内。

4.13.5.2 罐体内气固传热问题

这个问题与流动问题即阻力问题密不可分。实质上，通过气固传热过程的研究，探讨罐体内气固传热基本规律，研究罐体烧结矿冷却能力、出口热风即冷却废气流量、温度等与罐体冷却段高度等结构参数之间的关系，而冷却废气的流量与温度又决定了后续余热利用的基本情况。因此，通过传热问题的研究，同时结合后续的余热发电等利用技术，确定冷却废气适宜的流量与温度范围，从而确定罐体的烧结矿结构参数。当然，这个问题还要考虑气流的阻力。关于这个问题，东北大学董辉教授及研究小组成员，初步开展了相关的试验与模拟。研究结果表明，针对国内某360m^2烧结机，配套单罐体，单罐生产能力为464t/h，料层高度5~7m时比较合适，此时的气料比约为1526m^3/t；配套双罐体，单罐生产能力为232t/h，料层高度4~6m时比较合适，此时的气料比约为1409m^3/t。

4.13.6 天丰钢铁公司烧结竖冷窑余热发电实践

天津天丰钢铁公司率先采用竖冷窑余热回收发电技术（见图4-37），使自发电率提高到78%左右，达到行业领先水平，加快了升级改造步伐，保持了快速发展势头，为推动行业绿色转型发展做出了表率。为此，《世界金属导报》就其余热余能的回收利用进行专题报道，以将其先进技术和成功经验推广和分享给业内其他企业，推进钢铁行业的转型升级发展。

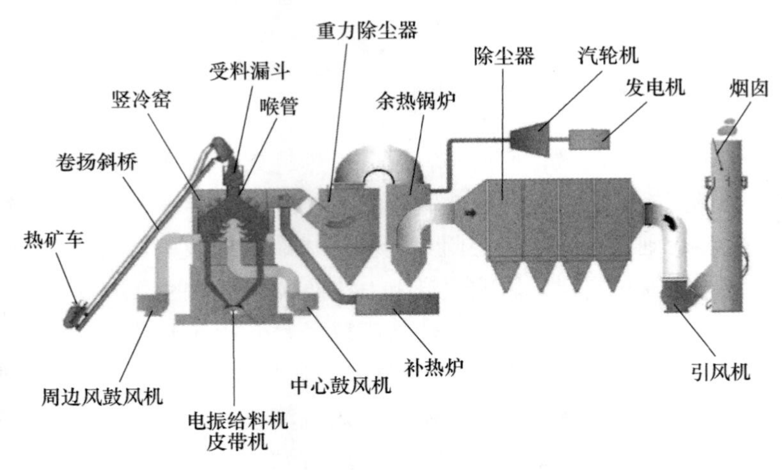

图 4-37 竖冷窑烧结余热回收及利用工艺流程图

4.13.6.1 天丰竖冷窑余热回收工艺及创新

2013 年天津天丰钢铁股份有限公司对 150m^{2}步进式烧结机进行了改造，制定了开发烧结矿竖冷窑显热高效回收发电的项目立项。该项目分为三大部分：

（1）将原来 150m^{2}步进式烧结机的冷却部分改为烧结二段，使整台烧结机烧结面积扩大到 270m^2。

（2）建设竖冷窑，对烧结矿进行冷却的同时回收显热。

（3）建设余热回收 10MW 凝汽式汽轮机发电机组。

烧结机改造部分、竖冷窑部分、10MW 锅炉汽轮机发电部分分别由北京明诚设计院、中冶东方工程技术公司、天津中材节能股份公司设计。该项目 2014 年 3 月试车，试车情况不理想。经过多次改造，2014 年 8 月竖冷窑系统投入生产；但是由于烟气温度低，热电系统没投产。后经多次改造于 2015 年 3 月，10MW 发电机组顺利实现并网发电，系统运行平稳，基本实现连续、稳定发电，目前日均发电达 20 万千瓦时以上。天丰钢铁在三年多的时间里进行了 19 次以上的改造和技术创新，形成了烧结机改造+竖冷窑显热回收+燃气补热+汽轮机（发电）机组集成的系统技术和成套设备。天丰钢铁烧结矿竖冷窑及显热回收系统主要经济指标（见表 4-11）和主要技术创新点如下。

表 4-11 主要技术经济指标

序号	项目		数值
1	烧结机	成品烧结矿日产量/t	7500
2		成品烧结矿小时产量/t	312
3		烧结矿卸料温度/℃	500~600
4	竖冷窑系统	烧结矿日冷却量/t	8000
5		烧结矿小时冷却量/t	330
6	竖冷窑供风系统	冷却风量/$\times10^4m^3\cdot h^{-1}$	36
7	竖冷窑出口高温气体	温度/℃	400~500
8		风量/$\times10^4m^3\cdot h^{-1}$	工况 80
9	锅炉出口（低温）烟气温度/℃		<140
10	补热罐煤气量/m^3		<20000
11	汽轮发电机组（利用中压蒸汽）	10MW 凝汽式机组/台	1
12		小时平均发电量/kW·h	9800
13		年发电量/$\times10^4$kW·h	7762
14	ORC 发电机组（利用低压蒸汽）	600kW 螺杆机组/台	1
15	系统年工作时间/h		7920

（1）烧结矿竖冷窑冷却工艺及显热回收技术创新。烧结矿竖冷窑冷却工艺及显热回收技术是一种全新的烧结矿密闭冷却工艺。它将经过热破碎的烧结矿通过送料小车装入密闭的竖式窑膛内，采用大容量窑膛、小气料比冷却、通过延长冷却时间换取较高热风温度的工艺技术理念。解决了传统冷却工艺漏风率高、维护量大、余热回收效率低的难题，实现了烧结矿显热的高效极限回收。

（2）成套工艺设备创新。为实现上述新型工艺，按照简单、实用、可靠的指导思想，开发设计了一整套全新的工艺技术设备：保温耐磨竖窑式窑膛、窑顶料仓喉管自密封装料系统设备，大容量高温耐磨隔热型料车及其卷扬上料系统设备等。

（3）多下料口交替排料技术创新。为避免出现“鼠洞”料流造成未完全冷却的烧结矿料提前排料，使窑膛内各部位烧结矿料不会出现死料区，采用“多下料口交替排料”技术，对窑膛内烧结矿料的流动实施有效控制，使各部位烧结矿料达到交替下降的效果，实现了烧结矿均匀顺畅的排料。

该技术可使烧结矿料得到均匀冷却，也是烧结矿显热高效“取热”的重要技术措施，对于提高余热回收效率具有重要意义。

（4）在线燃气补热工艺设备技术创新。为避免蒸汽量不足造成汽轮机被迫停机情况的出现，采用了在线补热系统。当烧结机正常生产时，采用小功率补热，调节高温气体温度的相对稳定性，保证稳定的蒸汽产量；当烧结机短期检修或烧结矿温度较低时，采用大功率补热，以满足汽轮机稳定运行（不停机）的最低蒸汽量要求。

在线补热罐是一座小型热风罐，通过燃烧高罐煤气等燃料产生高温烟气，补充到竖冷窑出口的热风系统中，以保证进入锅炉的热风温度相对稳定。在线补热罐采用连续补热制度，也避免了补热罐频繁起停带来的操作不便和安全隐患，同时保证补热罐寿命。

（5）废气循环利用技术创新。竖冷窑出风口的热风，经余热锅炉换热后变成 120~140℃左右的低温热风，经二次除尘净化后达标排放。为进一步提高余热回收效率，减少废气达标净化处理量，设计将初步净化后的部分低温热风，加压回送到竖冷窑供风口进行烧结矿冷却风循环利用，使得供入竖冷窑的冷却风平均温度提高 30~50℃，在不影响烧结矿冷却效果的前提下，提高竖冷窑出口热风的平均温度 30~50℃。

4.13.6.2 天丰竖窑余热回收效益分析

经运行实测，竖冷窑系统 10MW 发电机组平均日发电 20.68×10^4kW · h，ORC 发电 4500kW · h，合计 21.13×10^4kW · h；吨烧结矿余热发电量 27kW · h；

烧结机年工作时间按 330 天计算，年余热发电量：

$$7250\text{t/d} \times 27\text{kW·h/t} \times 330\text{d} = 6460 \times 10^4\text{kW·h}$$

年余热回收发电效益：

$$6460 \times 10^4\text{kW·h} \times 0.64\ \text{元/kW·h} = 4134\ \text{万元}$$

余热发电量按等价折算，年节约标煤量：

$$6460 \times 10^4\text{kW·h} \times 0.1229\text{kgce/kW·h} \div 1000 = 0.7939 \times 10^4\text{tce}$$

年减少二氧化碳排放（1t 标煤节约 2.493t 二氧化碳）：

$$0.7939 \times 10^4\text{tce} \times 2.493\text{t}-\text{CO}_2/\text{tce} = 1.98 \times 10^4\text{t}-\text{CO}_2$$

天丰钢铁采用该工艺技术，彻底避免了传统冷却工艺漏风率大的缺陷，基本没有漏风；需要的冷却风量比传统环冷工艺减少 50%以上；废气的无组织排放得到解决，吨烧结矿粉尘排放量减少 74~112g；实现吨烧结矿净发电 27kW · h，年余热发电 6460×10^4kW · h，年余热回收发电效益 4134 万元，年节约标煤 0.7939 万吨，年减排二氧化碳 1.98 万吨，经济效益、环境效益和社会效益显著。

整个“烧结矿竖冷窑冷却及显热高效回收发电工艺技术和成套设备开发”项目于 2016 年 5 月通过天津市科学技术成果鉴定；2016 年 7 月通过中国金属学会技术评审，评审委员会给予“国际领先”的高度评价。

参 考 文 献

［1］常弘，梁凯，刘靖宇，等．我国烧结余热回收技术发展概述［C］//第八届全国能源与热工学术年会文集．2015：570~573.

［2］陈瑾瑜，马忠民．我国烧结余热发电现状及发展建议［J］．冶金动力，2015（3）：67~60.

［3］范晓慧，甘敏，陈许玲，等．烟气循环烧结技术的研究现状［C］//2015年度全国烧结球团技术交流年会论文集．2015：100~103.

［4］范振宇，胡林，陈慧艳，等．烟气循环烧结工艺极限循环风量研究［C］//2017年全国烧结球团技术交流会论文集．2017：70~74.

［5］于恒，王海风，张春霞．铁矿烧结烟气循环工艺优缺点分析［J］．烧结球团，2014（1）：51~55.

［6］赵俊花，焦光武，宋福亮，等．360m^2烧结机大烟道废热资源利用研究与实践［C］//2016年度全国烧结球团技术交流年会论文集．2016：148~151.

［7］刘文全．烧结烟气循环技术创新和应用［J］．山东冶金，2014（3）：5~7.

［8］王毅，何张陈，颜学宏．烧结冷却余热发电系统的热力学模型及主蒸汽参数的优化选择［J］．烧结球团，2011（3）：54~58.

［9］李冬庆．烧结冷却机余热发电系统及其关键技术［J］．烧结球团，2010（6）：5~7.

［10］卢红军，姜丽秋，陈彪，等．烧结热余发电技术在我国的发展状况［J］．烧结球团，2010（4）：6~8.

［11］赵斌，张尉然，路晓雯，等．烧结余热集成回收与梯级利用发电技术研究［J］．烧结球团，2009（4）：1~4.

［12］蔡九菊，董辉，杜涛，等．烧结过程余热资源分级回收与梯级利用研究［J］．钢铁，2011（4）：88~92.

［13］王绍运，邓传如，齐温圣．日钢2×360m^2烧结机余热发电系统及生产［J］．烧结球团，2011（5）：48~51.

［14］张进坤，杨继刚．莱钢400m^2烧结机提高余热发电量的改造［J］．烧结球团，2015（3）：14~16.

［15］沈永兵，高杨．环冷机烟气余热综合利用系统［J］．烧结球团，2013（3）：56~58.

［16］董辉，李磊，蔡九菊，等．烧结矿余热竖罐式回收利用工艺流程［J］．中国冶金，2012（1）：6~10.

［17］董辉，冯军胜，蔡九菊，等．烧结过程余热资源回收利用技术进步与展望［J］．钢铁，2014（9）：1~9.

［18］路俊萍，王市均．国内首创烧结竖冷窑及显热回收发电工艺技术及成套设备［N］．世界金属导报，2017-4-20.

［19］倪明德．烧结矿竖冷窑显热回收发电技术及成套设备的发展与展望［EB］．第十五届全国烧结球团设备技术交流会，2017.

5 烧结烟气治理

【本章提要】

本章概括地介绍烧结烟气污染物排放形势、现状及要求，脱硫、脱硝工艺原理和流程，工艺形式和设备性能，效果及控制措施，以及发展趋势。

由于我国钢铁行业装备水平参差不齐，节能环保投入历史欠账较多，不少企业还没有做到污染物全面稳定达标排放，节能环保设施有待进一步升级改造。吨钢能源消耗、污染物排放量虽逐年下降，但难以抵消因钢铁产量增长导致的能源消耗和污染物总量增加。特别是京、津、冀、长三角等钢铁产能集聚区，环境承载能力已达到极限，绿色可持续发展刻不容缓。

5.1 我国烧结烟气污染物排放形势、标准推进及减排技术

我国钢铁生产以高炉—转炉“长流程”为主，转炉钢比例为90%。自1996年以来我国钢铁产量一直居于世界首位。随着钢铁工业的发展，对烧结矿的需求量日益增加，烧结烟气污染物的排放量也逐年增加。

5.1.1 我国烧结烟气污染物排放形势

5.1.1.1 烟（粉）尘的排放形势

烧结工序是钢铁工业烟（粉）尘最大的排放源。2009年我国重点钢铁企业烟（粉）尘排放量约52.5万吨，其中烧结工序排放约20.5万吨，占比39%。2010年钢铁工业协会统计的钢铁企业烟（粉）尘排放量为52万吨，其中烧结工序排放21.7万吨，占比41.7%。2011年，我国钢铁行业烟（粉）尘排放46.3万吨，烧结工序排放16.5万吨，占比35.6%。2015年烟（粉）尘排放量为72.4万吨，较2012年增加12.3万吨，增幅20.5%。图5-1是2012~2015年我国全国、工业及调研的钢铁企业烟（粉）尘排放量变化。总体形势表明我国烟（粉）尘的治理形势依然严峻。

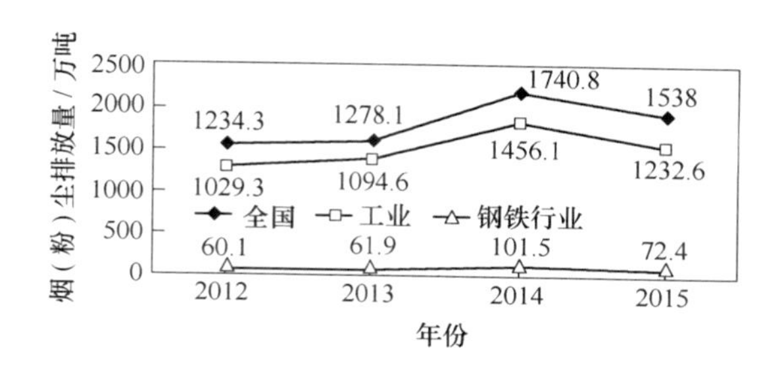

图 5-1 我国烟（粉）尘排放量变化

5.1.1.2 SO_2 的排放形势

2008 年工信部统计显示我国重点钢铁企业 SO_2 排放量约 110 万吨，其中烧结工序占比 72.73%。2009 年钢铁工业环境保护协会统计的钢铁企业 SO_2 排放量为 78 万吨，其中烧结工序占比 79.42%。闫晓淼指出，2012 年我国钢铁行业 SO_2 排放 240.6 万吨，烧结工序排放 144 万吨，占比 60%。2015 年钢铁行业 SO_2 排放量为 136.8 万吨，较 2012 年减少 63.2 万吨，降幅 31.6%。图 5-2 是 2012~2015 年我国全国、工业及调研的钢铁企业 SO_2 排放量变化。总体态势表明，目前我国对 SO_2 的治理已取得一定成效。

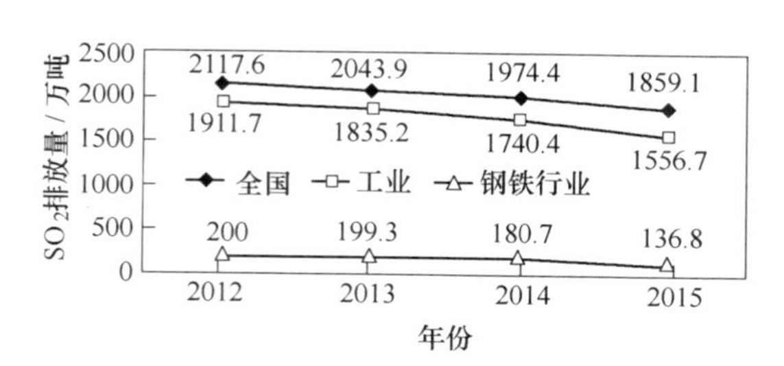

图 5-2 我国钢铁行业 SO_2 排放量变化

5.1.1.3 NO_x 的排放形势

2010 年我国钢铁行业 NO_x 排放量为 93.1 万吨，其中烧结工序排放 51 万吨左右，占比 54.66%。闫晓淼指出，2012 年我国钢铁行业 NO_x 排放 97.2 万吨，烧结工序排放 47 万吨，占比 50%。图 5-3 是 2012~2015 年我国全国、工业及调研的钢铁企业 NO_x 排放量变化。由图 5-3 可知，我国对 NO_x 的治理已取得一定成效，但钢铁行业 NO_x 的治理则非常有限。

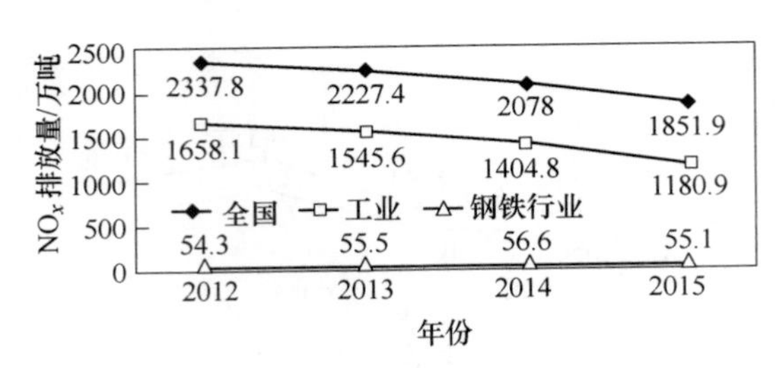

图 5-3　我国钢铁行业 NO_x 排放量变化

5.1.1.4　二噁英的排放形势

2004 年我国二噁英排放总量为 10237.03g-TEQ，其中铁矿石烧结二噁英的排放量为 1523.4g-TEQ，排入大气 1522.5g-TEQ，占整个钢铁行业二噁英大气排放量的 91%。图 5-4 是 2004 年我国二噁英重点控制行业二噁英大气排放量。闫晓淼指出，截至 2015 年底，我国烧结脱硫设施面积已由 $2.9\times10^4m^2$ 增加到 $13.8\times10^4m^2$，安装率由 19%增加到 88%。2005 年我国钢铁行业二噁英大气排放量为 1850g-TEQ，其中烧结工序排放 1665g-TEQ，占比为 90%。

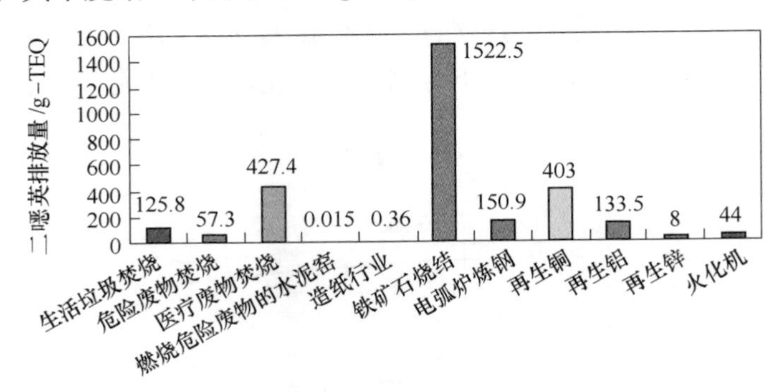

图 5-4　2004 年我国二噁英重点控制行业二噁英大气排放量

5.1.2　我国钢铁烧结环保标准推进历程

1985 年，为贯彻执行《中华人民共和国环境保护法（试行）》，防治钢铁工业废气、废水对环境的污染，国家环境保护局发布了《钢铁工业污染物排放标准》（GB 4911—1985），排放标准列出了钢铁生产流程中主要污染工序和设备，规定了不同时段执行不同排放标准，新建企业执行更为严格的标准，首次规定了烧结机头粉尘的排放限值。

1996 年国家环境保护局批准的《工业窑炉大气污染物排放标准》（GB 9078—1996）对烧结粉尘排放限值提出了更高的要求，并首次增加了 SO_2 和氟化物的排放限值。《工业炉窑大气污染物排放标准》(GB 9078—1996) 的推行对于增强烧结烟气污染物排放的管理，加快烧结粉尘和 SO_2 的治理进程具有重要意义。

2012 年 10 月 1 日，国家颁布执行《钢铁烧结、球团工业大气污染物排放标准》(GB 28662—2012)，对原有标准中涉及的烧结污染物提高了限值标准，并首次增加了关于烧结 NO_x 和二噁英的排放限值。GB 28662—2012 对污染物监测的频次、采样时间等均有要求，包括污染物浓度测定方法标准名称及编号等内容。与原标准（GB 9078—1996）相比，新标准主要有三方面的改善：

（1）新标准依据烧结生产排放的特征污染物进行制定，更具针对性。

（2）增加 NO_x 和二噁英的排放限值，增加污染物种类覆盖面，并提高原有污染物限值标准。

（3）划分特别排放限值地域，执行更严标准。

表 5-1 是我国不同时期与烧结相关环保标准中规定的污染物排放限值。

表 5-1 不同时期烧结相关环保标准污染物排放限值

污染物	排放标准		
	GB 4911—1985	GB 9078—1996	GB 28662—2012
粉尘/mg · m^{-3}	150	100~150	50
SO_2/mg · m^{-3}	—	2000~2860	200
NO_x/mg · m^{-3}	—	—	300
氟化物/mg · m^{-3}	—	6~15	4.0
二噁英/(ng-TEQ) · m^{-3}	—	—	0.5

从 GB 28662—2012 的颁布实施可以看出，随着人们对烧结烟气污染认识的不断深入，对烧结烟气污染物的治理开始区别于其他行业，并对以往重视程度不够的 NO_x 和二噁英提出了严格的排放限值。表 5-2 是我国目前烧结环保标准与世界其他发达国家和地区烧结环保标准的比较，从表 5-2 中可以看出，我国制定的标准与日本和韩国在某些方面仍存在一定差距，而较欧洲严格。随着我国经济水平和人们环保意识的不断提高，未来我国对烧结烟气污染物的治理将更加严格。

表 5-2 国内外烧结烟气污染物排放标准对比

污染物	欧洲	日本	韩国	中国（GB 28662—2012）
粉尘/mg · m^{-3}	50	—	30	50
SO_2/mg · m^{-3}	500	260	130	200

续表 5-2

污染物	欧洲	日本	韩国	中国（GB 28662—2012）
NO_x/mg · m^{-3}	400	300	120	300
二噁英/(ng-TEQ) · m^{-3}	0.4	0.1	0.5	0.5
氟化物/mg · m^{-3}	5.0	—	3.0	4.0

5.1.3　烧结污染物减排技术分析

5.1.3.1　SO_2 的减排

（1）源头削减。源头削减是通过使用含硫较低的原料，减少硫的带入。欧洲钢铁企业通过严格控制烧结原料含硫量，达到 SO_2 排放小于 500mg/m^3，处理后排放浓度小于 100mg/m^3。国内企业烧结生产原料相对固定，较难通过此种方法减少 SO_2 排放。

（2）过程控制。过程控制是通过改变烧结生产操作来减少 SO_2 排放。原料结构一定时烟气中 SO_2的生成主要受烧结温度、时间、空气过剩系数、焦粉粒度等影响。随着烧结温度升高、加热时间延长、氧浓度提高和焦粉粒度减小，SO_2 浓度迅速升高。温度过高反而对混合料中硫的分解不利，较适宜的温度应低于 1200℃。过程控制 SO_2 排放不应对烧结矿质量产生较大影响；SO_2 减排后硫以化合物形式进入高炉，不应影响高炉的正常生产。

（3）末端治理。末端治理是通过脱硫设备减少 SO_2 排放的方法。目前国内外均呈现多种脱硫工艺并存的态势。近年来我国烧结脱硫发展较快，脱硫技术种类较多，且以末端治理为主。

5.1.3.2　NO_x 的减排

（1）源头削减。烧结产生的 NO_x 90%以上由燃烧产生，控制燃料氮含量可有效减少 NO_x 排放。最直接的方法是选用含氮较低的焦粉，但会增加选煤难度。一方面含氮较低焦粉供给量远达不到烧结需求；另外此类焦粉价格较高，将增加烧结成本。

NO_x 的脱除与烧结温度、料层厚度、混合料粒度及碱度等有关。减小矿石粒度、提高料层厚度及提高碱度均有利于脱氮反应。烧结前对上层混合料进行预热，也可降低 NO_x 排放。研究表明，烧结混合料中加入含钙化合物和碳氢化合物可降低 NO_x 的生成。

（2）过程控制。通过控制烧结工艺参数可有效降低 NO_x 排放。控制方法主要有低氮、低氧及分级燃烧法，以及烟气循环法（FGR）等。烧结过程需要一定温度和氧浓度，为确保烧结矿质量，一般不采用低氮、低氧和分级燃烧法，宜采用烟气循环法。烟气循环是将部分烧结烟气返回料层，使其中的 SO_2 和 NO_x 等被料层分解、转化和吸附。典型烧结烟气循环法有 EOS、LEEP 和 EPOSINT。

（3）末端治理。当源头和过程治理不能有效控制 NO_x 排放时，末端治理就显得尤为重要。目前已实现应用的烧结脱硝技术有活性炭法与 SCR 法。催化氧化工艺没有工业应用案例，但已引起业内关注。三种脱硝方法比较见表 5-3。

表 5-3 烧结脱硝技术比较

项　目	活性炭法	SCR 法	催化氧化工艺
主要应用企业	日本新日铁、韩国 POSCO 中国宝钢、太钢	中国台湾中钢、韩国 POSCO	—
脱硝效率/%	30~50	80~90	20~60
系统复杂程度	复杂	较复杂	简单
日常维护量	大	—	中
建设成本（包括脱硫能力）	1	1.2	~0.4
运行成本（包括脱硫能力）	1	1.4	0.9
固体废物	碎活性炭	少量废催化剂	硝酸钙等副产物
废水	少量	无	无
烧结烟气对工艺的影响	烟气中粉尘易致活性炭堵塞，造成活性下降或使用量增加	烟气中碱、重金属离子易使催化剂中毒，导致效率下降	烟气 NO_x 的波动增加脱硝剂喷入量的控制难度
适用性	适用于新建烧结机时配套建设	适用于已建脱硫设施的现有烧结机增设脱硝功能	适用于已建循环流化床脱硫设施的现有烧结机增设脱硝功能

5.1.3.3 二噁英的减排

（1）源头削减。氯是烧结二噁英形成的重要因素，采用低氯原料可减少其形成。除尘灰和轧钢铁皮常作为返回料使用，含氯相对较高，通过减少二者添加比例，可降低氯的带入；铜元素可催化形成二噁英，选用低铜矿石也可减少二噁英；烧结返回料杂质含量高，通过洗涤或分选可减少氯元素和铜元素的带入。

（2）过程控制。通过改进料层条件，可减少二噁英再合成物和其他前驱化合物的产生。如料层中添加含氮反应物，如尿素等，可明显降低二噁英浓度。此外，烟气循环对二噁英也有抑制作用。国外对尿素等添加剂减排烧结二噁英进行过一些研究，但该法对烧结工艺的影响及抑制机理的研究不够深入。安徽工业大学龙红明教授对该法进行了深入研究，结果表明，正常烧结生产时向混合料中添加0.05% 尿素，二噁英排放浓度由 0.777ng-TEQ/m^3 降至 0.287ng-TEQ/m^3，减少63%，效果明显。

循环烟气中的二噁英可通过燃烧层的高温分解去除。不同循环工艺二噁英减排情况如表5-4所示。由表可知，LEEP 减排量可达90%，其次是 EOS（70%），EPOSINT 最低（30%）。

表 5-4　烧结烟气循环工艺二噁英减排比较

循环工艺	二噁英排放浓度		减排量/%
	循环前	循环后	
EOS 工艺	2μg/t	0.6μg/t	70
LEEP 工艺	1.5ng/m^3	0.3ng/m^3	90
EPOSINT 工艺	—	—	30

循环烟气中的其他因素也会影响二噁英排放。研究表明，循环烟气中水蒸气增加或 O_2 浓度降至17%以下，可抑制残余碳粒生成，减少二噁英排放。YU Yong-mei 等指出，适量降低循环烟气中 O_2 浓度可减少二噁英排放；高温循环烟气会促进二噁英产生。

（3）末端治理。目前烧结二噁英减排主要是通过末端治理，即基于活性炭、焦炭、褐煤等的物理吸附及基于布袋除尘的过滤技术。通常选用活性炭加布袋除尘的方式，该法简单、高效，同时对 SO_2、NO_x 等也具有脱除效果。其他还有催化降解法和 UV/O 氧化技术等。这些方法虽具有一定效果，但也有一些问题。有些原理上可行，但工程复杂；有些仅为二噁英的物理转移，产生二次污染；有些资金投入大，运行成本高等。

5.2　国内烧结机烟气脱硫装置运行现状分析

我国钢铁行业烧结烟气脱硫成为继火力发电机组烟气脱硫之后 SO_2 排放控制的重点，国内烧结机烟气治理可追溯到20世纪50年代，当时包钢从苏联引进喷淋塔除氟脱硫工艺，在脱氟同时可脱除30%的 SO_2，但真正意义上的烧结机脱硫始于2005年。

现在已经应用于烧结烟气脱硫技术达十几种，按脱硫过程是否加水和脱硫产物的干湿形态，可分为湿法、半干法、干法三类脱硫工艺，其中湿法工艺主要有石灰石-石膏法、氨法、双碱法、氧化镁法，半干法工艺主要有循环流化床法（CFB）、旋转喷雾干燥法（SDA），干法工艺主要有活性炭。

我国烧结机烟气脱硫规模发展迅速，2010年底，我国已建成及在建的烧结烟气脱硫装置有220套，总面积为$1.95×10^4m^2$；2012年底，脱硫装置增加至389套，烧结机总面积为$6.32×10^4m^2$。截至2015年底，我国烧结脱硫设施面积增加到$13.8×10^4m^2$，安装率增加到88%。图5-5是2012年底不同的脱硫工艺在各省份的投运数量。

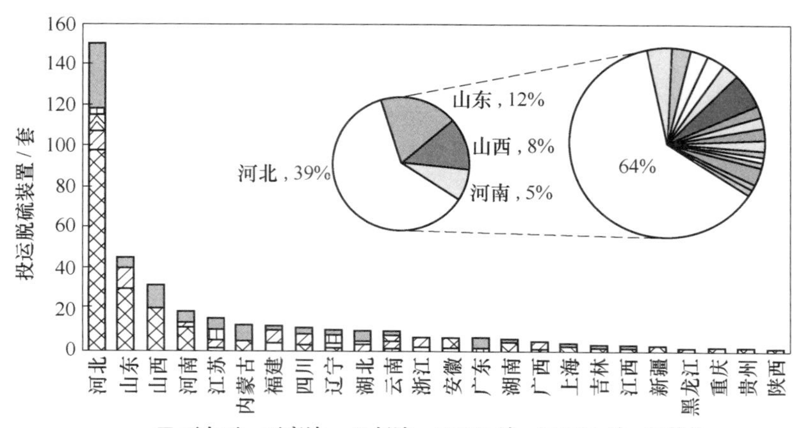

图5-5 2012年钢铁烧结烟气脱硫装置在全国各省分布

由图5-5可见，河北省钢铁烧结烟气脱硫装置投运最多，为151套，占全国投运脱硫装置的39%；其次分别为山东47套、山西33套和河南20套；以上4个省份投运脱硫装置占全国总脱硫装置的64%。从脱硫工艺的分布看，河北选用石灰石-石膏法最多，有99套，其次有氨法、CFB法和SDA法。石灰石-石膏法在山东、山西及河南也应用最多，均占各省份投运脱硫装置的60%以上。以上4个省份中，主要的脱硫工艺有：石灰石-石膏法脱硫装置207套，氨法脱硫装置41套，CFB法脱硫装置34套，SDA法脱硫装置15套。根据烧结机面积和脱硫工艺，对2012年底全国烧结机脱硫装置投运进行统计，脱硫工艺应用5套以上见表5-5。

表5-5 2012年对应用5套以上的脱硫工艺统计结果

烧结面积	投运套数	石灰石-石膏法	双碱法	氨法	氧化镁法	CFB法	SDA法	活性炭	湿法占比	半干法占比
$<180m^2$	226	61.1%	12.8%	8.4%	4.9%	4.4%			87%	5%
$180\sim360m^2$	117	47.0%		12.8%	12.0%	10.3%	5.1%		72%	16%
$>360m^2$	46	32.6%		15.2%		23.9%	13.0%	2套	48%	37%

石灰石-石膏法、氨法、氧化镁法和双碱法总投运烧结烟气脱硫装置303套，占全国总投运套数的78%，CFB法和SDA法投运48套，占比为12%。这说明，

工程应用数量大于 5 套的 6 种脱硫工艺占全国总投运套数的 90%。随着烧结机面积的增加，即处理烟气量的增加，石灰石-石膏法、双碱法、氨法和氧化镁法等湿法脱硫工艺应用的比例降低，CFB 法和 SDA 法等半干法脱硫工艺应用的比例逐渐升高。

5.2.1　烧结烟气脱硫运行效果

脱硫效率是考核脱硫装置运行效果的重要指标之一。影响湿法烟气脱硫效率的主要因素有入口烟气 SO_2 浓度、气液比和烟气量等。当烟气流量和脱硫剂加入量一定时，入口烟气 SO_2 浓度增加，脱硫效率随之降低；烟气量增加时，脱硫效率降低，但烟气量增加会加剧气液扰动，所以脱硫效率随着烟气量的增加，其降低的速率逐渐减缓；脱硫效率随着气液比的减小而增加，且增加幅度由大到小，最后趋于平稳。影响半干法脱硫效率的主要因素有石灰粒度、烟气停留时间、近绝热饱和温差及入口 Ca/S 摩尔比等。石灰的粒径越小，比表面积和反应活性越大，越有利脱硫气固反应的进行；烟气停留时间一般要求大于液滴干燥时间，时间越长脱硫效率越高；降低近绝热饱和温差或增大入口 Ca/S 摩尔比，均可提高脱硫效率。

当烧结烟气的 SO_2 排放浓度较高，需要较高的脱硫效率时，湿法脱硫占有显著优势。与半干法脱硫工艺相比，湿法脱硫是 SO_2 浓度高的烧结烟气的首选。湿法脱硫的主要优点是脱硫效率高，其存在的潜在问题是产生石膏雨和 SO_3，当 SO_3 浓度较高时，在烟囱出口出现蓝色或黄色烟羽，加重灰霾和酸沉降污染。半干法脱硫的主要优点是可以协同脱除烧结烟气中的二噁英等非常规污染物。

5.2.2　烧结烟气脱硫运行成本

脱硫工艺的运行成本分析对钢铁烧结机投运或改造均有重要意义，其主要可以从工程投资、运行费用和脱硫副产物抵扣等三方面考虑。其中，工程投资和运行费用直接影响企业的经济效益。工程投资主要包括脱硫设备费、建筑工程费、安装工程费、设计费和调试费等。运行费用主要包括脱硫剂费用、能源消耗费用、人工费、设备维修费和折旧费等。脱硫副产物的处理方式是衡量脱硫工艺是否符合固废资源化利用和循环经济等环保要求的重要指标，同时间接影响企业的投资和运行费用。

为比较湿法、半干法和干法三类脱硫方法的经济指标，选择日照钢铁、梅钢、济钢和太钢 4 家钢铁企业烧结机应用的 5 种脱硫工艺，包括石灰石-石膏法、氨法、CFB 法、SDA 法和活性炭法，烧结机参数和烟气性质见表 5-6。脱硫装置运行主要耗量和单价见表 5-7，主要运行费用比较见表 5-8，脱硫成本比较见表 5-9。

表 5-6 烧结机参数和烟气性质

项　目	日照钢铁	日照钢铁	梅钢	济钢	太钢
脱硫工艺	石灰石-石膏法	氨法	CFB 法	SDA 法	活性炭法
烧结机面积/m^2	180	180	400	400	450
年烧结矿产量/万吨	181	181	399	420	532
烟气量/$\times 10^4 m^3 \cdot h^{-1}$	66	66	133	130	144
烟气温度/℃	160	160	120	110~130	138
入口含尘浓度/$mg \cdot m^{-3}$	130~150	130~150	80	<80	100
入口 SO_2 浓度/$mg \cdot m^{-3}$	500~1000	500~1000	800~1200	800~1400	500~800
年运行时间/h	8000	8000	7920	7920	7920

表 5-7 脱硫工艺耗量和单价

脱硫工艺	项目	脱硫剂	水	电	蒸汽	岗位人数
石灰石-石膏法	耗量	9720t/a	54×10^4t/a	1050×10^4kW · h/a	0	28
	单价	260 元/t	—	—	—	
氨法	耗量	1800t/a	36t/a	840×10^4kW · h/a	3500t/a	35
	单价	3300 元/t	—	—	—	
CFB 法	耗量	17424t/a	30.1t/a	2801×10^4kW · h/a	10296t/a	12
	单价	300 元/t	—	—	—	
SDA 法	耗量	17424t/a	31.68t/a	1668×10^4kW · h/a	80t/a	20
	单价	350 元/t	—	—	—	
活性炭法	耗量	2118t/a	1.47t/a	2910×10^4kW · h/a	29472t/a	—
	单价	5500 元/t	—			

表 5-8 五种脱硫工艺主要运行费用比较 （元）

支出项	石灰石-石膏法	氨法	CFB 法	SDA 法	活性炭法
脱硫剂费用	1.40	3.28	1.31	1.45	2.19
电费	2.90	2.32	3.72	2.38	2.89
水费	0.30	0.20	0.02	0.02	0.00
蒸汽费用	0.00	0.19	0.31	0.00	0.39
人员费用	1.24	1.55	0.24	0.38	0.56
年维修费用	0.50	0.50	0.22	0.22	0.77

表 5-9　五种脱硫工艺脱硫成本比较

支出项	石灰石-石膏法	氨法	CFB 法	SDA 法	活性炭法
工程投资/万元	9700	11200	8000	6600	33500
年脱硫运行费用/万元	1475	1590	2323	1871	5337
吨烧结矿运行费用/元	8. 1	8. 8	5. 8	4. 4	10. 0
年副产品收入/万元	73	288	—	—	435
年抵消后的费用/万元	1402	1302	2323	1871	4902
吨矿脱硫成本/元	7. 7	7. 2	5. 8	4. 4	9. 2

此外，为综合比较几种脱硫工艺的脱硫成本，需分析脱硫副产物的应用情况。

(1) 石灰石-石膏法的副产物脱硫石膏在我国尚未形成大规模工业应用，很多处于堆弃状态。这是因为我国烧结烟气脱硫石膏品质不稳定，缺少成熟的利用技术和完善的政策保障。另外，脱硫石膏应用于大型石膏厂煅烧过程中可能会释放重金属造成环境的二次污染。

(2) 氨法脱硫副产物为硫酸铵，目前在我国应用广泛，可作为单独的肥料或复合肥的原料，还可用于生成硫酸钾。柳钢硫酸铵品质符合国标《硫酸铵》(GB 535—1995) 和《土壤环境质量标准》(GB 15618—1995)，对环境无毒害作用。硫酸铵作为农业化肥外售，具有环境和经济双重效益。

(3) CFB 法和 SDA 法脱硫副产物为脱硫灰渣，主要采用外运堆放的处理方式，堆积的废渣会造成土地资源浪费和环境的二次污染。

(4) 活性炭法脱硫副产物为硫酸，可作为工业用硫酸，具有很高的回收价值；脱硫过程产生的活性炭灰渣可进一步用作焦化废水的净化，实现充分利用。

5. 2. 3　结果分析

(1) 工程投资。投资费用由高到低依次为：活性炭法 33500 万元、氨法 11200 万元、石灰石-石膏法 9700 万元、CFB 法万元和 SDA 法 6600 万元。

(2) 运行费用。活性炭法的运行费用最高，为 10. 0 元/t 烧结矿；其次依次是氨法 8. 8 元/t、石灰石-石膏法 8. 1 元/t、CFB 法 5. 8 元/t 和 SDA 法 4. 4 元/t 烧结矿。

(3) 副产物抵扣。考虑脱硫副产物抵扣，几种脱硫工艺的运行成本为：活性炭法的脱硫成本最高，为 9. 7 元/t；SDA 法的脱硫成本最低，为 4. 5 元/t；石灰石-石膏法 7. 7 元/t、氨法 7. 2 元/t 和 CFB 法 5. 6 元/t。

由此可见，石灰石-石膏法的设备投资和运行成本较高，此外，湿法脱硫工艺耗水量较大，需要对脱硫废水进行处理。半干法的耗水量较小，无废水产生，且较湿法工艺相比，可以脱除 SO_3 和二噁英等非常规污染物，但是也存在脱硫效率较低，不适用于 SO_2 浓度高的烟气，脱硫灰的再利用较为困难等局限性。活性炭法干法脱硫工艺虽投资和运行成本均高，但具有脱硫同时可脱除烟气中的烟尘、NO_x、二噁英和重金属等有害杂质等优点，不产生废水和废渣，不存在二次污染问题，脱硫剂通过解吸再生而循环利用。国家环保标准日益严格，关注对象从粉尘、SO_2 逐渐扩展到 NO_x、二噁英和 SO_3 等，针对烧结烟气产生的多种污染物，活性炭法是一种具有较好发展前景的工艺。

我国部分大型烧结机脱硫工艺统计见表 5-10。

表 5-10 我国部分 $400m^2$ 以上烧结机脱硫工艺

单位名称	烧结机面积/m^2	脱硫工艺技术	投产年份
宝山钢铁	2×495	湿法/石灰石-石膏气喷旋转法	2010
武钢钢铁	435	湿法/氨法	2012
山西龙门钢铁	400	湿法/石灰石-石膏法	2012
宁波钢铁	2×430	湿法/石灰石-石膏法	2012
邯郸钢铁	400	半干法/烟气循环流化床法	2009
济钢集团	400	半干法/旋转喷雾干燥法	2011
首钢京唐公司	2×500	半干法/烟气循环流化床法	2011
中天钢铁	550	半干法/旋转喷雾干燥法	2012
上海梅山钢铁	400	干法/烟气循环流化床干法	2009
山西太钢	2×450	干法/活性炭法	2010
新疆八一	430	干法/烟气循环流化床干法	2012
宝钢湛江	2×550	干法/活性炭法	2016

5.3 石灰石-石膏法

石灰石-石膏法烟气脱硫工艺是目前应用最广泛、技术最成熟的脱硫技术，是我国电厂应用最多（约占 80%）、烧结球团行业应用也较多的脱硫技术，日本 20 世纪 70 年代烧结遍采用该技术。

5.3.1 工艺原理与流程

采用石灰石粉（也可用生石灰，粒度-0.043mm，达到 95%）制成浆液作为脱硫剂，进入吸收塔与烟气接触混合，工艺吸收过程主要发生在塔内。在吸收塔的喷淋区，石灰石浆液由循环泵提升至塔上部，通过多层喷淋管自上而下喷洒，而含有 SO_2 的烧结烟气则逆流而上，气液接触过程中，发生脱硫反应。烟气在脱硫塔内经喷淋浆液洗涤脱硫，然后经过除雾、升温（有时不需要）经烟囱排入大气。通过添加新鲜石灰石浆液吸收剂来实现较高的 pH 值，使反应持续进行。同时吸收塔内的吸收剂浆液被搅拌机、氧化空气不停地搅动，以加快石灰石在浆液中的均布和溶解。进一反应形成硫酸盐，生成固态盐类结晶并从溶液中析出成为石膏（$CaSO_4 \cdot 2H_2O$）。从吸收塔浆池中抽出的富含石膏的浆液被送到石膏脱水车间，经脱水产生含水率小于 10%的成品石膏。部分工艺有 GGH 换热器，即原烟气经过 GGH 换热降温后进入脱硫吸收塔，而脱硫后的烟气进过 GGH 换热器升温后排放。典型的石灰石-石膏法脱硫工艺流程如图 5-6 所示。

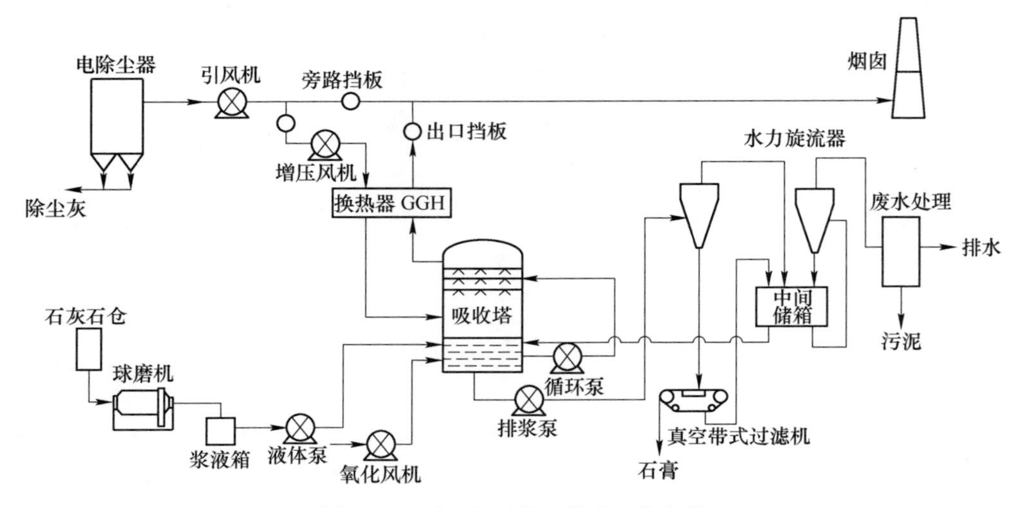

图 5-6　石灰石-石膏法脱硫工艺流程

5.3.2　工艺系统与设备

石灰石-石膏法脱硫工艺主要由烟气系统、石灰石浆液制备系统、SO_2 吸收系统、石膏脱水系统、废水排放系统等组成。

5.3.2.1　烟气系统

烟气系统通常包括增压风机、GGH 换热器、烟道、挡板门。挡板门配备密封风机，以防止烟气泄漏。GGH 换热器加热脱硫后的洁净烟气（50℃），然后排放，以避免低温烟气腐蚀烟道，并可提高烟气抬升高度。因 GGH 投资大，运行环境复杂，易腐蚀、堵塞，维护工作量大，目前已较少采用。

5.3.2.2　石灰石制浆系统

优先选用生石灰。直接购买粒度符合要求的粉状制品或在本系统中经干式球磨机制成，加水搅拌成浆液；综合评价，一般要求生石灰粒度-0.043mm达90%。

5.3.2.3 吸收塔系统

脱硫吸收塔是一座集吸收、氧化、结晶于一体的吸收塔，其上部为吸收区，下部为氧化反应槽及结晶区。当烟气流经吸收塔时（塔内烟气流速一般在3~3.5m/s），与塔内浆液接触反应。浆液含有15%左右的固体颗粒，主要由石灰石、石膏等组成。浆液将烟气冷却至50℃，同时吸收烟气中的SO_2，并与石灰石发生中和反应进而被氧化成石膏。石灰石与石膏在吸收塔底部，并再次被泵循环至喷淋层。

为充分迅速地将吸收塔浆池内的亚硫酸钙氧化成硫酸钙，设置氧化风机强制氧化。氧化空气注入不充分，可引起石膏结晶不完善，还可导致吸收塔内壁结垢。

吸收塔下部设有多台塔侧安装的机械搅拌器。搅拌器运行时，才允许启动吸收塔循环泵。

吸收塔的形式主要是喷淋塔，内部构件主要包括搅拌器、氧化管道、喷淋层、除雾器。喷淋塔采用逆流方式布置，烟气从塔体中部、喷淋层下面进入塔内，并向上运动。石灰石浆液通过喷淋层以雾化方式向下喷出，与烟气形成反向运动。喷淋层设在吸收塔中上部，浆液循环泵对应各自喷淋层，每个喷淋层由一系列喷嘴组成，其作用是将浆液细化喷雾，扩大液气有效接触面积。影响喷嘴性能的参数主要有以下4个：（1）喷雾角，喷雾角是指浆液从喷嘴旋转喷出后，形成的液膜空心锥的锥角，喷雾角多为90°或120°；（2）喷嘴压力降；（3）喷嘴流量；（4）液滴粒径。

喷嘴形式有空心锥、实心锥、螺旋形等，一般采用碳化硅材料，抗腐蚀、抗磨损性能较好。喷淋层的设计要确保喷雾覆盖率150%以上。喷淋层喷嘴的布置，在保证浆液覆盖率的情况下，应根据喷嘴特性及两层喷淋之间距离调整喷嘴高度，避开浆液对塔内支撑横梁的冲刷，避免喷淋层横梁防腐层（主要为玻璃鳞片）被冲刷损坏。

喷淋层上部为除雾器，除雾器的作用是实现气液分离，其原理是当夹带水汽的洁净烟气经过弯曲通道并撞击在通道壁面上，液滴在惯性力和重力的作用下分离，落回吸收塔。除雾器片结构示意如图5-7所示。

除雾器系统一般设计成两段，第一级除雾器是所谓的粗除雾器，第二级除雾器是细除雾器。随着叶片间距的增加，除雾效果降低，压力损失也降低；随着叶片级数的增加，除雾效果提高，但压力损失也增大。为了避免烟气携带的固体颗粒（或液滴蒸发形成的固体颗粒）积淀在叶片的表面从而形成结垢，系统必须被清洁。除雾器材质一般为聚丙烯，每层设置上下两层喷嘴，定期自动冲洗。除雾器最下层喷嘴距最上层喷淋层距离一般为 3～3.5m。

脱硫吸收塔的防腐非常重要，用于脱硫吸收塔的防腐材料主要有橡胶、玻璃鳞片树脂、镍基不锈钢三种。玻璃鳞片树脂使用较多，且价格相对便宜。玻璃鳞片衬里因玻璃鳞片多层平行排列，使得腐蚀介质无法垂直渗透，因此具有较强的防渗透性能。同时，玻璃鳞片的非连续排列还可以抵消外来应力，防止因变形引起的断裂、脱落。橡胶作为衬里非常致密，腐蚀介质很难渗入，但胶板黏结缝处较易破裂，从而出现橡胶脱落现象。橡胶衬里具有良好弹性和应变性能，但在热环境中因热老化变硬，使抗应力和抗腐蚀性能下降。镍基不锈钢造价贵，国内脱硫工程很少采用。

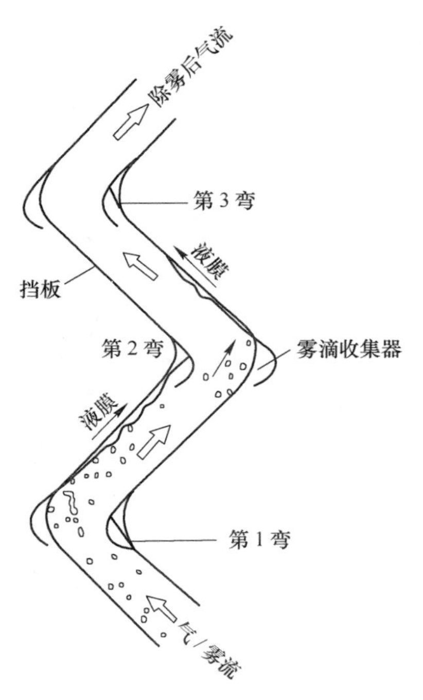

图 5-7　折流板除雾器原理示意图

5.3.2.4　石膏脱水系统

石膏脱水系统包括石膏旋流器、真空皮带脱水机、滤液水箱等设备。烟气脱硫产生的25%浓度（质量分数）的石膏浆液由吸收塔下部的石膏浆液排放泵送至石膏浆液旋流器，旋流器的底流浆液浓缩到浓度大约55%，自流到真空皮带脱水机，脱水到10%，脱水后的石膏经由石膏输送皮带送入石膏库房。

5.3.2.5　供水和排放系统

吸收塔入口烟道侧板和底板装有工艺水冲洗系统，目的是为了避免喷嘴喷出的石膏浆液带入入口烟道后干燥黏结。在吸收塔入口烟道装有事故冷却系统，冷却水由工艺水泵提供。当吸收塔入口烟道由于上游设备意外事故造成温度过高或所有的吸收塔循环泵切除时，事故冷却系统启动。

事故浆液箱（池）容量满足单个吸收塔检修排空时和其他浆液排空的要求。

5.3.2.6　脱硫废水处理系统

脱硫废水中的重金属、悬浮物和氯离子可采用中和、化学沉淀、混凝、离子交换等工艺去除后排放。

5.3.3 影响脱硫性能的主要因素

（1）浆液 pH 值。pH 值在一定范围内对于保证稳定的脱硫效率、防止吸收塔结垢、堵塞等至关重要。浆液 pH 值高时，亚硫酸钙和石灰石的溶解度会降低，会引起亚硫酸钙的析出，形成难以脱水的软垢；pH 值低有利于亚硫酸钙和石灰石的溶解，但 pH 值的快速降低会使石膏在短时间内大量析出生成难以脱落的硬垢，且不利于 SO_2 的吸收以及会加剧腐蚀。一般 pH 值控制在 5~5.5 比较合适。

（2）钙硫比。一般认为钙硫比为 1 时，可达到 90%的脱硫效率。脱硫浆液吸收 SO_2 的容量与 pH 值和钙硫比直接相关，提高钙硫比和 pH 值可以提高脱硫浆液吸收 SO_2 的容量，但钙硫比的最高限值一般不超过 1.2，pH 值也不能超过 6，否则塔内极易发生结垢现象。钙硫比对除雾器运行性能的影响较大，钙硫比越低，表明石灰石的利用率越高，除雾器结垢和堵塞的可能性越小。

（3）石灰石。石灰石的配制及加入根据脱硫塔内浆液 pH 值、烟气中 SO_2 含量及烟气量来调节。设计要求石灰石中 CaO 质量分数为 51%~55%，浆液中石灰石的质量分数为 20%~30%。石灰石的颗粒大小会影响其溶解性，进而影响脱硫效率，一般设计要求石灰石粒度-0.043mm 应大于 90%。

（4）液气比。液气比是循环浆液量与烟气流量之比，单位为 L/m^3，液气比是决定脱硫率的主要参数。增加液气比，浆液的比表面积增加，气相和液相的传质系数提高，有利于 SO_2 的吸收。但提高液气比会使浆液循环泵的流量增加，从而增加设备投资和能耗。同时，高液气比还会使塔内压力损失增大，增加风机的能耗。所以需综合考虑确定液气比。

（5）烟气流速。提高烟气流速相当于缩短气液接触的时间，将降低传质效果。提高烟气流速可提高气液两相的湍动，降低烟气与液膜间的膜厚度，增加液滴下降过程中的振动和内部循环，提高传质系数。另外，喷淋液滴的下降速度将相对降低，使单位体积内持液量增大，增大了传质面积。烟气流速的增加会使脱硫塔塔径变小，降低造价。但烟气流速过高，喷淋层喷出的雾滴将为烟气所携带，增加除雾器的负荷，影响除雾性能。当气速增加时，逃逸的液滴主要是由于微细液滴的穿透引起，同时还会使脱硫塔内压力损失增大，能耗增加。所以，将脱硫塔内烟气流速控制在 3.0~4.5m/s 较为合理。

（6）循环浆液固含物质量分数及停留时间。保证循环浆液固含物质量分数及足够的停留时间是石灰石溶解、石膏结晶生长以及防止结垢的重要条件。一般石灰石脱硫工艺将固含物浓度控制在 10%~15%，石灰脱硫工艺将固物浓度控制在 8%~10%。

固含物的停留时间等于单位时间内石膏浆液排出量与塔底储浆槽体积之比。

在一定的脱硫塔浆液体积下，浆液密度影响固体停留时间，从而影响晶体形状及大小。提高脱硫塔循环浆液浓度、增加固体停留时间可影响晶体大小。有些情况下，增加停留时间为晶体生长提供了时间，但同时也增大了大型循环泵对已有晶体的破坏，浆液停留时间一般为12～25h。

（7）粉尘浓度。经过吸收塔洗涤后，烟气中大部分粉尘会留在浆液中。如果浆液中粉尘、重金属杂质过多，则会影响石灰石的溶解，导致浆液pH值降低、脱硫率下降。一般要求进入脱硫系统的烟粉尘浓度（标态）低于$100mg/m^3$，最大不超过$200mg/m^3$。

5.3.4　使用维护要求

石灰石-石膏法脱硫操作除了满足脱硫效率，最重要的工作是控制结垢。首先要控制机头除尘器的除尘效率，使烟气粉尘浓度（标态）在$100mg/m^3$以下，最大不超过$200mg/m^3$。

吸收液pH值的波动是影响脱硫塔内部结垢的重要因素之一。pH值的高低产生软垢和硬垢，所产生的垢会附着在搅拌器、氧化风管及塔壁。系统氧化程度也是影响结垢的重要因素，氧化能力低，会使亚硫酸钙不能完全氧化，发生结垢，甚至出现堵塞。同时若塔内石膏浓度过高，石膏会以晶体形式开始沉积，导致塔内结垢。可通过定期向吸收剂中加入添加剂，如镁离子、乙二酸等，缓解垢物的生成。在长期低负荷的情况下，不要长期停运喷淋层，应定期切换，防止烟尘及石膏附着在喷嘴上造成堵塞。

要保证氧化风量，使氧化反应趋于完全，控制亚硫酸钙氧化率在95%以上，保持浆液中有足够密度的石膏晶种。同时要稳定控制浆液pH值，尤其避免运行中pH值急剧变化，缓解钙的结垢、堵塞速率，从而提高系统的可靠性。

对于除雾器的堵塞，除受除雾器自身的叶型、冲洗水压、冲洗水量、冲洗覆盖率、冲洗周期影响外，还与化学反应过程、被处理烟气的粉尘含量、烟气流速和其他外因有关。要控制好浆液pH值，控制浆液中易于结垢的物质不要过于饱和，同时要加强除雾器的冲洗，定期清洗除雾器喷嘴、叶片。

另外，磨蚀性与浆液的密度有关，密度越高，浆液的磨蚀性越强，因此，在运行中要严格控制吸收塔浆液密度。

浆液起泡及中毒现象偶有发生，起泡原因分析：镁离子浓度高；浆液中混入有机物如油；浆液中重金属离子较多；浆液中灰渣含量较高；工艺水质较差；搅拌效果差，导致氧化空气逃逸率大等。发生中毒现象时，浆液pH值无法控制，处于缓慢下降趋势，加大石灰石供浆，没有明显效果；脱硫效率下降；石膏呈泥状，无法脱水。可根据实际情况，适量添加消泡剂、增效剂，减少塔内泡沫层，提高脱硫效率。

5.4 氨法

氨法是氨-硫酸铵法的简称，该工艺是利用氨作为吸收剂，氨是一种良好的碱性吸收剂，碱性强于钙基脱硫剂。用氨吸收烟气中 SO_2，反应速率高，吸收剂利用率高。对该工艺的研究从20世纪30年代就已开始，早期有氨-酸法、氨-亚硫酸铵法，但是由于它们的不足，没有推广应用。20世纪70年代，德国、日本、美国相继投入研究氨-硫酸铵脱硫方法并获得成功。进入20世纪90年代后，该工艺的应用逐步上升。

5.4.1 工艺原理及流程

氨-硫酸铵湿法烟气脱硫工艺利用氨吸收烟气中的 SO_2 生产亚硫酸铵溶液，并在富氧条件下将亚硫酸铵氧化成硫酸铵，再经浓缩结晶或加热蒸发结晶析出硫酸铵，经旋流、离心固液分离、干燥后得到硫酸铵产品。当前，典型的氨法脱硫工艺主要有德国的克卢伯公司 Walther 工艺、德国鲁奇公司的 Amasox 工艺、美国 GE 公司的 Marsulex 工艺、日本钢管公司 NKK 工艺。不同工艺，其吸收方式和氧化方式有所不同。

氨法烟气脱硫工艺流程按主要工序的工艺及设备差异分类如下：按脱硫塔形式分单塔型（空塔型）、复合单塔型（塔内功能分段）、双塔型；按副产物的结晶方式分塔内浓缩结晶、塔外蒸发结晶。

脱硫系统的工艺流程通过以上分类可组合成多种工艺流程，目前用于烧结烟气脱硫的主要有以下两种典型流程。

5.4.1.1 典型的氨法塔内浓缩结晶的烟气脱硫工艺流程

氨法塔内浓缩结晶的烟气脱硫工艺流程如图5-8所示。

（1）原烟气进入吸收塔，通过吸收液洗涤脱除 SO_2 后，烟气成为湿的净烟气，净烟气经除雾器除去雾滴后通过塔基烟囱或原烟囱排放。

（2）吸收液与烟气中 SO_2 反应后在吸收塔的氧化池被氧化风机送来的空气氧化成硫酸铵。

（3）吸收液在与原烟气接触过程中水被蒸发，在塔内吸收液喷淋过程中形成硫酸铵结晶。

（4）含硫酸铵结晶的吸收液送副产物处理系统，经旋流器、离心机的固液分离产生湿硫酸铵，湿硫酸铵进干燥机干燥后变成干硫酸铵，干硫酸铵经包装后得成品硫酸铵。

（5）吸收液在循环的过程中根据脱硫需要从吸收剂储存系统的氨罐补充吸收剂。

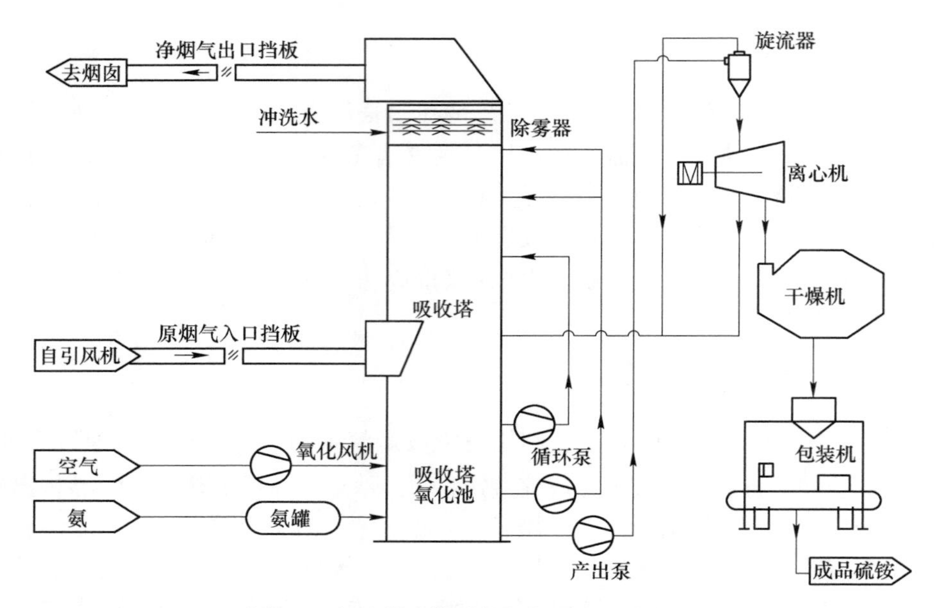

图 5-8　氨法塔内结晶的烟气脱硫工艺流程

5.4.1.2　典型的氨法塔外蒸发结晶的烟气脱硫工艺流程

典型的氨法塔外蒸发结晶的烟气脱硫工艺流程（应用较多）如图 5-9 所示。

（1）原烟气通过增压风机增压后进入浓缩降温塔，在浓缩降温塔内原烟气与吸收液发生热量交换从而使吸收液的水分蒸发达到初步浓缩的目的。降温后的原烟气进入脱硫塔（填料塔）并与循环吸收液发生反应，脱除 SO_2 后的烟气被脱硫塔内除雾器除去雾滴后通过塔基烟囱排放。

（2）脱硫剂由补氨泵补充到循环吸收液里。循环吸收液与烟气中 SO_2 反应后在脱硫塔内被氧化风机送来的空气氧化成硫酸铵。

（3）硫酸铵溶液经过浓缩降温塔初步浓缩后送入副产物处理系统的二次蒸发结晶系统，将水分蒸发后形成硫酸铵结晶。

（4）含硫酸铵结晶的浆液送旋流器、离心机进行固液分离产生湿的硫酸铵，湿的硫酸铵进干燥机干燥后形成干的硫酸铵，干的硫酸铵经包装后得成品硫酸铵。

此外，还有一种单塔设计，是塔内功能分层，塔内结构相对复杂，如日本钢管公司的 NKK 氨法烟气脱硫工艺。该工艺的吸收塔从下至上分为三段，下段是预洗涤除尘与冷凝降温，此段不加入氨液；中段加入氨液，与烟气逆流喷喷淋；上段是第二吸收段，不加氨液，只加工艺水。亚硫酸铵溶液在单独的氧化塔中用空气氧化。

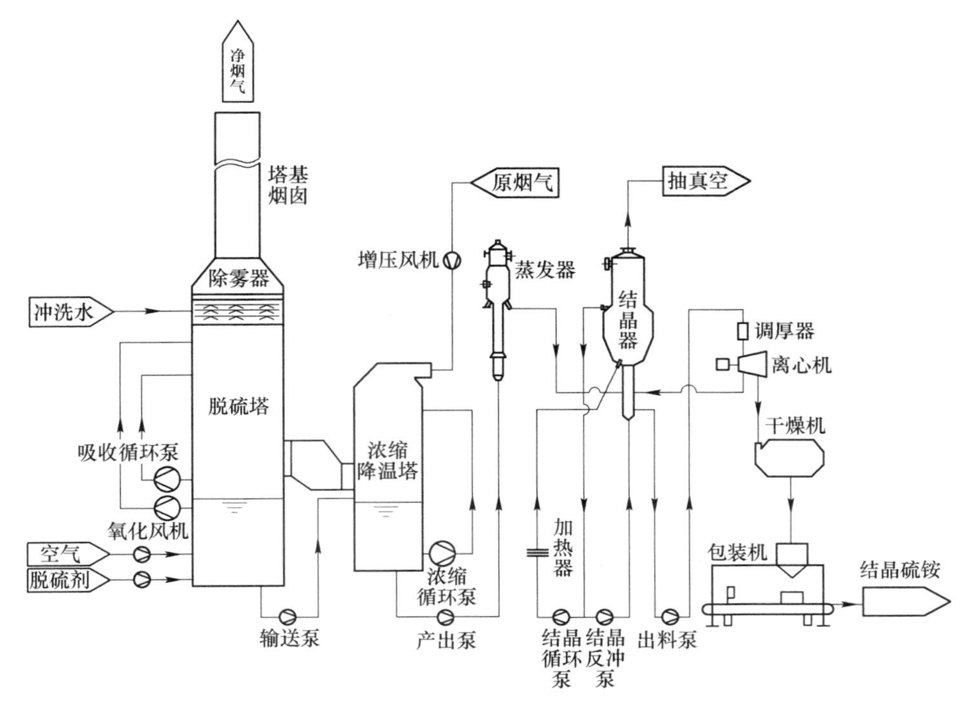

图 5-9 氨法塔外结晶的烟气脱硫工艺流程

5.4.2 工艺特点

氨法脱硫技术成熟，脱硫效率高，一般在95%以上；脱硫副产物为硫酸铵，经济价值相对较高；工况适应性强；具备一定的脱硝功能；可使用焦化废氨水脱硫，实现“以废治废”。但该工艺有明显的缺点：外排烟气夹带硫酸铵和氨，且形成腐蚀性的烟囱雨；存在设备腐蚀问题，系统防腐要求高。

5.4.2.1 氨逃逸及烟囱雨的控制

在氨法脱硫工艺中，减少氨的逃逸，主要从以下几方面考虑：

(1) 吸收洗涤塔的结构设计。

(2) 操作上，控制塔内的反应温度，同时保持塔底吸收液较低的 pH 值。

(3) 增加喷淋层数，采取相对较大的液气比。

(4) 烟气排出前，喷水洗涤，使残留氨溶于水。

(5) 采取合适的烟气流速等。

将塔内氧化改为塔外氧化，也可减少氨的逃逸。因为采用塔内氧化工艺，溶液内亚硫酸铵被氧化成硫酸铵，而硫酸铵没有吸收 SO_2 的能力，这样就减少了溶液内吸收剂的数量，造成脱硫效率下降。为了维持系统脱硫效率，只能多注入氨，造成烟气中逸氨增加；另一方面，为了保证排到副产物干燥系统中的溶液内亚硫酸氢铵含量小，也势必要向塔内注入过量氨，来维持一定的 pH 值，也造成烟气中逸氨增加。

氨法脱硫过程中会形成气溶胶，其主要成分为硫酸铵液滴式颗粒，气溶胶夹带在烟气中从烟气排出。硫酸铵的逸出影响产品的回收率，直接造成了经济损失；同时形成烟囱雨，造成周边建筑物的腐蚀并影响居民生活，还影响出口烟气颗粒物的达标排放。采取以下措施可减少逸氨排放量：

（1）合理调节脱硫操作条件，从源头控制气溶胶的形成，如采用稀氨水、较低的脱硫液温度，但该措施同时影响脱硫效果，在实际应用中，需综合考虑脱硫效果和气溶胶形成两方面因素，从中寻求最佳操作条件。

（2）气溶胶颗粒的去除，其中通过物理或化学的方法使其长大成大颗粒加以脱除是一条重要的技术途径，如应用蒸汽相变原理，在脱硫塔净化后的高湿烟气中添加适量蒸汽，建立蒸汽相变所需的过饱和水汽环境促进细颗粒凝结长大，长大后的颗粒可由除雾器脱除。在脱硫塔出口安装湿式电除尘器，可除去气溶胶颗粒、硫酸盐雾粒微细粉，但该工艺在国内氨法脱硫中还未有应用。

5.4.2.2 系统腐蚀问题的控制

烧结烟气中不但含有大量的 SO_2 气体，还含有 NO_x、HCl、HF 等酸性腐蚀气体和粉尘，因此脱硫塔内浆液中会含有腐蚀性较强的离子和灰渣。脱硫浆液中的 Cl^- 对金属钝化膜具有相当的破坏作用，而当其渗入防腐涂层金属基体产生腐蚀时还会引起析氢现象，导致防腐涂层鼓泡，造成腐蚀面积进一步扩大，因此 Cl^- 浓度成为脱硫系统防腐材料选择的主要依据之一。

一般较大直径的吸收塔壳体由碳钢制作，内表面及支撑梁采用衬玻璃鳞片和 FRP 加强的防腐设计。吸收塔入口段干湿界面烟道采用衬镍合金 C-276 防腐。吸收塔内部构件一般采用非金属材料，如喷嘴采用 SiC，喷淋管、扰动管及氧化管采用 FRP，除雾器采用 PP（聚丙烯）。

5.4.3 主要设备及功能

根据工艺和功能划分，可以把氨法烟气脱硫装置分为以下系统：氨水制备及输送系统、烟气系统、脱硫吸收系统、硫铵系统、除渣系统、排放系统、工艺水系统、进出口烟气在线监测系统。

5.4.3.1 氨水制备及输送设备

脱硫吸收剂为氨水，氨水来源为外购液氨或焦化氨水。若外购液氨，需设置液氨稀释设备，液氨由槽车运送，通过液氨稀释设备（氨吸收器）直接制备为浓度20%左右的氨水，储存在氨水槽中备用。因液氨是危险化学品，液氨稀释过程反应较剧烈，所以该岗位需有危险化学品操作证。

氨水泵将氨水打入脱硫吸收液循环泵入口管，用泵送入下层喷淋层与烟气中的SO_2进行脱硫反应。氨流量由氨水泵变频控制。供氨系统主要设备包括液氨稀释器、软水泵、氨水泵。

5.4.3.2 烟气系统

烟气系统的主要设备包括增压风机、烟气挡板、烟道及其附件。从烧结机抽风机后的烟道中引出150~180℃的烧结烟气，经增压风机升压后进入浓缩降温塔。增压风机用于克服脱硫装置造成的烟气压降，安装在脱硫装置的烟气进口侧，每台增压风机配备液力耦合器进行工况调节。

5.4.3.3 脱硫吸收系统

在脱硫塔内，氨水与烟气中的SO_2进行反应，净化后的烟气由除雾器除去水，温度降为50~60℃，排入大气。吸收形成的$(NH_4)_2SO_3$，在脱硫塔底部被氧化，生成质量分数为10%的$(NH_4)_2SO_4$溶液；同时，抽出适当的$(NH_4)_2SO_4$溶液送至浓缩降温塔，依靠烟气的热量蒸发溶液中的水分。脱硫塔内设2层喷淋层，吸收系统设置3台（2用1备）脱硫吸收液循环泵，各对应1层喷淋层。氨水加至下层喷淋层，加氨后的吸收液pH值控制在5.0~6.0之间。上层喷淋层起到进一步脱硫和防止氨逃逸的作用。设置氧化系统鼓入空气，促进$(NH_4)_2SO_3$溶液氧化。或取消氧化系统，在脱硫塔内利用烟气中14%~18%的氧进行自然氧化，并延长吸收反应时间，使出塔的$(NH_4)_2SO_3$，氧化率达99%。

采用单塔塔内结晶工艺，吸收塔浆液经排出泵抽出直接送入硫酸铵制备系统，进行固液分离，生产硫酸铵成品，分离出的溶液送往灰渣去除系统。若是双塔工艺，吸收塔的浆液送往浓缩降温塔，浓缩降温塔的浆液经排出泵送往灰渣去除系统，清液送往蒸发结晶系统，生产含硫酸铵晶体的高浓度溶液，再进行固液分离，生产硫酸铵成品。因是浆液先去除灰渣，再蒸发结晶，所以硫酸铵成品颜色较白，且晶体颗粒较大。

脱硫吸收系统主要设备有浓缩降温塔、吸收塔、浆液循环泵、氧化风机、扰动泵、排出泵。

5.4.3.4 硫铵制备设备

对于单塔塔内结晶工艺，吸收塔浆液（过饱和溶液，含有硫酸铵固体）抽出后经过水力旋流器、离心机、干燥机，得到硫酸铵成品。一般吸收塔浆液含

5%硫酸铵固体，经一级旋流后底流浆液含15%硫酸铵固体，经二级旋流后底流浆液含50%硫酸铵固体，再经离心后，得到含水率5%的硫酸铵固体，通过振动流化床干燥机热风干燥后，得到水分含量小于1%的硫酸铵成品。

对于双塔塔外蒸发结晶工艺，浓缩塔塔底浆液为浓度30%～40%（不饱和溶液）的硫酸铵溶液，由泵送出，先进入过滤器或沉淀池去除其中所含杂质，然后清液进入蒸发结晶系统。首先进入加热蒸发器，在下部加热器中利用低压蒸汽进行加热，加热后直接进入上部蒸发器，真空条件下进一步蒸发浓缩至40%～45%的浓溶液。蒸发浓缩后的硫铵浓溶液，通过管道自流进入结晶系统。硫铵出料泵将结晶器中产生的硫铵结晶连续输出，送至旋流器、离心机、干燥机脱除水。

5.4.3.5　除渣系统

在脱硫塔吸收段吸收烟气中SO_2的同时，烟气中含有的粉尘灰渣会进入吸收液中。在将质量分数为20%～30%的$(NH_4)_2SO_4$溶液送往蒸发结晶系统之前，需过滤去除溶液中的灰渣，以提高硫酸铵产品的质量。灰渣过滤系统的主要设备是精密管式过滤器。排出的灰渣进入污泥池，回收到烧结系统原料中。

5.4.4　影响脱硫效率的主要因素

（1）液气比。随着液气比的增大，SO_2与氨水接触机会增加，脱硫效率增加，增加幅度由大到小，最后趋于平稳。当液气比小于1L/m^{3}时，提供的氨水量不能满足吸收尾气中SO_2的需要，这时脱硫率完全由氨水量来决定，脱硫效率与液气比的关系呈正相关。液气比在1.0～1.05L/m^{3}区域，随着液气比增加，脱硫效率的提高逐渐缓慢，但脱硫效率已达到85%～95%。液气比超过1.1L/m^3，再增加氨水量，对脱硫效率的贡献已不再明显，而脱硫塔排出的硫酸铵溶液pH值呈上升的趋势，氨水利用率也随之下降。在氨水增加的同时，固含量、黏度、反应生成物浓度同时增大，这些因素都不利于SO_2的去除，并促进气溶胶的产生。

（2）进口SO_2浓度。当氨水浓度与烟气流量一定时，脱硫塔入口SO_2浓度增加，出口SO_2浓度也随之增加，脱硫率随入口SO_2浓度增加而呈下降趋势，氨水利用率增加。

（3）烟气量。烧结出口烟气量增加，烟气在脱硫塔中的停留时间减少，相应的脱硫效率也降低。但烟气量增加也使得气液扰动加剧，所以随着烟气量的增加，脱硫效率降低的速度减慢。烧结机负荷调节时出口烟气量发生变化，烧结机负荷降低，烟气量减少，脱硫效率总体呈上升趋势；在相同负荷下，随着烟气出口SO_2浓度增加，脱硫效率呈降低趋势。

5.4.5 操作及安全要求

5.4.5.1 操作要求

（1）只有脱硫入口烟风温度小于180℃，才能启动脱硫风机，以免烟气温度高，损坏塔内防鳞片及非金属构件。

（2）为保护吸收塔衬里不被高温烟气破坏，增压风机运行与吸收塔循环泵连锁，只有启动了循环泵，才能启动增压风机。

（3）脱硫系统启动时，用事故浆液箱中的硫铵溶液或者工艺水加注到吸收塔或浓缩塔，塔内液位一定时，才可启动扰动泵、循环泵（设置了低液位联锁）。

（4）吸收塔液位保持在规定区间运行。液位太高，形成溢流；液位太低，塔内有烟气从溢流口溢出，且不利于脱硫效率的稳定。

（5）除雾器冲洗必须在吸收塔液位小于一定值时进行。除雾器上下压差大于一定值（一般100~200Pa，根据除雾器结构形式不同而略有不同）时需冲洗，除雾器冲洗水压为0.2MPa。

（6）控制吸收塔浆液密度在一定范围。对于单塔塔内结晶系统，当浆液密度达到1.25g/cm^{3}时，观察浆液晶体情况，开启排出泵送往硫铵制备系统或事故浆液箱；对于双塔塔外蒸发结晶系统，吸收塔浆液密度保持在1.05~1.08g/cm^3，浓缩塔浆液密度保持在1.15~1.18g/cm^3，经浓缩塔浆液泵送往灰渣沉淀池，沉淀后的清液送往蒸发结晶。

（7）在脱硫入口烟道上设置压力传感器，当烧结生产波动时，会影响压力变化，根据压力变化调节脱硫风机。

（8）使用液氨稀释器制备氨水，需有危险化学品操作证。

（9）正常运行时塔内浆液pH值为5.5~6，氨水供应量可根据pH值、入口烟气流量、SO_2浓度、脱硫率及氨水浓度联合进行调节。

（10）脱硫设备停机时，应进行冲洗与清理。

5.4.5.2 卸氨作业安全要求

（1）因氨有易燃易爆特性，要严格执行动火证管理规定，动火前要确认现场无氨泄漏，动火部位氨已排净。

（2）卸氨时周围区域进行封道，并悬挂警示牌。

（3）卸氨时，卸氨场所必须避免明火，不能使用产生静电的一切物品，现场应符合有关防火、防爆规定的要求，并配备一定量的防毒面具、防护服、防护手套、灭火器、沙土等防护消防器材。

（4）出现雷雨天气或附近有明火、易燃、有毒介质泄漏及其他不安全因素时，禁止卸氨作业。

（5）维护保障急救呼吸用具、防护用品及消防器材的完整有效，现场准备食醋、硼酸溶液等，以备冲洗皮肤或口服。

（6）确认地面无油污、水渍及杂物，发现氨水箱及管道泄漏，岗位人员应穿戴好劳保用品及空气呼吸器，确认泄漏点的位置并进行抢修，并向上级报告泄漏情况，泄漏及时清除。

5.4.6 副产物硫酸铵的特点及再利用

硫酸铵被称为肥田粉，其含有氮和硫两种营养元素，有利于植物的生长。硫酸铵既可作为单独的肥料，也可作为复合肥的原料，还可以用来生产硫酸钾。我国硫酸铵的主要来源为已内酰胺厂、丙烯腈装置、焦化厂、煤气厂的副产物。据中国磷肥工业协会估计，即使仅考虑生产复合肥，我国硫酸铵需求量将超过500万吨/年，副产物硫酸铵的销售不存在问题。

5.5 武钢四、五烧烟气氨法脱硫工艺比较

武钢四烧为450m^2烧结机，其烟气脱硫采用氨法单塔塔内结晶工艺，工程于2012年7月投运，该工艺首次应用于烧结烟气脱硫。五烧为450m^2烧结机，其烟气脱硫采用氨法双塔塔外蒸发结晶工艺，工程于2014年7月运行，此工艺应用于烧结烟气脱硫的业绩相对较多。

5.5.1 四、五烧氨法脱硫工艺比较

单塔塔内结晶与双塔塔外结晶工艺比较见表5-11。

表5-11 单塔塔内结晶与双塔塔外结晶工艺比较

项 目	单塔塔内浓缩结晶工艺	双塔塔外蒸发结晶工艺
工艺流程设置	单塔吸收、空塔喷淋、塔内结晶 优点：流程设置简单；吸收塔采用空塔喷淋，内部无填充物，塔内结构简单，阻力低，避免了填料塔长期运行后需要清洗、拆换填料的弊端；塔内结晶，充分利用原烟气能量，烟气的余热得到充分利用，节约能源，同时避免了因塔外蒸发结晶带来的腐蚀问题；占地面积小，设备少，投资省，维修费用低 缺点：塔内浆液浓度高，烟气夹带硫铵逃逸量较大，硫铵产品回收率相对较低，对周围设备的腐蚀相对严重；浆液固含物较高，加剧了对设备的冲刷、磨损和腐蚀；硫铵晶体颗粒细小	双塔（浓缩塔、吸收塔）、吸收塔内设置填料 优点：液气比较小，循环浆液量小，有利于降低电耗；有利于浆液过滤，以除去浆液中的粉尘，减少设备磨损，提高硫酸铵品质；吸收塔内设置填料，可以改善气流均布，强化气液接触，提高吸收效果 缺点：因烟气中含有粉尘，硫铵溶液易结晶，与高温烟气接触后容易局部结晶，并在填料上结垢；占地大、投资大；蒸发结晶设备防腐要求高，蒸汽能耗较高

续表 5-11

项　目	单塔塔内浓缩结晶工艺	双塔塔外蒸发结晶工艺
粉尘过滤	将旋流顶液和离心机出口液体进行过滤，能有效去除浆液中的大部分粉尘，但仍有部分粉尘在旋流、离心固液分离时混入硫酸铵晶体颗粒中	将浓缩塔塔底液体抽出先进行沉淀或过滤，纯净液送至蒸发结晶器，粉尘去除效率较高
硫铵回收	将塔内含结晶的浆液抽出经过旋流、离心、干燥和包装后，硫铵成品出厂 优点：硫铵在塔内结晶，充分利用原烟气能量，节约能源；旋流、离心、干燥和包装都在常温状态下进行，常温状态下硫铵浆液的防腐处理易解决 缺点：灰尘颗粒进入硫铵副产品中，影响副产品的品质。副产品为粉末状，粒度一般约为 0.3mm	通过将过滤后的浓缩塔塔底溶液送至蒸发结晶器蒸发结晶、离心、干燥和包装后，硫铵成品出厂 优点：硫铵质量较好，不饱和浆液先沉淀，去除灰渣后再蒸发结晶，产品杂质含量低。结晶系统设置了颗粒分级选择系统，控制结晶出料颗粒的大小，使副产品结晶颗粒达到 1~2mm 缺点：硫铵溶液蒸发结晶要消耗大量的蒸汽；硫铵浆液在高温下的防腐问题对材质要求高
对气溶胶及硫铵损失的控制	由于塔内结晶循环溶液浓度高（50%以上），烟气携带雾滴铵盐浓度也非常高，采用折流板等常规除雾器对 25μm 以下微小雾滴的除雾效率非常低，细颗粒被烟气携带外排，形成气溶胶污染，同时还损失一部分硫铵	双塔系统可以分别控制两塔循环溶液的浓度和 pH 值。吸收塔循环溶液浓度低、pH 值稍高，吸收塔中总盐浓度低，脱硫净烟气夹带铵盐损失相对较低
氧化效果	由于循环溶液浓度高，氧化困难，需设置氧化风机	吸收塔循环溶液浓度低、pH 值稍高，氧化速度快，氧化率高，利用烟气中的氧气即可高效氧化。有不设氧化风机的成功实例
泵电耗	循环浆液量大，循环泵电耗高；因为塔内有大量结晶，需长期运转浆液扰动泵，增加了电耗	循环浆液量小，循环泵电耗相对低；扰动泵无需长期运转

由表 5-11 可知，塔内结晶，循环浆液浓度高，烟气携带雾滴铵盐浓度也高，对周围设备的腐蚀相对严重；而且，塔内浆液固含物高，腐蚀性阴离子富集，加剧了对脱硫塔设备的冲刷、磨损和腐蚀；再者，浆液先分离出硫铵产品再沉淀，灰尘颗粒进入硫铵产品中，影响其品质，且颗粒较小。而双塔工艺，不饱和浆液先沉淀去除灰渣后再蒸发结晶，产品杂质含量低，结晶颗粒可达 1~2mm。通过以上对比分析，并考察国内多家氨法脱硫系统，得出结论：双塔塔外蒸发结晶工艺优于单塔塔内浓缩结晶。

在五烧脱硫设计时，同步考虑对四烧脱硫工艺的改进，把塔内结晶改为蒸发结晶，即为单塔塔外蒸发结晶工艺。原塔内结晶工艺为：当塔内硫酸铵固含物达到5%~10%（硫酸铵浓度约为50%~60%）时，用泵送往硫酸铵制备系统，进行旋流、离心固液分离，生产固体硫酸铵（带色）。现改为蒸发结晶，控制塔内硫酸铵浓度在30%~40%（为不饱和溶液），用泵送往沉淀系统，静置沉淀（溶液浓度低，密度小，利于沉淀），上清液用泵送往蒸发结晶系统，再进行旋流、离心固液分离，生产固体硫酸铵（基本为白色）。四烧脱硫工艺原存在的问题，如腐蚀、硫铵逃逸、防腐玻璃鳞片破损等，改为塔外蒸发结晶工艺后，相对可得到缓解，而产品颜色、质量亦会有本质上的改善。

5.5.2 五烧脱硫设计改进

根据四烧氨法脱硫运行经验，重点对设备防腐、减少氨逃逸和灰渣去除等进行研究与改进，完善了五烧脱硫系统工艺方案。

5.5.2.1 脱硫塔防腐工艺优化

（1）采用进口乙烯基酯树脂玻璃鳞片原料。浓缩降温塔采用进口耐高温玻璃鳞片加耐磨层防腐，局部玻璃钢加强。吸收塔采用进口玻璃鳞片加耐磨层防腐，局部玻璃钢加强。浓缩塔、吸收塔塔底采用进口玻璃鳞片加耐酸砖。耐磨处玻璃鳞片厚度不低于4mm，其他处不低于2.5mm。

（2）调整循环喷淋管喷嘴的角度和方向，增加玻璃钢罩反扣在喷淋管支撑梁上，防止浆液直接冲刷支撑梁。

（3）五烧脱硫系统浓缩塔不断排出浆液而不回流，所以氯离子浓度较低，可减轻对塔体的腐蚀。氯离子主要在蒸发结晶系统富集，所以设置了耙式干燥机，以排出氯离子，降低浆液的腐蚀性。

5.5.2.2 减少氨逃逸的措施

氨逃逸（氨雾、硫酸雨）和气溶胶（硫铵、硝铵结晶颗粒、微尘）是氨法脱硫的难题。一般除雾器只能去除大液滴水雾，不能去除极细微的水雾、烟尘和气溶胶粒子。在不设GGH（加热装置）时，脱硫后的饱和湿烟气在扩散过程中温度下降，加上武汉地区空气湿度大，烟气中水蒸气冷凝成液滴，在烟囱周围产生明显的白色烟羽和冷凝水飘落。“烟囱雨”不是单纯的冷凝水，其中含有烟气夹带出的浆液成分。若无GGH加热烟气，烟囱雨不可完全避免，只有通过一系列措施，尽量减少烟气夹带氨和浆液成分，减少烟囱雨及其危害。

四烧脱硫采用了安装塔顶丝网除雾器，运行十多天后，经测试烟气夹带硫铵平均减少约30%，丝网除雾器有一定作用，且基本不黏附灰渣和硫铵。但运行6个月后，丝网腐蚀，局部形成空洞，且黏附灰渣（可能是浆液中含少量焦油，增大了黏附性），运行阻力大，只得将其拆除。下一步将考虑改进丝网材质，增加蒸汽吹扫，强化清灰。

五烧脱硫减少氨逃逸的措施如下：

（1）设置双塔，脱硫塔内浆液密度低（1.05g/cm^3），烟气夹带铵盐少。

（2）吸收塔内设置填料层，均布气流，加强气液接触，以避免气流不均造成局部烟气流速过大，导致形成的气溶胶颗粒在塔内停留时间短，难以凝结长大，以及气液两相反应不充分的问题。

（3）在喷淋层上设置水洗层，洗涤烟气中携带的氨气、硫铵、硝铵结晶颗粒、微尘。投运后，因水洗层液体收集器达不到理想效率，大量水洗循环液落回吸收塔内，塔内液位过高，破坏了水平衡，目前尚在整改。

（4）扩大脱硫塔直径（四烧塔径 14m，五烧塔径 15m），降低塔内烟气流速，确保除雾器在高效区工作。

（5）设置双塔，前级浓缩降温塔已降低烟气温度至 80℃，吸收塔内反应温度相对降低，氨更易溶于水，减少氨的挥发。

（6）减小液气比。四烧设计为 5.1，五烧为 1.6 左右。

（7）将塔顶烟囱 100m 改为套筒式烟囱 150m。一方面，烟囱高度增加，使烟气扩散面积增大，可减少“烟囱雨”；另一方面，烟囱采用套筒式，其外层为混凝土，烟气从内层钢烟囱（玻璃鳞片涂层防腐）排放，混凝土外层具有较好的保温效果，可有效减少因钢烟囱内壁烟气冷凝水过多形成二次夹带产生的烟囱雨。

5.5.2.3 硫酸铵结晶工艺优化

将硫铵副产品结晶工艺设计为双效蒸发结晶，相对减少蒸汽耗量。

5.5.2.4 浆液沉淀去渣工艺优化

烧结脱硫浆液中的灰渣为细烟尘，颗粒粒径很小（中位径 2~3μm），沉淀时间较长，液固界面不明显。絮凝沉淀及膜过滤去除灰渣，虽然实验室试验取得成功，但因未有工程应用实例，使用情况无法准确估计，所以都未予实施。自然沉淀法用于硫铵浆液，虽然其沉淀时间较长，沉淀效率较低，且沉淀出的灰渣难以脱水，但沉淀工艺简单、直观，投资较少，所以选择自然沉淀法来解决脱硫浆液灰渣富集问题。设置两级沉淀罐，一级沉淀罐用于沉淀浆液，二级沉淀罐用于水洗涤一级沉淀罐中分离出来的渣浆，经过洗涤后的渣浆（降低硫铵含量）送到烧结铁料库。

四烧沉淀罐采用的是进液溢流出上清液模式，进液时浆液有扰动，去渣效果较差。所以，五烧脱硫设计时改为沉淀罐静置沉淀、分层设置溢流管，防止沉淀下来的灰渣又被扰动，提高沉淀效果，且增加沉淀时间到 2 天。设置 3 个 1000m^3

溶液箱，沉淀罐上清液先进入溶液箱缓冲，进行二次沉淀，进一步降低浆液中灰渣含量，而后进行蒸发结晶，确保硫铵晶体颗粒颜色较白。原设计沉淀罐罐底污泥输送至板框压滤机脱水，试验后发现，板框压滤机滤布易堵，故舍弃了该方案，改为沉淀渣浆直接送烧结铁料库。

5.6　南钢 360m² 烧结机氨法脱硫运行初期问题及措施

5.6.1　运行初期出现的问题

2009 年 9 月，南钢 360m² 烧结机氨法烟气脱硫系统正式投入运行，然而，在投产之初的半年时间里，脱硫系统逐渐暴露出一些问题，具体如下：

（1）两台增压风机工作负荷偏差较大，烟气从原烟囱漏出。由于烧结机抽风采用的是双烟道，且两台抽风机风箱与烧结机是头尾对应，即 1 号抽风机对应的是烧结机中部，2 号抽风机对应的是烧结机头尾部，生产中 1 号抽风机的风量较大，压力偏高，导致压力高的烟道烟气易冲破挡板门从原混凝土烟囱漏出。

（2）脱硫塔烟囱排放的烟气汽雾较浓，烟羽很长，另外烟气中有白色液滴滴落，且有一定腐蚀性。

（3）硫铵溶液过滤装置连续稳定工作性能不佳，脱硫塔、浓缩塔内粉尘堆积严重，每三个月即需清淤一次，每次需 4 天时间。

（4）硫铵产量与氨耗比例偏低。2010 年平均硫铵与液氨比值为 1.83，氨及铵盐逃逸情况非常严重。

（5）由于烧结原料成分的多样性，其烟气较特殊，在脱硫形成的脱硫液中经常含有硫磺、硫代硫酸铵等物质，进入硫铵系统后，会阻碍副产品硫铵结晶的形成，影响硫铵装置的生产能力。

（6）硫铵生产抽真空装置工作不稳定。硫铵系统采用双效真空蒸发结晶技术，采用蒸汽喷射泵时，真空系统对蒸汽压力的依赖性极大（蒸汽压力需在 0.4MPa 以上），但外网蒸汽压力冬季常低于 0.4MPa，影响硫铵结晶系统运行，同时也造成蒸汽消耗大，浪费能源。

5.6.2　改进措施

针对以上问题，南钢与市环保公司进行了认真分析和研究，采取咨询、考察、交流和合理吸收的工作方式，最终确定了整改方案，并在烧结机常规检修时间内逐步完成。

5.6.2.1　两台增压风机负压偏差的解决

改造前 1 号增压风机入口烟道压力约为 60Pa 微正压，2 号增压风机入口烟道压力约为 40Pa 微负压。2010 年 7 月，利用烧结检修时间在 1 号、2 号增压风机入口烟道之间增设了联通烟道，以平衡两风机进口压力。改造后，1 号增压风机和 2 号增压风机入口烟道压力基本平衡，日均控制在-50～-260Pa 之间，原烟囱无烟气漏出，达到了控制要求。

5.6.2.2　排放烟气“烟羽过长”和“硫铵雨”问题的解决

关于“烟羽过长”或气溶胶问题，众所周知，烟气中所含的酸性物质，都会在气相中同氨气发生反应变为对应的盐，比如 SO_2 会生成亚硫铵固体盐，SO_3 会生成硫铵固体盐，HCl 会生成氯化铵固体盐，甚至氮氧化物也都会生成硝铵或亚硝铵固体盐。这些盐尽管含量不一定高，但其粒子很细，一般小于 1μm，甚至 0.1μm，当其存在于烟气中会遮挡阳光，由于光散射作用，便产生烟羽过长，延绵不散的现象。

关于“硫铵雨”的问题，由于硫铵溶解度很高，且需要烟气蒸发结晶或蒸汽蒸发结晶才能较好地析出硫酸铵晶体，循环吸收液中硫酸铵含量较高，这样烟气夹带的液滴（按石灰石-石膏湿法的除沫器标准，75～100mg/m^3）其硫酸铵含量至少在 50%左右，也就是说，脱硫净烟气夹带的液滴实际上是浆液滴，这使得净烟气含固量或含尘量增加近 40～50mg/m^3，很难保证脱硫后烟气的含尘量要求。同时，还由于是湿排放，烟气夹带的浆液滴排出烟囱后会随烟气飘散而下落，如雨滴一般，即称为“硫铵雨”。当其落于地面、建筑物甚至设备上，会出现明显而密集的白色斑点，导致腐蚀。

针对这两个问题，2010 年利用 $360m^2$ 烧结机停产检修之机，完成了以下几项改造：

（1）将填料层厚度由原来的 1m 增至 1.5m，以增强除雾能力。

（2）将原有水平除雾器和立式除雾器全部拆除，更换为玻璃钢除雾器，使烟囱“下雨”减小。

（3）增大脱硫塔和浓缩塔循环出料能力。改造前脱硫塔出料能力约为 $15m^3/h$，浓缩塔出料能力约为 $5m^3/h$，且硫铵溶液浓度及塔内的 pH 值控制均不稳定。经对循环泵系统加以改进，使脱硫塔、浓缩塔出料能力均达到 $30m^3/h$ 以上，脱硫塔内硫铵比重控制在 1.05～1.10 之间，pH 值控制在 5.8 以下，确保了烟气 SO_2 吸收最佳。同时，利用塔内反冲系统鼓气氧化，使过量的亚硫酸铵进一步氧化，确保其达到最佳氧化程度。

（4）将压缩空气引入脱硫塔内，实现塔内溶液氧化，强化塔内溶液传质，提高脱硫效率，减少氨逃逸和气溶胶的产生。

这几项措施实施后，“烟羽过长”和“硫铵雨”现象大大减轻，干燥气候下，烟气排出几十米即自行扩散。

5.6.2.3　脱硫塔、浓缩塔内粉尘堆积问题的解决

由于烧结烟气中含有一定量的灰尘，脱硫塔和浓缩塔运行一段时间后，塔内积灰严重。由于塔内积灰无法在线连续出渣，只能定期停脱硫系统，人工出渣。正常情况下，连续运行一个月，浓缩塔内积灰便超过人孔，最高时达到 2m，每运行三个月，需对两塔内积灰清理一次，每次约需 4 天，严重影响脱硫系统同步运行率。

通过增设溶液反冲泵，在脱硫塔和浓缩塔分别布置反冲管道，冲击塔底溶液，使积尘现象得到彻底解决。改造后，两塔实现了在线连续出渣，无需停机处理，连续运行一个月后，停机检查浓缩塔，塔内几乎无积灰。此外，将压缩空气引入脱硫塔内反冲系统，实现塔内溶液氧化，强化了塔内溶液传质，提高了脱硫效率，也减少了氨逃逸及气溶胶的产生。

除此之外，还增设了塔外除渣系统。之前塔内灰渣主要采用消防水冲洗，以浆液状外运。通过增加沉淀、板框压滤系统，浆液状的灰渣被压干，每两天压渣一次，每次出干渣约 1t 左右，外运至原料场，大大减轻了外运压力。

5.6.2.4　硫铵与氨比例偏低问题的解决

可采取以下措施解决硫铵比例偏低问题：

（1）通过提高脱硫塔和浓缩塔的循环出料能力，使脱硫效率得以提高，减少了 SO_2 和氨的逃逸。

（2）控制好脱硫塔运行参数，塔内硫铵密度控制在 1.05~1.10 之间，pH 值控制在 5.8 以下，确保烟气 SO_2 吸收最佳。

（3）利用塔内反冲系统鼓气氧化，使过量的亚硫酸铵进一步氧化，确保亚硫铵氧化程度最佳。

（4）控制氨储罐呼吸口氨气挥发，通过增加水密封设施，杜绝了氨气外逸现象。

通过改造，2011 年上半年，硫铵产量与氨耗比例达到 3.4。

5.6.2.5　硫铵溶液中出现单质硫问题的解决

由于烧结烟气的特殊性，在烧结脱硫形成的脱硫液中经常含有硫磺、硫代硫酸铵等物质，进入硫铵系统后将会阻碍副产品硫铵结晶的形成。为此，新建了塔外氧化设施，在氧化过程中利用空气的曝气作用，去除系统中的硫黄。同时，还增设了硫黄分离系统，结晶出固态硫黄。

5.6.2.6　硫铵系统双效真空蒸发结晶采用水环抽真空

利用中修时间，将硫铵结晶系统抽真空的蒸汽喷射泵改为水环真空泵，使系

统可用性大大提高，对外网蒸汽压力的依赖程度降低，蒸汽压力只需达到0.3MPa，硫铵车间就可正常运行。且只要水环真空泵稳定运行，结晶罐真空度便能长期稳定在-88kPa，保证了硫铵结晶系统的正常生产。

5.7 氧化镁法

氧化镁法最早由美国开米科基础公司（Chemico-Basic）于20世纪60年代开发成功；70年代，日本开始有商业镁法脱硫系统投入使用。80年代后期，我国台湾地区从日本引进第一套镁法脱硫技术。随后镁法脱硫获得了较为广泛的应用。镁矿石的主要成分是碳酸镁（$MgCO_3$），经过煅烧生成的氧化镁（MgO）可用作脱硫吸收剂，靠近产区的企业可采用氧化镁法脱硫，以降低运行成本。

5.7.1 工艺原理

氧化镁法脱硫的基本原理是将氧化镁通过浆液制备系统制成氢氧化镁（$Mg(OH)_2$）过饱和液，在脱硫吸收塔内与烧结烟气充分接触，与烧结烟气中的SO_2反应生成亚硫酸镁（$MgSO_3$），从吸收塔排出的亚硫酸镁浆液经脱水处理和再加工后可生产硫酸，或者将其强制氧化全部转化成硫酸盐制成七水硫酸镁（$MgSO_4 \cdot 7H_2O$）。

5.7.2 工艺系统及设备

烧结机烟气经过电除尘器去除粉尘至100mg/m^{3}以下，通过增压风机进入脱硫塔，MgO进行熟化反应生成一定浓度的$Mg(OH)_2$浆液，在脱硫塔内，$Mg(OH)_2$与烟气中的SO_2反应生成$Mg(HSO_3)_2$，$Mg(HSO_3)_2$经强制氧化生成$MgSO_4$，直接排放或分离干燥后生成固体$MgSO_4$进行回收，其工艺流程如图5-10所示。

氧化镁脱硫系统主要包括溶液的制备与输送、烟气冷却、脱硫以及液水处理三部分。

（1）$Mg(OH)_2$溶液的制备与输送。把脱硫剂仓库的袋装MgO粉剂加入已注水的反应罐中，形成$Mg(OH)_2$溶液，质量分数约为35%。罐内设置了搅拌机以防止沉淀，边搅拌边加入MgO，同时导入蒸汽。$Mg(OH)_2$溶液通过输送泵送至$Mg(OH)_2$储存罐内。

（2）烟气冷却、脱硫。从烧结机排放的烟气去除粉尘后通过增压风机进入脱硫塔的冷却器内，脱硫塔内集水池中的$Mg(OH)_2$溶液通过冷却泵输送至冷却器，通过喷嘴喷淋。冷却器加入了外部冷却水，在喷淋后使烟气的温度降低至70℃以下。烟气进入脱硫塔，在上升的过程中经过多孔板，与喷淋的$Mg(OH)_2$浆液充分接触反应，达到去除SO_2的目的。烟气经过喷淋后上升，经过除雾器除

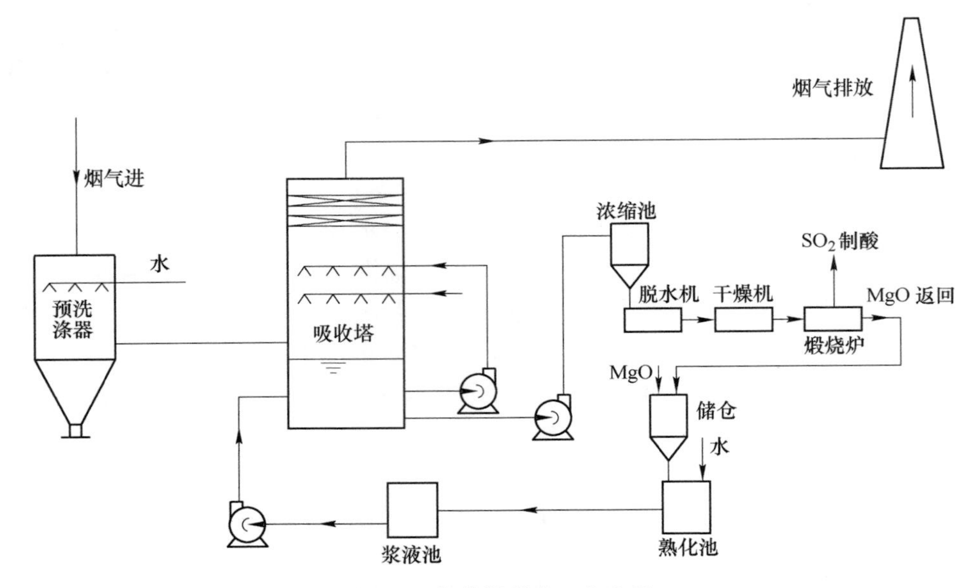

图 5-10 氧化镁脱硫工艺流程

雾之后进入脱硫塔排气烟囱排入大气。

(3) 氧化罐排出液水处理。从氧化罐过来的废水经排水泵提升至二级凝集槽的第一级，同时将配制好的8%的 $Al_2(SO_4)_3$ 溶液和0.1%的聚丙烯酰胺按顺序先后投加至第一、二级凝集槽，废水经过二级凝集槽的混凝反应后，自流进入竖流沉降槽的导流筒后进入沉降区，上清液经过溢流堰进入处理水池达标外排，污泥沉降至泥斗后通过泥浆泵送至带式压滤机进行脱水处理。分离后的泥渣进入污泥斗后外运，滤液回流至沉降池导流筒重新处理。

氧化镁法脱硫系统与石灰石-石膏法等钙法脱硫工艺相近，工艺具有以下特点:

(1) 脱硫效率高。在化学反应活性方面，MgO 要远远大于钙基脱硫剂，因此，在钙硫摩尔比和镁硫摩尔比相等的条件下，MgO 的脱硫效率要高于钙基脱硫剂的脱硫效率。一般情况下，MgO 的脱硫效率可达到95%~98%以上，而石灰石-石膏法的脱硫效率仅能达到90%~95%左右。

(2) 投资费用少。MgO 的摩尔质量（40g/mol）比 $CaCO_3$（100g/mol）和 CaO（56g/mol）都小，在钙硫摩尔比和镁硫摩尔比相等时，MgO 具有独特的优越性，循环浆液量、设备功率、吸收塔结构、系统的整体规模都可以相应减小，因此，整个脱硫系统的投资费用可以降低20%以上。

(3) 液气比低、运行费用低。决定运行费用的主要因素是脱硫剂的费用和水电汽的费用。MgO 的价格比 $CaCO_3$ 的价格高一些，但是脱除等量 SO_2 的 MgO

用量仅为 CaCO 用量的 40%。水、电、汽等动力消耗方面，液气比是一个十分重要的因素，它直接关系到整个系统的脱硫效率及运行费用。石灰石-石膏系统的液气比一般为 15~20L/m，而氧化镁法的液气比一般为 2~5L/m，降低了氧化镁法脱硫工艺的运行费用。

（4）运行可靠。镁法脱硫相对于钙法的优势是系统不会发生设备结垢堵塞问题，能保证整个脱硫系统安全有效的运行。镁法 pH 值控制在 6.0~6.5 之间，在该条件下，设备腐蚀问题也得到了一定程度的解决。

（5）副产物可综合利用。镁法脱硫的产物是硫酸镁，综合利用价值高。一方面可以强制氧化全部生成硫酸镁，然后再经过浓缩、提纯生成七水硫酸镁进行出售。另一方面也可以直接煅烧生成纯度较高的 SO_2 来制硫酸。副产物的出售能抵消一部分运行费用。

5.8 双碱法

双碱法脱硫工艺首先用可溶性的钠碱溶液作为吸收剂吸收 SO_2，然后再用石灰溶液对吸收液进行再生，由于在吸收和吸收液处理中，使用了不同类型的碱，故称为双碱法。吸收剂常用的碱有纯碱（Na_2CO_3）、烧碱（NaOH）等。其操作过程分为吸收、再生和固液分离三个阶段。

5.8.1 工艺原理

双碱法脱硫工艺原理为：在脱硫塔内，以钠碱 NaOH 作为第一吸收碱液，吸收烟气中 SO_2，生成 $NaHSO_3$ 和 Na_2SO_4 溶液，然后该溶液在塔外用石灰 $Ca(OH)_2$ 反应，再生成第一碱液 NaOH，第一碱液再返回碱液池，第一碱液不断地被循环使用，只需补充添加部分钠碱。石灰作为主要消耗物，在塔外反应生成 $CaSO_3$，$CaSO_3$ 经氧化后生成 $CaSO_4 \cdot 2H_2O$ 沉淀，即石膏，沉淀物经压滤机处理外运。

双碱法脱硫工艺流程如图 5-11 所示。烧结机头烟气经电除尘器净化后，由引风机引入脱硫塔。含 SO_2 的烟气切向进入塔内，并在旋流板的导向作用下螺旋上升；烟气在旋流板上与脱硫液逆向对流接触，将旋流板上的脱硫液雾化，形成良好的雾化吸收区，烟气与脱硫液中的碱性脱硫剂在雾化区内充分接触反应，完成烟气的脱硫吸收过程。经脱硫后的烟气通过塔内上部布置的除雾板，利用烟气本身的旋转作用与旋流除雾板的导向作用，产生强大的离心力，将烟气中的液滴甩向塔壁，从而达到高效除雾效果，除雾效率可达 99%以上；脱硫后的烟气直接进入塔顶烟囱排放。

脱硫液采用塔内循环吸收和塔外再生方式。雾化液滴在离心力作用下被甩向塔壁，沿塔壁以水膜形式流回旋流板塔塔釜。为保证循环液对 SO_2 的吸收能力，

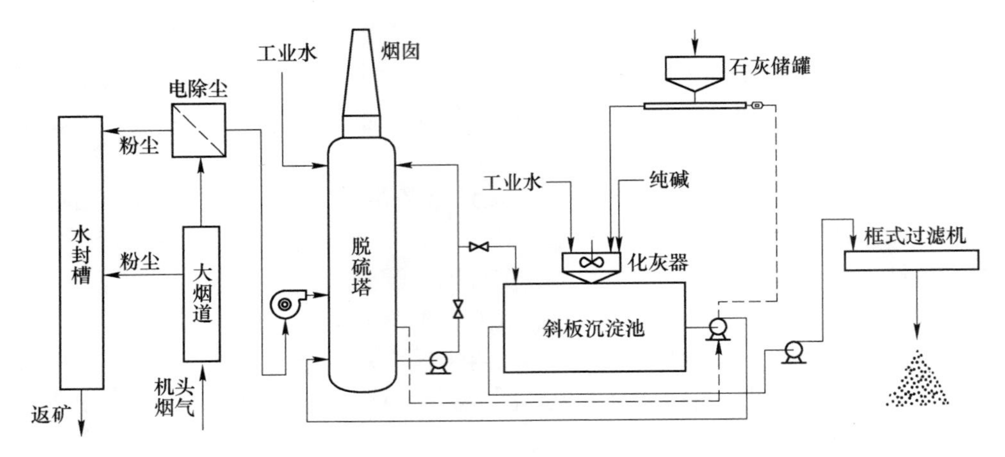

图 5-11　钠-钙双碱法烧结烟气脱硫工艺流程

由循环水泵引出部分脱硫液，经循环水池沉淀后的脱硫液溢流回再生池。在再生池中，脱硫液与石灰浆液充分混合，并发生再生反应，最后由清液泵从再生池中打回塔内循环使用。启动时由人工在结晶池中加入适量的晶种。

脱硫除尘后的废液由塔底排至冲灰沟，废液中的脱硫副产物 Na_2SO_3，与药剂石灰溶液反应后生成 $CaSO_3$ 和 NaOH，难溶性易结垢物质 $CaSO_3$ 经药剂絮凝后在沉淀池内有效沉降，经有效沉淀后的 NaOH 澄清液用钠碱液调节 pH 值后由循环泵继续送至塔体循环使用。沉淀池中的烟尘、$CaSO_3$ 以及其他杂质等废渣由抓渣装置排出后综合处理。

该技术在山东球墨铸铁 $52m^2$ 烧结机使用，并在石钢、广钢和凌钢得到应用，目前都是较小型烧结机。

5.8.2　工艺系统及设备

NaOH-CaO 双碱法脱硫工艺，系统主要由 SO_2 吸收系统、脱硫剂制备系统、脱硫副产物处理系统、脱硫除尘水供给系统以及电气控制系统等部分组成。

5.8.2.1　SO_2 吸收系统

SO_2 吸收系统由吸收塔、塔内喷淋系统以及吸收液供给管道等部分组成。吸收塔内安装有脱硫设备，包括水膜旋流器、喷雾系统、除雾器、反冲洗装置及其他辅助设施。喷淋系统包括管线、喷嘴、支撑、加强件和配件等。喷淋层的布置要达到所要求的喷淋浆液覆盖率，使吸收溶液与烟气充分接触，从而保证在适当的液气比下可靠地实现所要求的脱硫效率。喷淋组件及喷嘴的布置要求均匀覆盖吸收塔的横截面。脱硫塔顶部的除雾器用于分离烟气携带的液滴。由于被滞留的液滴中含有固态杂质，因此挡板上可能集灰结垢。为了保证烟气通过除雾器时产生的压降不超过设定值，需定期进行在线清洗。

5.8.2.2 吸收剂制备系统

脱硫工艺系统要求的石灰纯度大于80%；钠碱为工业火碱，纯度大于95%。石灰上料装置由螺旋上料机和螺旋给料机以及上料槽等部分组成。石灰浆液罐用于石灰加湿熟化，并将熟化好的石灰浆液配成一定浓度。石灰浆液罐设有搅拌装置，可根据烟气流量波动调节石灰用量。钠碱罐设有搅拌装置，将配置好的NaOH溶液送至沉淀池泵吸入口附近，可及时补充脱硫系统的钠离子损失，并根据pH值的反馈信号控制用量。

5.8.2.3 脱硫副产物处理系统

为了有效防止供液管道及脱硫塔内设备结垢堵塞，确保循环液水质，使脱硫除尘后废液中的脱硫副产物（$CaSO_3$ 和 $CaSO_4$）以及灰渣烟尘等固体渣充分沉淀，脱硫除尘废液在进入沉淀池前加入高效絮凝剂，使固体渣快速有效沉淀，从而保证循环泵入口处的脱硫液为澄清液体。脱硫除尘系统产生的废渣由电动抓斗从沉淀池中排出。

5.8.2.4 脱硫除尘水供给系统

工艺水由厂区工业水系统供应，主要用于除雾器反冲洗用水和脱硫除尘系统药剂用水。脱硫除尘循环泵为防腐耐磨专用脱硫泵，其流量和扬程能确保喷淋系统所需要的流量和压力雾化效果，使脱硫液与烟气充分接触，从而保证在适当的液气比下达到所要求的脱硫效率。

5.8.2.5 电气控制部分

电气控制部分主要是对脱硫除尘系统中的脱硫液制备系统、反冲洗系统、钠碱液制备装置和高效絮凝剂制备装置等设备进行控制，以使整个系统运行可靠、易操作。控制仪表主要有反冲洗电磁阀、石灰上料机变频器等。

5.8.3 工艺优点及安全注意事项

双碱法最初是为了克服石灰石-石膏法易结垢的缺点而设计的，与后者相比，双碱法具有以下优点：

（1）塔内生成的是可溶性盐 Na_2SO_3，难溶性易结垢物质 $CaSO_3$ 在塔外生成，避免了系统结垢堵塞的问题，系统运行稳定，易于维护。

（2）脱硫循环液为NaOH溶液，具有良好的反应活性，能保证高的脱硫效率；同时，液气比相对较低，系统运行能耗低；循环液pH值较低（6.5~7.5），能有效防止系统结晶、结垢堵塞的发生。

(3) 高效絮凝剂能有效净化脱硫循环液水质，优化水系统流程，确保系统高效稳定运行。

双碱法烟气脱硫系统运行中需注意的事项：

(1) 机头烟气经过电除尘后，仍有一定量的粉尘，易造成管道堵塞。因此应严格控制脱硫前的除尘工艺，降低烟气含尘量。增加循环液的过滤效率，可加大循环泵的功率，增加管内的水流速度，减少沉淀。

(2) 脱硫塔本体的喷淋冲洗系统，应保证冲洗水压力在 0.5MPa 以上，并根据脱硫液的浓度情况调整冲洗时间。针对塔顶部除雾板积灰、结垢的现象，采用上、下两层喷淋装置同时冲洗。石灰浆液设备和管路系统均应设置工艺水冲洗装置，在系统备用前必须彻底用水冲洗，防止石灰浆液产生沉淀而堵塞管路。

(3) 旋流板塔式双碱脱硫工艺对生石灰的质量要求相对较宽，要求石灰粒度小于 150μm，CaO 含量大于 80%。若石灰纯度不能满足设计要求，可能产生的负面影响包括：增加脱硫塔本体喷淋层污堵的可能性，增加脱硫塔塔底反应物排渣的难度，增加脱硫塔管路系统中衬胶层磨损的可能性。

(4) 由于脱硫液有一定的腐蚀性，各种循环管网又比较多，水泵、管道、塔体锈蚀比较快，故需经常保养和维修。对于塔体锈蚀快的问题，可在塔的内壁加装耐腐蚀的特殊钢板。

5.9　离子液法

离子液循环吸收烟气脱硫技术采用离子液作为吸收剂，对 SO_2 气体具有良好的吸收和解吸能力，且吸收剂再生产生的高纯 SO_2 气体是液体 SO_2、硫酸、硫黄和其他硫化工产品的优良原料。该技术具有脱硫效率高、吸收剂回收率高、系统基本不产生二次污染、副产物具有较高回收价值和良好市场前景等优势，具有良好的研发价值和应用前景。目前，离子液循环吸收烟气脱硫在国内的工程化应用尚处于起步阶段，有待进一步研发。

5.9.1　工艺原理及流程

作为吸收剂的离子液是以有机阳离子和无机阴离子为主，并添加少量活化剂、抗氧化剂和缓蚀剂组成的水溶液，使用过程中不会产生对大气造成污染的有害气体。在常温下离子液吸收 SO_2，高温（105～110℃）下又将离子液中的 SO_2 再生出来，从而达到脱除和回收烟气中 SO_2 的目的。脱硫机理如下：

$$SO_2 + H_2O + R \rightleftharpoons RH^+ + HSO^{3-}$$

R 代表吸收剂，上式是可逆反应，常温下反应从左向右进行，高温下从右向左进行。离子液循环吸收法正是利用此原理达到“脱除”和“回收”烟气中 SO_2

的目的。

离子液循环吸收烟气脱硫工艺流程如图 5-12 所示。烟气经吸收塔下部的水洗冷却段除尘降温后送入吸收塔上部，在吸收塔内与上部进入的离子液（贫液）逆流接触，气体中的 SO_2 与离子液反应被吸收，净化气体从吸收塔顶部的烟囱排放至大气。吸收 SO_2 后的富液由塔底经泵送入贫富液换热器，与热贫液换热后进入再生塔上部。富液在再生塔内经过两段填料后进入再沸器，继续加热再生成为贫液。再沸器采用蒸汽间接加热，以保证塔底温度在 105~110℃左右，维持溶液再生。解吸 SO_2 后的贫液由再生塔底流出，经泵、贫富液换热器、贫液冷却器换热后，进入吸收塔上部，重新吸收 SO_2。吸收剂往返循环，构成连续吸收和解吸 SO_2 的工艺过程。

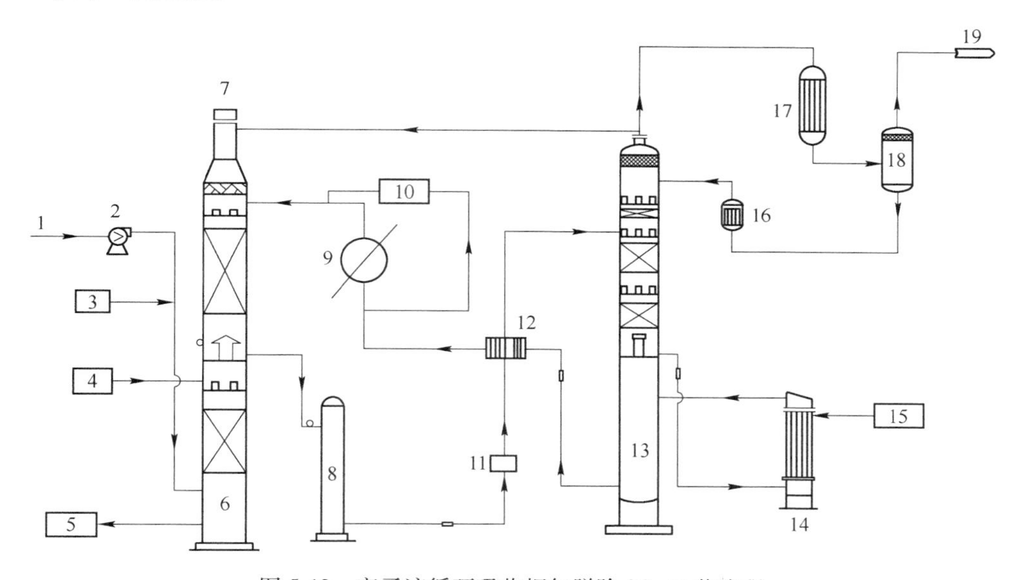

图 5-12 离子液循环吸收烟气脱除 SO_2 工艺流程

1—含 SO_2 烟气；2—增压风机；3—制酸尾气；4—循环水系统；5—污水处理系统；6—吸收塔；7—烟囱；8—富液槽；9—贫液冷却器；10—离子液过滤及净化装置；11—富液泵；12—贫富液换热器；13—再生塔；14—再沸器；15—蒸汽加热系统；16—回流泵；17—冷凝器；18—气液分离器；19—SO_2 气体去制酸系统

再生、冷却后的贫液通过贫液输送泵送往 SO_2 吸收塔，在管道上设有支管将一定量的离子液送往离子液过滤及净化工序。离子液过滤的主要目的是除去其中富集的超细粉尘，避免 SO_2 吸收塔因粉尘堵塞填料层造成塔运行阻力上升而影响系统的正常运行。离子液净化是通过离子交换装置（离子交换树脂净化器、软化水冲洗及碱液制备和给液装置）来进行盐的脱除和树脂的再生，置换出的热稳定盐被冲洗水带出后作为工业废水送往废水处理站处理后回用。从再生塔内解析出

的 SO_2 随同蒸汽由再生塔塔顶引出，进入冷凝器，冷却至 40℃，然后经气液分离器除去水分，得到纯度为 99%的 SO_2，送至制酸工段制取 98%浓硫酸。冷凝液经回流泵送回再生塔顶以维持系统水平衡。若制酸系统出现故障临时停运时，则再生塔顶部的旁路阀打开，解析出的 SO_2 送至吸收塔顶放散。

5.9.2　技术特点

离子液循环吸收烟气脱硫技术具有以下优势：

（1）吸收剂可再生。离子液吸收 SO_2 后的富液直接进入再生塔，通过蒸汽间接加热，使温度保持在 105～110℃左右，离子液即可再生，再生气体 SO_2 纯度高，没有固体杂质，可直接制酸。

（2）副产物具有较高的回收价值和良好的市场前景，同时副产品回收利用的收益可冲抵部分运行费用。经理论计算，脱除 1t 的 SO_2 可副产浓度 98%的浓硫酸约 1.6t，冲抵部分运行费用。

（3）脱硫效率高。该技术的脱硫效率可达 95%以上，出口 SO_2 排放浓度（标态）可达到 $100mg/m^3$ 以下。

（4）系统基本不产生二次污染。

国内尚无离子液循环吸收烟气脱硫技术的工程经验，研发需考虑以下关键问题：

（1）装置耐腐蚀合金材料的合理选择。离子液循环吸收烟气脱硫技术由于其工艺、吸收剂的特殊性，导致洗涤塔、吸收塔、再生塔、离子交换装置、制酸装置等诸多设备的腐蚀环境十分恶劣，系统腐蚀情况较为复杂。装置建设中如何合理地选择耐腐蚀合金材料是该脱硫技术工程化的重要问题。

（2）对离子液的稳定性及适用烟气范围的研究。从现场试验结果及建成工业装置的运行情况来看，离子液良好的吸收解吸性能毋庸置疑，但能否长期稳定地运行，必须经过工业装置长时间运行方可验证。另外，离子液适用的烟气范围也有待研究，因为烟气成分及夹带的粉尘可能对离子液具有破坏性，从而影响技术的可行性及装置的正常运行。

（3）过滤、净化装置是保证离子液稳定性、高吸收效率及系统正常稳定运行的重要装置。工程设计中，为了合理控制投资费用，在确定过滤净化装置的能力时仅考虑对部分解吸后的贫液进行过滤和净化。通过监测离子液的含盐量、粉尘量等几项主要指标，来调整进入过滤净化装置的贫液量，离子液的性能检测通过人工定期取样分析。因此，需要在对烟气成分及烟气夹带粉尘量进行全面、准确的检测和分析，才能科学合理地设计净化过滤装置。

（4）再生、制酸系统对 SO_2 浓度波动的适应性受生产工艺的影响。在运行过程中，应对吸收 SO_2 后的离子液再生进行控制，使之能以相对稳定的流量进行再生，并以相对稳定的速度将被俘获的纯SO_2送至制酸系统，以保持系统的热平衡及稳定运行。按照设计要求，制酸系统是需自热，但目前该工业装置的一组电炉需要长开，以维持制酸系统的正常运行，其增加了能源消耗和运行费用。

（5）对工艺进行优化设计，降低能耗和运行成本。从攀钢建成的工业装置来看，系统配套的水、电、气等系统较为庞大，每小时耗电量约为5000kW；吸收剂再生需要蒸汽约40t/h，即脱出1t的SO_2大约需要13t蒸汽。初步估计，该脱硫系统的水、电、气消耗费用约为4000万元/年（以年运行时间8000h计），在副产物回收效益降低的情况下，将给企业带来一定的负担。另外，离子液的跑漏及稀释问题亟待解决，否则将大幅增加离子液的消耗，增加运行费用。

（6）系统运行的技术经济性。由于系统运行费用偏高，应认真研究运行成本与烟气中硫含量的关系。

5.9.3 攀钢173.6m^{2}烧结机离子液法脱硫应用

2008年12月攀钢173.6m^{2}烧结机离子液法烟气脱硫工程热负荷试车，处理能力为$55\times10^4m^3/h$（标态）的烟气。从试运行及停机后检查的情况来看，该装置脱硫效率较高，但与所有的湿法烟气脱硫装置一样，存在设备腐蚀、堵塞和酸雾问题，另外还存在离子液稀释、能源消耗量大等问题，具体情况如下：

（1）脱硫效率达到90%以上，SO_2排放浓度为40~180mg/m^3。

（2）生成的硫酸浓度、品质达到工业用硫酸的要求。

（3）再生塔和贫富液换热器有点蚀现象。

（4）堵塞及固体物质沉积现象较为严重：1）烧结烟气夹带的粉尘造成风机挂泥、贫富液换热器堵塞、洗涤水冷却器堵塞、洗涤塔底淤积大量粉尘；2）再生塔及与之相连的管道内壁附着黄色的固体物质——硫黄。

（5）吸收塔顶排放的烟气夹带大量的液滴形成酸雾，并造成离子液跑漏。对排放口降落至地面的液滴进行了收集化验，分析成分见表5-12。

表5-12 酸雾液滴的化学成分及含量

成分	Fe	Ca	Mg	Al	Cu	总硫（以SO_4^{2-}计）	pH值
含量/g·L^{-1}	0.488	0.437	0.05	<0.010	0.054	66.37	4.44

（6）出现了离子液稀释现象，离子液浓度由投运时的25%下降至15%，再次运行时需要补充部分离子液。初步分析，这可能是跑漏和烟气洗涤后的含湿水带入离子液导致的现象。

5.10 有机胺法

有机溶剂脱除SO_2起源于20世纪初，早在1940年Gleason就申请了二甲基苯胺脱硫工艺的专利，其后有机溶剂在脱除硫化氢方面取得了巨大进展，但直到1991 年 Heuseland Bellaniti 提出以四乙二醇二甲醚为溶剂脱除 SO_2，该工艺才真正实现工艺化。

5. 10. 1　基本原理

在水溶液中，溶解的 SO_2 会发生可逆水合和电离过程：

$$O_2 + H_2O \longrightarrow HSO_3^- + H^+$$

$$HSO_3 \longrightarrow H^+ + SO_3^{2-}$$

在水中加入缓冲剂，可以增加 SO_2 的溶解量。例如有机胺，通过和水中的氢离子发生反应，形成胺盐，反应式如下：

$$R_3N + SO_2 + H_2O \longrightarrow R_3NH^+ + HSO_3^-$$

增大了 SO_2 的溶解量。采用蒸汽加热，可以再生吸收剂，得到高浓度的 SO_2 气体，再对 SO_2 进行回收利用。

一元胺的吸收功能过于稳定，以至于无法通过改变温度再生 SO_2；一旦一元胺与 SO_2 或其他的强酸发生化学反应便生成一种非常稳定的胺盐。二元胺在烟气脱硫上具有更大优势，二元胺在工艺过程中首先与一种强酸发生反应：

$$R^1R^2N - R_3 - NR_4R_5 + HX \longrightarrow R_1R_2NH^+ - R_3 - NR_4R_5 + X^-$$

式中，X^-为强酸根离子，反应式右边的单质子胺基是一种非常稳定的盐，不能通过改变温度再生。另一个胺基是强基胺，其化学性能不稳定，能与 SO_2 发生化学反应，且在不同的温度下可以再生，反应式如下：

$$R_1R_2NH^+ - R_3 - NR_4R_5 + SO_2 + H_2O \longrightarrow R_1R_2NH^+ - R_3 - NR_4R_5H^+ + HSO_3^-$$

化学平衡和再生之间的关系是有机胺烟气脱硫的精华之所在。

5. 10. 2　莱钢银山型钢炼铁厂改造方案

莱钢集团银山型钢炼铁厂 1 号 $265m^2$ 烧结机烟气脱硫采用有机胺半烟法，于2011 年 11 月 30 日开工，2012 年 10 月 17 日正式开始商业运营。但是从试运行以来，脱硫排放不达标，同步运行率低。有机胺法脱硫技术先进，但尚不成熟，在具体生产中应用较少，并且脱硫效率不高。特别是 2013 年 5 月后，因排放不达标及设备故障率高，脱硫系统基本停机。

5. 10. 2. 1　有机胺法存在的问题

（1）同步运行率低。2013 年 1~5 月同步运行率仅 49. 5%。

（2）排放超标，达标率不足 70%。

（3）脱硫段出口浓度较高，平均值在 $150mg/m^3$ 以上。

（4）氨液消耗较大，运营成本较高。由于系统复杂，水、电、蒸汽等能源介质消耗较多，并且脱硫剂胺液以及碱液等消耗较大，导致运营成本较高。1~5月，脱硫运行1665.5h，按照每小时烧结矿产量300t计算，折合每吨矿运行成本17.66元。

5.10.2.2 脱硫改造方案

有机胺法脱硫存在诸多弊端，导致脱硫达标率及设备同步运行率远远达不到设计及环保要求，面对日益严峻的环保形势压力，于2013年结合当前现场设备特点，将有机胺法脱硫改为氨法脱硫工艺，用氨水吸收烧结机烟气中的SO_2，在塔底氧化生成硫酸铵浆液，硫酸铵浆液送入新建硫酸铵生产车间处理系统进行浓缩，结晶、固液分离、最后干燥得到硫酸铵晶体；脱硫后的净烟气由原吸收塔上的直排烟囱直接排放。

5.11 其他湿法脱硫工艺简介

5.11.1 钢渣（FeO-MgO-CaO）法

从资源循环利用的角度，需要开发出利用工业固废物作为吸收剂的脱硫技术。钢渣法烟气脱硫技术就是利用炼钢转炉渣作为吸收剂，其脱硫产物可用于盐碱地改造或水泥添加剂。

钢渣主要由钙、铁、硅、镁和少量铝、锰、磷等的氧化物组成。主要的矿物相为硅酸三钙（$3CaO \cdot SiO_2$）、硅酸二钙（$2CaO \cdot SiO_2$）、钙镁橄榄石（$CaO \cdot MgO \cdot SiO_2$）等以及铁、硅、铝、锰、磷的氧化物形成的固溶体，还含有少量游离氧化钙以及金属铁、氟磷灰石等。钢渣中各种成分的含量因炼钢炉型、钢种以及冶炼阶段的不同，有一定差异。

钢渣法脱硫是将粉状钢渣用水调制成的浆液（碱性溶液），在吸收设备中与烟气中的SO_2反应生成稳定的化合物，以达到烟气脱硫的目的。钢渣中游离的氧化钙、氧化镁、氧化锰参与反应吸收；硅酸三钙（$3CaO \cdot SiO_2$）、硅酸二钙（$2CaO \cdot SiO_2$）水化反应生成$Ca(OH)_2$参与反应吸收；钙镁橄榄石、钙镁蔷薇辉石、铁铝酸钙等矿物分解，参与吸收反应，生成亚硫酸盐和硫酸盐。

唐山德龙钢铁230m^2烧结机采用该脱硫工艺，所用钢渣为湿磨法选铁后的渣浆，既解决了渣浆的处理问题，又节省了脱硫剂的费用。

5.11.2 海水法

海水脱硫技术是利用天然纯海水作为烟气中SO_2的吸收剂，无需其他脱硫剂，也不生任何废弃物，是一种新型的脱硫技术。

海水呈碱性，pH值通常约为7.5~8.5，海水中含有一定量的可溶性碳酸盐，使得海水具有天然的酸碱缓冲能力，这也正是海水脱硫的关键。海水对酸性气体

如 SO_2 具有非常强的吸收能力，SO_2 被海水吸收后的最终产物为可溶性硫酸盐，而可溶性硫酸盐为海水的天然成分。

烟气中的 SO_2 被海水吸收生成 SO_3^{2-} 与 H^+，H^+浓度增加，使得海水的 pH 值降低；另一方面，海水中存在的 CO_3^{2-} 离子与 H^+反应生成 CO_2 和 H_2O，抵消了由于吸收 SO_2 造成的酸化作用，pH 值得以恢复正常。生成的 CO_2 一部分溶于水中，其余部分排入空气。

海水具有比较高的离子强度，海水的高离子强度有利于离子化的稳定，这就加强了 SO_3^{2-} 和 HSO_3^- 的生成，使得 SO_2 的溶解度增大，促进海水对 SO_2 的吸收。海水脱硫主要利用海水天然碱性的这一特点决定了该工艺不适用于高含硫量烟气的处理，若需增加海水对 SO_2 的脱除率，可以添加少量碱性物质来提高海水碱度，如石灰。

吸收塔内洗涤烟气后的海水呈酸性，含有较多 SO_3^{2-}，不能直接排放至大海。将自脱硫塔排出的酸性海水，与大量来自虹吸井的偏碱性海水混合后进入曝气池，由空气压缩机鼓入压缩空气，使得海水中溶解氧逐渐达到饱和，将易分解的亚硫酸盐氧化成稳定的硫酸盐。存在于海水中的 CO_3^{2-} 与吸收塔排出的 H^+加速反应释放出 CO_2，使海水的 pH 得到恢复，处理后的海水 pH、COD 等达到排放标准后即可排入大海。

海水脱硫技术对海水水质的影响主要体现在以下指标：SO_4^{2-} 含量、pH 值、温度、COD、金属含量、溶解氧（DO）。需对这些指标进行检测，避免对海洋生物、环境造成影响。

海水脱硫只适于临海工厂，目前只在沿海的电厂脱硫有应用，如深圳西部电厂，其运行状况良好，对排水口附近海洋生态及表层沉积物没有不良影响。海水脱硫在烧结烟气脱硫还未有应用，因烧结烟气成分较电厂复杂，其脱硫废水对海洋环境的影响需重新评估。

5.11.3 膜分离法

膜分离法是使含气态污染物的废气在一定的压力梯度下透过特定的薄膜，利用不同气体透过薄膜的速度不同，将气态污染物分离去除。两个流动相（烟气和吸收剂溶液）通过多孔膜进行接触，烟气中的 SO_2 和 CO_2 可通过膜孔进入碱性溶液，并与该溶液的吸收剂反应被吸收，而烟气中 O_2、N_2 及其他气体被截留在气相中。

膜分离法已用于石油化工、合成氨尾气中氢气的回收、天然气的净化等，但目前未用于烧结烟气脱硫。

5.11.4 微生物法

微生物烟气脱硫技术是利用化学能自养微生物对 SO_x 的代谢过程，将烟气中的硫氧化物脱除。在生物脱硫过程中，氧化态的污染物如 SO_2、硫酸盐、亚硫酸盐及硫代硫酸盐可经微生物还原作用生成单质硫去除；或者是将微生物与过渡金属的催化脱硫结合。该工艺涉及两个方面：一是微生物脱硫机理；二是过渡金属离子的催化氧化机理。前者是微生物参与硫元素循环的各个过程，将无机还原态硫氧化成硫酸，同时完成过渡金属离子由低价态向高价态转化；后者是利用过渡金属离子的强氧化性在溶液中的电子转移，将亚硫酸氧化成硫酸。二者相互依赖，相互补充，达到脱硫的目的。微生物法脱硫目前处于研究阶段。

5.12 循环流化床烟气脱硫工艺

循环流化床脱硫工艺在工业上广泛应用的主要有四种。分别是德国 Lurgi 开发的循环流化床烟气脱硫工艺（CFB），德国 Wulff 公司开发的烟气回流循环流化床脱硫工艺（RCFB），丹麦 FLS 公司开发的气体悬浮吸收脱硫工艺（GSA）和美国 ABB 公司开发的增湿灰循环脱硫技术（NID）。CFB 是最早应用于烟气脱硫的循环流化床工艺。

CFB 是 20 世纪 80 年代德国鲁奇公司开发的一种半干法脱硫工艺，基于流态化原理，通过吸收剂的多次再循环，延长吸收剂与烟气的接触时间，大大提高了吸收剂的利用率，在钙硫比（Ca/S）为 1.2～1.3 的情况下，脱硫效率可达到 90%左右。其最大特点是水耗低，基本不需要考虑防腐问题，同时可以预留添加活性炭去除二噁英的接口。

循环流化床脱硫工艺应用实例较多，在宝钢 $495m^2$、邯钢 $400m^2$、太钢 $450m^2$、三钢 $130+200m^2$（两机一塔）、云南红钢 $260m^2$、江西新钢 $360m^2$ 等烧结机均有应用。脱硫产物可用于制造对 SO_3 烧失量无特殊要求的烧结砖或轻骨料陶粒。

5.12.1 工艺原理

CFB 烟气脱硫一般采用干态的石灰粉（CaO）或消石灰粉（$Ca(OH)_2$）作为吸收剂，将石灰粉按一定的比例加入烟气中，使石灰粉在烟气中处于流态化，与 SO_2 反应生成亚硫酸钙。

一个典型的适合烧结烟气脱硫的 CFB-FGD 系统由吸收剂供应系统、脱硫塔、物料再循环、工艺水系统、脱硫后除尘器以及仪表控制系统等组成，其工艺流程如图 5-13 所示。

烟气从吸收塔底部进入，经吸收塔底部的文丘里结构加速后与加入的吸收剂、吸附剂、循环灰及水发生反应，除去烟气中的 SO_2、HCl、HF 等气体。物料颗粒在通过吸收塔底部的文丘里管时，受到气流的加速而悬浮起来，形成激烈的湍动状态，使颗粒与烟气之间具有很大的相对滑落速度，颗粒反应界面不断摩

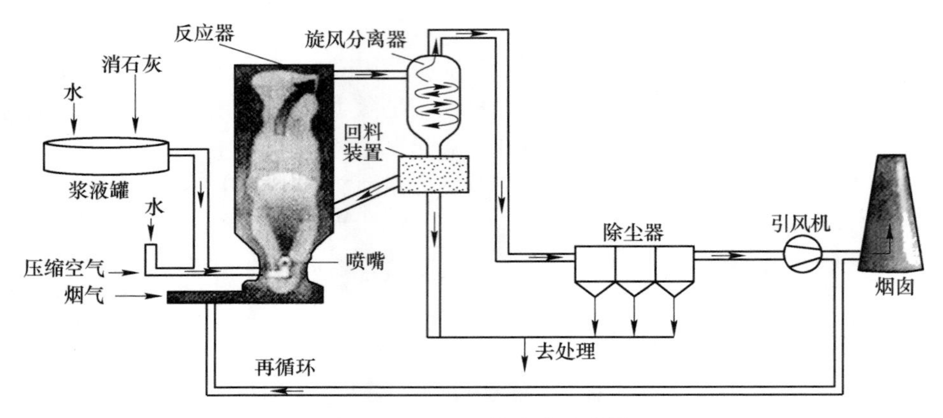

图 5-13　CFB 工艺流程示意图

擦、碰撞更新，极大地强化了气固间的传热、传质。为达到最佳反应温度，通过向吸收塔内喷水，控制烟气温度始终高天露点温度 15℃ 以上。携带大量吸收剂、吸附剂和反应产物的烟气从吸收塔顶部进入除尘器，进行气固分离。图 5-13 的工艺使用旋风分离器作为除尘器，也可用布袋除尘器收集粉尘后循环使用回料。

循环流化床烟气脱硫装置应用了流化床原理、喷雾干燥原理、气固两相分离理论及化学反应原理，是一种两级惯性分离、内外双重循环的循环流化床烟气悬浮脱硫装置，烟气通过文丘里流化装置时将脱硫剂颗粒流态化，并在悬浮状态下进行脱硫反应。高倍率的循环和增强内循环的结构增大了脱硫塔内的物料浓度，提高了脱硫剂的利用率；同时，脱硫塔中心区域的喷浆形成湿反应区，利用快速的液相反应，保证了较高的脱硫效率。循环流化床具有以下特点：

（1）快速床的运行状态。循环流化床的气固两相动力学的研究表明，床内的大气泡被粉碎成小的空隙，这些空隙可以看成是一条条连续的气体通道，颗粒以曲折的路线向上急速运动。因此，气固接触效率较高，可在较小的阻力损失下处理大量的烟气。根据试验研究结果，脱硫塔内颗粒浓度大、气固相对滑移速度高、混合条件好，则脱硫效率高，所以常常选择快速床的运行状态。

（2）脱硫塔内颗粒和脱硫剂的累积。循环流化床只要保证分离器有较高的分离效率和一定的循环倍率，塔内颗粒会由启动时的低浓度水平逐渐增大并达到稳定浓度，加入的脱硫剂可以在脱硫塔内累积到很大的量，使得脱硫效率显著提高。因此，对脱硫效率起直接影响作用的参数并不是入口钙硫比，而是累积钙硫比。累积钙硫比是指输入单位摩尔 SO_2 对应的塔内总的 $Ca(OH)_2$ 摩尔数，该值越大，脱硫效率越高。

（3）脱硫塔内颗粒粒径分布的动态变化。循环流化床内的颗粒受到内部喷嘴产生的喷雾加湿和随后的烟气干燥作用，并由于颗粒的团聚作用，使得颗粒有造粒效果，粒径不断增大，最终从文丘里处落下退出循环。同时，在旋风分离器作用下作为干灰再循环的大量粒径较小的回料颗粒的补充，使得塔内颗粒粒径分布在运行一段时间后达到稳定。其粒径分布情况受喷浆量、喷浆方式（单层或多层）、循环倍率、运行风速等很多因素影响。在运行过程中，若喷浆量（取决于负荷）、循环倍率发生变化，粒径分布会随之变化，达到一个新的稳定值。

5.12.2 工艺系统及设备

循环流化床烟气脱硫系统主要由脱硫塔、吸收剂制备系统、物料再循环及排放系统、脱硫工艺用水系统和控制系统等组成。其中，脱硫塔主体包含文丘里流化装置、脱硫反应塔、布袋除尘器、脱硫灰回送装置等。

5.12.2.1 脱硫反应塔

脱硫反应塔为文丘里空塔结构，是整个流化床脱硫反应的核心，由于烟气中的 SO_2 完全被脱除，且烟气温度始终在露点温度 15℃ 以上，因此，脱硫塔内部及下游设备无需任何防腐，塔体由普通碳钢制成。

5.12.2.2 吸收剂制备系统

脱硫剂通常采用生石灰（主要成分为 CaO），由密封罐车运到脱硫区并用泵送入生石灰仓。然后，经过安装在仓底的干式消化器消化成 $Ca(OH)_2$ 干粉，消石灰粉含水率一般低于 1.5%，通过气力输送至消石灰仓储存。根据脱硫需要，通过计量系统向脱硫塔加入 $Ca(OH)_2$ 干粉。

5.12.2.3 物料再循环及排放系统

除尘器收集的脱硫灰大部分通过空气斜槽返回脱硫塔进行再循环，通过控制循环灰量调节脱硫塔的压降。除尘器的灰斗设有外排灰点，采用正压浓相气力输送方式，输送能力要按实际灰量的 2 倍设计，配套输送管槽将脱硫灰送库储存。

5.12.2.4 脱硫工艺用水系统

脱硫装置的工艺用水包括脱硫塔脱硫反应用水和石灰消化用水。前者通过高压水泵以一定压力经过回流式喷嘴注入脱硫塔内，在回流管上设有回水调节阀，根据脱硫塔出口温度来调节水量。石灰消化用水采用计量泵，根据消化器入口生石灰的加入量进行控制。

5.12.2.5 控制系统

CFB 的工艺控制过程主要有 3 个回路。这 3 个回路相互独立，互不影响。

（1）SO_2 浓度控制。根据脱硫塔入口 SO_2 浓度、除尘器排放 SO_2 浓度、烟气量等来控制吸收剂的加入量，以保证达到设计要求的 SO_2 排放浓度。（2）脱硫塔反应温度的控制。通过调节喷水量控制脱硫塔内的最佳反应温度在 70～80℃之间。（3）脱硫塔压降控制。通过控制循环物料量，控制脱硫塔整体压降在 1600～2000Pa 之间。

5.12.3　主要工艺参数

影响循环流化床脱硫效率的主要因素有床层温度、钙硫比、固体颗粒物浓度、脱硫剂粒度和反应活性等。

（1）固体颗粒物浓度。循环流化床具有较高的脱硫效率，其中一个重要原因就是在反应器中存在飞灰、粉尘和石灰的高浓度接触反应区。实验结果表明，随着床内固体颗粒物浓度的逐渐升高，脱硫效率升高。这是由于床内强烈的湍流状态以及高颗粒循环速率提供了气、液、固三相连续接触面，颗粒间的碰撞使得吸收剂表面的反应产物不断脱落，新的石灰表面连续暴露在气体中，强化了床内的传质和传热。

循环流化床的气固比或固体颗粒物浓度是保证其良好运行的重要参数。在运行中调节床内气固比的方法是通过控制吸收塔压降来调节送回吸收塔的循环灰量。

（2）床层温度。在循环流化床烟气脱硫工艺中，可用 CFB 出口烟气温度与相同状态下的绝热饱和温度差 ΔT 来表示床层温度的影响，脱硫效率随着 ΔT 的增大而下降。ΔT 在很大程度上决定了浆液的蒸发干燥特性和脱硫特性。一方面，ΔT 降低可使浆液液相蒸发缓慢，SO_2 与 $Ca(OH)_2$ 的反应时间增大，脱硫率和钙的利用率均提高；另一方面，ΔT 过低又会引起烟气结露，易在流化床壁面沉积固态物，对反应器的腐蚀增加。可通过喷水量调节床层温度，随着喷水量的增加，在石灰颗粒表面形成一定厚度的稳定液膜，使 $Ca(OH)_2$ 与 SO_2 的反应变为快速的离子反应，从而使脱硫效率大幅度提高。但喷水量不宜过大，以流化床出口烟气温度高于绝对热饱和温度 20℃为宜。

（3）脱硫剂粒度和反应活性。一般要求 CaO 含量大于 80%，粒度小于 2mm，活性度（4mol/mL，40±1℃，10min）≥200。

（4）钙硫比。脱硫效率随着钙硫比的增加而增加，但当钙硫比增加到一定值（钙硫摩尔比 1.8～2.0），脱硫效率的增加趋于平缓。一般 Ca/S 控制为 1.5～1.8 较适宜。

5.12.4　使用维护要求

CFB 脱硫系统控制参数精度要求高，特别是床层压降、喷水量和布袋压差，以及循环风挡的开度控制是确保床层稳定的关键。当烧结生产出现波动，或主抽风机进行调整时，脱硫风机要及时联动调整，这对脱硫系统的操作提出了较高要求。如控制不当，则会发生脱硫塔流化床塌床事故。由于该工艺的核心是建立流化床态，因此其适宜的负荷范围为 85%~100%。福建龙净公司将该工艺应用于烧结机烟气脱硫时，针对烧结烟气特点，为防止烟气“塌床”采用了清洁烟气再循环装置。当烧结机生产出现波动，入口风量减少，烟气负荷低于 85%时，为了保证脱硫塔稳定运行，不发生塌床，必须有足够的风量通过脱硫塔。因此，利用脱硫风机后烟道压力高于脱硫前的压力，打开烟气控制阀，进行清洁烟气再循环，就可自动补充清洁烟气回到脱硫塔，保证脱硫塔内烟气量相对稳定，从而使脱硫塔内的物料床层得到稳定。

吸收塔的喷水量非常重要参数，需严格按照设计要求进行喷水嘴的安装，运行中需定期对喷嘴进行检查维护。

床层压降也非常重要的参数。床层压降可以反映脱硫塔内流化床所含固体颗粒物量，压降越大，床层颗粒越多。在首次投入运行或大修后投入运行时，应对脱硫塔压降测试点进行校验。可通过调整脱硫剂加入量来控制吸收塔床层压降。

5.13 分段脱硫技术研究、工业试验与改造措施

5.13.1 风箱烟气分段脱硫技术的提出

对烧结工艺来说，烧结机前半段由于原料刚开始燃烧，产生的一部分 SO_2 被烧结过湿层水分吸收，SO_2 浓度较低；烧结机尾部则由于燃烧结束，SO_2 浓度同样较低。这两部分低 SO_2 浓度烟气可汇集到一条单独烟道直接排放，通常叫非脱硫系。分段脱硫的技术思想就是根据烧结机长度方向上 SO_2 浓度分布的特点，希望将其中 SO_2 浓度排放高于国家标准的风箱烟气汇集到一条独立的脱硫烟道集中脱硫，其他低于排放标准的风箱烟气可直接排放，从而减少脱硫的烟气处理量，降低烟气脱硫成本，提高效率。

梅钢 4 号烧结共有风箱 23 个，分别对其烟气进行 SO_2 浓度检测。经过检测，SO_2 浓度分布结果如图 5-14 所示。从图可以看出，1~9 号风箱的烟气 SO_2 含量较低，但从 10 号风箱开始，SO_2 含量骤然陡升，从 51mg/m^3 骤然升高到 641mg/m^3。可见，探讨将低脱硫区域抽风管道统一并入非脱硫系管道具有可行性和积极意义。

5.13.2 湘钢烧结机分段脱硫工业试验

湘钢新二烧 405m^2 烧结机，采用选择性脱硫方式，烧结抽风系统如图 5-15 所示。1 号、2 号以及 12~19 号风箱烟气导入脱硫烟道，3~8 号和 22~24 号风箱烟气导入非脱硫烟道，9~11 号和 20~22 号风箱为可切换风箱。可切换风箱通过

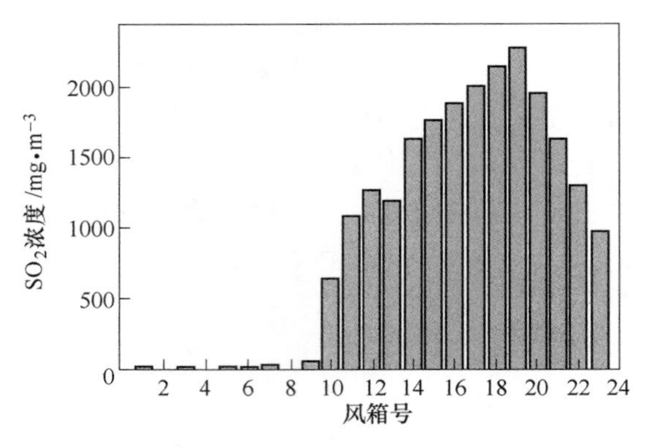

图 5-14 SO_2 浓度风箱方向分布

翻板式切换阀连通至两个烟道，切换阀平常置于双通位置，烟气对称导入两个烟道，必要时，可通过调节切换阀将烟气全部导入脱硫烟道或非脱硫烟道。

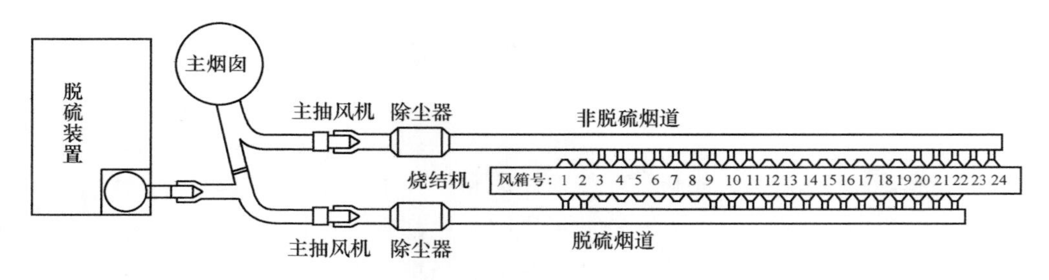

图 5-15 烧结机抽风系统示意图

5.13.2.1 原始条件

2014 年 3 月，对湘钢 405m^2 烧结机烟气理化性能进行了实测，沿烧结机长度方向各风箱烟气 SO_2 浓度分布规律如图 5-16 所示。

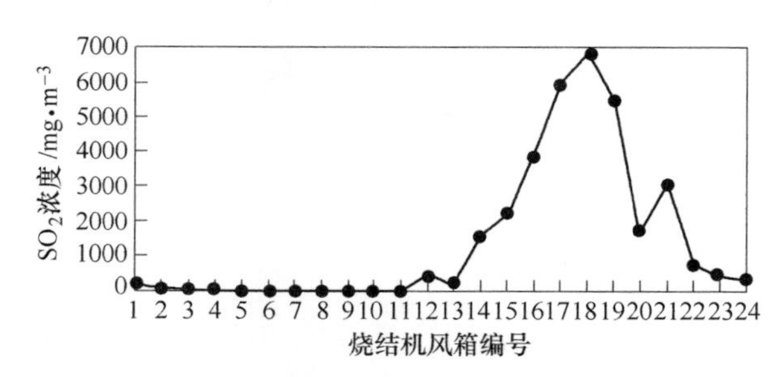

图 5-16 烟气 SO_2 浓度沿风箱分布曲线

经抽风系统的选择性导向，SO_2 浓度较高的烟气被导入脱硫烟道，经后续脱硫处理后达标排放；SO_2 浓度较低的烟气则被导入非脱硫烟道自然排放。两个烟道的 SO_2 浓度等主要指标（采自湘潭市环保局的“湘潭市污染源自动监测系统”在线监测数据）列于表 5-13。

表 5-13　烟道总管烟气主要理化指标

烧结烟气	SO_2 浓度/$mg \cdot m^{-3}$		温度/℃	负压/MPa
	脱硫前	脱硫后		
脱硫烟道	2188	153	133	16.9
非脱硫烟道	236	—	166	16.5

5.13.2.2　试验方法

利用尾部的 20 号、21 号、22 号三个风箱的可切换特性，将其收集的 SO_2 浓度仍较高的烟气由平常的对称导入双烟道逐个改为全导入脱硫烟道，实现烧结烟气中的 SO_2 进一步向脱硫烟道富集。试验分以下四组进行：

（1）基准：基准期不调整任何风箱导向，采集正常生产实测数据作为对比基准。

（2）试验Ⅰ：将 21 号风箱的烟气全部导入脱硫烟道。

（3）试验Ⅱ：将 20 号、21 号风箱的烟气全部导入脱硫烟道。

（4）试验Ⅲ：将 20 号、21 号、22 号风箱的烟气全部导入脱硫烟道。

每次调整风箱导向后观察 24h，非脱硫烟道 SO_2 排放浓度采用湘潭市环保局的“湘潭市污染源自动监测系统”在线监测数据，生产参数力求正常。

5.13.2.3　试验结果

在每组试验开始后的前期，各组试验数据相互交织，没有规律，但约 12h 过后，各组试验 SO_2 浓度出现明显的高低分层：基准组 SO_2 浓度平均值为 256.35mg/m^3；试验Ⅰ组 SO_2 浓度平均值降为 171.03mg/m^3；试验Ⅱ组降为 155.39mg/m^3；试验Ⅲ组降为 82.90mg/m^3，后三组试验 SO_2 浓度均低于新排放限值。

5.13.3　福建三钢应用烟气循环技术实现全烟气脱硫

2008 年福建三钢为了既满足环保要求、又节省投资和运行成本，结合烧结烟气排放特点，采用了选择性脱硫的方式，即将烧结烟气中 SO_2 浓度高的烟气引入脱硫装置进行脱硫，SO_2浓度低的则经除尘后直接排放。这一方式在当时的环保标准和背景下可行。

然而，随着环保形势的变化，新的环保法和环保排放标准于 2015 年 1 月 1 日实施，对外排烧结烟气 SO_2 浓度的限值将由原来的 $600mg/m^3$ 收紧到 $200mg/m^3$。对于采用选择性脱硫方式的烧结厂来说，未经脱硫的烧结烟气中 SO_2 浓度通常高于 $200mg/m^3$，很难满足新排放标准的限值要求。因此，这些企业必须解决这部分烟气排放不达标的问题，禁止未经脱硫的烟气外排。

解决上述问题的途径有两种：一是扩大现有脱硫设施的能力或增建新的脱硫设施；二是采用烧结烟气循环技术，将这部分烟气再次引入烧结料层循环使用。无论是从投资费用，还是运行成本考虑，第二种方法都具有明显优势。基于此，三钢烧结厂技术人员从本厂实际情况出发，研发出了一种烧结机烟气循环全烟气脱硫技术，并于 2014 年 1 月实现工业化应用。目前，系统运行稳定，取得了良好的经济和社会效益。具体脱硫改造方案如下：

大烟道烟气来自 SO_2 浓度相对高的 5~13 号共 9 个风箱。其中，12 号、13 号风箱的烟气收集后先经热管换热，再与 5~11 号风箱的烟气混合后经电除尘器除尘，除尘后的烟气进行脱硫，脱硫烟气量约 $40×10^4m^3/h$。

小烟道烟气来自 1~4 号风箱和 14 号、15 号风箱。14 号、15 号风箱的烟气收集后先经热管换热，然后与 1~4 号风箱的烟气混合后经电除尘器除尘；除尘后的烟气与已脱硫的烟气一并经高烟囱排放，小烟道烟气量约 $20×10^4m^3/h$。

本次改造采用烧结烟气循环技术，将小烟道烟气引入烧结机脱硫段循环，不再直排。具体改造内容如下：在烧结机头尾部的小烟道（非脱硫烟道）主抽风机出口与通往烟囱的检修阀门之间引一路管道，沿着厂房立柱回到烧结机中部脱硫段的台车上方（此段台车上方用密封罩罩住），烟囱前面的检修阀门正常情况下处于关闭状态，迫使小烟道内的含硫烟气沿着新增的管道返回到烧结机脱硫段台车上方，被大烟道的主抽风机吸入，然后进入脱硫系统进行脱硫，工艺流程见图 5-17。该方案实现了烧结外排烟气全脱硫而不增加原有脱硫系统的负荷，且无需增加动力。

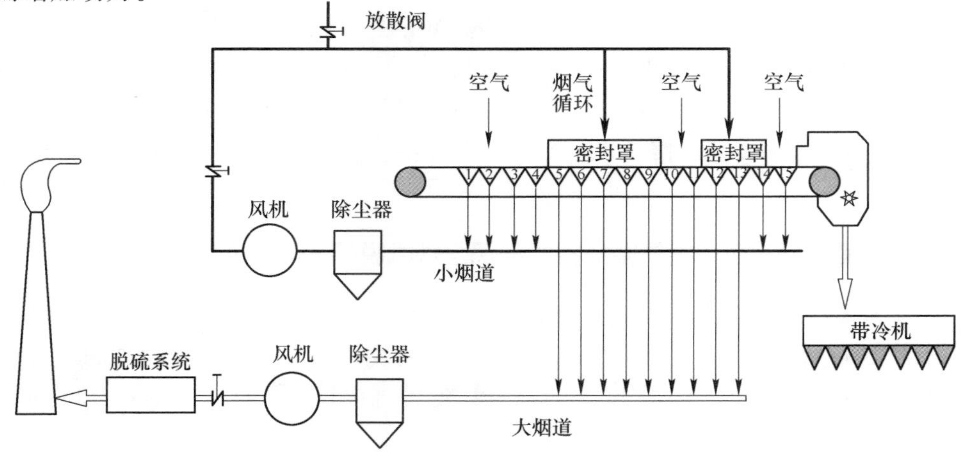

图 5-17　脱硫工艺改造流程示意图

5.14 旋转喷雾干燥法脱硫工艺

旋转喷雾干燥烟气脱硫技术（SDA）是丹麦Niro公司开发的一种喷雾干燥吸收工艺。1980年，Niro公司的第一套SDA装置在美国一家电厂投入运行；1998年，德国杜伊斯堡钢厂烧结机成功应用旋转喷雾干燥脱硫装置。经过30多年的发展，SDA现已成为世界上最为成熟的半干法烟气脱硫技术之一。

我国从2008年引入SDA脱硫技术以来，鞍钢、沙钢已上脱硫设施全部为SDA法。近2年，SDA技术推广较快，在重钢、江苏永钢、常州中天、南京钢厂、沙钢、济钢、宝钢南通钢厂、邯钢、通钢等已经实现了稳定运行。

5.14.1 工艺原理及流程

SDA喷雾干燥脱硫工艺原理与NID、CFB工艺基本相同。它是用一定浓度的石灰浆液$Ca(OH)_2$经过高速旋转的雾化器，将石灰浆液雾化成50μm直径的雾滴，与进入脱硫塔的含SO_2及其他酸性介质的约120~180℃烟气接触，迅速完成SO_2及其他酸性介质与石灰浆液的化学反应，达到脱除烟气中的SO_2及其他酸性介质的目的。完成酸碱中和反应的同时，烟气中的热量迅速蒸发水分，实现快速脱硫和干燥脱硫副产物的过程。SDA脱硫工艺流程简单，吸收塔为空塔结构，工艺流程如图5-18所示。烧结烟气由主抽风机出口烟道引出，送入旋转喷雾干燥（SDA）脱硫塔，与被雾化的石灰浆液接触，发生物理、化学反应，气体中的SO_2及其他酸性介质被吸收净化，主要生成$CaSO_3$和$CaSO_4$。

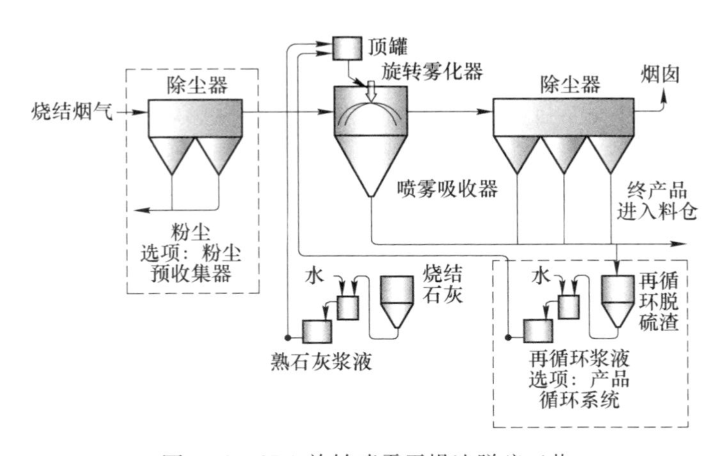

图5-18 SDA旋转喷雾干燥法脱硫工艺

生石灰粉定量加入消化罐并加水配制成15%~25%的石灰浆液，石灰浆液经振动筛筛分后自流入浆液罐，浆液罐中的石灰浆液根据原烟气SO_2浓度由石灰浆液泵定量送入置于脱硫塔顶部的浆液顶罐，顶罐内浆液自流入脱硫塔顶部雾化器，浆液经雾化器雾化成 50μm 的雾滴，与脱硫塔内烟气接触迅速完成吸收 SO_2 等酸性气体。由于石灰浆液为极细小的雾滴，增大了脱硫剂与 SO_2 接触的比表面积，反应极其迅速且有极高的脱除 SO_2 效率。由于喷入塔内的石灰浆液是极细的雾滴，完成反应后的脱硫产物也为极细的颗粒，因此，完成反应的同时也迅速得到干燥。

脱硫并干燥的粉状颗粒随气流进入袋式除尘器进一步净化处理，净烟气由增压风机抽引由烟囱排入大气。除尘器收集下的粉尘定期外运。粗颗粒（石灰粉带入的泥沙或不溶性石灰石）沉入塔底定期外排。

在布袋除尘器入口烟道上添加活性炭可进一步脱除二噁英、汞等有害物质。

5.14.2 技术特点

SDA 脱硫工艺的技术特点如下：

（1）空塔结构，系统简单，运行阻力低，吸收塔的阻力约 1000Pa，能耗低，操作维护方便。

（2）脱硫效率高。SDA 工艺采用与湿法相同的机理，SDA 是将浆液雾化成极细的雾滴（平均 50μm）喷淋进烟气，极大地提高了接触的比表面积，因此，只需喷淋较少的脱硫剂即可达到较高的脱硫效率（90%~97%）。并对 SO_3、HCl、HF 等酸性物有接近 100%的脱除率。

（3）合理而均匀的气流分布。脱硫塔顶部及塔内中央设有烟气分配装置，确保塔内烟气流场分布均匀，使烟气和雾化的液滴充分混合，有助于烟气与液滴间质量和热量传递，使干燥和反应条件达到最佳；同时确定合理的塔内烟气与雾滴接触时间，可得到最大脱硫效率，并可以充分干燥脱硫塔内雾滴。

（4）浆液量可自动调节。SDA 雾化器采用高速旋转（约 10000r/min）产生离心力，液滴大小仅与雾化轮直径和转速有关，因此，浆液雾化效果与给浆量无关，当吸收剂供料速度随烟气流量、温度及 SO_2 浓度变化时，不会影响雾滴大小，从而确保脱硫效率不受影响。为了保证浆液的雾化效果及系统的稳定安全运行，旋转雾化器一般采用进口设备。

（5）对脱硫剂的品质要求不高。可利用石灰窑成品除尘系统收集的石灰粉作为脱硫剂。脱硫剂采用 $Ca(OH)_2$ 浆液，在喷入脱硫塔前将生石灰加水放热消化成 $Ca(OH)_2$ 浆液，不直接用 CaO 粉末，不会出现未消化的 CaO 在除尘器内吸水、放热而导致糊袋和输灰系统卡堵现象。

（6）对烧结工况的适应性强。通过自动控制系统自动监测进出口烟气数据，由气动调节阀调节塔内雾化吸收剂浆液量来适应烧结工况的变化，且不会增加后续除尘器的负荷。

（7）脱硫后烟气温度大于露点温度。除尘器出口温度控制在较低但又在露点温度以上的安全温度，烟气温度大于露点15℃以上。因此，系统采用碳钢作为结构材料，整套脱硫系统不需防腐处理，也不需要重新加热系统。

（8）水耗低、对水质适应性强。脱硫水耗低，可用低质量的水作为脱硫工艺水（如碱性废水），达到以废治废的目的，且脱硫不产生废水。

（9）副产物可综合利用。SDA脱硫产物中$CaSO_4$含量为40%~54%、$CaSO_3$含量为30%~44%，二者总含量在80%以上。脱硫副产物以一定比例加入高炉渣中，通过磨机制作矿渣微粉。矿渣微粉可用作新型混凝土掺合料，实现副产物资源化，间接减排CO_2。干态脱硫灰还可用于免烧砖等多种用途，实现废弃物再利用。

（10）预留活性炭喷入装置，可脱除二噁英和重金属等，并可方便地与脱硝装置衔接。

5.14.3 工艺系统及设备

5.14.3.1 脱硫塔系统

脱硫塔为空塔结构，结构示意如图5-19所示，脱硫塔内气流流速一般在2m/s。大型脱硫塔配有组合式烟气分配器，分为中心烟气分配器（见图5-20）和顶部烟气分配器（见图5-21），具有烟气分布均匀，处理烟气量大等特点。约60%的烟气由顶部烟气分配器进入脱硫塔，40%的烟气由中心烟气分配器进入脱硫塔，均匀地与雾化器形成的细小雾滴接触，可保证烟气在塔内与雾状脱硫剂充分均匀接触反应，迅速脱硫。

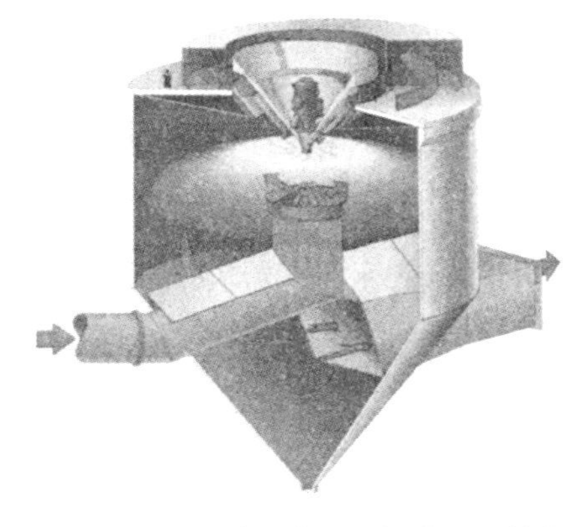

图5-19 SDA脱硫塔及烟气分配器结构

图5-20 中心烟气分配器

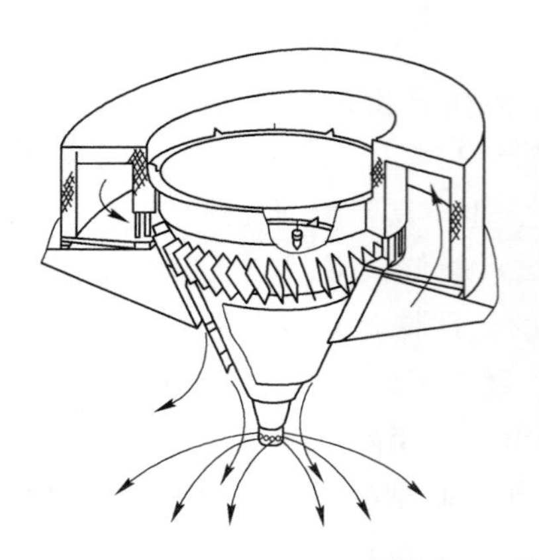

图 5-21 顶部烟气分配器

顶部烟气分配器（蜗壳型）可使热烟气以切向方向进入分配器，在导向板空气分散器作用下，热风能均匀螺旋式进入干燥反应室。空气分配器布置在反应器的中间。分配器通道截面随着风量的减少而变小，这样可使风道中的风速和动压基本一致。

脱硫塔顶还配有 SDA 工艺核心设备——雾化器，喷雾能力可达 110t/h。雾化器的雾化粒径为 50μm，大大增加了雾滴与烟气接触面积，提高吸收效率。雾化器具有极宽的给料分配调节范围，可根据工况波动情况调节喷雾能力，达到减小脱硫剂原料消耗的目的。雾化器布置在干燥反应室顶部中心处，热烟气从上部中心进入干燥室，这样可以更好地使气流分布均匀，减少黏壁。另外，为了使液滴到达反应塔壁前干燥，在反应塔底部引入了下进热风，增强传质传热效果。

5.14.3.2 石灰制浆系统

脱硫剂为石灰车间生产或外购的石灰粉，用吸引压送罐车气体输送至脱硫现场的石灰粉仓内存放，石灰制浆系统由石灰粉仓、振动装置、称重螺旋给料机、消化罐、振动筛、浆液罐、浆液泵、浆液管道和阀门等组成，实现烟气脱硫所需的脱硫剂制备和供给。制备好的新鲜石灰浆液由石灰浆液泵送入顶罐自流入脱硫塔雾化器。

脱硫过程是生石灰加水配置成 15%~25%的熟石灰（$Ca(OH)_2$）浆液，通过雾化器雾化成 50μm 的雾滴喷入脱硫塔内，石灰浆雾滴（吸收剂）在塔内迅速吸收烟气中的 SO_2，达到脱 SO_2 及其他酸性介质的目的。同时，烟气热量迅速干燥喷入塔内的液滴，形成干固体粉状料。

5.14.3.3 循环灰制浆系统

循环灰浆液制备及供给系统，是利用袋式除尘器下收集的脱硫灰干粉再次进行混合制浆，制备的浆液供应至脱硫塔顶罐和新制备的熟石灰（$Ca(OH)_2$）浆液混合后进入雾化器喷雾脱硫，可提高脱硫效率和脱硫剂的循环高效利用。

5.14.3.4 输灰系统

袋式除尘器收集的脱硫灰采用机械输送方式，经除尘器灰斗下部星形卸灰阀卸至切出刮板输送机、集合刮板输送机、斗式提升机送至脱硫灰仓。脱硫灰仓下部设两路出灰，一路定期外排进行综合利用，一路供循环利用。

5.14.3.5 除尘器系统

在脱硫塔内完成了脱硫、干燥任务的烟气在引风机的作用下，经袋式除尘器将烟气中的含尘浓度（标态）降低至20mg/m^{3}以下，经烟囱排入大气，满足环保要求。除尘器入口粉尘浓度（标态）约10~20g/m^3，除尘器布袋负荷较低（大大低于循环流化床和NID工艺），除尘器可长期处于低阻力下运行，系统电耗降低。SDA的高效脱硫是基于雾化器产生极细的浆液雾滴，比表面积增加，脱硫剂利用率提高，而不是基于脱硫剂大量的循环或大量的喷淋提高脱硫效率，故袋式除尘器入口粉尘浓度约10~20g/m^3。选用长袋低压脉冲除尘器，过滤风速一般约为1.0m/min。滤布可选用亚克力，经PTFE浸渍或覆膜。

5.14.3.6 烟道系统

系统根据实际情况设置入口或出口烟道挡板。除尘器入口烟道设置野风阀用以保护滤袋。在至脱硫塔入口的总烟道设置烟气流量检测，脱硫塔至除尘器间的烟道设置温度检测元件，除尘器出入口烟道设置压力检测元件。

5.14.3.7 增压风机

根据设计要求和现场条件，选用离心风机或轴流风机，风压约为3500~4000Pa，正常烟气温度70~120℃。

5.14.3.8 烟气在线监测系统

脱硫装置出口、进口各安装一套CEMS系统，分析烟气中的SO_2、烟尘浓度以及含氧量、湿度、温度、流速、流量、压力等参数，具有脱硫监控和环保监测的功能，CEMS系统与市环保局联网，需符合环保标准要求并通过环境保护部门的验收和核查。

5.15 邢钢2号烧结机SDA脱硫实践

邢钢于2014年4月采用丹麦Niro公司的SDA半干法烟气脱硫技术对2号烧

结机升级改造。

5.15.1　系统设计特点

（1）采用一机一塔工艺方案。主要由一套烟气系统、一套脱硫剂（石灰粉）贮存及浆液制备供给系统、一套脱硫灰输送、循环及外排系统等组成。易出故障的石灰浆液泵、振动筛、循环浆液泵等采用一用一备配置。

（2）该系统采用 Niro 公司的 F360 雾化器，最大喷浆量比原系统增大 1/2，制浆能力增大 1 倍，设备系统相应加大，烟气停留时间大于 11s，脱硫效率≥90%，能够满足在进口烟气 SO_2 含量≥1500mg/m^3（标态）情况下达标排放。

（3）布袋除尘器采用长袋低压脉冲、离线清灰除尘器。在入口含尘浓度 8～18g/m^3（标态）前提下，除尘后粉尘排放可达到≤30mg/m^3（标态）的要求。

（4）布袋除尘器收集的脱硫灰输送采用气力输送。

（5）除尘器收集的脱硫灰可以部分循环利用，进入循环浆液罐，配制成合格的循环浆液。

（6）控制系统能完成所有测量、监视、控制、报警、联锁保护及历史数据记录等监控功能。

（7）在设备的冲洗和清扫过程中产生的排水能收集在脱硫区域内的集水池。

（8）在布袋除尘器入口烟道上预留有接口，可用于将来脱除二噁英、Hg、硝等有害物。

（9）在线监测处理后烟气排放数据，出口的 SO_2、NO_x 和颗粒物含量等参数与省市环保部门联网，并交由第三方维护，实现了社会和政府对排放的全面监管。

5.15.2　存在的问题及改进措施

该系统调试期间也出现过以下一些问题：（1）开停机烧结烟气温度低造成结露，使循环灰遇水凝结不能输出；（2）烟气脱硫调试期间，时有布袋脱落和破损发生；（3）脱硫塔和循环灰放灰时二次扬尘。

为此查找发生原因并做了以下针对性改进：

（1）开停机过程循环灰遇水凝结不能输出问题，其原因为烧结机开停机过程中烟气温度低，加上开机过程中启动雾化器必须开启保护水，使烟气温度更低，当烟气温度低于露点温度时，烟气中的部分水蒸气凝结成水，循环灰吸收水分造成蓬料或密度增加所致。为此采取两项措施：1）当开停机过程中烟气温度低于露点时，采取手动输灰，将灰斗内循环灰输送排空，待烧结烟气温度升高到露点以上后，再使用自动输灰；2）为防止烟气温度高造成雾化器损坏使用的保护水，在烟气温度低时没有必要开启，因此修改了原程序将保护水与雾化器解除联锁，当烟气温度升高后再开启保护水。

（2）调试期间时有布袋脱落和破损发生的问题，其原因为：1）尘气室进风方式为侧面进风，在送风状态时风速较快使布袋骨架下部晃动，摩擦使布袋损坏或脱落；2）骨架过长晃动时布袋互相摩擦，造成布袋损坏。为此采取的措施有：1）将尘气室进风管开大 25%，使尘气室进风速度响应降低 25%；2）将出现布袋脱落和破损的骨架截短 100mm，相应的将布袋改短，减少了骨架晃动。达到了避免布袋损坏或脱落的目的。

（3）针对脱硫塔和循环灰放灰时二次扬尘，采取了以下措施：1）对放灰间进行了封闭；2）在卸灰口沿车帮增加了雾化喷头，一方面将灰尘封闭在卸灰车斗内，另一方面同时进行了润湿，有效地解决了问题。

5.16 NID 脱硫技术

NID 脱硫法是阿尔斯通公司在干法（半干法）烟气脱硫的基础上发展的干法烟气脱硫工艺，应用于电厂、烧结机、工业炉窑、垃圾焚烧炉等烟气脱硫及其他有害气体的处理，是一种适用于多组分废气治理和烟气脱硫的工艺。NID 技术由浙江菲达、武汉凯迪公司引进，主要用于电厂烟气脱硫。

5.16.1 工艺原理及流程

NID 工艺是以 SO_2 和消石灰 $Ca(OH)_2$ 在潮湿条件下发生反应为基础的一种半干法脱硫技术（见图 5-22）。NID 技术常用的脱硫剂为 CaO，CaO 在消化器中加水消化成$Ca(OH)_2$，再与布袋除尘器除下的大量的循环灰相混合进入混合器，在此加水增湿，使得由消石灰与循环灰组成的混合灰的水分含量从 2%增湿到 5%左右，然后以混合机底部吹出的流化风为动力借助烟道负压的引力导向进入直烟道反应器，大量的脱硫循环灰进入反应器后，由于有极大的蒸发表面，水分蒸发很快，在极短的时间内使烟气温度从 115～160℃ 冷却到设定的出口温度（约 90℃），同时烟气相对湿度快速增加到 40%～50%。一方面有利于 SO_2 分子溶解并离子化，另一方面使脱硫剂表面的液膜变薄，减少了 SO_2 分子在气膜中扩散的传质阻力，加速了 SO_2 的传质扩散速度。同时，由于有大量的灰循环，未反应的 $Ca(OH)_2$ 进一步参与循环脱硫，所以反应器中 $Ca(OH)_2$ 的浓度很高，有效钙硫比很大，形成了良好的脱硫工况。

脱硫循环灰在袋式除尘器灰斗下部的流化底仓中得到收集，流化底仓通入约 100℃ 的流化风，当脱硫循环灰高于流化底仓高料位时排出系统。排出的脱硫灰含水率小于 2%，流动性好，采用气力输送装置送至灰库。

NID 法是从烧结机主抽风机出口烟道引出的烟气，经反应器弯头进入反应器，在反应器混合段和混合机溢流出的含有大量吸收剂的增湿循环灰粒子接触，

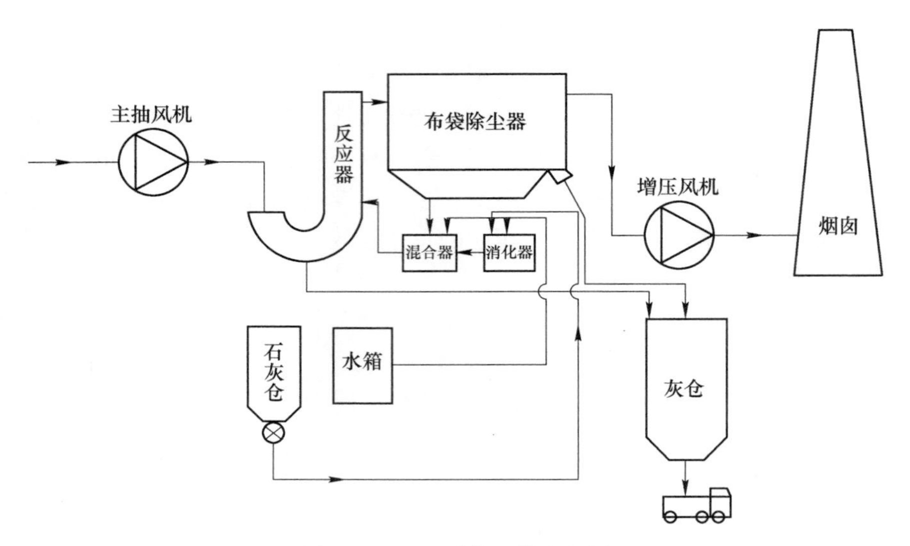

图 5-22　NID 系统工艺流程图

通过循环灰粒子表面附着水膜的蒸发，烟气温度瞬间降低且相对湿度大大增加，形成很好的脱硫反应条件。在反应段中快速完成物理变化和化学反应，烟气中的 SO_2 与吸收剂反应生成亚硫酸钙和硫酸钙。反应后的烟气携带大量干燥后的固体颗粒进入其后的高效布袋除尘器，固体颗粒被布袋除尘器捕集从烟气中分离出来，经过灰循环系统，补充新鲜的脱硫吸收剂，并对其进行再次增湿混合，送入反应器。如此循环多次，达到高效脱硫及提高吸收剂利用率的目的。脱硫除尘后的洁净烟气在露点温度 20℃ 以上，无须加热，经过增压风机排入烟囱。

5.16.2　工艺特点

工艺优点主要有：

（1）布置紧凑，反应器设计使其可安放在除尘器下边，占地面积小。

（2）该技术采用生石灰消化及灰循环增湿的一体化设计，能保证新鲜消化的高质量消石灰 $Ca(OH)_2$ 立刻投入循环脱硫反应，对提高脱硫效率十分有利。

（3）利用循环灰携带水分，当水与大量的粉尘接触时，不再呈现水滴的形式，而是在粉尘颗粒的表面形成水膜。粉尘颗粒表面的薄层水膜在进入反应器的一瞬间蒸发在烟气流中，烟气温度瞬间得到降低，同时湿度大大增加，在短时间内形成温度和湿度适合的理想反应环境。

（4）NID 系统中烟气在反应器内停留时间仅为 1s 左右，有效地降低了脱硫反应器高度。

（5）不产生废水，无需污水处理，不需对脱硫副产物进行干燥和烟气再加热。

（6）脱硫效率较高。

（7）使用布袋除尘器使该脱硫工艺具有更显著的优势，烟尘排放浓度（标态）小于 20mg/m^3，有害气体在布袋表面颗粒层内被进一步吸收。

（8）对重金属、二噁英有一定的去除效果。

存在的工艺缺点主要有：

（1）干法脱硫由于需对烟气温度、湿度、流量、反应塔的压力、脱硫剂用量等进行较精确的控制，因而大量使用了检测仪表，且这些仪表皆在高温、高湿、高粉尘的部位工作，因而元件损坏率较高，仪表维护量较大。

（2）对工艺控制过程和石灰品质要求较高，特别是消化混合阶段用温度、水量等来避免石灰结垢，一旦消化混合器出现故障，则脱硫系统必须退出运行。

（3）Ca/S 偏高，目前控制在 1.4~1.6 之间。

（4）脱硫灰渣的使用范围受限，干法脱硫的副产品为 $CaSO_4$、$CaSO_3$、$CaCO_3$、$Ca(OH)_2$ 等混合物，目前无稳定的用途，以堆放填埋为主。

5.16.3 主要设备结构及功能

NID 工艺可根据烟气流量大小布置多条烟气处理线。每条处理线包括一套烟道系统设备、一台脱硫反应器、一台带底部流化底仓的袋式除尘器、一套给灰系统（生石灰和循环灰给料机、消化器、混合器、水阀门架等）、一台增压风机。辅助设备包括流化风机、给水泵、水箱、空压机、气力输灰、生石灰仓、脱硫渣灰仓、密封风机及各类阀门仪表等。

5.16.3.1 烟道系统

烟道系统主要设备有烟道挡板门、增压风机。其旁路烟道设计为开放式（无挡板门），以杜绝由于挡板门操作失误造成的烟气通道阻塞。此外，开放式旁通烟道可使烧结机主体设备在任何情况下不受脱硫系统运行情况的影响。通过调整增压风机风量，使约 5%~10% 的烟气通过旁路回流，避免旁路烟道有未脱硫的烟气逸出。

5.16.3.2 反应器

NID 反应器是集内循环流化床和输送床双功能为一体的矩形反应器，如图 5-23 所示。循环物料入口段下部接 U 形弯头，入口烟气流速按 20~23m/s 设计，上部通袋式除尘器沉降室，出口烟气流速按 15~18m/s 设计，其下部侧面开口与混合器相连。在反应器内，一方面通过烟气与脱硫剂颗粒之间的充分混合，即物料通过切向应力和紊流作用在一个混合区里（反应器直段）被充分分散到烟气流当中；另一方面循环物料当中的 $Ca(OH)_2$ 与烟气当中的 SO_2 发生反应时，通过物料表面的水分蒸发，使烟气冷却到一个适合 SO_2 被吸收的温度，进一步提高 SO_2 的吸收效率。烟气在反应器内停留时间为 1~1.5s，在烟气夹带所有固体颗粒向上流动的过程中完成脱硫反应。因会有极少数因增湿结团而变得较粗的颗粒在重力的作用下落在反应器底部，在 U 形弯头底部设有排灰装置。反应器上装有压差检测仪，以监测反应器的积料情况。

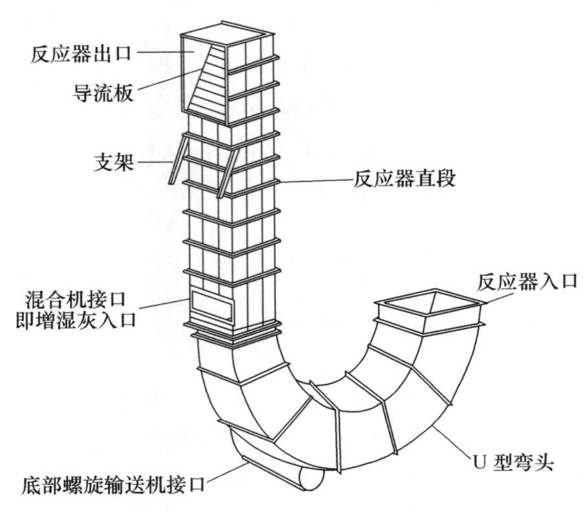

图 5-23　NID 反应器结构示意图

5.16.3.3　袋式除尘系统

经脱硫后的烟气中含有高浓度的粉尘，最大（标态）可达 $1000g/m^3$，袋式除尘器将含有高浓度粉尘的烟气净化，使净化后的烟气中粉尘排放浓度（标态）$\leqslant 20mg/m^3$。主要设备有沉降室、袋式除尘器、流化底仓。沉降室位于 NID 反应器和袋式除尘器之间，在反应器顶部导流板的作用下，烟气降低流速进入沉降室后，使颗粒较大的粉尘能通过重力沉降直接进入沉降室下方的流化底仓中，大大降低了粉尘浓度，减小了袋式除尘器的负荷。袋式除尘器安装在反应器出口，收集脱硫灰和烟气中的烧结飞灰，采用 Nomex 高温滤料。流化底仓为槽形设计，安装在袋式除尘器灰斗的下方，底部设有流化布，流化底仓内的料传送通过流化物料实现。由流化底仓进入混合器的循环灰量通过循环灰变频给料机控制。

5.16.3.4　脱硫剂系统

生石灰通过在线消化生成消石灰。消化器是 NID 脱硫技术的核心设备之一，CaO 来自石灰料仓，通过螺旋输送机送至消化器，在消化器中加水消化成 $Ca(OH)_2$，再输送至混合器，在混合器中与循环灰、水混合增湿。

5.16.3.5 混合器、循环灰给料机、流化风系统

混合器包括一个雾化增湿区（调质区）和一个混合区。循环灰给料机用于输送和控制脱硫反应所需的循环灰量。流化风系统主要设备有离心式流化风机、流化风蒸汽加热器。

5.17 其他半干法脱硫工艺简介

5.17.1 MEROS 法

MEROS 是奥钢联公司开发的干法废气净化工艺。其反应原理与其他钙基半干法脱硫工艺基本相同。将添加剂均匀、高速并逆流喷射到烟气中，然后利用调节反应器中的高效双流（水和压缩空气）喷嘴加湿冷却烧结烟气进行脱硫反应。主要由以下几个设备单元组成：添加剂逆流喷吹及喷射混合器、脱硫反应塔、袋式除尘器、灰再循环系统、增压风机和净化气体监控系统。主要是添加剂逆流喷吹设备与其他钙基半干法脱硫工艺有所区别。

在添加剂逆流喷射单元中，添加剂通过数根喷枪以超过 40m/s 的相对速度与废气流进行逆向喷吹。喷吹后，在逆气流中直接发生了大约 50%的吸收反应，另一半吸收去除是在袋式除尘器中实现的。MEROS 使用的主要脱硫剂有熟石灰和小苏打。小苏打对温度的波动适应性更强，对硫氧化物、重金属等都有更好的脱除效果，但价格相对较贵。

当有下列条件要求时，脱硫剂应首选小苏打：

（1）需要达到极高的硫氧化物脱除率；

（2）预留脱除氮氧化物的能力。

气体调节单元是通过一套专门设计的双流（水和压缩空气）喷嘴喷枪系统实现的。它可以确保产生极其细微的液滴，而且这种液滴会完全充满脱硫塔的整个空间。气体调节单元主要有两方面的作用：一方面消除了温度峰值以保护袋式除尘器滤袋；另一方面对气体进行调节以改善脱硫条件。尤其是在使用熟石灰来脱除硫氧化物时，必须将温度降到 90℃ 左右，同时提高气体湿度，以加强化学吸收作用，充分发挥添加剂的功效。喷水量可以根据废气流的入口和出口温度测量结果准确计算。

该工艺于 2010 年在马钢 300m^2 烧结机上使用。

5.17.2 密相干塔法

密相干塔烟气脱硫技术是由德国福汉燃烧技术股份有限公司和北京科技大学环境工程中心开发的一种脱硫技术。

密相干塔烟气脱硫也是一种钙基半干法脱硫工艺，其主要原理是利用熟石灰

($Ca(OH)_2$) 吸收剂浆液，与袋式除尘器下的大量循环灰一起进入加湿器内进行均化，使混合灰的水分含量保持在3%~5%。加湿后的大量循环灰由密相干塔上部的布料器进入塔内，含水分的循环灰具有极好的反应活性，与上部进入的含 SO_2 烟气进行反应。由于含3%~5%水分的循环灰有极好的流动性，加之反应塔中设有搅拌器，所以不但能克服粘壁问题而且还能增强传质作用，进一步提高反应活性，提高脱硫效率。最终脱硫产物由灰仓排出循环系统，通过输送装置送入废料仓。

5.17.2.1　SO_2 的吸收

烟气由密相干塔上部入口进入塔内，在塔内与吸收剂进行反应，反应后的烟气由塔下部烟道出口排出，经袋式除尘器除尘后排放至大气中。

5.17.2.2　吸收剂的循环利用

密相干塔内落下的反应产物、袋式除尘器收集的循环灰和新吸收剂浆液在加湿器内混合均匀后，一起由提升机提升到塔上部布料器内，再次进入密相干塔进行脱硫反应。脱硫剂颗粒在搅拌器的机械力作用下，不断裸露出新表面，使脱硫反应不断充分地进行，同时可以去除 HCl、HF 等。

此工艺曾在昆钢三烧1号烧结机、石钢3号、4号烧结机使用。

5.18　活性炭干法烧结烟气净化技术

活性焦（炭）干法烟气净化技术在20世纪50年代从德国开始研发，60年代日本也开始研发，不同企业之间进行合作与技术转移以及自主开发，形成了日本住友、日本 J-POWER 和德国 WKV 等几种主流工艺。开发成功的活性焦（炭）脱硫与集成净化工艺在世界各地多个领域得到了日益广泛的应用。

我国的活性焦（炭）烟气脱硫技术先是从水洗再生的湿法起步，20世纪90年代末才又开始加热再生的干法工程装备的研发。在“十五”国家863计划的支持下，成功地开发了具有自主知识产权的活性焦干法脱硫装备。其工艺分为上下一体化布置（见图5-24）和分体式布置（见图5-25）两种典型工艺，并建设了十多套活性焦干法脱硫工业装置。而后，在脱硫技术的基础上，又进一步开发了活性焦干法脱硝、脱二噁英和脱汞的集成净化技术，为该技术在我国进一步发展与应用打下了坚实的基础。国内高校、研究院（所）和其他企业也开始关注或开展活性焦（炭）脱硫工艺与装备的研发，并取得了一定进展。

活性炭净化技术优点在于进行脱硫的同时，可同步去除 NO_x、脱二噁英、脱重金属和粉尘，尤其适合烧结烟气的治理。活性炭净化技术经过40多年的研究和实际工业应用，取得了大量的运行经验和数据，是一种适合于烧结烟气治理并

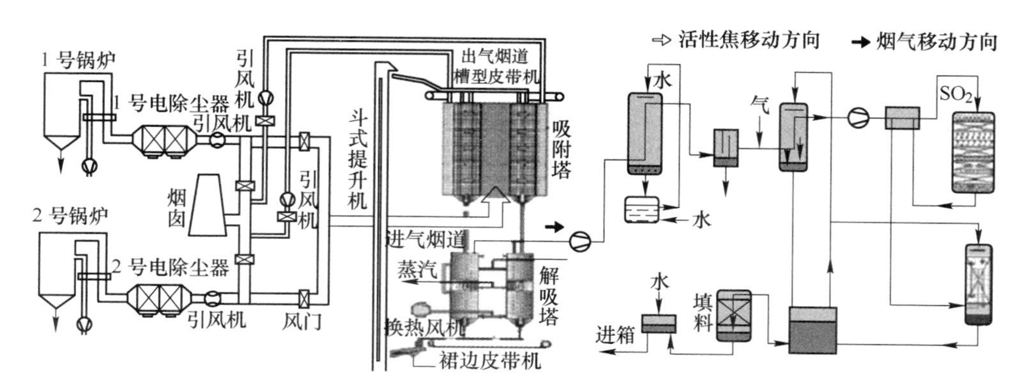

图 5-24 上海克硫活性焦（炭）干法脱硫技术上下一体化布置工艺

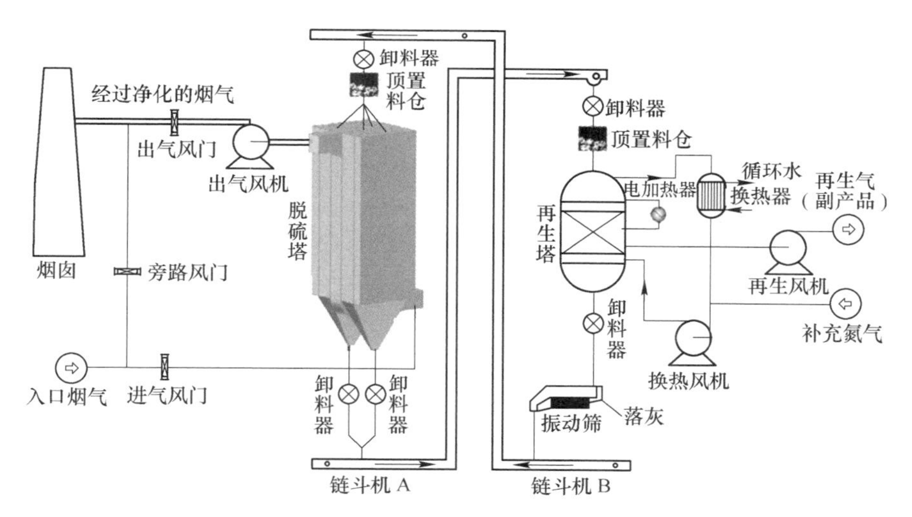

图 5-25 上海克硫活性焦（炭）干法脱硫技术分体布置工艺

能使废物资源化利用的先进技术。

5.18.1 工艺流程

活性炭净化工艺主要由吸附、解析和硫回收三部分组成。烟气通过增压风机进入吸附塔，为了提高脱硫和脱硝的效率，在吸收塔入口前喷入氨气。在吸附塔内完成 SO_2 等污染物的吸附，经过设置出口格栅可控制出口粉尘含量，净化后的烟气进入烟囱排放。

吸收了 SO_2、重金属等的活性炭从吸附塔送往解析塔。经过加热（450℃）将活性炭吸附的 SO_2 释放出来，同时在适宜的温度和停留时间等条件下，二噁英可分解约 80%，活性炭经筛分后重新再利用。在解析塔下部进行冷却，将活性炭冷却至 100℃重新返回吸附塔。

5. 18. 2　工艺原理

活性炭法烟气脱硫包括吸附和脱附两个环节。

在吸附过程中，吸附质 SO_2 依靠浓度差引起的扩散作用从烟气中进入吸附剂活性炭的孔隙，从而达到脱除 SO_2 的作用。活性炭对 SO_2 的吸附包括物理吸附和化学吸附。当烟气中无水蒸气和氧气存在时，仅为物理吸附，吸附量较小。当烟气中含有足量水蒸气和氧气时，活性炭法烟气脱硫是一个化学吸附和物理吸附同时存在的过程。这是由于活性炭表面具有催化作用，使吸附的 SO_2 被烟气中的氧气氧化为 SO_3，SO_3 再和水蒸气反应生成 H_2SO_4。此时孔隙中充满吸附质的吸附剂便失去了继续吸附的能力，必须对其进行脱附，即再生。

脱附再生有加热和洗脱两种方式。加热法是靠外界提供的热量提高分子动能，从而使吸附质分子脱离吸附剂，在温度较高的条件下，可以完成对活性炭的深度活化，但是深度活化所需能耗大，而且会使活性炭部分烧损，且冷却过程长；洗脱法是将脱附介质通入活性炭层，利用固体表面和介质中被吸附物的浓度差进行脱附。在各种脱附方法中，技术经济性最好的是水洗脱附，水洗脱附属于洗脱法的一种，产物为稀硫酸，硫酸的浓度最高可达到 25%～30%。水洗产物经文丘里洗涤器和浸没式燃烧器的提浓，可最终制得 70%的硫酸。

活性炭法可以实现一体化联合脱除 SO_2、NO_x 和粉尘，SO_2 脱除率可达到 98%以上，NO_x 脱除率可超过 80%，同时吸收塔出口烟气粉尘含量小于20mg/m^3；能除去废气中的碳氢化合物，如二噁英、重金属如汞及其他有毒物质；副产品（浓硫酸、硫酸、硫黄）可以出售；无需工艺水，避免了废水处理；净化处理后的烟气排放前不需要再进行冷却或加热，节约能源；喷射氨增加了活性焦的黏附力，造成吸附塔内气流分布的不均匀性，由于氨的存在产生对管道的堵塞、腐蚀及二次污染等问题。

5. 18. 3　工艺特点

（1）技术优点。活性炭净化技术与其他脱硫脱硝技术相比，其最大的优势是在一个系统中能去除多组分污染物，并且能回收利用 SO_2，降低系统的运行成本。

（2）技术适应条件。活性炭吸附过程为放热过程，吸附塔中的温度会随着烟气中的 SO_2 浓度升高而变高，当塔内温度达到活性炭的燃点，就有可能引起活性炭自燃，发生严重的生产安全事故。因此，对活性炭吸附适宜的 SO_2 浓度一般小于 3000mg/m^3。

同样，基于防止活性炭自燃现象发生，在工艺系统设计时必须对系统进口温度加以控制，在入口或者喷水急冷，或者补入冷空气。适宜的烧结烟气温度小于160℃。

活性炭吸附法对系统的入口粉尘浓度也有要求，主要是因为粉尘会占据活性炭的有效吸附部位有些粉尘甚至会阻碍二噁英的降解，降低系统的脱硫脱硝和去除二噁英的效率。适宜的烧结烟气粉尘浓度一般小于100mg/m^3。

5.18.4 主要设备

以太钢活性炭脱硫工艺为例，脱硫系统包括烟气系统、吸附系统、解吸系统、活性炭输送系统、活性炭补给系统。

5.18.4.1 烟气系统

脱硫系统阻力非常大，远大于其他湿法或半干法脱硫工艺，增压风机压力高、功率大。

5.18.4.2 吸附系统

吸附系统是整个工程中最重要的系统，主要设备由吸收塔、NH_3添加系统（用于脱硝）等组成。在吸收塔内设置了进出口多孔板，使烟气流速均匀，提高净化效率。吸收塔内一般设置三层活性炭移动层，便于高效脱硫脱硝。一般吸收塔是由多个相同的模块组成。一个吸收器模块是由两个相互对称的面板组成，每一个面板都是由活性炭床的多个小格组成的。选择适当的吸收器模块及小格的数量，就能够处理一定的废气量。废气通过入口管道被分配到每收器模块中，气体经过左右2个活性炭床面板时得到净化。

活性炭床是由入口和出口格栅及隔离板组成。设计这些格栅时，要防止被大颗粒和炭粉塞满。每个模块由3个床组成，分为前床、中间床和后床。每一个床都有辊式卸料器控制活性炭排出的数量。

辊式卸料器的特点如下：（1）控制活性炭的下落速度，能够确保去除污染物质的性能达到最高。（2）通过控制活性炭的下降速度，能够防止吸收塔的压力降升高。

5.18.4.3 解吸系统

吸附了硫氧化物的活性炭，经过输送机送至解吸塔，在这里活性炭从上往下运行，首先经过加热段（可通过煤气发生器将空气加热至400~450℃，再通过循环风机送至加热段）被加热到450℃以上，将活性炭所吸附的物质SO_2解吸出来。将经过解吸后的活性炭，在冷却段中冷却到150℃以下，然后经过输送机再次送至吸附塔，循环使用。富SO_2气体排至后处理设施，制备硫酸或硫黄。

解吸塔主要由加热器和冷却器组成，加热器和冷却器均为多管式热交换器。在加热器中，活性炭被加热到400℃以上，被活性炭吸附的物质，经过解吸后排出，此处排出的气体被称为富SO_2气体。经过解吸后的活性炭，在冷却段中冷却到150℃以下。解吸塔排出的活性炭经振动筛筛分，筛上料由链式输送机运回吸收塔使用。为了保证有害气体不外泄，在解吸塔的上部和下部均安装双层旋转卸料阀。

5.18.4.4 活性炭输送系统

活性炭再循环通过两条链式输送机，确保活性炭在吸附塔和解吸塔之间循环使用。

5.18.4.5 活性炭的补给系统

活性炭在脱硫过程中会出现破损、颗粒度降低，为保证脱硫效率，需将小颗粒的炭粉排出，不断补充新的活性炭。

5.18.4.6 脱硝系统

脱硝系统主要包括氨气供应系统，液氨的卸车、蒸发、调压及与空气混合供应至吸收塔喷洒。氨气供应系统包括液氨储槽、氨气蒸发器、压缩机、氨气稀释槽、氨气调压装置、氨气与空气混合装置、配套管道系统及控制装置。外购的液氨通过槽车运到用户区，用压缩机卸到液氨储槽，经蒸发器汽化后，通过调压装置调到一定压力后送至混合单元。在混合单元设有控制阀门调节用气量及压力，设有火花捕集器防止爆炸与回火，与加压后被加热到130℃的空气混合后供给工艺系统使用。

5.18.5 工艺影响因素

（1）脱硫催化剂。普通活性炭吸附容量低，吸附速度慢，处理能力小。研究表明，用聚丙烯腈纤维、沥青纤维、粘胶纤维等纤维原料经炭化、活化制备的活性炭纤维，特别是经特殊处理制得的脱硫活性炭纤维，比表面积大，微孔丰富，孔径分布窄，有较多适于吸附SO_2的表面官能团，所以其处理能力高。

（2）空速。在相同条件下，活性炭脱硫效率随空速的提高而降低。一般认为，空速对活性炭吸附能力的影响有：一方面空速高时，SO_2与活性炭表面接触不够充分，没有被充分吸附，并且化学反应时间相对较短；另一方面，活性炭对SO_2的物理吸附靠的是分子间的范德华力形成的势能场，空速增大时，该势能场对SO_2的捕捉能力下降，从而降低了SO_2被吸附后进一步进行化学反应的可能性，影响脱硫效率。

（3）床层温度。随着床层温度的升高，脱硫效率先增大后减小，最佳反应温度为50℃～80℃。不同的床层温度对物理吸附和化学吸附的影响不同。床层温度低时，虽然物理吸附迅速增大，但是由于活性炭对 SO_2 的吸附中，化学吸附是主要的，物理吸附的增大对活性炭的总吸附量来说贡献不大。由于低温不利于化学吸附，导致 SO_2 的转化率很低，从而总的脱硫效率低。随着温度的进步升高，物理吸附受到抑制，从而影响化学吸附，导致转化率下降，进而脱硫率降低。

（4）烟气氧含量。烟气中氧含量对反应有直接影响，当含量低于3%，反应效率下降；当含量高于5%，反应效率明显提高。一般烧结烟气中氧含量15%，能够满足脱硫反应要求。

5.18.6 操作要求

活性炭本身是易燃物质。由于活性炭的吸附是放热反应，因此活性炭的温度将比烟气的温度高大约5℃，当烟气系统正常运行时，活性炭氧化的热量将被烟气带走。然而，当烟气系统出现故障，例如增压风机故障，这时无法将热量带走，在吸收塔中的活性炭的温度将会持续地增高。当活性炭的温度超过165℃以上时，需要关闭入口和出口的切断阀，将氮气喷入吸收塔内部以防止发生火灾爆炸，此时活性炭继续下落输送到解吸塔中，解吸塔中也充满了氮气，可以灭火。

活性炭从吸收塔到解吸塔再到吸收塔这样循环一次，大约需一周的时间。

在最初运行的三个月中，宜将烧结烟气进吸收塔的温度控制在大约120℃左右。

5.19 电子束烟气脱硫技术

干法烟气脱硫技术是指脱硫吸收和产物处理均在干态下进行。近年来，和其他烟气脱硫技术一样，干法烟气脱硫技术也发展了多种工艺，主要有以下几种：

（1）吸收剂喷射技术，如炉内喷钙、管道喷射等。

（2）电法干式脱硫技术，如电子束照射法、脉冲电晕、等离子体法。

（3）干式催化脱硫技术，如催化氧化法、催化还原法。

（4）吸附法，如活性炭法。目前，在国内烧结烟气脱硫中有工程应用的只有活性炭吸附法。

电子束法烟气脱硫技术的研究工作始于20世纪70年代，经过30多年的研究开发，已从试验研究走向工业化应用，是一种脱硫脱硝一体化新工艺。我国自20世纪80年代中期开始电子束脱硫脱硝技术的研究，目前已在成都热电厂、杭州协联热电有限公司、北京京丰热电有限责任公司建设了产业化示范工程。电子束烟气脱硫技术在脱硫的同时实现脱硝，无温室效应气体 CO_2 产生，可实现污染物资源的综合利用和硫、氮资源的循环，占地面积小，但电子束发生装置需国外进口，投资较高，且能耗较高。目前，国外已有中试规模的烧结机电子束烟气脱装置试运行，但国内仍处于研究阶段，在烧结烟气脱硫方面未有工程应用。

5.19.1 过程机理

电子束氨法烟气脱硫工艺去除废气中 SO_2 的过程，可分为3个步骤：首先是烟气在电子束照射下生成自由基，然后 SO_2 在自由基的作用下被氧化成 SO_3，最后 SO_3、SO_2 与添加的氨反应，生成硫酸铵。

电子束氨法脱硫主要装置为电子束发生装置，由直流高压电源、电子加速器和窗箔冷却装置组成。电子在高真空加速管中通过高电压加速，加速后的电子通过保持高真空的扫描管透射过一次窗箔和二次窗箔照射烟气。烟气接受电子束照射后，有99%以上电子能量被烟气中的 N_2、O_2、水蒸气和 CO_2 等主要成分吸收。电子与烟气中主要成分作用，直接产生或通过电离分解产生 OH、N、O、HO_2、H 等自由基，能有效氧化 SO_2 和 NO_x。

OH 和 O 主要由 H_2O、O_2 受到辐射激发产生，所以烟气湿度增大有利于 OH、O 等自由基的形成并增加液相反应概率，促进气溶胶的成核、生长。气溶胶在反应器中被电子束辐照，产生大量活性基团，将烟气中的 SO_2 和 NO_x 氧化为高价态氧化物并生成硫酸和硝酸，最终与注入反应器的氨气反应，生成硫酸铵和硝酸铵微粒。

一般认为，烟气温度、含水量、氨投入的化学计量比及电子束投加剂量是影响电束脱硫效率的主要因素。

5.19.2 工艺流程

电子束脱硫技术流程：烟气降温增湿，加氨，电子束照射和副产物收集。烟气经除尘后，进入冷却塔进行调质，主要是降低其温度，提高其含水量。在冷却塔中喷射冷却水，冷却水在塔内完全被汽化，烟气含水量接近露点状态。较高含水量的烟气有助于提高烟气的脱硫脱硝效率。经调质后的烟气被送往反应器，在反应器中烟气与喷入的氨气混合，同时被电子束发生装置产生的电子束照射。烟气中的气体成分在电子束的照射下，产生活性基团，活性基团氧化烟气中的 SO_2 和 NO_x，生成硫酸和硝酸，在有 H_2O 和氨的情况下，生成硫酸铵、硝酸铵及其复合物，以气溶胶细颗粒状悬浮于烟气中。含有硫酸铵、硝酸铵细颗粒的烟气流经副产物收集器（袋式除尘器或电除尘器），净化后烟气排入大气，副产物硫酸铵、硝酸铵回收利用。

5.19.3 主要设备

5.19.3.1 电子束发生装置

电子束发生装置由发生电子束的直流高压电源、电子加速器及窗箔冷却装置组成。电子在高真空的加速管内通过高电压加速，加速后的电子通过保持高真空的扫描管透射过一次窗箔和二次窗箔（均为30~50μm的金属箔）照射烟气（反应器内）。窗箔冷却装置向窗箔间喷射空气进行冷却，控制因电子束透过的能量损失引起的窗箔温度上升。图5-26为电子束发生装置示意图。

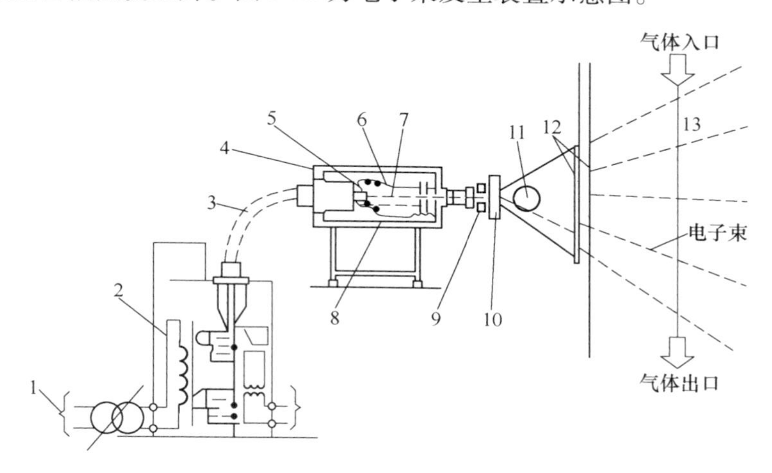

图5-26 电子束发生装置示意图

1—主电源入口；2—整流变压器；3—高压电缆；4—绝缘盒；5—灯丝；
6—加速管；7—加速电极；8—分压电阻；9—X扫描线圈；
10—Y扫描线圈；11—真空泵；12—照射窗；13—反应器

因电子束在反应器内产生X射线，故要有严格庞大的放射线防护设施，反应器四周必须设有混凝土防护墙。电子束照射产生的臭氧对装置有腐蚀，对周围环境有害。核心部件电子加速器等需进口，且电子枪灯丝使用寿命短（2年左右），窗箔需每年更换，价格昂贵。电子束发生装置的这些特点制约了该工艺的推广应用。

5.19.3.2 冷却塔

冷却塔的作用在于将烟气冷却至适合电子束反应的温度并增大烟气湿度。冷却方式可采用完全蒸发型或水循环型，但均不产生外排水。完全蒸发型是用适量的水对烟气直接喷洒，进行冷却，喷雾水完全蒸发。水循环型是用过量水对烟气直接喷洒冷却，其中一部分进入反应器作为二次烟气冷却水用，这部分冷却水完全蒸发。

5.19.3.3　副产物收集

袋式除尘器具有较高效率，但由于副产物硫铵及硝铵的吸湿特性和微小粒径，增加了袋式除尘器的捕集难度，且由于副产物对滤袋的黏附导致系统阻力升高，难以长期连续运行。当前多采用电除尘器，使用中发生过电场电晕封闭、副产物黏附极板、极线和气流分布板。目前，副产物收集器的运行稳定性仍需要研究加以改进。

5.20　选择性催化还原脱硝技术

选择性催化还原（SCR）脱硝技术是指利用还原剂在一定温度和催化剂的作用下将 NO_x 还原成 N_2 的方法。SCR 脱硝技术在 20 世纪 50 年代由美国人首先提出，美国 Eegelhard 公司于 1959 年申请了该技术的发明专利，1972 年在日本开始正式研发，并于 1978 年实现了工业化应用。1985 年，SCR 技术被引进到欧洲，得到了迅速推广，随后，此项技术在美国也开始投入工业应用。目前 SCR 技术已经成为工业上应用最广泛的一种烟气脱硝技术，应用于燃煤锅炉后烟气脱硝效率可达 90%以上，是目前最好的可以广泛用于固定源 NO_x 治理的脱硝技术。我国大陆地区尚未有烧结烟气 SCR 脱硝的工程应用实例，但在我国台湾地区有 3 套。据报道，烧结烟气采用 SCR 脱硝的设施在日本有 7 套，在美国有 3 套。

5.20.1　反应机理

SCR 反应机理十分复杂，主要是喷入的 NH_3 在催化剂存在下，反应温度在 250~450℃之间时，把烟气中的 NO_x 还原成 N_2 和 H_2O。主要反应式如下：

$$4NO + 4NH_3 + O_2 \longrightarrow 4N_2 + 6H_2O$$

$$2NO_2 + 4NH_3 + O_2 \longrightarrow 3N_2 + 6H_2O$$

烧结烟气中 NO_x 大部分为 NO，NO_2 约占 5%，影响并不显著，所以上式一为主要反应。反应原理如图 5-27 所示。

NH_3 被喷入到反应器后，快速吸附在催化剂 V_2O_5 表面的 Bronsted 酸活性点，与 NO 按照 Eley-Rideal 机理反应，形成中间产物，分解成 N_2 和 H_2O，在 O_2 存在条件下，催化剂的活性位点很快得到恢复，继续下一个循环。吸附与反应步骤可分解为：（1）NH_3 扩散到催化剂表面；（2）NH_3 在 V_2O 上发生化学吸附；（3）NO扩散到催化剂表面；（4）NO 与吸附态的 NH_3 反应，生成中间产物；（5）中间产物分解成最终产物 N_2 和 H_2O；（6）N_2 和 H_2O 离开催化剂表面向外扩散。

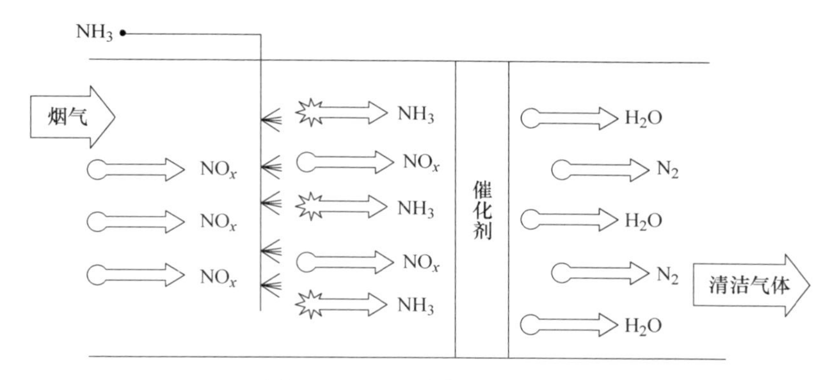

图 5-27 SCR 脱硝原理示意图

5.20.2 催化剂

5.20.2.1 催化剂的种类

催化剂是 SCR 脱硝工艺的核心，按照活性组分不同，可分为金属氧化物催化剂、分子筛催化剂和贵金属催化剂。目前，应用最多的是金属氧化物催化剂。在诸多金属氧化物中，V_2O_5-WO_3/TiO_2 或者 V_2O_5-MoO_3/TiO_2 的催化活性最高。研究表明，TiO_2 具有较高的活性和抗 SO_2 氧化性；V_2O_5 表面呈酸性，容易吸附碱性的 NH_3，并能在富氧环境下工作，工作温度低，抗中毒能力强；WO_3 或 MoO_3，既能增加催化剂的酸性、活性和热稳定性，还能抑制 SO_2 向 SO_3 的转化。因此，目前工业应用的 SCR 催化剂主要是用负载在 TiO_2 上的 V_2O_5-WO_3 或者 V_2O_5-MoO_3 作为催化剂。

V_2O_5 对 NO_x 有催化还原作用，同时也能将 SO_2 催化氧化为 SO_3。因此，商业 SCR 催化剂中 V_2O_5 的含量一般在1%以下，助催化剂 WO_3 或 MoO_3 的含量分别为10%和6%，在保持催化还原 NO_x 活性的基础上尽可能减少 SO_2 的催化氧化。

5.20.2.2 催化剂的形式

目前工程上应用的 SCR 脱硝催化剂主要有蜂窝式、平板式和波纹板式三种类型，如图 5-28 所示。蜂窝式催化剂一般是把载体和活性组分混合挤压成型，然后干燥焙烧，裁切装配而成。平板式催化剂是采用不锈钢金属丝网作为基材浸泡活性物质焙烧成型。波纹板式催化剂是采用成型的玻璃纤维板或陶瓷板作为基材，然后在活性物质溶液中浸泡，焙烧而成。

蜂窝式催化剂有较大的几何比表面积，但防积尘和防堵塞性能较差，阻力损失较大。平板式催化剂比蜂窝式催化剂具有更好的防积尘和防堵塞性能，但受到机械或热应力作用时，活性层容易脱落，且活性材料容易受到磨损。催化剂骨架材料必须具有耐酸性，以防达到露点温度时 SO_2 带来的危害。目前就 SCR 催化剂的市场占有率来讲，蜂窝式催化剂占主导地位，约占 70%，平板式催化剂约占 25%，波纹板式催化剂约占 5%。

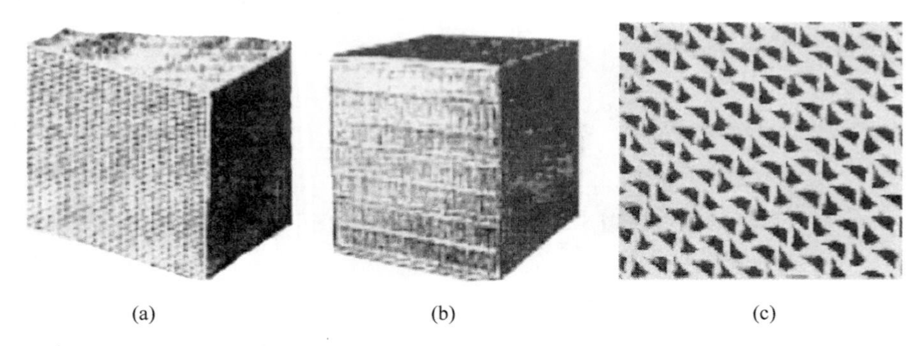

(a)　(b)　(c)

图 5-28　常见 SCR 催化剂形式
（a）蜂窝式；（b）平板式；（c）波纹板式

5.20.2.3　催化剂的寿命

在 SCR 系统运行过程中，催化剂会因为各种物理、化学作用，如高温烧结、冲蚀、颗粒沉积堵塞、碱金属或重金属中毒等，导致催化剂性能下降甚至失效。随着催化剂活性的降低，反应速率减小，脱除 NO_x 的效率也会降低。当氨逃逸量达到最大值或超过允许水平时就必须更换催化剂。按设计要求，一般每年要更换 1/3 的催化剂，以满足 SCR 系统中氨逃逸浓度（标态）不大于 2.28mg/m^3 的要求。

催化剂组成、结构、寿命及相关参数直接影响 SCR 系统脱硝效率及运行情况，一般要求催化剂能达到如下性能：

（1）SO_2/SO_3 转化率一般不大于 1%；

（2）催化剂的寿命一般大于 24000 运行小时；

（3）在较宽的温度范围内，具有较高的催化活性；

（4）有较好的化学稳定性、热稳定性和机械稳定性。

5.20.3　还原剂

SCR 脱硝工艺中常用的还原剂有液氨、尿素和氨水，还原剂不同，SCR 脱硝工艺也会有所不同。液氨法是指将液氨在蒸发器中加热成氨气，然后与稀释风机的空气混合成氨气体积含量为 5%的混合气后送入烟气系统。尿素法是将尿素固体颗粒在容器中完全溶解，然后通过溶液泵送到水解槽中，通过热交换器将溶液加热发生水解反应生成氨气。氨水法是指将含氨25%的水溶液通过加热装置使其蒸发，形成氨气和水蒸气。常用的脱硝还原剂比较见表5-14。

表5-14 不同脱硝还原剂比较

项　目	液氨	氨水	尿素
脱硝剂费用	便宜	较贵	最贵
运输费用	便宜	贵	便宜
安全性	有毒	有害	无害
储存条件	高压	常压	常压，干态
储存方式	液态	液态	颗粒状
投资费用	便宜	贵	贵
运行费用	便宜	贵	贵
设备安全要求	有法律规定	需要	基本不需要

5.20.4 工艺特点及需注意的问题

目前，SCR脱硝技术已经广泛应用于燃煤锅炉烟气脱硝。然而在对烧结烟气进行SCR脱硝工艺设计时，并不能照搬燃煤烟气的脱硝工艺，需结合烧结烟气的特点进行优化设计，才能实现SCR脱硝工艺在钢铁行业的成功应用。烧结与燃煤锅炉烟气相比，有如下特点：

（1）烟气温度在80~185℃之间波动。

（2）含湿量大，水分体积含量为10%~12%，露点温度较高，为65~80℃。

（3）烟气含氧量较高，达到14%~18%。

（4）NO_x浓度随铁矿和燃料的不同而不同，一般为150~400mg/m^3。

烧结烟气的特点决定了采用SCR脱硝技术需关注以下几方面：

（1）烧结烟气的温度较低（200℃）不能直接采用SCR技术，需要对烟气进行加热，使烟气温度达到催化剂最佳活性温度（300~400℃）。

（2）烧结烟气的含湿量和含氧量较大，催化剂需要具备良好的抗热水性能，并能在富氧环境下工作。

（3）烧结烟气流量变化范围大，NO_x浓度较低，当采用SCR法处理时，设计参数需满足实际工况要求，同时又要充分考虑投资及运行成本。

（4）烧结烟气携带粉尘多，且磨蚀性较强。因此，脱硝系统宜布置在除尘器之后，减少粉尘对催化剂的冲刷磨损。

（5）脱硝效率的确定。一般来说，在脱硝效率为75%时，SCR催化剂需要布置两层；当脱硝效率要求在50%以下时，一层催化剂即可满足脱硝要求。催化剂占整个SCR脱硝系统的投资比例达到30%~40%。钢厂可依据烧结烟气的实际状况，确定最终的脱硝效率，以便设计和布置相应的催化剂层数，最大地节省投资和运行成本。

5.21　氧化吸收法

SCR 脱硝技术已广泛应用于燃煤锅炉烟气脱硝，但在钢铁烧结烟气脱硝领域的应用很少，这主要是由于钢铁烧结烟气与燃煤锅炉烟气状况差别很大。烧结烟气温度远低于 SCR 催化剂适用的 300℃ 以上的操作温度，同时烟气中大量含 Fe 粉尘也会对 SCR 催化剂的寿命产生很大影响。因此基于火电厂烟气排放特点设计开发的 SCR 体系很难在钢铁烧结烟气脱硝中实现推广应用。

若将 NO 氧化成高价态的 NO_2、N_2O_3 或 N_2O_5，则可以利用脱硫系统中的水或碱性物质进行吸收脱除。在低浓度下，NO 的氧化速度非常缓慢。为了加速 NO 的氧化，可以采用催化氧化和直接氧化。催化氧化法由于催化剂易受烟气中共存的 SO_2 和水蒸气作用发生中毒，不适用于烧结烟气脱硝。直接氧化法用到的氧化剂有气相氧化剂和液相氧化剂两种。气相氧化剂有 O_3、Cl_2、ClO_2 等，液相氧化剂有 HNO_3、$KMnO_4$、$NaClO_2$、NaClO、H_2O_2、$KBrO_3$、$K_2Br_2O_7$、Na_3CrO_4、$(NH_4)_2CrO_7$的水溶液等。此外，还可以利用紫外线氧化。其中臭氧具有低温条件下氧化效率高、无二次污染等特点，有望在烧结烟气脱硝工程中应用。

5.21.1　工艺原理及流程

氧化吸收脱硝工艺主要是将臭氧气相氧化与现有脱硫吸收塔结合，实现联合脱硫脱硝，工艺流程如图 5-29 所示。

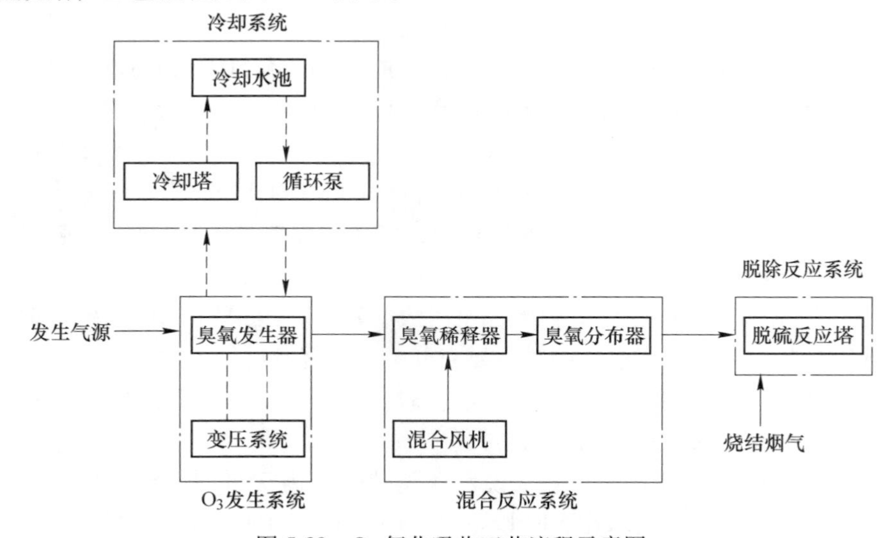

图 5-29　O_3 氧化吸收工艺流程示意图

空气经预处理设备（压缩、冷干、干燥）产生洁净空气后（也可从企业现有管道引出氧气），进入臭氧发生室，在臭氧发生室内高频高压电场作用下，部分氧气转化成臭氧气体。混合稀释后臭氧自脱硫系统入口烟道喷入，经过臭氧均布器均布后与烧结烟气发生氧化反应，烟气中的 NO 氧化为 NO_2，然后进入原有脱硫吸收塔，NO_2 与 SO_2 等酸性气体一道与石灰浆液接触，发生物理、化学反应，生成硝酸钙及亚硝酸钙等，从而达到脱硝目的。经脱除 SO_2、NO_2 并进行干燥后的含粉料烟气出吸收塔后进入布袋除尘器进行净化，净烟气由增压风机经出口烟道至原烟囱排入大气。

在烟道内完成的主要化学反应为:

$$O_3 + NO \longrightarrow NO_2 + O_2$$

$$O_3 + 2NO_2 \longrightarrow O_2 + N_2O_5$$

在吸收塔内完成的主要化学反应为:

$$3NO_2 + H_2O \longrightarrow 2HNO_3 + NO$$

$$NO_2 + NO + H_2O \longrightarrow 2HNO_2$$

$$Ca(OH)_2 + 2HNO_3 \longrightarrow Ca(NO_3)_2 + 2H_2O$$

$$Ca(OH)_2 + 2HNO_2 \longrightarrow Ca(NO_2)_2 + 2H_2O$$

5.21.2 影响脱硝效率的因素

目前国内外的研究主要集中在 O_3/NO 摩尔比、接触时间、反应温度、烟气组分等气相氧化效率影响因素，O_3 气相氧化反应机理及液相吸收影响因素的考察研究，尚未有工程应用案例。

在实验室研究结果:

（1）反应温度对 O_3 氧化脱硝效率的影响，O_3 氧化脱硝效率在温度低于200℃的条件下，不受温度的改变而变化，当温度高于 200℃时，O_3 自身发生分解，进而影响脱硝效率。

（2）接触时间对 O_3 氧化脱硝效率的影响，O_3 与 NO 需保证一定的接触时间，一般而言接触时间大于 0.1s，方能实现稳定的脱硝效果。

（3）烧结烟气中共存的 SO_2 和 CO 对臭氧氧化脱硝效率的影响，在考察的两个 O_3/NO 摩尔比反应条件下，SO_2 和 CO 对脱硝效率的影响很小，但有部分 SO_2 发生氧化，因此与半干法脱硫塔结合，可以有效避免 SO_3 的二次污染问题。

此外，臭氧喷射方向、喷入量及喷入位置对臭氧氧化脱硝效率也会产生影响。逆向喷入优于同向喷入。当 O_3/NO 摩尔比不大于 1 时，O_3 摩尔量的增加对 NO 脱除具有显著提高作用；当 O_3/NO 摩尔比大于 1 时，提升效果减缓；当 O_3/NO 摩尔比为 1.5 时，NO 转化率可达到 90%。喷入位置对 NO 的脱除效率影响较小。

在具体工程应用中，为了进一步强化臭氧和烟气的混合效果，优化流场分布，实现较短停留时间下 O_3 与 NO 的高效反应，可以在烟道中布置臭氧分布器。

5.22 烧结工序二噁英减排技术及应用现状

二噁英是目前《斯德哥尔摩国际公约》中最受关注的首批持久性有机污染物，是多氯代二苯并-对-二噁英/多氯代二苯并呋喃（PCDD/Fs）的简称，共有210种异构体/同系物。二噁英的毒性强、结构复杂、含量低、危害巨大，一旦进入环境就难以消除。此外，二噁英是亲脂性和脂溶性化合物，易积聚在生物体的脂肪组织内。具有致癌性、致突变性、生物富集性，其对人类和环境的远期危害远比目前掌握的情况更加严重。

5.22.1 烧结工序二噁英的产生机理

烧结工序排放的污染物主要包括颗粒物，SO_2、NO_x、HCl、HF 和二噁英类（PCDD/Fs）等是我国二噁英的主要来源之一，其是仅次于城市垃圾焚烧炉的第二大毒性污染物排放源。

根据已有的研究成果，认为烧结原料中含有大量来自炼铁、炼钢、轧钢等过程中产生的各种含铁、碳、氯、铜的固体废弃物，为二噁英的“合成”反应提供了碳源、氯源和催化剂，且烧结料床中存在温度为250~450℃的温度带，具有充足的氧气，从而使二噁英的“合成”反应得以发生。此外，煤粉和焦炭等烧结原料燃烧过程中容易生成含氯化合物，这些化合物在一定温度下也容易合成二噁英。

5.22.2 烧结工序二噁英减排技术

根据二噁英的性质和在烧结过程中的生成机理，其减排技术应从源头控制、过程控制和末端治理三方面考虑。

5.22.2.1 源头控制技术

A 烧结原料组分控制

根据烧结工序二噁英的产生机理，氯元素的存在是二噁英形成的重要原因之一。因此，应尽量控制烧结原料中氯元素的含量。日本新日铁公司研究表明，除尘灰和轧钢氧化铁皮中氯元素的含量较高，对二噁英的形成具有促进作用，因此应尽量控制其掺用比例；处理后的轧钢酸性废水中也含有一定量的氯离子，因此不宜回用于轧钢冲氧化铁皮和矿石料场洒水；此外，铜元素对二噁英的生成具有催化作用，某些种类的铁矿石中铜含量较高，应优先选择铜含量低的铁矿石作为原料。

B 添加吸收剂或抑制剂

最近几年的研究发现，向烧结原料中添加碱性吸收剂或抑制剂，可明显减少二噁英的生成量。碱性吸收剂包括 $NaHCO_3$、CaO、$Ca(OH)_2$等，它们能有效吸收烟气中的气态氯化物（如 HCl、Cl_2 等），从而减少可生成二噁英的有效氯源。韩国浦项在烧结料层喷入 $NaHCO_3$，使二噁英的生成量明显降低。

向烧结原料中添加的抑制剂包括 SO_3、NH_3、尿素、碳酰肼、二甲胺、甲硫醇、乙醇胺等含 S、N 的化合物，其中尿素被证明是最经济、有效的。英国 Corus 公司在烧结混合料中添加一定量的尿素，使二噁英排放量减少了 50%。宝钢对烧结源头添加尿素和碳酰肼脱除二噁英的效果进行了研究：当投加量<0.02%时，碳酰肼对二噁英类的抑制作用不如尿素；当投加量>0.02%时，碳酰肼的抑制作用要好于尿素。

5.22.2.2 工艺控制技术

二噁英主要是在烧结过程中生成的，故对烧结工艺进行控制，调整工艺操作参数，可有效减少二噁英的生成量。烧结工艺控制主要有以下几种途径：

（1）优化烧结工艺。改善烧结条件和透气性，保持生产稳定连续，更好地控制烧结终点。

（2）烧结烟气循环技术。让烧结产生的部分烟气重新进入烧结层，其中含有的二噁英和 NO_x 由于热分解而部分消失，SO_x 和粉尘也部分被吸收并保留在烧结矿内，从而有效降低烧结烟气中的污染物排放量。目前，国内外已经应用的烧结烟气循环技术主要有 EOS、EPOSINT、LEEP、新日铁的 NSC 法以及宝钢循环烟气烧结技术等。

（3）急速降温。根据已有的研究成果，二噁英主要在 250～450℃之间形成，因此缩短烟气在此温度区间的停留时间，使之迅速降温至 200℃以下，便可有效减少二噁英的生成量。

5.22.2.3 末端治理技术

对于烧结烟气二噁英的减排，除从源头和工艺过程控制生成量之外，还需对已生成的二噁英进行末端治理。目前采用的技术主要有：高效除尘技术、物理吸附技术、选择性催化还原技术、催化分解技术等。

A 高效除尘技术

在低温条件下（200℃以下）二噁英绝大部分都以固态形式吸附在烟尘表面，且主要吸附在微细颗粒上。因此，高效除尘技术可以在一定程度上协同减少二噁英的排放量。有研究表明：湿法除尘对二噁英的减排率为 65%，静电除尘为 40%，而袋式除尘一般可以达到 85%～90%或更高。目前，我国烧结烟气除尘多数采用静电除尘，布袋除尘几乎没有应用。

B 物理吸附技术

利用二噁英可被多孔性物质（如活性炭、焦炭、褐煤等）吸附的特性对其进行物理吸附，目前该技术在国外已广泛使用。在已采用的吸附技术中，活性炭的吸附效果最好。Hajime Tejima 等人采用活性炭喷入与布袋除尘器联用对烧结二噁英进行脱除，当活性炭喷入量为 50~100mg/m^3 时，二噁英的脱除率可达 99% 以上。

目前，日本钢厂、韩国浦项、我国太钢等都采用了活性炭对烧结烟气中的二噁英进行吸附去除；而欧洲钢厂多采用褐煤作为吸附剂去除二噁英，可使烧结烟气中二噁英的最终排放量降低 80%左右。

C 催化还原技术

催化还原技术是一种较新的方法，让含二噁英的烟气在催化层上流动，利用催化剂使二噁英在 300~400℃ 的条件下催化氧化，生成 CO_2、水和 HCl 等无机无害物。所采用的催化剂多为氧化钛载钒、钨、钼等过渡金属催化剂以及硅胶、活性炭等载金、钯、铂等贵金属催化剂。为防止催化剂中毒，催化反应装置一般设在除尘器之后，但该处烟气温度较低（一般低于 150℃），需要对烟气进行加热。因此，该技术设备投资较大，运行成本也较高。

5.22.3 国内外二噁英减排技术的应用现状

5.22.3.1 韩国浦项

浦项在烧结工序二噁英的减排上，分别采用了活性炭吸附技术、选择性废气循环技术、添加抑制剂、布袋除尘等，2012 年其二噁英的排放量较 2001 年减少了 85%。2004 年 7 月，浦项首先在其 3 号、4 号烧结机上应用活性炭吸附技术，使 SO_x 和 NO_x 的脱除率分别达到 90%和 40%，二噁英排放浓度≤0.1ng-TEQ/m^3。2009 年，浦项厂对 3 号、4 号烧结机进行了产量升级，为使出口烟气量不变，又能满足环保要求，从西门子奥钢联公司引进了 EPOSINT 选择性废气循环技术，废气循环量为 $30\times10^4 m^3/h$。

2007 年 7 月，浦项开始在光阳厂的 4 台烧结机上采用“添加抑制剂+选择性催化还原（SCR）+袋式除尘”的协同烟气治理技术，对烧结烟气中的污染物进行末端治理。先向静电除尘器后的烟道内喷入碱性抑制剂 $NaHCO_3$ 粉末，然后进入布袋除尘器，除尘后的烟气先进入热交换器回收废气热量，再通过管道加热器进一步加热到 SCR 催化剂所需的反应温度，最后进入 SCR 系统脱除 NO_x。该系统对 SO_x 和 NO_x 的脱除率均可达到 80%，二噁英排放浓度≤0.1ng-TEQ/m^3，且总成本低于活性炭吸附技术。

5.22.3.2 欧洲

欧洲制订了全球最为严格的二噁英排放标准（<0.1ng-TEQ/m^3），被世界学

术界认为是最安全的标准。对于欧洲的钢铁企业，由于原燃料中硫含量较低，很少设置烟气脱硫装置，烧结烟气的治理主要集中在二噁英和粉尘上。大部分企业选择在电除尘（或旋风除尘）之后、袋式除尘器之前向废气管道内喷吹生石灰、熟石灰、活性褐煤、沸石、活性炭等吸附剂以脱除烧结烟气中的二噁英，同时实现少量脱硫，如德国迪林根 ROGESA 厂，安赛乐米塔尔法国福斯（Fos）厂、德国根特厂和 Eisenhüttestadt 厂，TyssenKrupp Stahl 德国杜依斯堡厂等。通过该工艺处理后，二噁英的排放浓度≤0.1ng-TEQ/m^3。

西门子奥钢联针对烧结厂废气处理开发了 MEROS 烧结烟气治理技术，并于2007年在奥钢联烧结厂正式投用。先把由褐煤或活性炭粉与脱硫剂（$NaHCO_3$ 或 $Ca(OH)_2$）组成的吸收剂高速逆流喷入烧结废气流中，然后所有的粉尘颗粒随同废气进入脉冲喷气型布袋除尘器。布袋除尘器分离出的大部分粉尘返回到废气流中循环利用，剩余灰尘排出并送至储灰斗，随后外运填埋。该系统自运行以来，二噁英的去除率一直大于99%，排放浓度≤0.1ng-TEQ/m^3。

英国 Corus 钢铁公司采用“添加抑制剂+急速冷却+烟气循环”的方法对烧结烟气进行处理，其中抑制剂选用固体尿素，尿素在烧结前与烧结料按一定比例（0.02%~0.04%）混合均匀，然后布入台车进行烧结。烧结过程中，固体尿素会缓慢热分解，释放出 NH_3，从而抑制二噁英的产生，并减少 NO_x、SO_2、HCl 等气体的排放。

此外，由于二噁英形成的温度区间为250~450℃，因此将从风箱出来大于250℃的烟气迅速冷却至200℃以下，然后重新循环进入燃烧区提供烧结所需要的空气，从而防止二噁英形成。烟气的冷却可以通过向风箱处的烟气喷入气体或液体（建议使用氨气或液氨），或在风箱表面用水冷却。该方法可以减少烟气排放量，节约能源，但需对现有工艺进行改造。

5.22.3.3 日本

2000年，日本政府提出开始执行二噁英排放浓度标准后（<0.1ng-TEQ/m^3），日本钢铁企业开始在新建烧结烟气处理系统中采用活性炭/焦吸附工艺，实现在脱硫的同时协同脱除二噁英。经活性炭吸附工艺处理后，SO_x 的去除率大于95%，二噁英的排放浓度≤0.1ng-TEQ/m^3。此外，日本还有部分烧结机采用了烧结烟气循环技术，如新日铁住金八幡厂户畑3号烧结机（480m^2）等。

5.22.3.4 中国台湾中钢

中国台湾中钢采用 SCR 触媒技术对烧结厂的 NO_x 和二噁英进行处理，SCR 触媒是一种选择性催化还原双效触媒，其主要成分为 $V_2O_5/WO_3/TiO_2$。该催化剂是台湾中钢自主开发的专利配方，最佳反应温度为250~350℃，具有高抗飞灰腐蚀性、低堵塞率、低压降等优点。中钢烧结机安装 SCR 反应器后，烧结烟气出静电除尘器后经气-气热交换器入口预热至 270℃，再由下游燃烧器加热到 290~310℃，然后与氨气混合，流经催化剂层脱硝脱二噁英。气-气热交换器经旋转 180°后，原出口转至入口位置，以其所吸收的余热加热来自静电除尘器的烟气，如此往复。中国台湾中钢经过 7 年的持续运转，NO_x 和二噁英的脱除率均可达 80%以上。

5.22.3.5　宝钢

宝钢于 2003 年在我国钢铁企业中率先开展二噁英减排技术研究。2004 年 6 月，宝钢建成了国内制造业首家二噁英分析研究实验室，逐步开发形成了烧结工序源头抑制、过程控制和末端净化治理的二噁英减排技术，使二噁英总排放量减少 80%，排放浓度<0.5ng-TEQ/m^3，满足了国家新标准的要求。

在烧结源头控制上，宝钢进行了添加二噁英抑制剂对烧结过程二噁英生成影响的试验研究。研究表明，尿素对二噁英的生成抑制作用明显，加入 0.02%尿素后，二噁英排放浓度减少 67.7%。2014 年 6~8 月，宝钢在 1 号烧结机开展了添加抑制剂减排二噁英的工业试验，约可削减 50%的二噁英排放。其次，宝钢还对废气循环技术减排二噁英进行了研究，并在宁波钢厂 486m^2 烧结机上应用，NO_x 排放量约减少 40%，二噁英排放量可减少 60%~70%。此外，宝钢还开发了末端治理技术，在电除尘前喷入二噁英吸附剂，然后通过电除尘器捕集吸附剂，将其返回烧结再利用。目前，宝钢已在不锈钢 3 号烧结机上开展了吸附脱除二噁英的工业试验，中试结果表明：在正常烧结生产条件下，烟气量约 $74\times10^4m^3/h$，采用颗粒状的二噁英吸附剂，喷吹量控制在 20kg/h 左右时，二噁英的去除率可达 70%以上。

5.22.3.6　太钢

太钢对于烧结工序二噁英的减排，也是采取从源头到工艺，再到末端处理的综合治理技术。在源头控制上，优先采用铜含量低的铁矿石，取消向成品烧结矿喷洒 $CaCl_2$ 工艺，轧钢氧化铁皮不配入烧结；在工艺控制上，采取合理分配一混和二混加水比例、改造制粒机出料口、添加水使用热水和混合料仓蒸汽保温等一系列措施，改善烧结混合料原始透气性和烧结过程透气性，并自主开发了 BRP 横向偏差自动控制技术，缩短烧结烟气在二噁英易生成温度区间的停留时间，控制二噁英的生成量；在末端治理上，太钢从住友重工引入了 2 套活性炭吸附装置，应用在 2 台 450m^2 烧结机上，自 2011 年投运以来，二噁英的脱除效率稳定在 90%以上，排放浓度≤0.2ng-TEQ/m^3。

参 考 文 献

[1] 郄俊懋，张春霞，郦秀萍，等．钢铁烧结环境标准的推进带来发展新机遇［C］//2017年全国烧结球团技术交流年会论文集．2017：24~29.

[2] 郄俊懋，张春霞，王海风，等．烧结烟气典型污染物排放形势及减排技术分析［J］．烧结球团，2016（6）：59~64.

[3] 李玉然，闫晓淼，等．钢铁烧结烟气脱硫工艺运行现状概述及评价［J］．环境工程，2014（11）：82~87.

[4] 朱廷钰，李玉然．烧结烟气排放控制技术及工程应用［M］．北京：冶金工业出版社，2015.

[5] 肖扬．烧结生产节能减排［M］．北京：冶金工业出版社，2014.

[6] 汤静芳，郑建新．武钢四烧、五烧烟气氨法脱硫工艺比较［J］．烧结球团，2015（2）：45~49.

[7] 李博．氨法烟气脱硫技术在南钢 360m^2 烧结机上的应用［J］．烧结球团，2012（2）：68~70.

[8] 王睿，裴家炜．离子液循环吸收烟气脱硫技术及其应用前景［J］．烧结球团，2009（2）：5~9.

[9] 杜宪伟，张勇，张海港．莱钢型钢 1 号 265m^2 烧结机烟气脱硫工艺改造与运行情况分析［C］//2014 年全国烧结球团技术交流年会论文集．2014：175~178.

[10] 韩风光，龙红明，等．梅钢烧结实现分段脱硫可行性探讨［C］//2014 年度全国烧结球团技术交流年会论文集．2014：165~167.

[11] 何峰，杜力，富田武．强化烧结烟气 SO_2 富集的工业试验［J］．烧结球团，2015（4）：48~50.

[12] 陈昭尧，戴玉山．三钢烧结厂采用烟气循环技术实现全烟气脱硫［J］．烧结球团，2015（1）：51~53.

[13] 李炳岳．邢钢 2#烧结机烟气脱硫系统设计特点和工艺改进［C］//2016 年度全国烧结球团技术交流年会论文集．2016：152~154.

[14] 陈伟，张建伟，等．密相塔半干法烧结烟气脱硫的生产实践［C］//2011 年度全国烧结球团技术交流年会论文集．2011：175~179.

[15] 高继贤，刘静，曾艳，等．活性焦（炭）干法烧结烟气净化技术在钢铁行业的应用与分析（Ⅰ）：工艺与技术经济分析［J］．烧结球团，2012（1）：65~69.

[16] 曲余玲，毛艳丽，景馨，等．烧结工序二噁英减排技术及应用现状［J］．烧结球团，2015（5）：42~47.

[17] 龙红明，吴雪健，李家新，等．烧结过程二噁英的生成机理与减排途径［J］．烧结球团，2016（3）：46~50.

[18] 赵利明，李咸伟，马洛文．烧结过程 NO_x 形成机理及减排措施探讨［J］．烧结球团，2015（5）：57~60.

6 粉尘回收利用

【本章提要】

本章介绍了烧结烟尘特性，对电除尘、袋式除尘和电袋除尘技术的设备性能进行比较和经济分析；几个除尘改造方案和效果；粉尘有害元素的回收和提炼技术研究，以及发展趋势。

在节能减排的大环境及各国环保法律的压力下，钢铁工业不断探索新工艺，通过提高效率、强化治理等措施来减少生产废弃物的排放。世界各国钢铁企业都积极转变在社会中的角色，由污染型企业向污染消纳型企业转变。

6.1 除尘技术的发展

我国烧结厂经过多年的摸索和发展，已经基本上实现了因地制宜采用分散式除尘系统、大型集中化除尘系统、防风抑尘等技术治理烧结粉尘。一些重点钢铁企业烧结厂的废气减排治理技术已经达到了国际水平，具体表现在以下几个方面：

（1）从局部治理到整体治理。随着环境保护要求的提高，烧结厂已经由治理主要尘源点发展到治理生产流程中的各个尘源，从最初为了保护主抽风机而设置的机头多管旋风除尘器到环境除尘（机尾、整粒、配料除尘等）大面积使用静电除尘器、袋式除尘器、复合除尘器，从治理机头、机尾烟气发展到在堆料场防风抑尘装置、绿色原料场建设，烧结除尘减排治理扩展到烧结的全流程。

（2）改革生产工艺流程。烧结厂使用了铺底料、厚料层烧结和棒条筛工艺等，提高了烧结矿的产量和质量，减少了粉尘散发量，从而减轻了除尘系统的粉尘负荷，为废气治理创造了良好条件。

（3）除尘装备水平和效果普遍提高。从最初的低效旋风多管除尘器、水雾除尘器到高效的静电除尘器、袋式除尘器、复合除尘器，除尘效率显著提高。电除尘器供电设备也由机械整流机组发展到高压硅整流机组，供电自动控制水平明显提高，脉冲供电、高频电源等已经开始应用，除尘装备水平普遍提高。

（4）应用集中控制和自动监测装置。电除尘器、袋式除尘器和大型集中除尘系统由最初的现场分散控制到烧结机控制室集中控制，便于实现与烧结生产100%同步运行。随着国家环保要求的提高和监管的需要，国内钢铁企业烧结厂的除尘装置均纳入了污染源在线监测系统，提高了除尘装置的运行效率。

6.2　烧结烟尘电除尘技术的特点及应用

钢铁行业粉尘排放量约占我国工业粉尘排放总量的25%，烧结工艺烟尘排放量约占钢铁生产过程烟尘总排放的42.3%，其烟尘净化设备以电除尘器为主。烧结机作为重要烟尘排放源，其粉尘排放浓度必须符合《钢铁烧结、球团工业大气污染物排放标准》的规定。由于生产工艺条件的限制，大型烧结机烟尘比电阻高、阵发性负荷、烟气成分复杂，造成部分电除尘器排放不达标，尤其是烧结机机头的粉尘比电阻较高、颗粒细、黏度大，是电除尘技术难点和选型设计首要考虑的因素。

下面在分析烧结机机头、机尾烟尘特点的基础上，从改善电除尘器电场特性、气流组织、振打等方面讨论烧结机电除尘器选型设计和技术改造应注意的几个问题，并结合实例分析相应技术措施的实用性和有效性。

6.2.1　烧结烟尘特性

烧结机机头、机尾烟尘特点见表6-1。

表6-1　烧结机机头、机尾烟尘特点比较

项　目	烧结机机头烟尘特性	烧结机机尾烟尘特性
排放量及烟尘负荷	排放量较大，含尘浓度很大程度上取决于烧结工艺流程，约1~6g/m^3	排放量约为机头的25%~50%，粉尘量因工艺不同而异，平均在15~20g/m^3
温度	波动幅度较大，在80~200℃之间	平均温度在80~150℃
含湿量	按体积比计算约10%，露点温度高	正常
粉尘成分	氧化钙、钾、钠含量高，粉尘黏度大，同时含有CO、SO_2等有害成分	粉尘黏度较大，Fe_2O_3、FeO占50%以上，有较高的回收利用价值
粒径	粒度小，小于5μm的粉尘占30%以上	颗粒较粗，粒径在40μm左右
比电阻	3.2×10^9~1.0×10^{12} Ω·cm	10^{10}Ω·cm左右
烟气负压	近20 kPa，易使设备漏风，易导致电晕闭塞	正常

通过以上数据可知，烧结机机尾烟尘适宜采用电除尘器，或电袋复合式除尘器，以提高可回收成分的捕集和适应高浓度粉尘的清除；机头烟尘比电阻高、不易收尘、含湿量高、易形成硫酸露点腐蚀，黏度大，对振打清灰造成不利影响，应根据工艺特点选择适宜的除尘技术。

6.2.2　技术途径

6.2.2.1　电场特性

电除尘器的性能受尘粒荷电和电场支配，故电流、电压必需匹配得当，才具有良好的伏安特性。因此，在考虑粉尘比电阻的情况下，可从板线配置、高压供电控制两个方面改善电场特性，尤其是板线配置。

高比电阻粉尘电荷后到达极板时不易释放所携带的电荷，易形成反电晕。相关实验研究表明，起晕电压高、电场中纯静电部分场强较大且电流密度分布均匀性较好的配置，如锯齿线等“圆线”，其电流密度分布如图 6-1（a）所示，能有效抑制反电晕现象和二次扬尘，提高高比电阻粉尘的除尘效率。也可适当加宽极间距，以改善极间电流密度的分布，如试验中采用加辅助电极的三电极电除尘器，如图 6-2 所示。目前常用的 C-480 型和 ZT-24 型板，其板电流密度分布比较均匀，尤其是 ZT-24 型板与新开发的十字形放电线相配能获得更为均匀的板电流密度分布，可尝试在烧结机电除尘器中采用此类的板线配置方式。

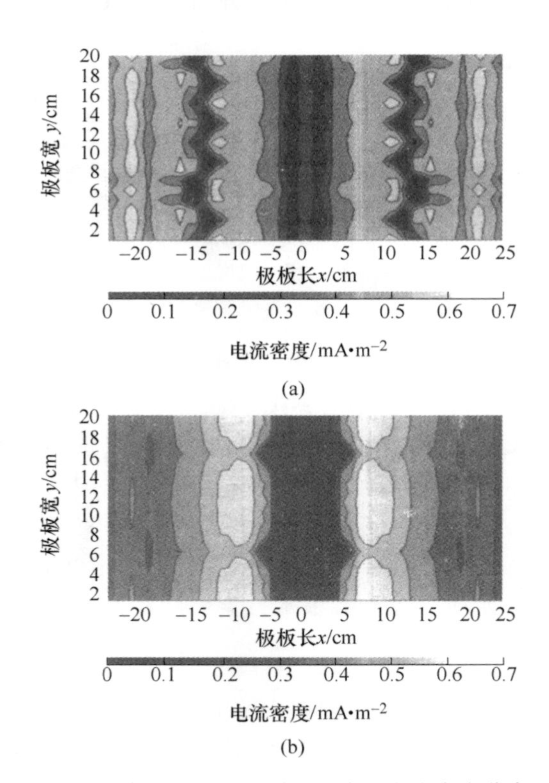

图 6-1　同极距 400mm 时，板表面电流密度分布

（a）锯齿线；（b）RS 线

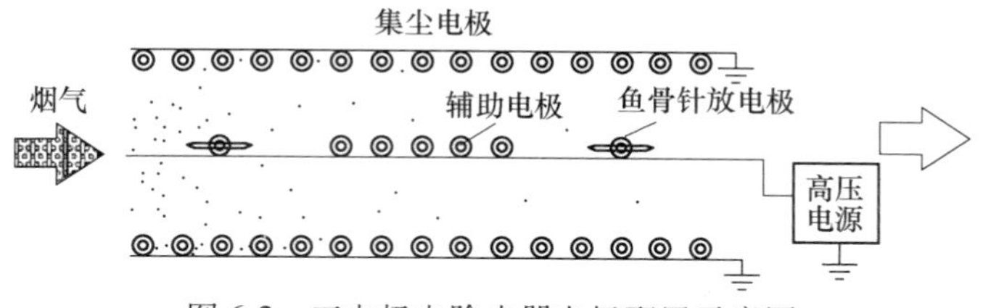

图 6-2 三电极电除尘器电极配置示意图

“圆线”的配置对处理高比电阻粉尘较为有效，但在处理烧结机黏附性较强的粉尘时容易导致电晕线肥大，因此在前段电场多采用“芒刺”类电晕线，其放电点集中在芒刺的尖端，电晕强且稳定。研究表明，在板线配置性能试验中，同极距并非越大越好，如放电性能较好的 RS 线，极距以 350～400mm 为宜，图 6-1（b）为 RS 线与 C-480 型板配置时的电流密度分布。

选择烧结机头电除尘器阳极板与阴极线的材质时，在考虑防腐问题的前提下，宜采用不锈钢或耐腐蚀的低合金钢制作，也可采用管极式电极或采用普通钢外涂导电防腐材料；对于烧结机机尾电除尘器，可适当考虑防腐，宜采用管极式或芒刺类电晕线，板间距适当放宽，同时考虑高压供电装置电流、电压的匹配。

6.2.2.2 气流组织

气流分布状态是影响除尘效率的一个重要因素，效率要求越高其影响越明显。日本学者的一个实验资料表明，当气流速度的平均偏差 $\sigma=0.4$ 时，除尘效率由 99%降到 96%，同时也是导致电除尘器运行故障的原因之一，即当气流速度分布不均时，会导致电除尘器局部粉尘堆积过厚，尤其是电晕线附近的堆积，通常因粉尘黏性过大而导致电晕线肥大；当沉积在烟道、分布板等处时，还会进一步破坏气流组织。保证气流分布均匀性的做法是：通过测定气流分布几何标准偏差，修改模型分布板的开孔率及布置方式，在实际设备中稍作调整即可。西安建筑科技大学突破传统模型试验的方法，采用计算流体动力学（Computer Flow Dynamic，CFD）方法分析电除尘器内气流流动的规律，不仅确定了气流分布装置的结构形式和技术参数，还节约了实验成本和时间。

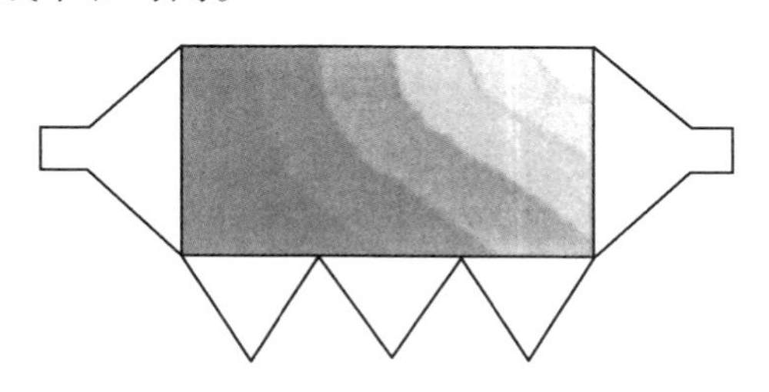
图 6-3 电除尘器内烟尘浓度分布

电场中粉尘是在电场力、重力、气流惯性和二次飞扬共同作用下沉降，会呈现底部浓度高于顶部，前部浓度高于后部，顶部粉尘粒径小于底部，后部粒径小于前部的分布状态，如图 6-3 所示。L. Lind 提出了电场气流组织的新观点，即斜向气流技术（SGFT），在电场入口处采用上部流速低下部流速高的进口断面，而在出口处相反，采用上部流速高下部流速低的出口断面，能有效地减轻返流损失，提高电除尘器的效率。斜向气流技术改造工艺简单、费用较低且不增加运行和维护费用，不失为电除尘器增效改造的一条有效途径。

6.2.2.3 清灰技术

目前国际上振打清灰方式有两大主流，以美国 GE、EEC、洛奇-科特雷尔等为代表的顶部电磁锤振打，以欧洲 LFAKT、LUCRI、SMLDTH 为代表的侧向底部挠臂锤振打，两种方式各有优劣（见表 6-2）。

表 6-2 侧部和顶部振打特点

振打方式	顶部电磁锤振打	侧部挠臂锤振打
振打力	上部大下部小；极板过高时振打力不足	下部大上部小，能满足当前清灰要求
振打控制	独立控制每个电磁锤振打器的振打	不能根据工况变化调节振打
故障率	阴极线不易断，阳极板不产生热膨胀变形；施振点多，故障率高	阴极线承受剪切力，易发生阴极断线，阳极排较易产生热膨胀变形；检修工作量小
分小区供电	各振打机构相互独立，电场电晕功率较高	采用大电场供电，电场电晕功率较小

声波清灰是近年来出现的一种新的清灰技术，它是将一定能量的强声波馈入电除尘器电场空间，到达极板、极线后转化为机械能，与粉尘层形成高频振荡，抵消粉尘层中的聚积力（表面黏附力），使已结块的尘层疏松脱落，达到清灰目的，目前已投入工业应用。声波清灰技术与机械式振打清灰装置联合使用，可在一定程度上提高电除尘器的操作性能。烧结机头粉尘浓度偏低，粒度小，且成分复杂，具有较大的黏结性和腐蚀性，因此适宜选择以振打力度较强的侧向底部挠臂锤振打为主，同时也可辅以声波清灰，以解决粉尘黏结问题。当然，振打制度是烧结机电除尘器清灰另一个不可忽视的因素，改善电除尘器的低压控制，能够保证振打时序合理化，使清灰效果最佳。

6.2.2.4 控制技术

电除尘器的控制系统一般由以下四个分系统组成：（1）高低压控制系统，含高压整流、加热控制、电极振打、输灰控制以及除尘风机 5 部分；（2）模拟量控制系统，包括整流电流电压、保温箱上下温度、灰斗高低料位、风机轴承温度、风道阀门开关等；（3）操作系统；（4）通信系统。整个控制系统的精度直接与除尘效果及故障排除有关，尤其是高低压控制系统的完善，可提高电除尘器对粉尘及运行工况的适应性，改善收尘效果。

6.2.2.5 其他技术

根据烧结机机头粉尘特性，可采用能提高微细粉尘除尘效率的粒子凝聚技术和改善电除尘器灰斗放灰控制，以提高除尘效率。粒子凝聚技术是利用电的聚合特性收集微细粉尘。如前几年提出的预荷电器，是在常规电除尘器上加一级预荷电器，使颗粒荷电和收尘过程分开，可使高浓度的微细颗粒产生更显著的凝并效果。澳大利亚 Indigo 技术公司采用的双极聚合器，在烟道内对烟气进行预荷电，然后在一个混合器内使细粉尘黏附于大颗粒上以减小微细粉尘的浓度，目前已用于美国 Watson 及 Vales point 电站。灰斗放灰程序的控制，应保证灰仓内有一定灰封高度的前提下，尽快将灰放出，并保证定时放灰，加强灰斗要保温，使之不结露。

6.2.3 应用实例

某 214m^{2}烧结机尾电除尘器进行了技术改造，改造前与改造后的情况对比见表 6-3。

表 6-3 214m^{2}烧结机尾电除尘器改造前后对比

主要项目	改造前	改造后
处理烟气量/$m^3 \cdot h^{-1}$	900000	900000
烟气温度/℃	120~140	120~140
入口含尘浓度（标态）/$g \cdot m^{-3}$	5~15	5~15
出口含尘浓度（标态）/$g \cdot m^{-3}$	<0.1	<0.1
有效截面积/m^2	214	214
板间距/mm	300	395
阳极板形式	CSV	CSV
阴极线形式	一电场扁钢芒刺 二电场角钢长芒刺 三电场角钢短芒刺	一、二、三电场 均 RS（70）线
电场长度/m	3.84×3	3.87×3
高压电源	1.8/60	1.5/80
设计除尘效率/%	99.33	99.47
实测排放浓度（标态）/$mg \cdot m^{-3}$	193	45
阳极振打形式	侧部双面振打	侧部双面振打
阴极振打形式	顶部脱钩振打	侧部回转振打
出口槽形板	无	有

以上电除尘器改造主要基于以下三点：（1）优化板线配置方式。一是将板间距从原来的300mm适当增至395mm，二是将原来扁钢芒刺线换成放电特性较好的RS（70）线。（2）调整气流分布装置。由于原设备进口喇叭与气流分布板设计不合理，通过优化进口喇叭与气流分布板的位置和开孔率，保证气流分布的均匀性。（3）凹陷振打定位。由于改造前的顶部脱钩振打改造成了侧部回转振打，采用此振打方式满足了振打清灰要求。运行后进行除尘性能实测6次，测试平均值在27mg/m^3，证明了所改进三项技术措施的可行性。

6.3 新型高效电除尘技术

6.3.1 湿式电除尘技术

湿式电除尘器（WESP）是用喷水或溢流水等方式使集尘极表面形成一层水膜，将沉积在极板上的粉尘冲走的电除尘器。湿式清灰可以避免已捕集粉尘的再飞扬，可以达到很高的除尘效率。因无振打装置，运行也较可靠，但存在着腐蚀、污泥和污水的处理问题，仅在气体含尘浓度较低、要求含尘效率较高时才采用。

湿式电除尘器收尘原理与干式电除尘器的收尘原理相同，都是靠高压电晕放电使得粉尘荷电，荷电后的粉尘在电场力的作用下到达集尘板。但集尘板上捕集到粉尘的清除方式与干式电除尘器有较大区别，干式电除尘器一般采用机械振打或声波清灰等方式清除电极上的积灰，而湿式电除尘器则采用冲刷液冲洗电极，在极板上形成连续的液膜，使粉尘随着冲刷液的流动而清除。

湿式电除尘器具有除尘效率高、压力损失小、操作简单、能耗小、无运动部件、无二次扬尘、维护费用低、生产停工期短、可工作于烟气露点温度以下、由于结构紧凑可与其他烟气治理设备相互结合、设计形式多样化等优点。

近年来，随着我国对钢铁行业结构的调整，钢铁行业新工艺应用的加快，钢铁大气污染源头及烟气特征也随之发生变化。高湿烟尘的高效处理越来越成为钢铁行业防治大气污染的重要任务之一。钢铁行业多个工序中都有高压水的参与，加之高温致使烟气含湿量很大甚至饱和，烟气量大且阵发性特征明显，烟尘粒径很细，干燥后粒径小于1μm达90%，尘粒亲水性好，很难满足愈加严格的排放标准，此时湿式电除尘器不失为一个好的选择。

高湿烟气治理系统由系统工艺控制、除尘风机控制、湿式电除尘器控制、系统阀门控制、污水控制系统等组成。

湿式电除尘器已成功应用于宝钢、迁钢等国内钢铁企业连铸板坯、方坯或钢锭火焰清理机、热轧、钢渣热闷等高湿烟尘处理，处理后烟气可满足相关环保排放要求。未来将逐渐应用于烧结烟气除尘。

6.3.2 电凝并技术

电除尘技术对 PM2.5 的荷电效率不高，导致其捕集效率较为逊色，近年来发展起来的电凝并技术，通过静电手段使 PM2.5 凝并长大，易于去除，是一种具有良好发展前景的细颗粒物脱除技术。

电凝并是通过增加微细颗粒的荷电能力，提高微细颗粒以电泳方式到达飞灰颗粒表面的数量，从而增加颗粒间的凝并效应。在外电场中，微粒内的正负电荷受到电场力的排斥、吸引而作相对位移。尽管位移是分子尺寸的，但相邻分子的积累效应就在微粒两侧表面分别聚集有等量的正负束缚电荷，并在微粒内部产生沿电场方向的电偶极矩。电场对微粒的这种作用称为电极化作用。微粒荷电后成为一种电介质，这种电介质进入电晕电场后，在场强的作用下，其原子或分子发生位移极化或取向极化，产生附加电场，这种附加电场反过来又进一步改善其极化程序。

微粒在电场中被极化而产生极化电荷，在非均匀电场（如电除尘器的电晕板附近）或均匀电场（如电除尘器的近收尘极区域）中，粒子的偶极效应将使粒子沿着电力线移动，在很短的时间内就会使许多粒子沿电场方向凝结在一起，形成灰珠串型（也称链式结构）的粒子集合体。粒子在电场中形成“灰珠串”的现象与粒子是否带电无关，因为极化产生的电荷起源于原子或分子的极化，所以其总是牢固地黏附在介质上。它与导体上的自由电荷不同，既不可能从介质的一处转移到另一处，也不可能从一个物体传递给另一个物体。即使物质同时具有导电性，情形也是如此。若使介质与导体相接触，极化电荷也不会与导体上的自由电荷相中和。因此，只要有电场的存在，粒子就会极化，发生凝并现象，而且这种粒子的偶极效应不仅发生在电场空间，形成空间凝并，即使在电除尘器的收尘极板上，已释放电荷的粒子间仍会由于极化作用的存在而凝并在一起。

电凝并理论与实验研究的核心是确定电凝并速率（电凝并系数）的大小，其研究目的是尽可能地提高微细尘粒的电凝并速度，使微细尘粒在较短的时间内尽可能地凝并而增大粒径，从而有利于被捕集。

6.3.3 旋转电极板技术

电除尘器存在两个固有问题：振打扬尘和反电晕，它们制约着电除尘效率的进一步提高。转动极板电除尘器的工作原理与传统电除尘器相似，仍然是高压直流电源的高电压施加到电晕线上，电晕线产生电晕放电，流经电场的烟气中的粉尘荷电后，在电场力作用下被收集到极板上。当极板旋转到电场下端的灰斗时，清灰刷在远离气流的位置把板面的粉尘刷除。

转动极板电场具有特殊结构，可以将极线和极板在上部高于前级电场，在下部深入灰斗。这种结构把前级电场泄漏的烟气全部通入电场进行处理，在转动极板电场消除了烟气泄漏对除尘效率的损害。电除尘器的板电流密度的大小与极线的间距相关。实验证明，在线距等于异极距时，除尘器的极板电流密度达到最大。线距过大或过小，都会减小极板电流密度。传统电除尘器采用的C形极板，表面具有防风沟，极线布置时，为了保持合理放电距离，需要绕开防风沟而限制线距。转动极板采用平板结构，线距的设置不受限制，可以创造更均匀和更高的电流密度分布，有利于电除尘器效率的提高。

转动极板电除尘器，采用旋转刷清灰，与传统电除尘器相比，具有减少振打扬尘和清灰效果彻底的特点。传统电除尘器通常采用振打清灰，有相当一部分灰尘会再次被气流带走，造成振打扬尘。研究表明对于除尘效率在98%左右的电除尘器，振打扬尘可以占总排放粉尘量的30%，对于近年来除尘效率高于99.5%的电除尘器，振打扬尘约占总排放粉尘量的50%。转动极板电除尘器的极板清灰是凭借设置在非烟气流场中的旋转刷，可以有效地避免振打扬尘，显著减少电除尘器出口的粉尘排放浓度。依靠振打清灰的电除尘器极板表面往往有一层紧贴极板金属表面的灰，是常温下烟气中的水分和酸露与粉尘结合所形成。转动极板电除尘器采用的旋转刷，可以彻底刷掉粉尘层，露出极板的金属表面，消除了极板粉尘层产生的电压降，提高电除尘器的有效电晕功率，该技术还可以避免反电晕的产生，特别适合于高比电阻粉尘的收集。

6.4 烧结机头烟气袋式除尘方案的探讨

随着国家对环保要求的逐步提高，排放标准更加严格，新标准规定自2015年1月1日起，烧结机头颗粒物特别排放限制为20mg/m^3，现有的电除尘技术已很难满足要求。国外针对烧结烟气严格的粉尘排放标准，越来越趋于采用布袋除尘器和电袋复合除尘器，美国9个有烧结的钢厂在烧结机头均采用袋式除尘，粉尘排放浓度可以控制在20mg/m^{3}的范围内。

我国通过20多年烧结机头除尘生产实践，对烧结机头电除尘器工作运行规律有了比较深刻的认识，但对于机头采用袋式除尘器还存在很多顾虑。

6.4.1 烧结机头“禁用”袋式除尘的原因

与电除尘技术相比，袋式除尘技术的影响因素较少，其净化效率高、运行较稳定，但在烧结机头除尘系统上采用袋式除尘技术则存在一定问题，原因是烧结机头的烟气湿度大，烟气结露易将滤袋糊死，所以烧结机头除尘不宜采用袋式除尘技术。

从烧结烟气温度对机头电除尘影响的分析中可知：烧结机正常运行时，烟气温度一般为130~150℃，对于机头电除尘器来说，100~160℃均可以正常生产，但是机头烟气中含有 SO_2，其浓度（标态）在 100~1100mg/m^{3}范围内，通常为 500~900mg/m^3，酸露点温度约 110℃，这就要求机头烟气温度必须控制在 120℃ 以上。同理，袋式除尘器运行温度也必须控制在 120~150℃ 范围内。

烧结机头除尘采用袋式除尘器的关键是解决烧结机启运时，烟气温度为 50~60℃（或者更低一些）时，烟气湿度在较长的一段时间（60~100min）的除尘与结露问题。在烧结机停运时，除尘器内部的烟气温度接近室外温度，吸附在滤袋上的粉尘中含有较多碱金属，吸湿性强，因温度达到露点温度而在滤袋上发生潮解。当烧结机正常运行，烟气温度超过 100℃ 时，滤袋表面粉饼中的水分蒸发，粉饼则固结在滤袋上，使滤料的孔隙被堵塞。另外，当烟气温度低于 110℃（酸露点温度）时，SO_2 和烟气中的水蒸气生成亚硫酸，对除尘系统中的金属构件腐蚀严重，设备寿命缩短。

6.4.2 防范烧结机停启时袋式除尘器结露的措施

6.4.2.1 烧结机启动时的措施

烧结机启动时，烟气温度由小于 50℃ 并逐渐升温，直到 100℃ 以上，所需时间为 60~100min（法国则按 2h 计算），此段时间的烟气温度低湿度大，极易结露。为了防止积灰在湿度很大时积聚在滤袋上产生糊袋问题，应在袋式除尘器的入口管道上设置旁通除尘系统。该旁路管道、除尘设备和风机均要把保温做好，以防烟温降低时产生结露现象，同时也防止了湿粉尘在引风机叶片上的黏结，影响风机正常运行。当烟气温度达到正常温度（120~150℃）后，再开启袋式除尘系统阀门，关闭旁通离心除尘系统阀门，使袋式除尘器进入正常工作状态，见图 6-4。

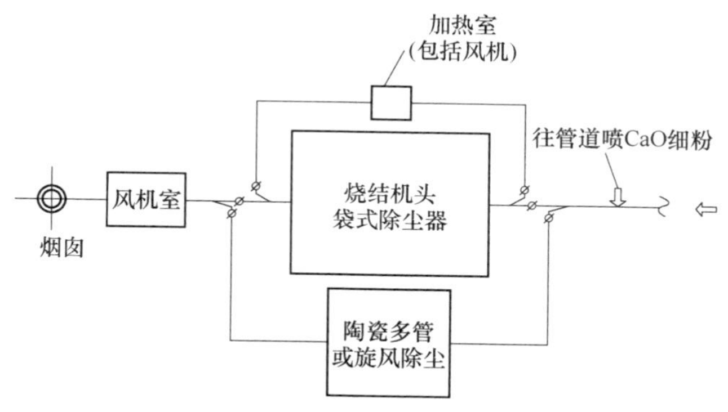

图 6-4 机头袋式除尘方案图

6.4.2.2 烧结机停运时的措施

国外的烧结机工作时间是每周五天，停运两天（48h），袋式除尘器内部温度由130~150℃逐渐下降到接近室外温度，为防止除尘器内部温度下降导致滤袋积灰发生潮解、金属结构产生腐蚀现象，必须使除尘器内温度加热到120℃以上（酸露点温度为110℃）。

为防止除尘器内部温度低于110℃发生酸腐蚀，在除尘器入口管道上设置喷吹CaO细粉措施对烟气进行脱硫，使烟气中的亚硫酸与CaO发生化学反应生成亚硫酸钙，消除腐蚀现象。

6.4.2.3 除尘系统喷射CaO粉末的措施

烧结机头烟气中含有SO_2和水蒸气，SO_2和水蒸气最高含量（标况）分别可达1.1g/m^{3}和129g/m^3，当烟气温度低于或达到酸露点温度（如110℃）时，SO_2和水蒸气则生成亚硫酸（H_2SO_3），对管道和除尘器内部金属件就产生腐蚀。如果烟气温度低于60℃（即达到烟气的露点温度），则对金属腐蚀更加严重。

解决办法1：应保证烟气温度在酸露点温度（约110℃）以上，杜绝酸腐蚀的发生。

解决办法2：烧结机将要停运时，往除尘系统内喷CaO粉末，使烟气进行脱硫。

当烟气温度低于酸露点温度时，烟气中的SO_2容易和H_2O生成H_2SO_3，此时向除尘管道内喷洒CaO，与H_2SO_3发生反应生成$CaSO_3$。

根据烟气量（标况）和SO_2（可选较大浓度如1.1g/m^3）即可求得SO_2总量，已知SO_2分子量为64，CaO分子量为56，根据SO_2总量即可求得生石灰粉所需量。为了保障生石灰细粉脱硫效果，喷生石灰粉量应适当的增多。

6.4.3 国内烧结机头除尘采用袋式除尘实例

马鞍山益丰钢铁公司烧结机头除尘是21世纪初我国第一家采用袋式除尘的实例。

烧结机为38m^{2}环式烧结机，烟气量为3000m^3/min，选用3427m^{2}袋式除尘器，由于烧结工艺与除尘未能协调好，造成烟温低、除尘壳体腐蚀严重、除尘效果不好，运转数年就腐蚀严重，于2012年4~5月进行改造，仍采用袋式除尘设备。该工程存在的主要问题是烟温控制问题，烟温控制正常运行温度必须在120℃以上，停产时也要控制在120℃以上。如果停产时不能控制在120℃以上，那就必须喷CaO细粉进行脱硫，才能防止酸腐蚀发生。

6.5 电袋复合除尘器原理及特点

20世纪70年代以来，美国的发电厂为了达到政府对控制烟尘排放越来越严格的要求，采取了多种措施来提高电除尘器和袋式除尘器的性能，其中一项措施就是采用电袋复合除尘器。

广义的电袋复合除尘器是指所有集电除尘技术和袋式除尘器技术于一身的混合式除尘设备。其优点是，粉尘层过滤阻力降低，清灰次数减少，滤料寿命延长，过滤效率，特别是对细颗粒物的过滤效率高。美国、日本、英国、澳大利亚等国家都有相关研究成果报道。国内西安建筑科技大学、武汉安全环保研究院、东北大学、中科院过程工程研究所等也进行了不同形式电袋复合除尘装置的性能试验研究工作。

6.5.1 电袋复合除尘器的基本原理和技术特点

利用电除尘器收尘效率高以及对粗颗粒粉尘具有适应性好的特点，在前级的电除尘电场中预先收下较粗颗粒的绝大部分粉尘，使进入后级袋式除尘区中的粉尘最大程度地减少，以保证滤袋表面聚集后的粉尘具有更好的松散性和通透性，减轻后级袋除尘区滤袋的运行阻力和工作负荷，从而降低除尘器的运行成本同时延长使用寿命。电袋复合除尘器示意如图 6-5 所示。

电袋复合除尘器有以下特点：

(1) 除尘效率高、运行稳定可靠。采用电袋复合技术充分发挥电除尘区第一、二电场具有绝对收尘量大、收尘效率高的特点，把 80%以上的烟气粉尘收集，后级布袋区的粉尘量只剩下不到 1/4。电（预）除尘的作用，消除了大颗粒粉尘对滤布的磨损及高温粉尘颗粒对滤袋的损坏，也减少了布袋除尘的负荷；同时由于荷电粉尘作用，使带异性电荷的粉尘相互吸附，产生电凝作用，细颗粒粉尘凝并成较大颗粒粉尘利于捕集，相同极性粉尘相互排斥，使得沉积到滤袋表面的粉尘颗粒排列有序，形成的粉层透气性好、孔隙率高、剥离性好，粉尘层的透气性越好、含尘浓度越低，布袋除尘的清灰周期越长，从而使滤袋折射次数也相应减少，有利于延长滤布的使用寿命。

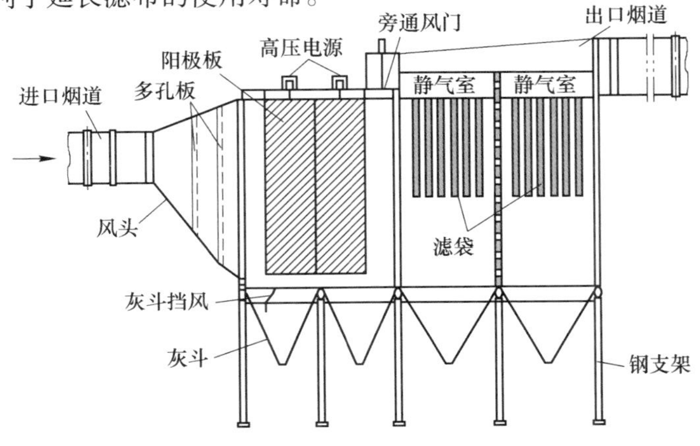

图 6-5 电袋复合除尘器示意图

（2）合理的气流分布。为保证气流均衡通过布袋区，在电除尘器后部即布袋区前部安装孔板，采用气流均布装置，提高电场的气流均匀性，均衡滤袋的负荷。通过模拟计算、试验和实际工程应用，在除尘器内部增设气流均布装置，保证前级电场气流均匀，充分发挥电场的粉尘荷电和收尘作用，把粉尘尽可能在电场中收集下来，减少后级布袋除尘区的粉尘负荷。同时保证后级布袋除尘器各室流量分配均衡，粉尘负荷均衡，压差和阻力也均衡，清灰周期均衡。避免了因布袋除尘区气流不均，高流速区冲刷布袋而使布袋损坏。最大限度地提高电袋复合除尘器的整体除尘效率高，阻力低，运行费用低，寿命长的特点。

（3）清灰效果好。低压长袋脉冲喷吹是脉冲阀（该阀为淹没式结构）与喷吹管采用直连连接，没有弯头，可以减少低压脉冲气流的阻力损失，减低其阻力，保证布袋除尘器上每个滤袋有充足的清灰气流。脉冲清灰时喷吹管不运动，让喷吹管喷出的高速气体，直接准确地从滤袋中心喷入滤袋，实现清灰。

（4）合理的出气结构，减少系统阻力。通过模拟试验研究和工程实践，设计出最佳的各室阀口大小，提升阀的提升高度，以及各室合理流畅的烟气管道和汇总管道，大大减少系统阻力。

6.5.2　工程应用

营口 600m^{2}烧结机工程是中冶北方工程技术有限公司总承包项目，于 2013 年 12 月 31 日竣工投产。该工程考虑到滤袋的使用寿命及节能减排效果，机尾及整粒除尘设备均应用电袋复合除尘器，参数分别见表 6-4 和表 6-5。

表 6-4　机尾电袋复合除尘器参数表

项　目	参　数	项　目	参　数
烟气处理量/m^3 · h^{-1}	1110000	电除尘室数/个	2
入口含尘浓度/g · m^{-3}	20	驱进速度/cm · s^{-1}	8
出口含尘浓度/mg · m^{-3}	≤30	阳极板形式	480C
烟气温度/℃	≤140	阳极板材质	SPCC
电除尘流通面积/m^2	400	阴极线形式	RBS
布袋过滤面积/m^2	14388	阴极线材质	1Cr18Ni9Ti
电场烟气流速/m · s^{-1}	0. 77	滤袋总数量/条	4400
布袋过滤风速/m · min^{-1}	1. 26	滤袋材质	50%亚克力+50%PE
电场同极距/mm	400	滤袋规格/mm×mm	ϕ133×8000
电场数/个	2	除尘效率/%	≥99. 85

表 6-5 整粒电袋复合除尘器参数表

项 目	参 数	项 目	参 数
烟气处理量/$m^3 \cdot h^{-1}$	240000	电除尘室数/个	1
入口含尘浓度/$g \cdot m^{-3}$	20	驱进速度/$cm \cdot s^{-1}$	8
出口含尘浓度/$mg \cdot m^{-3}$	≤30	阳极板形式	480C
烟气温度/℃	≤80	阳极板材质	SPCC
电除尘流通面积/m^2	120	阴极线形式	RBS
布袋过滤面积/m^2	3093	阴极线材质	1Cr18Ni9Ti
电场烟气流速/$m \cdot s^{-1}$	0.77	滤袋总数量/条	946
布袋过滤风速/$m \cdot min^{-1}$	1.26	滤袋材质	50%亚克力+50%PE
电场同极距/mm	400	滤袋规格/mm×mm	ϕ133×8000
电场数/个	2	除尘效率/%	≥99.85

6.6 三种烧结机机尾除尘器改造的技术经济分析

烧结机尾电除尘器的改造方式有以下三种：

（1）电除尘器改加电场。保留原有设备，另外增加电场，增加极板极线，更换高频电源，其优点为成本低，设备运行阻力较小，维护方便，受温度影响较小。缺点就是占地大，排放浓度较难保证。

（2）电除尘器改袋除尘器。保留中箱体及下部灰斗，拆除所有极板极线，新建上箱体、花板，增加滤袋，改造进出风口喇叭；能满足现有环保达标排放要求，但是改造成本较高，设备运行阻力较大，对烟气温度、成分较敏感，使用寿命低，维护成本高。

（3）电除尘器改电袋复合除尘器。保留原电除尘器的第一电场，作为初级除尘，去除烟气中80%以上的大颗粒物，同时第一电场起到预荷电作用，使粉尘颗粒发生碰撞、接触而黏附和聚合成较大颗粒的粒子。然后利用袋式过滤元件来捕集微小粉尘，使气体净化。

6.6.1 三种除尘设备性能比较

三种除尘设备性能比较如表 6-6 所示。

表 6-6 三种除尘设备性能比较

种 类	优 点	缺 点
电除尘器	设备阻力小，能耗低；处理烟气量大；核心部件为钢结构，使用寿命长；自动化程度高、运行可靠；运行维修工作量小；耐高温	除尘效率受粉尘种类影响而波动；一次性投资高；场地占用面积和空间大；受运行工况条件影响大；对制造安装要求较高

续表 6-6

种 类	优 点	缺 点
袋式除尘器	除尘效率一般可达 99.9%以上；处理微细粉的排放浓度可远低于国际标准；对各种性质的粉尘都有很好的除尘效果，对高比电阻尘粒亦很有效；便于回收干粉料	运行阻力高，风机能耗大；滤袋易损坏，换袋困难且劳动强度差；滤袋承受高温、SO_3、NO_2、O_2、H_2O 等能力弱；滤袋维护成本高，更换工作量大；废旧滤袋不易处理，造成二次污染；处理机尾高温烟气，前端需加预处理器
电袋复合除尘器	除尘效率一般可达 99.9%以上；对微细粉尘分级除尘效率高；滤袋压降小，滤袋使用寿命长；滤袋对荷电粉尘更易捕捉；除尘效率不受粉尘特性及风量影响，效率稳定，适应性强；运行成本低，占地面积小	对设计精度要求高，制造安装更复杂，技术普及度低

6.6.2 设备投资比较

以新建 1 套 265m² 烧结机机尾除尘设备为例，处理烟气量为 500000m³/h，烟气温度 150℃，标准状况下除尘器入口烟气含尘浓度为 15g/m³，要求排放浓度小于等于 30mg/m³（标态）。当选用电除尘器、袋式除尘器和电袋复合除尘器三种不同除尘系统时，主要设备投资费用分别为：

（1）若单独使用电除尘器，需要 165m² 流通面积，4 个电场，设备重量约为 510t。设备主要为钢材所制，本体投资约 408 万元。需要 4 套三相电源，价格为 60 万元。电除尘器运行阻力为 250Pa，除尘风机及配套电机价格为 80 万元，总价为 548 万元。

（2）若单独使用袋式除尘器，需要的滤袋面积为 12000m²，则设备投资为 420 万元。袋式除尘器运行阻力为 1500Pa，除尘风机及配套电机价格为 90 万元。由于机尾高温烟气带火星，为滤袋安全考虑，增加 1 套预处理设备，费用为 45 万元，总价为 555 万元。

（3）若使用电袋复合式除尘器，设备重量估计为 650t，主要为钢材所制，本体投资约 520 万元。需 1 套三相电源，价格为 15 万元。电袋复合除尘器阻力约为 1000Pa 左右，除尘风机及配套电机价格为 85 万元，总价为 620 万元。

6.6.3 运行费用比较

三种除尘器运行费用详见表 6-7。

表 6-7 除尘器运行费用 (万元)

技术方案	高压供电装置	除尘器低压电器	压缩空气	系统风机	总 计
电除尘器	148.5	8.42	—	342	498.92
袋式除尘器	—	2.50	8.40	534	544.9
电袋复合除尘器	37.12	2.10	2.80	427	469.02

6.6.4 维护费用比较

除尘器运行寿命按20年计算，则三种技术方案的维护费用如下：

（1）若单独使用电除尘器，年基本维护费用按15万元考虑；4年大修1次，大修1次花费约70万元。

（2）若单独使用袋式除尘器，年基本维护费用按20万元考虑；滤袋寿命为2年，每次换袋总价约110万元，20年内换袋9次。

（3）若使用电袋复合除尘器，滤袋区部分年基本维护费用按10万元考虑；滤袋寿命为4年，每次换袋总价约100万元，20年内换袋4次。电场区部分，年基本维护费用按10万元考虑；4年大修1次，大修1次花费约20万元，20年内大修4次。详细数据见表6-8。

表 6-8 寿命周期内除尘器维护费用 (万元)

方 案	第1年	第2年	第3年	第4年	第5年	第6年	第7年	第8年	第9年	第10年
电除尘器	15	15	15	85	15	15	15	85	15	15
袋式除尘器	20	130	20	130	20	130	20	130	20	130
电袋复合除尘器	20	20	20	140	20	20	20	140	20	20
方 案	第11年	第12年	第13年	第14年	第15年	第16年	第17年	第18年	第19年	第20年
电除尘器	15	85	15	15	15	85	15	15	15	15
袋式除尘器	20	130	20	130	20	130	20	130	20	20
电袋复合除尘器	20	140	20	20	20	140	20	20	20	20

6.6.5 综合比较和评价

经济性分析的最终结论需通过对电除尘器、袋式除尘器和电袋复合除尘器的设备投资、运行费用及维护费用的综合投资净现值比较得出，见表6-9。

表 6-9 除尘器综合投资净现值比较 (万元)

技术方案	一次性设备投资	运行费用净现值	维护费用净现值	综合投资净现值
电除尘器	548	9338.20	544.42	10430.62
袋式除尘器	555	10198.8	1303.65	12057.45
电袋复合除尘器	620	8778.56	824.85	10223.41

以 265m²烧结机尾除尘改造为例，通过对电除尘器、袋式除尘器和电袋复合除尘器三种技术方案进行分析比较，得出以下结论：

（1）应用的电袋复合除尘器出口排放浓度（标态）低于 20mg/m³。

（2）根据本项目实际数据、运行维护经验数据和推导估算数据，利用综合投资净现值法对比了电除尘器、袋式除尘器和电袋复合除尘器三种方案的经济性，得出电袋复合除尘器与其他两者相比经济性更优。

6.7 陕西龙钢机尾新建电袋除尘经验

陕钢集团龙钢新区一期 265m²烧结机于 2008 年建成投产，经过几年的运行，机尾除尘系统部分设备已老化，粉尘严重超标。随着新排放标准的实施，机尾 150m² 三电场电除尘器已无法满足要求，最终确定新建一台电袋除尘器。

6.7.1 龙钢 265m²烧结机机尾除尘器存在的问题

原采用三电场电除尘器，因除尘效果差，岗位环境恶劣，尤其是烧结机尾排料溜槽及卸料溜槽等处粉尘弥漫，电除尘器排放超标，肉眼可见缕缕白烟。现场观察分析发现，该除尘系统主要存在以下问题：

（1）烧结机机头设计风量偏大，除尘点的风量选取过大，易造成物料被抽入除尘管道，使除尘器工作负荷加大。

（2）烧结机尾大罩及环冷机受料点、卸料点设计风量偏小，其处扬尘非常大。

（3）除尘管道设计风速偏大（22m/s），导致管道系统及除尘器阻力大，磨损严重。

（4）除尘管道设计中采用了大量垂直三通，也使得系统阻力加大，加速管道局部磨损。

（5）除尘管道中弯头及三通没有耐磨措施，极易磨损产生漏风，使除尘点除尘效果差。

（6）整个除尘系统采用手动插板阀调节。因除尘点多，阀门调节无法实现平衡。且插板阀在 20~30m/s 管道流速下，阀板磨损非常快，造成系统阻力严重失调。系统阻力不平衡，导致运行风量严重偏离设计值，一些除尘点风量很大，抽料和磨损严重；某些除尘点风量很小，现场大量扬尘。

（7）现有风机与除尘系统管网特性不匹配。

基于上述分析，原 150m^{2}三电场电除尘器很难达到粉尘（颗粒物）排放浓度≤30mg/m^{3}的标准规定（GB 28662—2012），必须进行改造。

6.7.2 管网改造方案

对于系统管网部分存在的问题，全系统均采用 30°或 45°三通管，避免三通支管下插，并采用耐磨管壳等形式延缓局部构件的磨损。

除尘系统采用中冶长天专有的阻力平衡技术，通过精确计算并结合阻力平衡器这一专利设备，确保系统阻力平衡，使运行风量和设计风量保持高度一致，最终保证管网系统长期稳定、可靠、低维护量运行。

6.7.3 设备改造方案

原 150m^{2}电除尘器结构设计存在一定问题，例如阴极振打一个电场只设有一套，而且放在顶部不合理，阴极振打清灰效果不好，造成电晕闭塞，电流下降，除尘效率降低。在方案设计阶段，曾经考虑在原 150m^{2}三电场电除尘器的基础上增加一个电场，改造为四电场除尘器。但经计算，此方案也无法实现排放浓度降低到 30mg/m^{3}以下的要求。

为实现更严格的浓度排放要求，最终确定了以新建一台电袋除尘器、更换风机电机为主要特点的设备改造方案，方案最终确定的主要设备参数如表 6-10 所示。

表 6-10 改造方案主要设备参数

设备名称	规格型号	单位	数量
电袋复合除尘器	L=500000m^3/h	台	1
除尘引风机	Y5-2×55№24F L=500000m^3/h，n=730r/min P=4500Pa，20℃	台	1
除尘风机配套电机	YKK630-8 P=1000kW，10kV，50Hz n=730r/min，IP54	台	1

由于采用电袋复合除尘器，具有如下优点：

（1）前级电场有预处理器的功能，能够实现带火星大颗粒粉尘的收集，并且在烟气温度高时对滤袋起到一定的缓冲保护作用。

（2）电凝并作用使细颗粒粉尘凝并成较大颗粒粉尘，有利于滤袋捕集，排放浓度低而且稳定，能实现不超过 20mg/m^{3}的浓度排放要求，并能够降低 PM2.5 的排放量。

（3）在除尘器的袋区，相同极性粉尘相互排斥，在滤袋表面形成一层蓬松的粉尘层，清灰容易，喷吹压力可降低，清灰周期可延长 1 倍，压缩空气耗量可减少为袋式除尘器的 1/3，滤袋使用寿命延长。

（4）运行阻力比袋式除尘器低 500Pa 左右，风机能耗比袋式除尘器低。

本改造的电袋复合除尘器和系统流程如图 6-6 所示，设备由一个电场区和其后的滤袋区组成，总长度约 28m，总宽度约 12m，具体参数如表 6-11 所示。

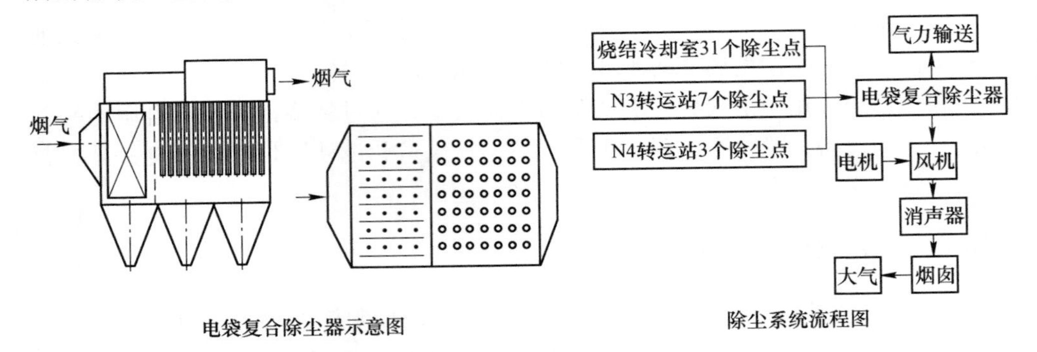

图 6-6 串联式电袋复合除尘器和系统流程图

表 6-11 改造方案主要设备参数

名 称	参数	名 称	参数
处理风量/$m^3 \cdot h^{-1}$	500000	袋区过滤面积/m^2	11300
电区入口烟气温度/℃	230	袋区过滤风速/$m \cdot min^{-1}$	0.74
电区烟气实际流通面积/m^2	155	袋区布袋规格/mm	160×650
电区电场内烟气流速/$m \cdot s^{-1}$	0.9	袋区布袋数量/条	3456
电区同极间距/mm	400	除尘引风机	Y5-2×55№24F

6.7.4 应用效果

投产后，经检测，电袋复合除尘器排放浓度为 17.7mg/m^3。电场经过一段时间的磨合后，各参数都比较稳定，投产半年多来，除尘器内外压差维持在设计标准范围内，说明袋区的滤袋寿命得到提高，没有明显被冲刷磨破的现象。

6.8 湘钢电除尘改造为阻火器、布袋除尘器串联除尘工艺

湘钢 180m^2烧结机于 2004 年建成投产，机尾采用 178m^2三电场电除尘器，设计排放浓度≤100mg/m^3。近几年来，由于电除尘器振打效果变差，阴极线积灰严重，除尘效率下降，颗粒物排放浓度高达 150mg/m^3。2012 年 12 月湘钢利用烧结机 2 个月大修之机，同步对机尾电除尘器进行了改造。

6.8.1 改造方案选择

6.8.1.1 排放浓度的确定

180m²烧结机机尾电除尘器改造方案需要综合考虑的因素包括：工程投资、运行成本、操作维护、改造工期和排放标准，其中排放标准是首要条件。国家新的烧结机尾排放标准要求小于30mg/m³，特别排放限值为20mg/m³，考虑湘钢所处湘江风光带的环境敏感位置，故按特别排放限值20mg/m³进行改造设计。

6.8.1.2 改造方案对比

根据现有条件，提出了三个备选方案（见表6-12）。

表6-12 180m²烧结机机尾除尘改造方案对比

项　目	方案一	方案二	方案三
主要改造内容	三电场改四电场，顶部振打改为侧部振打	改造成电袋除尘器，风机电机更换	增设阻火器，电除尘器改布袋除尘器，风机电机更换
排放浓度/mg·m⁻³	<40	<20	<20
除尘效率/%	99.6	99.8	99.8
设备阻力/Pa	350	1500	1700
总图布置	延长一跨约5m	延长一跨约5m	延长一跨约5m
投资/万元	500	700	700
改造工期/天	40	55	55
操作维护	每季进电场清灰，劳动条件较差，板线掉线需要烧结停机检修处理	操作要求较高，需同时掌握电除尘和布袋除尘知识及操作技能	操作较简单，可实现在线更换布袋

方案一：将三电场改造成四电场电除尘器。改造内容包括在现有电除尘器后端增设1个电场；阴极线顶部电磁振打改为侧部振打；鱼骨线改成四齿芒刺线。其优点是投资省，工期短；缺点是排放浓度难以达到小于20mg/m³的要求。

方案二：将电除尘器改为电袋除尘器。改造内容包括保留第1电场，将第2、第3电场以及延长一跨改造成布袋除尘器。优点是烟气中80%的粉尘可被电场收集，大大降低滤袋粉尘负荷，延长清灰周期和使用寿命；缺点是投资较大，对操作技能要求较高，既要熟悉布袋除尘器，又要掌握电除尘器技能；电场短路时可能对布袋除尘器运行带来不良影响；电场产生的臭氧可能对滤袋产生氧化副作用。

方案三：改造成阻火器、布袋除尘器二级串联除尘工艺。改造内容包括增设一台阻火器，将现有电除尘器延长一跨，改造成长袋低压脉冲布袋除尘器。优点是烟气中 30% 粗颗粒粉尘被阻火器收集，有利于减少粗颗粒粉尘对滤袋的磨损，降低滤袋粉尘负荷；缺点是投资较大，工期较长。

经综合考虑，最后选择采用方案三。除尘工艺为吸风罩→除尘管道→阻火器→布袋除尘器→风机→烟囱；收集的粉尘经刮板输灰机→加湿机→皮带→配料仓循环利用。

6.8.2　改造方案实施

本次改造的主要项目包括：增设一台阻火器；将电除尘器现有基础延长一跨（5m）改造成布袋除尘器；更换除尘风机、电机、卸灰阀及刮板输送机；配套检测控制、供配电、电气控制及 PLC 控制系统。

6.8.2.1　阻火器

烧结机尾烟气含尘浓度较高，一般在 5~10g/m^3，粉尘具有较强的磨琢性，而且来自单辊破碎和板式给料机下料点的炽热粗颗粒粉尘有可能抽入除尘管道。为防止炽热颗粒烧损布袋和降低布袋除尘器粉尘负荷，特增设一台阻火器，其结构示于图 6-7。在沉降室内增设一块挡板，当含尘气流流经挡板时，粗颗粒粉尘在惯性力作用下撞击挡板，并在重力作用下沿挡板下落进入灰斗中。

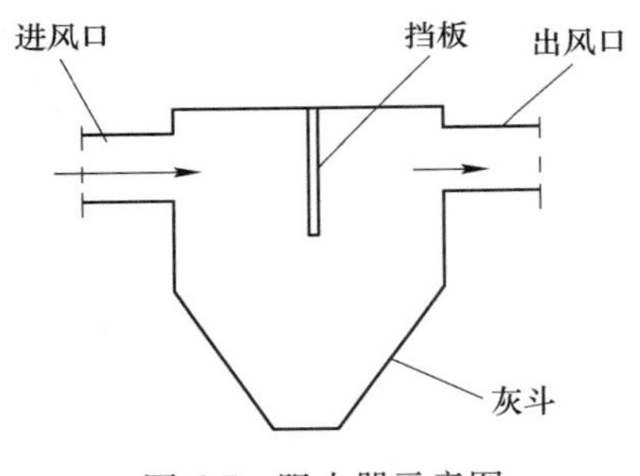

图 6-7　阻火器示意图

经过 7 个月的运行，该阻火器收集的粉尘量约占机尾除尘灰总量的 30%，即使在 7、8 月份的高温季节，也没有出现过滤袋烧损情况。

6.8.2.2　布袋除尘器

布袋除尘器主要参数如下：处理风量 580000m^3/h，过滤面积 11000m^2，箱体及灰斗数量 16 个，除尘器阻力 1400Pa，出口浓度小于 20mg/m^3，设备耐压 7kPa。

A　缓冲沉降区

为节省布袋除尘器投资，设备制造厂家一般不在除尘器进风口部位设置缓冲沉降区。根据运行经验，这样容易造成含尘气流直接冲刷滤袋底部，导致袋底磨损、漏灰，影响烟囱达标排放，增加滤袋更换成本。

为了预防上述问题，我们在机尾布袋除尘器结构设计上增加了中箱体高度，使滤袋底口与灰斗上口垂直间距保持2m，形成2m高的缓冲沉降区（见图6-8）。含尘气流先进入缓冲沉降区，避免了直接冲刷滤袋底部而使滤袋受损；同时，含尘气体进入缓冲沉降区后流速大大降低，有利于粗粒粉尘直接沉降到灰斗，进一步减轻了滤袋的粉尘负荷。

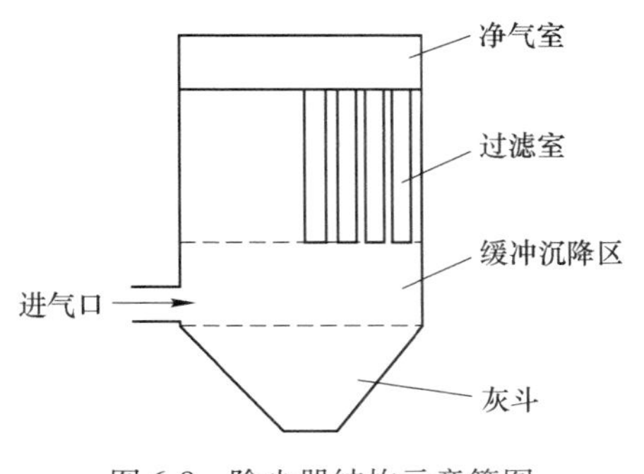

图6-8 除尘器结构示意简图

B 气流上升速度

气流上升速度是指在除尘器过滤室与上升气流垂直断面上，含尘气体上升的实际速度。其大小会影响含尘气体对滤袋的磨损，以及脉冲清灰脱离滤袋粉尘的沉降和随气流重新返回滤袋表面的情况。气流上升速度偏大，将导致滤袋磨损增大，影响清灰效果，增大除尘器运行阻力。通常，机尾布袋除尘气流上升速度不宜超过1m/s。

C 除尘滤料选择

滤料是布袋除尘器的核心部分，滤料的性能和质量直接关系到除尘器的达标排放和稳定运行，选择滤料须考虑气体和粉尘的理化性质，温度是选用滤料时考量的首要因素。由于180m^2烧结机机尾除尘系统原设计接入了配料室常温烟气，混合后废气实际温度在80~100℃之间，因此选用常温滤料即可。据此，滤袋材质选用了涤纶覆膜针刺毡，规格为ϕ160mm×8400mm，单重≥550g/m^2，仅此一项，就比采用高温滤料节省投资30万元。

D 布袋检修方式

烧结机是连续生产设备，布袋除尘器须保持与烧结机同步运行。影响布袋除尘器同步运行率的一个重要因素是滤袋、袋笼的检修更换是采取在线检修还是离线检修。如果采用停机离线集中更换滤袋，一般需要2~3天，这将影响除尘器的同步运行。为保证除尘器具备在线更换滤袋、袋笼的功能，本布袋除尘器设置了16个独立的滤袋箱体、灰斗。各滤袋箱体均设有进风阀、离线阀。当发现某个箱体滤袋破损引起烟囱排放超标时，可及时关闭该箱体，进行在线滤袋检查与更换，保证除尘器同步稳定运行。

E 风机、电机更换

电除尘器改造成布袋除尘器后，除尘系统阻力增加，风机和电机需相应进行更换。按改造后风机风量保持原有60×$10^4$$m^3$/h不变，风机全压为5600Pa，配套电机功率1400kW。

6.8.3 改造效果

6.8.3.1 环境效益和社会效益

$180m^2$烧结机机尾除尘改造后粉尘排放浓度由 $150mg/m^3$ 下降到 $20mg/m^3$ 以内，每年减排粉尘量 432t，烧结厂周边环境得到较大改善，取得了良好的环境和社会效益。

6.8.3.2 经济效益

每年回收粉尘量为：$(150-20)mg/m^3 \times 450000m^3/h \times 24 \times 365 \times 95\% = 487t$；
年减少粉尘排污收费：487000kg÷4(当量值)×0.6 元/当量= 7.3 万元；
另外，风机叶轮寿命由 1 年提高到 4 年，年节省检修费用 10 万元。

6.8.3.3 作业环境

以往烧结机检修时，操作工要同步进入电场内检查极板、极线、振打等情况，检修工也要进入电场检修振打、阴极线、阳极板等，电场内灰尘大，作业环境差。改为布袋除尘器后，维护检修主要集中在输灰系统和布袋、袋笼更换上，属于室外露天作业，作业环境相对较好。

6.9 河北新钢 $120m^2$烧结机电除尘改电袋除尘实践

河北新钢集团公司位于雄安新区东北约 15km，随着新区的建设，环保标准的逐步升级，原烧结机尾 $2 \times 120m^2$ 三电场电除尘已经不能够满足国家排放标准的要求，本着对现有生产组织模式影响小，充分利用现有的除尘系统配置，以不改变除尘设备总体布局为前提，对 $120m^2$ 机尾电除尘器进行电袋复合式除尘器改造，即第 1 电场保留为电除尘区，利用原第 2、3 电场壳体设置布袋除尘区，对风机、电机和除尘管道均不作大的改动。

6.9.1 原 $120m^2$ 电除尘现状

两台 $120m^2$ 机尾电除尘器分别于 2011 年和 2013 年安装并投入使用，原设计采用三电场静电除尘器。经过多年使用，电除尘器极板、极线逐渐老化，除尘效率也呈下降趋势，据机尾电除尘器颗粒物排放监测数据显示，正常排放为 $100mg/m^3$ 以上，虽没有“冒黑烟”现象，但不能满足国家小于 $30mg/m^3$ 排放标准。改造前 $120m^2$ 机尾电除尘设备基本性能参数见表 6-13。

表 6-13　改造前 $120m^2$ 机尾电除尘设备基本性能参数

项　目	性　能　参　数
电除尘器	$120m^2$ 三电场静电除尘器，处理风量 $487000m^3/h$
风机	型号：Y4-73-11№29.5D　风量：$487000m^3/h$ 全压：5423Pa　转速：730r/min
电机	型号：YKK7102-8　10kV　功率：1250kW

6.9.2　电除尘改为电袋复合除尘器的方案和效果

充分利用原 $120m^2$ 卧式三电场静电除尘器壳体及除尘器下方基础支撑结构，除尘器外形尺寸保持不变，第一电场保留；第二、三电场保护性拆除极板极线、顶部保温箱高压电源，安装滤袋和袋笼、上箱体（花板、喷吹装置组件），设置为布袋除尘区，具体参数见表 6-14，改造方案采取两种形式见图 6-9 和图 6-10。

表 6-14　袋式除尘区基本参数

项　目	基本参数	项　目	基本参数
处理风量/$m^3 \cdot h^{-1}$	487000	袋笼尺寸/mm×mm	ϕ150×8450
过滤面积/m^2	9032	滤袋尺寸/mm×mm	ϕ160×8500
过滤风速/$m \cdot min^{-1}$	≈0.9	滤袋条数/条	2115
设备阻力/Pa	1500	滤袋材质	涤纶针刺毡
工作温度/℃	<100	清灰方式	在线清灰
电磁脉冲阀/个	135	除尘效率/%	99.9

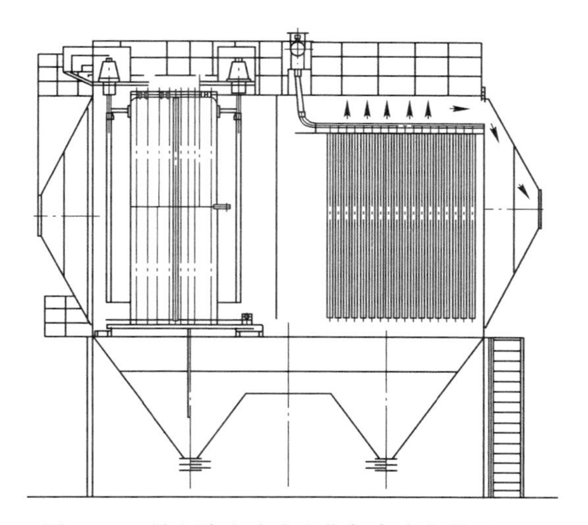

图 6-9　1 号电除尘改为电袋复合除尘器原理图

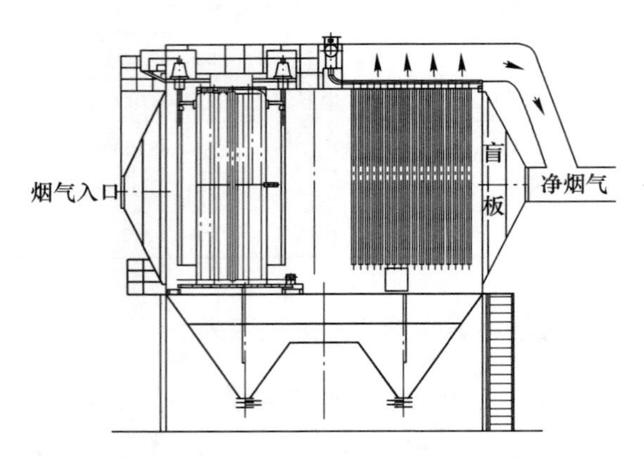

图 6-10　2 号电除尘改为电袋复合除尘器原理图

为了保证高炉的正常生产，储备烧结矿，施工采取提前拆除原电除尘外部附件和制作，施工人员轮流工作，使改造工期缩短到 25 天。除尘器改造系统经过半年的使用，运行平稳，现场实测排放量小于 20mg/m^3。

6.10　宝钢烧结一次混合机烟气除尘方案探讨

近年来，随着宝钢烧结生产组织方式和配料结构发生变化，特别是生石灰使用量的增加，烧结工序混合制粒过程产生的含湿含尘废气流量显著增加，并具有颗粒物浓度较高、湿度较高、黏性较大（易黏附于排气筒和管道）等特点。从确保岗位粉尘浓度达标、改善劳动环境以及控制区域扬尘的角度出发，需增设混合机除尘设施，并兼顾除尘灰等产物的处理。

6.10.1　混合机扬尘现状与相关技术

6.10.1.1　混合机扬尘产生的现状

2012 年对宝钢二烧结与三烧结的一次混合机排放烟气进行了检测，主要测试项目与数据详见表 6-15，烟气粉尘的理化特性列于表 6-16 和表 6-17。结合现场生产和物料组成情况分析可知，一次混合机烟气具有如下特点：（1）烟气量不稳定，波动较大，容易受到工艺操作和原料条件的影响；（2）颗粒物浓度超标且波动范围较大，超过 20mg/m^3（标态）的限值；（3）湿度较高，含湿量在 5%～10%范围内波动；（4）黏附性较强，易黏附于排气筒内壁与管道等处；（5）烟气中颗粒物湿容量高于烧结混合料，粒度较细，主要来源于消石灰、煤粉、焦粉以及含铁原料中的含铁含碳粉尘。

表 6-15　一次混合机烟气检测情况

机组	排气筒截面积/m^2	温度/℃	含水量/%	流速/$m \cdot s^{-1}$	热态烟气量/$m^3 \cdot h^{-1}$	干烟气量(标态)/$m^3 \cdot h^{-1}$	颗粒物浓度(标态)/$mg \cdot m^{-3}$
二烧结	0.732	41	5.2	2.3	6149	5074	1110.3
三烧结	0.708	47	7.4	1.9	4842	3826	221.6

表 6-16　一次混合机烟气粉尘化学成分　(%)

TFe	CaO	SiO_2	Zn	S	K_2O	Na_2O	C
4.48	55.99	3.01	0.048	0.302	0.064	0.025	12.74

表 6-17　一次混合机烟气粉尘水分与粒度　(%)

水分	粉尘粒度/mm						
	+1	1~0.5	0.5~0.25	0.25~0.125	0.125~0.063	-0.063	MS
~10	0.5	5.3	12.2	29.9	26.6	25.5	0.18

目前，主要应对措施只是增加混合机排气筒高度，以降低废气排放浓度。2010 年前后，三台烧结机的一次混合机排气筒高度经改造从 5m（筒体中心至排气筒顶部）增加至约 11m，但效果并不理想，区域环境和岗位工作环境未得到显著改善。环保检查数次对三台烧结机的一次混合机排气筒连续扬尘（见图 6-11）情况进行了通报，并要求整改。

图 6-11　一次混合机扬尘照片

6.10.1.2　治理混合机除尘的相关技术

鉴于前述混合机产生废气的特性，重力除尘器、布袋除尘器和静电除尘器均无法满足其除尘要求。经调研，国内部分烧结厂采取了在一次混合机机旁增设湿式除尘器的措施。投运初期效果均较好，但是随着时间推移，水平方向或坡度较小的管道堵塞渐趋严重，除尘效果变差，目前仅有少数几家维持运转。分析认为，湿式除尘器的缺点在于：（1）产生的污泥返回主皮带参与配料，因水分大对配料混合产生负面影响；外排则产生二次污染，增加工作量。（2）需设置沉淀池处理污水，占地大，运行费用高。（3）除尘管路易堵塞。由于混合机内属于半潮湿和高于常温的环境，烧结料混合过程产生的废气中所含有的 $Ca(OH)_2$ 易吸收空气中的 CO_2 生成碳酸钙，从而使物料在管道内壁黏附和硬化（即碳化作用）。久之，使除尘器进风管径变小，直至堵塞，导致除尘器本体无法工作。

在专利检索和相关技术交流中，也未发现国外烧结厂关于混合机烟气除尘技术的相关信息。分析认为，这与国外烧结机不用或者较少使用生石灰有关。

6.10.2 基于塑烧板除尘器的工业试验与方案制订

6.10.2.1 塑烧板除尘器工业试验

对于烧结混合机的扬尘治理，需要采取技术可靠、经济合理的除尘技术，既能使混合机含湿废气达到排放标准，同时又要统筹考虑除尘灰返回主工艺回收利用，改善烧结区域环境和岗位作业条件。为此，在不考虑湿式除尘器、重力除尘器、布袋除尘器和静电除尘器的前提下，鉴于塑烧板除尘器具有除尘效率高、使用寿命长、清灰效果好、疏水耐湿等特点，且在化工、制药、电力、汽车、采矿以及冶金轧机等生产领域有成功应用的经验，故 2012 年选取塑烧板除尘器进行了工业试验，以探索其应用于混合机除尘的可行性。

试验设备包括：塑烧板除尘器 1 台（处理风量 $530 \sim 4239m^3/h$，配风机）；进风管道直径 $\phi250mm$，其中横直管段长约 6m，竖直管段约为 1m；除尘器入口前设调节烟气流量的蝶阀。系统流程为：烧结混合机烟囱→风管→蝶阀→塑烧板除尘器→风机。在蝶阀前的竖直管段设有 1 个 *DN*100 检测孔，用于实时检测过滤风速和烟尘浓度。在塑烧板除尘器花板上下分别设有压力检测孔，可在线连续读出花板上下的压力差。

试验持续 10 天左右，结果表明：（1）塑烧板除尘器处理混合机烟气效果好，可达 $10mg/m^3$ 以下；（2）存在横直管道堵塞问题，如不解决将导致除尘器失去作用。

6.10.2.2 制订塑烧板除尘系统技术方案

A 方案简介

基于试验结果，考虑混合机废气特性及除尘灰返回主工艺回收利用的要求，经数次讨论优化，形成了基于塑烧板除尘器的一次混合机除尘技术方案。

本方案以塑烧板除尘器为主体，将其安装于混合机排气口上方或其厂房屋面上，混合机排气口与除尘器进风口以较粗的直管段连接。混合机产生的含湿含尘废气经由排气口、进风管道以及除尘器进风口，进入塑烧板除尘器本体。除尘器进风口、进风管道以及混合机排气口同时兼作除尘器排灰通道，废气中的粉尘依次被除尘器内部的塑烧板阻留、反吹和脱落，经由排灰通道返回混合机参与混合制粒，而净化气流则从除尘器上部排气通道排出。

此方案在宝钢股份新建一台面积为600m^{2}的周转烧结机中应用。

B　工作原理

混合机所产生的含湿含尘废气从排气口经管道和进风口进入除尘器本体，管道设置一段软连接以减小除尘器对混合机荷载产生的影响，废气通过塑烧板滤芯时，粉尘被阻留在塑烧板表面的涂层上，净化后的气流透过塑烧板经内腔进入净气箱和排风管道，借助风机产生的负压经排风管道排出。

塑烧板表面附着的粉尘增加后，可按定阻、定时或自动脉冲控制方式，选择需要清理的塑烧板或除尘室，通过喷吹阀将压缩空气喷入塑烧板内腔中，反吹掉聚集在塑烧板外表面的粉尘。掉落的粉尘在压缩空气的气流与重力作用下经宽敞的灰斗落入混合机筒体内部，混入正在翻转混合的烧结原燃料中，从而再次参与混合制粒。塑烧板除尘器原设备结构与工作原理如图6-12所示。在本技术方案中，取消了横向含尘气流入口，将其与出灰口合并设置为竖直管道。含尘气流上行，除尘灰下落，考虑二者的比重，经调试选取合理的进风流速。

选用变频风机，控制除尘器内的负压，防止混合料中细粒物料被废气带出，同时还可根据工艺需要调节除尘风量。

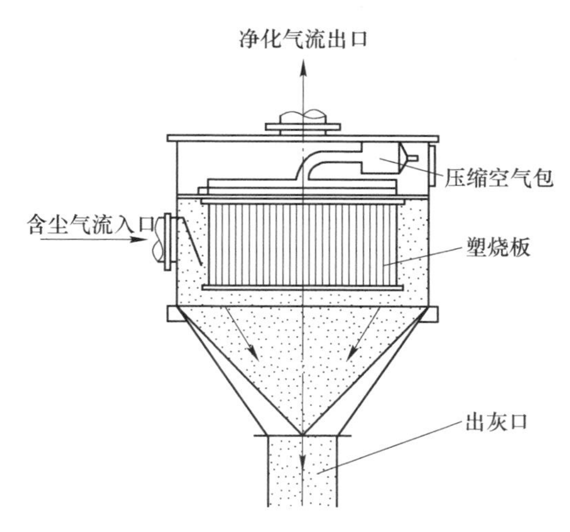

图6-12　塑烧板除尘器示意图

6.10.2.3 除尘系统的特点

与湿式除尘器以及其他工作场合的塑烧板除尘器相比，本技术方案具有如下特点：

（1）设备运行可靠。这种以塑烧板为主要过滤部件的干法除尘系统布置在混合机上部，取消了水平段管道，合并进风与排灰管道且设置为竖直管道，消除了粉尘黏附故障源。故障时除尘器可直排，不影响主工艺系统生产。

（2）设备结构简洁。除尘器与混合机直接连接，无刮板机、卸灰阀、灰仓等粉尘输送设施，简化了工艺流程，节省了设备投资。

（3）除尘处理清洁。除尘后排放浓度（标态）$\leqslant 10mg/m^3$，除尘灰可直接回到混合机参与混料，无需二次处理，不产生二次污染，预计每年可减少排放并实现资源回收利用数十吨。此外，由于未增加粉尘水分，回收后更容易保证物料混合后的均匀性。

（4）烟气处理高效。风机变频运行可稳定除尘器入口负压和混合机内部压力，控制除尘器吸入的细小颗粒物料量。进风口处设置导流板与隔板，有利于气流分布，提高烟气处理效率。

6.11 鞍钢鲅鱼圈工业固体废物综合利用

鲅鱼圈钢铁分公司各生产工序每年产生的固体废弃物总量大约在 150 万吨以上。由于这些固体废弃物的回收方法不同，致使理化性质差异较大，有的粒度很细，具有静电性；有的呈悬浮状堆积，水分不易蒸发，很难直接回收利用。2010 年，炼铁部组织技术攻关，研究了固体废弃物综合利用问题。通过对固体废弃物的数量和使用方法进行分析，最后决定采取以大型机械搅拌混匀为主，强力混合机处理为辅的生产工艺，将各种固体废弃物处理后形成一种物化性能相对稳定的含铁原料，称之为“混料”。大部分混料参加混匀造堆后用于烧结配料，少量用于生产铁碳球作为转炉炼钢冷却剂或造渣剂。

鲅鱼圈通过选择不同工艺处理各生产工序产生的固体废弃物，为冶金工厂固体废弃物处理开辟了新途径。固体废弃物得到综合利用后，不仅解决了环保问题，同时也给企业带来了较大的经济效益。

6.11.1 鲅鱼圈工序固体废弃物回收情况

在原料场设置了专用料条，用于回收和处理各种固体废弃物。目前，固体废弃物处理品种主要包括：各种除尘灰、转炉泥、瓦斯泥、转炉钢渣、氧化铁皮、磁选粉等 10 多个品种。其中，烧结系统所有除尘灰均在本系统循环使用；原料场除尘灰、部分炼钢除尘灰、少量瓦斯泥和转炉泥运往原料场强混系统，经强力混匀后大部分用于生产铁碳球，多余部分用于烧结混匀矿造堆；剩余的除尘灰、瓦斯泥、转炉泥和瓦斯灰等废弃物在煤5料条经大型机械混匀后用于混匀矿造堆；氧化铁皮在原料场直接用于混匀矿造堆；炼钢用石灰除尘灰由吸排灌车直接运往烧结配料室参与烧结配料。鲅鱼圈各工序固体废弃物种类、来源及处理方案列于表6-18，固体废弃物的化学分析见表6-19。

表6-18　鲅鱼圈各工序固体废弃物种类、来源及处理方案

工序名称	废物名称	来　源	有用元素	处理方案
烧结	熔剂、燃料、整粒、机头、机尾除尘灰	破碎、筛分、运输过程	TFe、CaO、C	布袋除尘收集后，气力输送到配料室参与配料
原料场	除尘灰	原料运输、倒运	TFe、CaO	加工成杂料后参加混匀矿造堆或生产铁碳球
炼铁	瓦斯灰	出铁炉前布袋除尘灰	TFe、C	汽车运输到原料场
	瓦斯泥	炉顶煤气重力水除尘泥		
炼钢	转炉钢渣	矿渣生产线磁选	CaO、MgO、TFe	磁选破碎后，输送到原料场参加混匀矿造堆
	转炉泥	生产过程石灰除尘灰	CaO、Fe	汽运到原料场强混系统加工成杂料后参加混匀矿造堆或生产铁碳球
	石灰除尘灰	水除尘	CaO、MgO	汽运到烧结配料室，参加配料替代熔剂
轧钢	氧化铁皮	轧钢过程	TFe、FeO	原料场参加混匀矿造堆

表6-19　鲅鱼圈各种固体废弃物的化学分析　（%）

名　称	TFe	FeO	SiO_2	CaO	MgO	P	C	Al_2O_3	K_2O	Na_2O
烧结熔剂除尘灰	0.45	0.40	3.30	23.00	6.32	0.055	12.40	1.36	2.88	0.001
烧结燃料除尘灰	1.92	0.10	6.21	0.001	0.001	0.092	39.50	3.16	0.108	0.003
烧结整粒除尘灰	33.72	3.40	5.63	11.00	2.36	1.74	6.60	2.48	0.060	0.020
烧结机头除尘灰	34.37	2.40	4.06	8.04	2.40	1.28	3.50	1.84	11.04	1.16
烧结机尾除尘灰	53.66	4.10	6.12	9.68	1.96	0.068	0.50	2.32	0.15	0.21
原料除尘灰	30.85	1.30	6.00	23.22	3.05	0.041	0.27	0.59	0.226	0.013
瓦斯泥	29.20	5.05	5.50	3.03	0.635	0.057	37.00	1.47	0.241	0.158
瓦斯灰	26.88	4.25	6.10	3.72	0.66	0.047	34.75	2.59	0.072	0.171
转炉泥	56.00	59.85	2.30	10.20	3.46	0.092	5.00	0.28	0.167	0.166
炼钢用石灰除尘灰	—	0.20	1.92	54.14	0.26	0.032	—	0.35	0.062	0.015
氧化铁皮	52.21	46.86	1.12	0.01	0.04	0.022	0.10	0.36	—	—
转炉钢渣	37.69	43.50	11.09	14.49	0.34	0.441	0.90	0.76	0.044	0.400

6.11.2 混料加工过程

鲅鱼圈生产工序固体废弃物除烧结系统除尘灰返回本系统循环使用，炼钢用石灰除尘灰参与烧结配料外，其余部分需在料场加工成混料后用于混匀矿造堆。杂矿的加工有两种方式，即：强力混合机混合和大型机械混匀。

6.11.2.1 强力混合机混匀工艺

瓦斯泥、转炉泥、高炉灰、瓦斯灰、原料粉尘、烧结粉尘等厂内回收杂料由回收料处理系统接受，其中瓦斯泥、转炉泥由自卸车翻入专用接泥槽，经泥浆泵送系统送至强力混合机；高炉灰、瓦斯灰、原料粉尘、烧结粉尘由低压罐车经管道输送至密封灰仓内，经刮板输送机送至强力混合机。混合后杂料经 4 条胶带机送至副原料场 2 料条堆存。

6.11.2.2 大型机械混匀工艺

大型机械主要包括钩机、铲车及翻斗车。各种固体废弃物按不同比例分别由铲车、翻斗车均匀取出运至煤 5 杂料堆，然后用钩机、铲车翻倒混匀，最后用钩机起堆直至该大堆作业结束。白班 8h 作业，每天处理 1000t，保证原料场正常生产需要。为使各种杂料充分混匀，保证混匀后的物料质量稳定，无大的波动，规定控制标准为 $\sigma(TFe)\leqslant 3$，$\sigma(SiO_2)\leqslant 1$。取样化验频次为每 500t 一次。

6.11.2.3 混料技术指标分析

对加工后的混料取样，分析其主要化学成分并计算 TFe、SiO_2 标准偏差，分析与计算结果分别见表 6-20 和表 6-21。

表 6-20 不同加工方式混料的化学成分 (%)

加工方法	TFe	FeO	SiO_2	CaO	MgO	K_2O	Na_2O	Al_2O_3
强力混合机	42.94	13.00	4.30	11.12	2.40	0.12	0.13	0.92
大型机械	44.80	11.20	3.11	9.01	3.18	0.12	0.15	0.83

表 6-21 不同加工方式混料的 TFe 和 SiO_2 标准偏差

加工方式	$\sigma(TFe)$	$\sigma(SiO_2)$
强力混合机	0.488	0.254
大型机械	2.395	0.842

从表 6-20 和表 6-21 可以看出，两种混匀方式对混料的化学成分平均值影响不大，但对混料 TFe、SiO_2 标准偏差影响较大，说明强力混合机的混匀效果好于大型机械。

6.11.3 混料的使用及效果

各种固体废弃物以不同方式加工成混料后，其中强混系统加工的混料用于生产铁碳球供转炉炼钢；大型机械混匀的则替代部分含铁原料用于烧结生产。

6.11.3.1 混料生产铁碳球

以混料为主要原料，添加适宜的水，充分混匀后，利用圆盘造球机或压球机制成具有一定强度、适宜粒度的球。由于混料中不仅含有较高的铁，而且还含有一定量的碳，所以称之为铁碳球。铁碳球可以在转炉冶炼不同时期加入，不仅可以起到化渣剂和冷却剂的作用，而且还有效回收了铁元素。铁碳球的物化指标见表 6-22。

表 6-22 铁碳球物化指标

化学成分/%							抗压强度/N·个$^{-1}$
TFe	FeO	SiO_2	CaO	C	P	S	
52.35	25.36	4.38	10.11	4.40	0.04	0.12	1820

6.11.3.2 混料代替含铁原料用于烧结生产

经大型机械混匀后的混料用于原料场混匀矿造堆之前铺底，最多每堆杂矿铺底数量为 3 万吨，相当于混匀矿总量的 13%。由于混料所包含的固体废弃物品种多、成分杂，所以烧结生产使用混料后对烧结矿物理指标和化学成分稳定性均产生一定的影响，不同混料配比对烧结矿物化指标的影响见表 6-23。

表 6-23 不同混料配比烧结矿物化指标的影响

混料配比/%	化学成分/%				物理指标/%		稳定率/%		
	TFe	FeO	CaO	SiO_2	转鼓	筛分	品位	碱度	FeO
2	57.25	8.19	9.46	4.85	80.23	3.80	98.58	94.06	100
5	57.15	8.49	9.82	5.04	79.98	3.93	98.29	93.40	99.5
8	57.21	8.56	9.89	4.94	79.76	4.02	98.01	93.12	99.2
13	57.18	8.61	9.64	4.82	79.58	4.26	97.59	92.46	99.0

从表 6-23 可以看出，烧结使用混料后，主要影响烧结矿的物理指标和稳定率，并且随着混料配比由 2%增加到 13%后，烧结矿转鼓指数平均下降 0.65%，筛分指数升高 0.46%，品位稳定率降低 0.99%，碱度稳定率下降 1.6%。

6.11.3.3　使用效果

各种固体废弃物加工成混料后，无论是用于生产铁碳球还是用于烧结生产，都将降低铁料消耗。在目前铁料价格日益上涨的情况下，将给企业带来较大的经济效益。

A　混料生产铁碳球给炼钢带来的效益

铁碳球作为化渣剂使用时，可降低铁矾土等化渣剂的使用量，缩短转炉成渣时间。其化渣效果好，可降低石灰石等造渣剂的消耗。同时使用铁碳球可以回收一部分铁元素，降低转炉炼钢的铁料消耗，经济效益显著（这里仅计算降低吨钢铁料消耗的效益）。使用铁碳球前后转炉钢铁料消耗对比见表6-24。

表6-24　使用铁碳球前后转炉钢铁料消耗　(kg/t)

使用铁碳球前	使用铁碳球后	降低铁料消耗
1081.16	1078.43	2.73

吨钢成本降低为：(实施前消耗-实施后消耗)×实施前的价格=(1081.16-1078.43)×1.132=3.09元/t。炼钢使用铁碳球可以回收一定量的铁元素，仅降低钢铁料消耗，每吨钢即可降低成本3.09元。

B　混料用于烧结生产给炼铁带来的效益

近两年，鲅鱼圈每年固体废弃物的处理量均在140万吨以上，综合回收率最高达98%。烧结使用混料主要替代进口粉矿，由于二者价格相差较大，所以烧结生产使用混料后，烧结原料成本降低。用5%混料等量代替澳大利亚进口粉矿，吨矿原料成本对比见表6-25。

表6-25　用5%混料等量代替澳大利亚进口粉矿吨矿原料成本对比

条　件	比例/%	烧结矿 R	TFe/%	单位成本/元·t^{-1}
使用澳矿	5	2.0	57.35	950.25
使用混料	5	2.0	56.81	920.20

由表6-25可以看出，用5%混料替代等量的进口澳大利亚粉矿后，在烧结矿碱度相同的条件下，吨矿原料成本降低30.05元，但烧结矿品位下降了0.54%。根据鞍钢内部价格体系，烧结矿品位每降低1%，影响单位成本15元。所以，扣除烧结矿品位下降，烧结生产用5%混料替代等量的进口澳大利亚粉矿后，每吨烧结矿原料成本可降低21.95元。

6.11.4　存在的问题

由于混料是由多种固体废弃物混合而成，各种废弃物物化性能差异较大，所以杂矿的物化性能与其他单一含铁原料相比，存在着粒度组成不均匀，吸水性差，化学成分波动大等缺点。混料用于烧结生产后，对烧结过程主要产生以下影响：

（1）难混匀、难制粒。这些含铁尘泥绝大部分属于干的固体废弃物，存在粒度细且分布集中的特点，难润湿，给混匀制粒带来负面影响。尤其是炼钢污泥，因与其他烧结原料粒度相差悬殊，并且含水率高，黏性大，不易混匀，造成烧结矿成分偏析大，这样就会使烧结料层透气性恶化。

（2）易造成箅条和隔热垫间隙糊堵，抽风系统粘料。大部分除尘灰粒度很细，在混匀过程中部分未成球的微细颗粒溶于过湿层水分，形成泥状物，进入箅条和隔热垫间隙，干燥后固结，造成箅条堵糊；还有一部分剩余微细颗粒进入抽风和除尘系统，固结于风箱内壁和风机转子上，损坏风箱和风机。另外，所有含铁尘泥中 K_2O、Na_2O、Pb、Zn 均较高，也容易造成烧结箅条糊堵。

（3）SO_2 和粉尘排放量大。各种含铁尘泥硫含量均较高，高比例配入烧结系统生产时易导致 SO_2 排放量升高；微细颗粒进入抽风和除尘系统后，绝大部分被除尘器捕集成为除尘灰，但仍有少部分经过烟囱排入大气，造成粉尘排放量过大。

6.12 烧结除尘灰资源化利用新进展

2016 年我国烧结矿产量约 9.10 亿吨，以每吨烧结矿副产 15kg 粉尘计算，全年烧结除尘灰的产量约为 1365 万吨，数量巨大。因此，烧结除尘灰的无害化处理和资源化综合利用具有重要的环境意义和经济效益。

6.12.1 烧结除尘灰的来源与分类

6.12.1.1 烧结除尘灰分类

烧结厂除尘灰包括工艺除尘灰和环境除尘灰两大类，工艺除尘灰又分为机头除尘灰和机尾除尘灰，如图 6-13 所示。不同粉尘的来源如下：

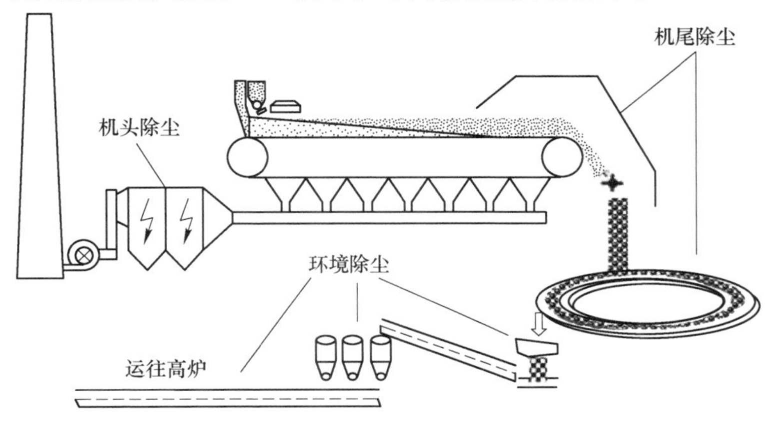

图 6-13 烧结厂除尘点示意图

（1）烧结机头除尘灰。由于烧结原料中含有大量的微细物料，这些物料经过抽风进入主管烟道成为粉尘，其中大部分被除尘系统收集，少量随烟气排出。

（2）烧结机尾除尘灰。烧结机上烧成的烧结矿在卸矿、破碎、冷却过程中产生的粉尘，经过除尘系统收集获得。

（3）环境除尘灰：包括冷却机尾部卸矿时产生的粉尘，烧结矿进入筛分系统筛分过程中产生的粉尘，以及烧结返矿运输过程中产生的粉尘。

以上三种粉尘中，机头除尘灰是烧结粉尘的主要来源。

6.12.1.2　烧结除尘灰的成分

我国钢铁工业规模庞大，不同钢铁厂烧结配料不同，产生的烧结除尘灰成分也不尽相同，但基本类似。如表 6-26 所示，三项主要除尘灰中，机头除尘灰从一电场到三电场全铁含量逐渐降低，有害元素 Pb、K、Na 的含量则逐渐增加，尤其是二电场和三电场除尘灰中 K 含量非常高。目前，国内烧结机头大部分以电除尘为主，电场数量从 3 个到 5 个不等，但电场除尘灰中 K、Na 等有害元素含量的规律是越往后越高。烧结机尾除尘灰与环境除尘灰中有害杂质含量较少，全铁含量较高。研究表明，烧结机头除尘灰中的 K、Na 多以 KCl、NaCl 的形式存在；此外，很多厂家的烧结除尘灰（尤其是机头除尘灰）中还含有 Cu、Pb 等元素。

表 6-26　烧结除尘灰的化学成分　（%）

固废名称	TFe	SiO_2	CaO	MgO	Al_2O_3	PbO	Na_2O	K_2O	S
机头一电场	43.98	4.80	7.08	1.97	1.46	1.06	1.87	8.25	1.09
机头二电场	25.13	3.04	3.86	1.37	1.46	2.71	1.80	17.00	1.27
机头三电场	13.54	2.00	4.42	1.62	1.37	3.56	3.23	18.95	1.21
机尾除尘灰	49.14	6.91	15.20	3.40	3.46	0.016	<0.10	0.40	0.45
环境除尘灰	51.16	7.10	15.18	3.63	3.69	0.0088	<0.10	0.24	0.11

6.12.2　烧结除尘灰资源化利用方式

6.12.2.1　烧结除尘灰中铁的利用

由于烧结除尘灰相对于烧结矿产生量不大，而且含铁量较高，因此长期以来主要是返回烧结配料，回收利用其中的铁。不过，由于烧结除尘灰（尤其是机头除尘灰）粒度较小，且产生过程经过了高温焙烧，表面疏水性强，表面能很低，难于制粒，进入混合机后很难与其他原料混合均匀，在当前国内大量采用“小球团烧结工艺”的预处理中，产生了很大的负面效应：如烧结矿产生“花脸”、夹生；除尘灰引起“二次扬尘”影响作业环境；除尘器效率降低，固体燃耗、电耗、重油消耗上升等。为了改变这种状况，国内一些企业开发出了先将烧结除尘灰造球，然后再返回烧结使用的方法，取得了一定效益。除尘灰直接返回烧结配料循环利用的方式简单，铁利用率高，但存在的问题是有害元素循环富集。如表6-29中机头三电场除尘灰，铁含量低，有害元素含量高，返回烧结循环利用，导致其中的碱金属、重金属等有害元素无法离开烧结工序，造成循环富集，以致烧结矿中有害元素含量过高，进入高炉后造成一系列危害。因此，有厂家对烧结除尘灰的处理方式进行了改进，采用浮选-重选工艺将烧结除尘灰中的铁氧化物选出来，然后再返回烧结或球团工序，有害元素则富集到尾矿中用作建筑材料。

6.12.2.2 制备肥料

A 制备氯化钾

鉴于烧结除尘灰（尤其是机头除尘灰）中钾含量较高，而我国又是一个钾资源匮乏的国家，经济储量仅为800万吨(K_2O)，约占世界储量的2.5%，自给率不足60%，有研究者提出，采用烧结除尘灰制备氯化钾肥料的研究思路，并进行了一系列实验研究。首先用水对烧结除尘灰浸出，浸出液经过沉降分离后加入硫化钠、SDD或Na_2CO_3去除溶液中的重金属离子，净化后的溶液通过蒸发、分步结晶得到纯度超过90%的氯化钾，结晶后的母液循环利用作为浸出溶剂。由于氯化钾易溶于水，采用烧结除尘灰制备氯化钾工艺流程简单，设备投资规模小，能耗少，无废水、废气排放，产品能够弥补我国钾资源紧缺的现状，因此具有良好的发展前景。但由于烧结除尘灰中重金属离子含量较高，用其制备氯化钾肥料存在的主要问题是，如果残留铅、铜等重金属过高，达不到农业用钾肥的标准，就只能作为生产钾肥的原料；另一方面，氯化钾易溶于水，在中性或盐碱土壤中易形成氯化钙，氯化钙在多雨地区、多雨季节或灌溉条件下易流失而导致土壤板结，造成土壤逐步酸化，因此氯化钾肥的施用也存在限制。

B 制备硫酸钾、复合肥

制备硫酸钾肥、复合肥相对而言，比氯化钾肥有更高的使用价值，因此一些研究者在分析研究烧结机头除尘灰基本组成与化学性质的基础上，提出了利用其中的钾元素生产制备硫酸钾的工艺。由于烧结机头除尘灰中的钾是以氯化钾的形式存在，因此，首先通过水洗对烧结除尘灰脱钾，钾液经NH_4HCO_3除杂后，加入$(NH_4)_2SO_4$进行复分解反应获得K_2SO_4，溶液再经两级蒸发浓缩、结晶后，可分别制得工业级硫酸钾、农用硫酸钾和$(K,NH_4)Cl$农用复合肥等产品。另外，在浸出分离后的浓缩液中加入甲酰胺，能够显著提高钾盐的收得率，并降低硫酸钾的结晶温度，减少结晶蒸发量，从而降低能耗。甲酰胺还可以回收利用，因此消耗并不高。

实验表明，采用烧结机头除尘灰制备农用硫酸钾和$(K,NH_4)SO_4$+$(K,NH_4)Cl$混合结晶等产品在工艺上是可行的，除尘灰中钾元素的脱除率和钾资源的回收利用率均在 92%以上，所制得的硫酸钾产品质量可以达到 GB 20406—2006 标准中农用硫酸钾合格指标要求。并且，还可进一步与优等品磷肥（P_2O_5）进行复配，生产高钾、含氯的高浓度 $N+P_2O_5+K_2O$ 复合肥。

6.12.2.3　制取氯化铅

烧结原料中，一些铁矿石和厂内循环物料中含有铅。铅以及铅化合物的特点是熔点低、密度大，因此在抽风烧结过程中还原出的铅或铅化合物极易向料层底部移动，并随烟气进入烧结机头除尘系统中。分析表明，烧结机头除尘灰中铅的存在形式有 $PbCl_2$、$Pb_4Cl_2O_4$、PbO。机头除尘灰返回烧结配料使用无法将其中的铅化合物排出，会造成循环富集，从而引起更大的危害。由于铅对农作物而言是一种有害元素，因此采用烧结除尘灰制备钾肥的资源化利用方式也必须将其中的铅分离出去。根据烧结除尘灰中铅的赋存形式，一些学者研究了提取分离烧结除尘灰中铅的工艺技术，其工艺路线如下：首先将烧结除尘灰在加入适量分散剂的水中进行溶解，搅拌形成悬浮液，随后通过磁选选出其中的铁；向磁选后的尾泥中加入盐酸与氯化钠的混合溶液，通过氯化浸提方式回收其中的氯化铅；提取的氯化铅晶体采用氯化钠溶液溶解，并加入碳酸钠除去其中的 Ca^{2+}、Mg^{2+} 离子，然后对溶液进行过滤、洗涤、干燥、焙烧，最后获得质量较高的一氧化铅。在该工艺路线中，除杂产生的废渣返回烧结配料使用。

由于烧结除尘灰中铅含量并不是很高，因此单独采用烧结除尘灰制备一氧化铅的工艺路线其经济性有待进一步评价。若结合烧结除尘灰制备钾肥的工艺，分别提取其中的钾与铅，达到综合利用的目的，将获得更好的经济效益。

6.12.3　前景展望

当前，国内烧结除尘灰绝大部分还是返回烧结利用，由于其固有的弊端，其中的有害元素没有路径排出，必将对烧结矿质量，进而对高炉炼铁造成负面影响。因而，未来逐步采取专门的处理工艺进行无害化处理，将是烧结除尘灰资源化利用的发展方向，主要集中在以下两个方面：

（1）对烧结除尘灰分类处理。不同除尘点的烧结除尘灰所含成分有很大差异，因此其处理方式也应有所不同。对于含铁较高，有害元素较少的烧结机尾除尘灰、环境除尘灰甚至机头一电场除尘灰，应本着利用其中铁的目的，直接返回烧结配料或经磁选分离后返回烧结配料使用。

（2）对于烧结机头含有害元素较高的除尘灰，则应根据各企业的产生量建设适当规模的工艺装备提取其中的钾、铅等有价元素，一方面消除其对钢铁冶炼过程的危害，另一方面可获得一定的经济效益，实现无害化、资源化处理。

6.13 马钢高钾烧结除尘灰脱钾方法研究

马钢三铁总厂的高钾除尘灰用罐车送往转底炉生产球团，其余的直接参与烧结配料。具体产量及去处见图 6-14。

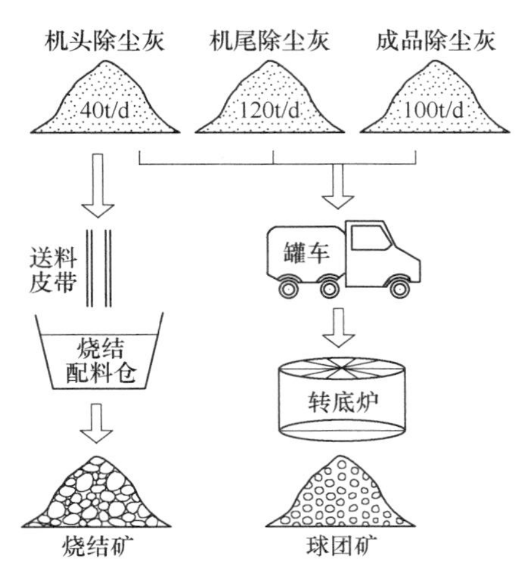

图 6-14 三铁烧结除尘灰产出及去处

烧结除尘灰富含 Fe（最高达 52.09%），但也含有大量 K、Na、Zn 等对钢铁生产有害的元素，机头除尘灰的 K_2O 含量甚至高达 17.54%。将这部分高钾除尘灰作为含铁原料返回烧结循环利用，存在以下几方面的问题：（1）这部分粉尘颗粒非常细小，加之碱金属挥发结瘤，会增加烧结除尘系统的负荷；（2）碱金属不断循环富集，会造成烧结矿碱金属含量不断提高，影响高炉顺行和高炉的寿命。

6.13.1 高钾烧结除尘灰物化特性分析

6.13.1.1 高钾除尘灰中 K 的赋存形态

采用 X 射线衍射对高钾烧结除尘灰进行了物相分析结果如图 6-15 所示。从图可以看出，烧结机头除尘灰中主要含有 KCl、NaCl 和 Fe_2O_3 等，K 没有发现以其他形式存在，只是以 KCl 的形式赋存。

烧结机头除尘灰的形貌分析如图 6-16 所示。可以看出，粉尘形状没有规律，颗粒团聚现象严重，主要原因是粉尘颗粒小，表面能大。

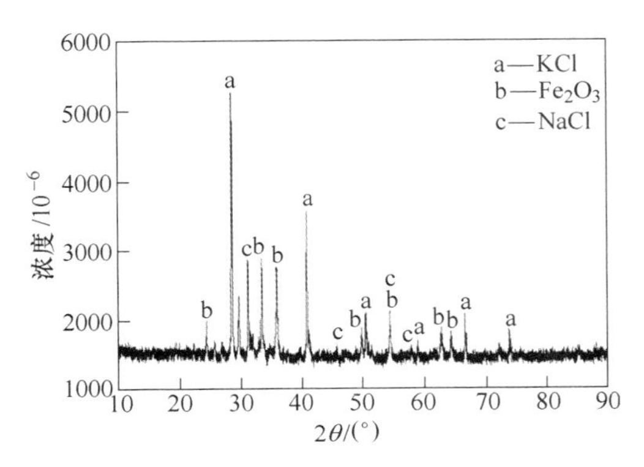

图 6-15 机头二电场除尘灰 XRD 图

图 6-16 机头二电场除尘灰 SEM 图

6.13.1.2　水溶性实验

常温下，将水与烧结除尘灰按液固比为 4∶1 进行混合，充分搅拌混匀后过滤，对烘干后的滤渣进行扫描电镜-能谱分析。水浸前后烧结除尘灰所示区域的元素组成如表 6-27 所示，水浸后烧结除尘灰成絮状，详见图 6-17。

表 6-27　水浸前后烧结除尘灰所示区域的元素组成　（%）

名称		Mg	Al	Si	S	Cl	K	Ca	Fe	Cu	Zn	Na
水浸前	区域 1	0.81	0.77	1.05	3.64	16.04	18.68	7.47	44.00	3.08	2.69	1.77
	区域 2	0.55	0.91	0.93	3.81	26.51	28.93	5.12	26.17	2.93	2.80	1.34
水浸后	区域 1	1.26	1.42	1.89	2.26	0.91	2.43	17.07	67.30	2.65	2.81	0.00
	区域 2	0.64	1.44	1.87	8.75	2.16	10.78	13.55	56.12	2.31	2.36	0.00

结合图 6-17 和表 6-27 可看出，烧结除尘灰各区域元素组成差别不大，含量最多的三种元素为 Fe、K 和 Cl。从图 6-17 和表 6-27 发现，粉尘经水浸后 Fe、K 和 Cl 含量变化很大，其中 Fe 含量增加很多，其他元素如 Al 和 Ca 等含量也明显增加，而 K 和 Cl 却大幅度减少。由此可以得出，水浸很容易浸出大量的元素 K 和 Cl，其他元素则很少或不能被浸出。

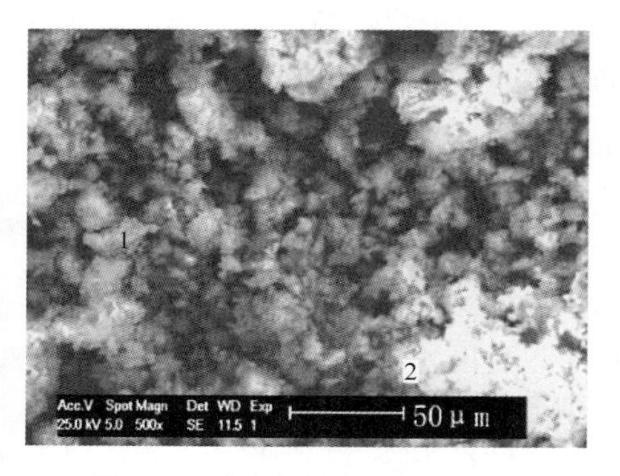

图 6-17　除尘灰浸出渣的 SEM 图

6.13.2　高钾除尘灰脱钾工艺研究

水溶性分析表明，烧结电除尘灰中的氯化钾、氯化钠等易溶于水中，而铁等不溶于水的物相则留在浸渣中。据此，提出了水浸脱钾的工艺流程。

6.13.2.1　水浸条件试验

影响氯化钾浸出的因素有很多，研究主要考察温度和浓度的影响。

在液固比为 4∶1 的条件下，分别进行了水温为常温和 100℃ 的水浸脱钾试验。试验结果表明（见表 6-28），100℃ 的水浸脱钾、钠率分别达到 93.23%、87.01%，比常温下的水浸脱钾、钠率分别高出 3.76% 和 3.89%，提高水浸温度有利于钾、钠的脱除。

表 6-28 不同温度水浸试验结果 (%)

试样名称	K_2O	Na_2O	脱除率	
			K_2O	Na_2O
机头二电场除尘灰	9.31	0.77		
常温浸出渣	0.98	0.13	89.47	83.12
100℃水浸渣	0.63	0.10	93.23	87.01

在100℃的水浸温度下对高钾烧结除尘灰进行了不同液固比试验，浸出液中离子含量及钾钠脱除率与液固比的变化关系如图6-18所示。由图可见，随着浸取浓度的提高，浸出液中 K^+、Cl^- 的含量大幅度提高，但是钾、钠脱除率显著下降。这主要是因为浸出固液分离时，渣中总含有一定量的水分，当浸出液中 K^+、Na^+ 浓度较高时，渣中的这部分水带走了较多的钾、钠，导致浸出渣中钾、钠含量增多，致使脱钾、钠率降低。由此亦可见，水浸脱钾固液分离时，滤饼水分对水浸脱钾效果有较大影响，特别是对于高浸出浓度的样品。

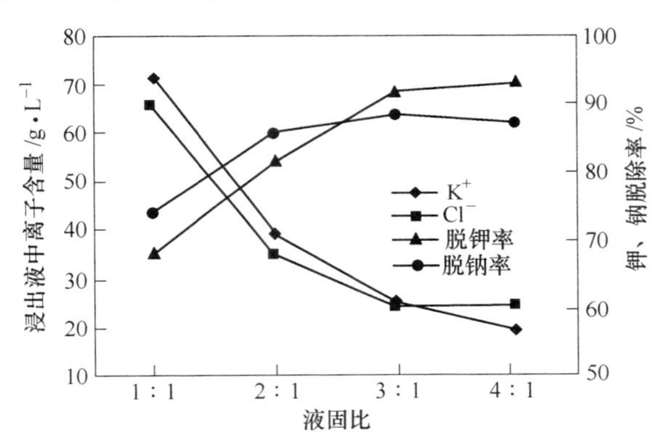

图 6-18 浸出液中离子含量及钾钠脱除率

6.13.2.2 水浸脱钾工艺试验

水浸脱钾工艺试验结果可知，水浸一次的脱钾、钠率分别为89.47%、83.12%，水浸两次后渣中的 K_2O、Na_2O 含量分别降至0.28%、0.09%，钾、钠脱除率分别提升至96.99%、88.31%，比水浸一次分别提高7.52%和5.19%。

6.13.3 水浸脱钾方案

不同脱钾工艺制度下的脱钾率如表6-29所示。从经济、高效脱钾的角度考虑，选取水浸温度100℃、液固比为3∶1、搅拌浸泡5min、水浸一次的工艺进行高钾除尘灰脱钾比较合适，脱钾方案如图6-19所示。

表 6-29　不同脱钾工艺制度下的脱钾效果

水浸温度/℃	水浸次数/次	水浸浓度（液固比）	脱钾率/%
常温	1	4 : 1	89.47
常温	2	4 : 1	96.99
100	1	4 : 1	93.23
100	1	3 : 1	91.62
100	1	2 : 1	81.74
100	1	1 : 1	68.21

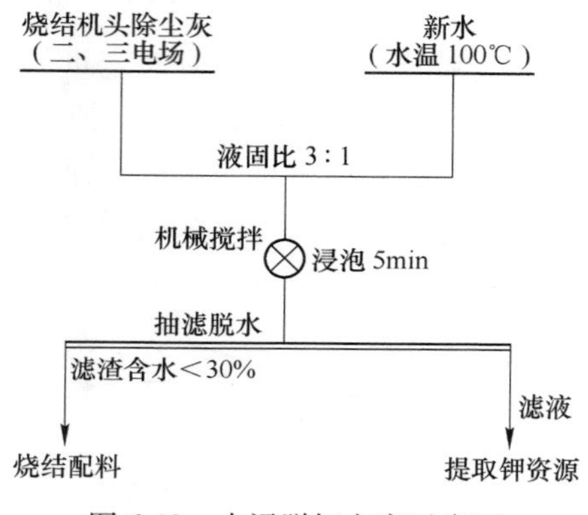

图 6-19　水浸脱钾方案示意图

6.14　含锌尘泥的处理技术

尽管我国目前以钢铁长流程生产为主，但随着工业化进程的加快，废钢使用量将逐年提高，在长流程向短流程的转变过程中，由于大量使用镀锌废钢以及铁、锌共生矿造成粉尘中锌含量较高。电炉粉尘的产生量和其中的锌含量也将会不断提高。采取适宜方法从烟尘中回收锌等有价金属，是解决我国锌资源短缺的重要途径，既有巨大的经济效益又有显著的环境效益，而对于锌含量较高的粉尘则应采取湿法、火法或二者联合工艺提取金属锌。

6.14.1　物理分选预富集工艺

磁性分离和机械分离是含锌粉尘的物理分选预富集的主要工艺。由于粉尘中锌富集的粒度较小且磁性较弱，可以选用离心或磁选的方式富集粉尘中的锌元素。磁性分离常用的方法是弱磁—强磁联合工艺；机械分离的常用方法有：水力旋流脱锌工艺、浮选—重选工艺等。

磁性分选预富集工艺的优点是：设备较简单、易操作，但存在锌的富集率较低的问题。和磁性工艺相比，机械分选预富集工艺简单且产品经处理后可直接返回烧结工艺利用，操作费用较高是该法的缺点，同时，处理后得到的富锌产品的含锌量过低，利用价值较小。目前，只作为预处理工艺。

6.14.2 湿法处理工艺

湿法工艺一般用于锌含量较高的粉尘处理，低锌粉尘应先经过物理法预处理富集，再采用湿法工艺处理。根据原理，湿法分为酸法浸出、碱法浸出和配位法浸出等三类工艺方法对含锌粉尘进行处理。

铁酸锌的存在使得湿法处理的效果不理想。氨体系浸出比强碱浸出具有更高的选择性且可以在常压下以较快的浸出速度得到较纯的浸出液，氨体系浸出剂可以形成母液循环利用，最终得到的氧化锌产品较为纯净。尽管如此，当处理粉尘中铁酸锌物相存在的锌较多时，浸出效果依然不理想，锌的浸出率仅为60%左右，且带来了繁琐复杂的后续除杂处理。总的来说，湿法处理工艺有以下不足：

（1）锌的浸出率低，浸出渣难以作为原料回收利用，由于含有高危有害物料难以堆放处理。

（2）操作步骤较为繁琐，需要消耗大量浸出剂，成本较高。

（3）原料要求较高（含锌量和铁酸锌物相含量），效率较低，与钢厂现有技术不配套。

（4）操作条件较为恶劣，设备腐蚀严重，处理过程中引入的杂质易造成新的污染。

由于存在以上原因，湿法处理工艺仍在实验室阶段，没有进行大批量工业试验。

6.14.3 火法处理工艺

6.14.3.1 直接还原法

直接还原法是高温还原条件下，含锌粉尘中的氧化锌或铁酸锌被还原气化，与固相渣分离，在烟道中被氧化后富集于除尘器中。根据处理装置的不同，分为回转窑、转底炉和循环流化床等工艺，还有竖炉法和电热炉法，由于后两者处理能力小而没有广泛应用推广。

A 威尔兹回转窑法

是目前世界上应用最广泛的钢铁厂含锌粉尘处理工艺，其可从低锌含量的粉尘中综合利用铁、锌，不需要造球。作为高炉原料，其还原出的产品部分可被直接使用，但该工艺设备庞大、投资成本高，同时，生产过程中时常发生结圈现象，生产效率低、维修费用高、能耗大。

B 转底炉工艺

作为直接还原技术的研究进展方兴未艾，其既可以有效处理各类钢铁厂粉尘，又能提供高质量原料为优质钢冶炼，现已日趋成熟并显现出较大的工业发展潜力。该工艺由原料系统、造球系统、炉体系统、冷却系统、除尘系统等五个系统构成。首先进行原料的处理，即将含锌粉尘、煤粉、黏结剂混匀后在造球系统进行造球，生球烘干后即均匀平铺在转底炉环形台车上，球团在1300℃以上的高温下进行还原得到金属化球团；锌由于沸点低被还原挥发，随后在低温区再被氧化，随烟气进入除尘系统中，得到锌含量40%~70%的烟尘，可以直接送冶炼厂处理回收锌。我国马钢于2009年成为国内首家投产转底炉工艺的企业，之后山东莱钢、日照钢铁的转底炉也相继投产运行。目前，国内最大的转底炉是天津荣程联合钢铁集团有限公司外径65m转底炉，其设计能力为年产80万吨金属化球团。

C 竖炉工艺

蒂森钢铁公司近年来开发出了新型竖炉，用于处理钢厂含铁类废物（包括含锌粉尘），其产品为铁水、熔渣和煤气。该工艺在蒂森厂投入实际生产以来，经过不断优化，已取得了很好的经济和环境效益。蒂森所用的竖炉在使用60%的压块时，每天生产约400t铁水；全部使用废钢时，每天可以生产约1000t铁水。

其主要工艺流程如下：来自钢厂的含铁含锌类尘泥（转炉污泥、高炉污泥、含油氧化铁皮）运到料仓后，按照一定配比和黏结剂混合，再经压块机压制成块，养护提高强度，然后和焦炭、废钢、砾石、渣钢渣铁一起按比例加入竖炉（Oxycup）。竖炉鼓入热风和氧气，生成铁水、熔渣和煤气。煤气经湿式净化后可作为竖炉空气预热燃料或并入煤气管网。煤气净化产生的污泥富含锌，达到一定浓度可以外售给制锌厂。

竖炉炉体直径3.2m，高10m，采取连续出铁制度。入炉原料包括压块、渣钢渣铁、废钢、焦炭和砾石，焦比为200~350kg/t。采用料篮批量上料，每批5.5t，每小时15批。炉料从炉顶加入，热风流量30000m^3/h，温度约650℃，鼓风压力40kPa，同时喷入3500m^3/h氧气。炉底压力约为25kPa，温度约2200℃。在靠近炉顶位置抽吸煤气，煤气量最大30000m^3/h，温度约250℃，炉顶为微负压。

蒂森的竖炉尚未试验使用高炉污泥，对原料的含锌量没有限制。该公司炼钢厂采用LT干法除尘，60%的较细除尘灰用于竖炉，40%较粗的除尘灰采用热压块技术直接回用到转炉。

6.14.3.2 熔融还原法

熔融还原法与直接还原法不同的是在熔融的条件下将含锌粉尘中的有价金属

进行还原、分离、富集的一种火法工艺。处理含锌粉尘工业化应用的熔融还原工艺有日本川崎的 z-Star 法、瑞典的等离子法等。与直接还原法相比，该法具有脱锌彻底，铁水质量高等优点，但其反应在高温下进行，能耗大，成本高。熔融还原法一般处理对象为高锌粉尘，目前我国钢铁厂含锌粉尘以低锌粉尘为主，因此处理工艺不宜以熔融还原法为主。

参 考 文 献

[1] 石勇，党小庆，韩小梅，等．钢铁工业烧结烟尘电除尘技术的特点及应用［J］．重型机械，2006（3）：27~30.

[2] 和礼堂，朱龙．烧结机头烟气袋式除尘方案的探讨［J］．中国环保产业，2013（7）：46~47.

[3] 陈胜，顾智敏，等．电袋复合除尘技术在烧结机机尾除尘中的应用［C］//第 15 届中国电除尘学术会议论文集．2013，568~570.

[4] 袁野，张建成，何金凝．电袋复合除尘器在烧结除尘系统中的应用［J］．矿业工程，2016（3）：44~45.

[5] 王鹏，聂曦，毛磊．超净电袋复合除尘技术在烧结机尾除尘中的应用［J］．资源节约与环保，2016（6）：49.

[6] 刘再新，年卫琦．电袋复合除尘器在烧结机尾除尘中应用的技术经济分析［N］．世界金属导报，2015 年 8 月 4 日第 B11 版．

[7] 李淮，刘琳，谢冬明．电袋复合除尘技术在龙钢除尘改造中的应用［J］．中国冶金，2014 年（增刊）：280~282.

[8] 谢鑫，刘康华，梁栋平．电袋复合除尘器在烧结机机尾除尘中的应用［J］．烧结球团，2015（2）：54~56.

[9] 刘宪．烧结机尾除尘技术改造［J］．烧结球团，2013（5）：45~47.

[10] 周茂军，张代华，郭艺勇．宝钢烧结一次混合机烟气除尘方案探讨［J］．烧结球团，2013（5）：41~44.

[11] 孙俊波，张晓雷，江治飞，等．鞍钢鲅鱼圈生产工序固体废物的综合利用［J］．烧结球团，2012（3）：67~71.

[12] 郭玉华，马忠民，王东锋，等．烧结除尘灰资源化利用新进展［J］．烧结球团，2014（1）：56~59.

[13] 金俊，张晓萍，覃德波．马钢高钾烧结除尘灰脱钾方法研究［J］．烧结球团，2013（4）：56~59.

[14] 谢泽强，郭宇峰，陈凤，等．钢铁厂含锌粉尘综合利用现状及展望［J］．烧结球团，2016（5）：53~56.

[15] 张荣良，李夏．钢铁厂含锌粉尘综合处理途径分析［J］．烧结球团，2013（5）：48~51.

[16] 鲁健．含锌含铁尘泥处理技术研究［J］．烧结球团，2011（6）：50~52.